全国高职高专教育“十三五”规划教材

建筑 CAD 制图

（第 2 版）

陈　娟　编著
罗凤姿　主审

中国铁道出版社有限公司
CHINA RAILWAY PUBLISHING HOUSE CO., LTD.

内容简介

本书根据作者多年教学实践和科研成果编写。本书采用 AutoCAD 2016 版本，通过 9 个项目讲述了绘制 A3 标准图纸幅面、绘制建筑轴网平面图、绘制建筑平面施工图、标注建筑平面施工图、绘制建筑立面施工图、绘制建筑剖面施工图、绘制楼梯建筑施工详图、学生公寓三维建模和建筑图形打印输出等内容。

本书适合作为高职高专建筑工程技术、建筑工程管理、工程造价等专业的教材，也可供计算机绘图爱好者和土建类相关工程技术人员参考。

图书在版编目（CIP）数据

建筑 CAD 制图/陈娟编著.—2 版.—北京:中国铁道出版社，2017.11（2023.1 重印）
全国高职高专教育“十三五”规划教材
ISBN 978-7-113-23734-9

Ⅰ.①建… Ⅱ.①陈… Ⅲ.①建筑制图-AutoCAD 软件-高等职业教育-教材 Ⅳ.①TU204-39

中国版本图书馆 CIP 数据核字(2017)第 208467 号

书　　名：建筑 CAD 制图
作　　者：陈　娟

策　　划：李小军　　　　**编辑部电话：**（010）63551926
责任编辑：曾露平
封面制作：刘　颖
责任校对：张玉华
责任印制：樊启鹏

出版发行：中国铁道出版社有限公司（100054，北京市西城区右安门西街 8 号）
网　　址：http://www.tdpress.com/51eds/
印　　刷：北京市科星印刷有限责任公司
版　　次：2014 年 1 月第 1 版　2017 年 11 月第 2 版　2023 年 1 月第 13 次印刷
开　　本：787mm×1 092mm　1/16　**印张：**16　**字数：**395 千
书　　号：ISBN 978-7-113-23734-9
定　　价：42.00 元

第 1 版前言

对于建筑工程技术专业、工程造价专业的学生来说，建筑制图课程是研究绘制和阅读图样原理及方法的一门专业技术基础课程，而 AutoCAD 是当今世界最流行的计算机辅助设计软件，也是建筑工程企业技术人员必须掌握的基本绘图应用软件之一，同样是绘制和识读图样的一门专业技术基础课程。本书通过国家颁布实施的《房屋建筑制图统一标准》(GB/T 50001—2010)，对图纸幅面、线宽、线型、设置文字样式、标注样式和图案填充等做了规定，规范 AutoCAD 取代手工制图方法、制图标准和理念，使建筑制图与 AutoCAD 绘图软件有机地融合为一门专业技术基础课程，既符合职业教育的规律，又提高职业建筑类技术应用型人才培养质量。

本书作者长期从事于建筑制图与 AutoCAD 课程教学，多年来经常到建筑单位下企业实践，积累了丰富的经验。本书采用 AutoCAD 2010 版本，紧紧围绕高职教育的培养目标，根据高职学生毕业后的岗位需求，结合职业教育的教学改革和课程改革，本着“工学结合、项目引导、教、学、做一体化”的原则编写了《建筑 CAD 制图》，目的在于培养学生的学习兴趣，使学生充分掌握建筑 CAD 制图的技术和技巧，着力培养学生的职业道德、职业技能和就业创业能力。

本书以教学项目为载体，构建了 9 个绘制建筑施工图的教学项目，将建筑制图和计算机绘图的知识点有机融合，将学习过程变成了完成一个个项目的工作过程，力求体现如下特点:

1．知识结构合理化

本书项目用到的知识由易到难，项目由浅入深、循序渐进，符合认知规律。采用 AutoCAD 2010 为平台，同时使用经典模式进行讲解，不仅适合新版本的使用，也适合之前版本使用者的学习需求，突出应用性。选择典型建筑工程实际绘制图例，易于实现、可操作性强，让学生明确学习目标，增强学习的主观能动性，体现了实用性。

2．内容编排项目化

本书以项目为主线来组织教学活动，打破传统知识传授方式，变书本知识传授为动手能力培养，体现职业能力为本位的职业教育思想。每个项目内容根据建筑企业工程制图的真实情况，包括任务描述、知识平台、任务实施、技能拓展 4 个部分，体现项目引导、任务驱动、教、学、做一体化的课程理念。

3．教学目标科学化

本书每个项目开始都有学习目标、重点与难点和学习引导，在项目完成后也有学习效果评价表。有利于教师确定每个项目教学要实现的最终质量标准，把握教学活动的总方向，并贯穿于教学活动的全过程。更有利于学生知道每个项目做什么，具备哪些特征，达到目标的最佳途径，进行讨论交流，巩固知识和技能拓展。

本书适合作为高职高专建筑工程技术专业、建筑工程管理专业、工程造价专业的教学用书，也可作为计算机绘图爱好者和从事土建类相关工程技术人员的参考用书。

本书由湖南工程职业技术学院陈娟编著，湖南工程职业技术学院罗凤姿担任主审。在编写过程中参阅了许多专家、学者的大量资料与文献，在此谨向所有参考资料的作者表示感谢；还得到了中国铁道出版社出版中心的大力帮助，在此表示衷心的感谢。

本书有配套电子素材和课件，请登录 www.51eds.com 下载。

由于编者水平有限，书中难免存在一些疏漏与不足之处，敬请读者给予批评指正。

编　者
2013 年 12 月

第 2 版前言

本书是在全国高职高专教育“十二五”规划教材《建筑 CAD 制图》的基础上，依据“建筑 CAD 制图”以计算机作为辅助工具构建的专业技术基础课程特色和编著者的教研成果，结合计算机绘图、AutoCAD 软件的发展以及土建工程的需要，采纳教材使用单位的建议而修订的。

本书是湖南省职业院校教育教学改革研究项目《中国制造 2025 背景下高职创新型技术技能人才培养模式改革研究》（ZJGB2016151）成果之一。

《建筑 CAD 制图》（第 2 版），秉承了第 1 版教材的编写原则和特色，在以下几个方面作了修订：

1. 采用 AutoCAD 2016 中文版为软件平台，增加 AutoCAD 软件升级后的最新内容，使教学内容与新版本软件相适应；

2. 教材中部分教学项目做了调整，更加注重教学过程与职业过程取向的一致性和系统性，使之更加合理；

3. 随着软件的升级，在命令的部分选项上略作了调整；

4. 基于信息技术与课程教学深度融合的职业教育教学改革，充分考虑学生自主探究学习的特点，结合教材开发了教学资源库，注重绘图能力和技巧的培养，以便于学生和读者迅速提高绘图水平。

本书配套电子素材和课件可登录中国铁道出版社教材服务网 http://www.tdpress.com/51eds/ 下载；关于《建筑 CAD 制图》（第 2 版）更多的教学资源，可通过世界大学城（http://www.worlduc.com/SpaceShow/Index.aspx?uid=150682）空间课堂网站查询。

本书由湖南工程职业技术学院陈娟编著，湖南工程职业技术学院罗凤姿主审。罗凤姿对全书稿进行了认真审订，提出了许多宝贵意见，在此表示衷心感谢。

由于编者水平有限，书中难免存在一些疏漏与不足之处，敬请读者给予批评指正。

编　者

2017 年 7 月

目　录

AutoCAD 概述

【学习目标】

● 知识目标

1. 认识 AutoCAD 及其功能。
2. 掌握 AutoCAD 2016 的安装与卸载方法。
3. 认识 AutoCAD 2016 工作界面与工具。
4. 掌握 AutoCAD 2016 图形文件管理的方法。
5. 掌握 AutoCAD 2016 参数选项设置方法。

● 能力目标

掌握 AutoCAD 2016 绘图软件安装与卸载的基本操作，具有新建、保存、打开、关闭图形文件和参数选项设置的操作能力。

● 素质目标

培养学生能够有效地获取信息、正确地分析信息和自信地运用信息解决问题的素质，具备较强的创新意识和进取精神。

【重点与难点】

重点：掌握 AutoCAD 2016 绘图软件的安装方法，以及图形文件管理的方法。

难点：理解 AutoCAD 2016 参数选项设置。

【学习引导】

1. 教师课堂教学指引：讲解 AutoCAD 及其功能，演示 AutoCAD 2016 绘图软件的安装和卸载、图形文件管理和参数选项设置的基本操作技巧。

2. 学生自主性学习：每个学生通过实际操作反复练习加深理解，提高操作技巧。

3. 小组合作学习：通过小组自评、小组互评、教师评价，总结安装软件效果，加强图形文件管理和参数选项设置的操作能力。

0.1 初识 AutoCAD

1. 关于 AutoCAD

AutoCAD 是由美国 Autodesk 公司开发的通用计算机辅助绘图与设计软件包，CAD 是计算机辅助设计（Computer Aided Design）的简称。AtuoCAD 自 1982 年问世以来已经进行了多次升级，从而使其功能逐渐强大，日趋完善。它具有完善的图形绘制功能和强大的图形编辑功能，拥有直观的用户界面、易于使用的对话框、定制工具栏和三维图形造型操作，使用方便并容易掌握。如今，AutoCAD 广泛应用于机械、建筑、土木、电子、服装、模具、航天和石油化工等领域，已经成为我国工程设计领域中应用最为广泛的计算机辅助设计软件之一。

AutoCAD 2016 在优化界面、新标签页、功能区库、命令预览、帮助窗口、地理位置、实景计算、Exchange 应用程序、计划提要等方面有所改进。包含了多项可加速 2D 与 3D 设计、创建文件和协同工作流程的新特性，使用者还能方便地使用 TrustedDWG 技术与他人分享作品，储存和交换设计资料。增强的 PDF 输出功能与建筑信息模型化（BIM）紧密协作，有效地提高了效率。大幅提升屏幕显示的视觉准确度，增强的可读性与细节能以更平滑的曲线和圆弧来取代锯齿状线条。提供了互联网桌面和云端体验，用户可以超前掌控“从设计到制造”的全过程。设计套件 ReCap 技术通过增添更多的本地化激光扫描格式、智能测量工具、高级注释和同步功能等，将“现实计算”在整个套件中的可用性和经济性都提升到了新的高度。

2. 了解 AutoCAD 在土木建筑工程行业中的应用

在土木建筑工程行业中，一般建筑物或构筑物的建设都要经过规划、设计、施工几个阶段，建成以后则进入维护管理阶段。目前，AutoCAD 已经被应用到以上各个阶段。在规划中用于对土质数据、地域信息和地理信息等规划信息进行存储和查询。在结构设计中用于对结构形式的选定、形状尺寸的假定、模型化、结构分析、验算、图面绘制、材料计算等。在施工中用于施工图及施工平面图绘制、施工管理、材料表生成及施工组织设计书制作。在维护管理中用于辅助维修和加固的规划和设计，对土木建筑企业从规划资料的调用、设计各专业的配合，校对、审核和审定，直到存档，都可以在 AutoCAD 中完成。

0.2 AutoCAD 2016 的安装与卸载

想要学习和使用 AutoCAD 2016，首先需要学习如何正确安装该软件。AutoCAD 2016 的安装与卸载过程并不复杂，与其他应用软件大致相同。由于 AutoCAD 是绘图类设计软件，所以对硬件设备有一定的配置需求。

1. 安装 AutoCAD 2016 的系统要求

安装 AutoCAD 2016 的系统要求见表 0-1，但对于大型数据集、点云和三维建模需要更高的配置：建议使用 Windows 或 Mac OS 均为 64 位的操作系统，内存为 8GB RAM 或更高的版本，磁盘空间为 6GB，可用硬盘空间不包括安装要求，显卡 1600 × 1050 或更高版本真彩色视频显示适配器，具有 128 MB 或更高的 VRAM，像素明暗器为 3.0 或更高，支持 Direct3D®功能的工作站级图形卡。

表 0-1 安装 AutoCAD 2016 的系统要求表

名　　称	Windows 操作系统	Mac OS 操作系统
操作系统	Microsoft Windows 7 以上	Mac Pro 5.1 或更高版本
CPU 类型	Intel ® Pentium ® 4 或 MD Athlon ™ 64	Intel 多核处理器（支持 64 位）
内存	4GB	4GB
磁盘空间	6GB 可用硬盘空间（用于安装）	6GB 可用硬盘空间（用于安装）

续表

名　　称	Windows 操作系统	Mac OS 操作系统
显示分辨率	1024×768 分辨率，VGA 真彩色显示器	1024×768 分辨率，VGA 真彩色显示器
显卡	支持 OpenGL 2.0	支持 OpenGL 2.0
驱动器	DVD-ROM 驱动器	DVD-ROM 驱动器

2. 安装 AutoCAD 2016

（1）将安装光盘放入光驱中，然后在光盘根目录 AutoCAD 2016 文件夹中双击 Setup.exe 文件，或从 Autodesk 官方网站下载免费试用版，运行 Setup.exe 文件。运行安装程序后开始初始化，如图 0-1 所示。

（2）初始化完成后，在“安装”窗口中单击“安装-在此计算机上安装”按钮，如图 0-2 所示。

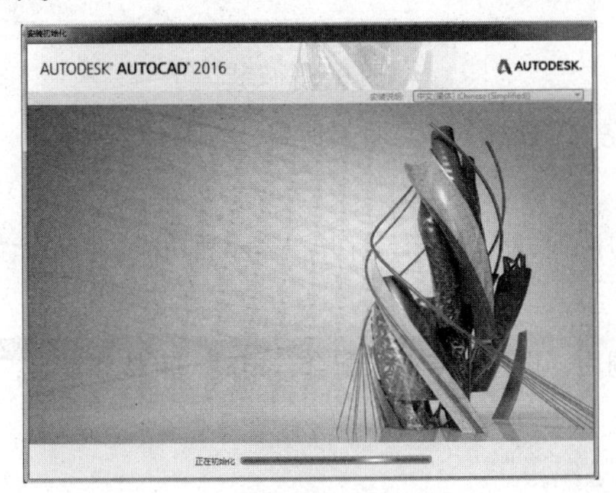

图 0-1 开始初始化

图 0-2 安装界面

（3）在“安装-许可协议”窗口中选择国家或地区“China”，单击“我接受”按钮，再单击“下一步”按钮，如图 0-3 所示。

（4）在“安装-产品信息”窗口中，在“我有我的产品信息”处输入序列号，在“产品密钥”中，单击“下一步”按钮，如图 0-4 所示。

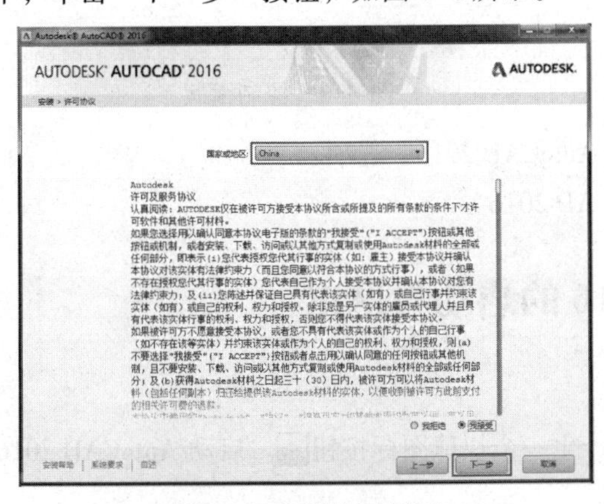

图 0-3　安装许可界面

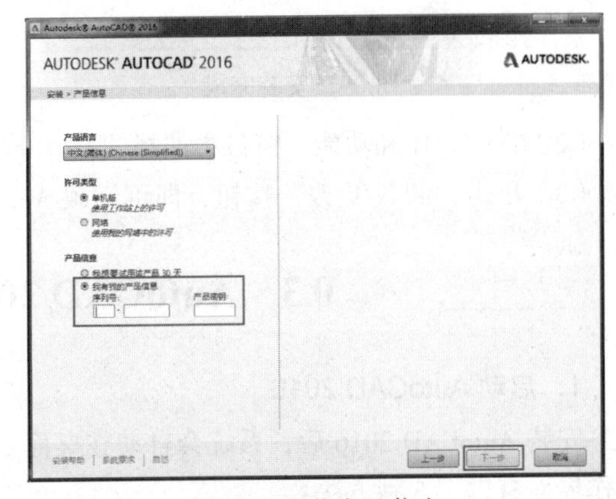

图 0-4 安装产品信息

（5）在“安装-配置安装”窗口中，选择确定程序的“安装路径”后，单击“安装”按钮，如图 0–5 所示。

（6）在“安装–安装进度”窗口中，开始安装 AutoCAD 2016，如图 0–6 所示。

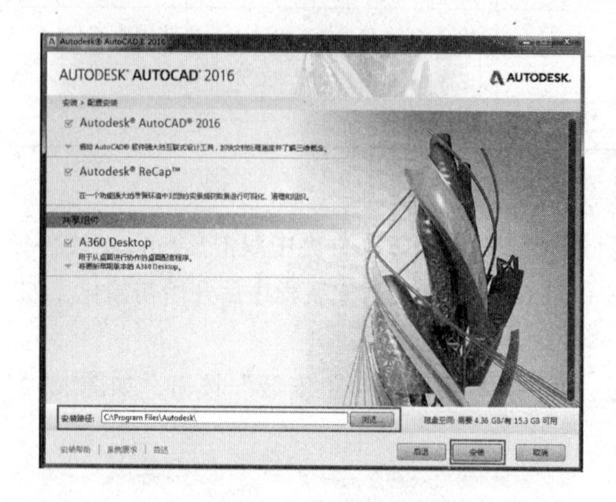

图 0–5　配置安装

图 0–6　安装

（7）在“安装–安装完成”窗口中，单击“完成”按钮后既可直接使用，如图 0–7 所示。

3．卸载 AutoCAD 2016

（1）打开“控制面板”窗口，然后双击“程序和功能”图标，打开“程序和功能”窗口，如图 0–8 所示。

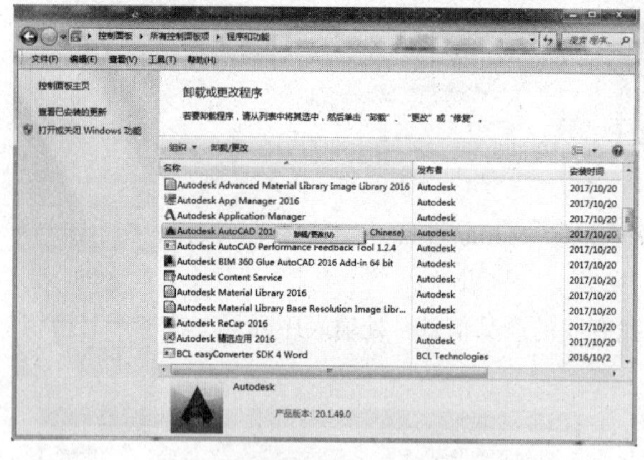

图 0–7 安装完成

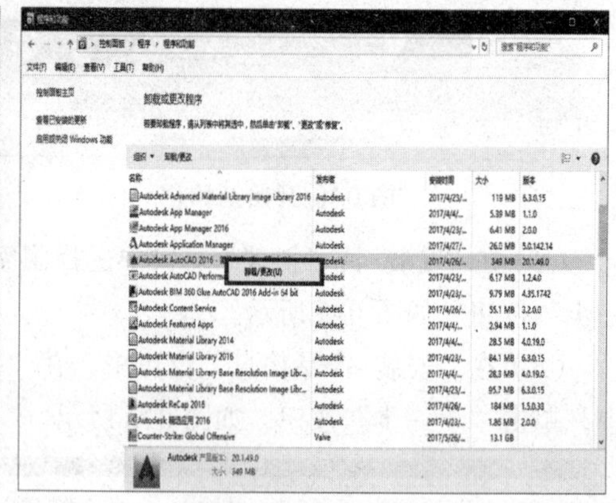

图 0–8　控制面版

（2）在“程序和功能”窗口中选择“Autodesk AutoCAD 2016”选项。

（3）单击“卸载/更改”按钮，即可卸载 AutoCAD 2016。

0.3　AutoCAD 2016 的启动与退出

1．启动 AutoCAD 2016

安装 AutoCAD 2016 后，系统会自动在桌面上产生一个快捷图标按钮。启动 AutoCAD 2016 工作界面有以下 3 种方法：

- 双击桌面上的快捷图标按钮。

- 选择菜单命令。选择“开始”→“程序”→“Autodesk→AutoCAD 2016–Simplified Chinese”→“AutoCAD 2016”命令。
- 双击图形文件。双击硬盘内已存在的 AutoCAD 图形文件（*.dwg），可在 AutoCAD 2016 工作界面中打开该图形文件。

2．退出 AutoCAD 2016

进入 AutoCAD 2016 后，可以随时退出 AutoCAD。关闭 AutoCAD 2016 程序有以下 3 种方法：

- 选择菜单栏中“文件”→“退出”命令，或按【Ctrl+Q】组合键。
- 在“命令行”输入：Quit 或 Exit 后按【Enter】键。
- 单击窗口右上角处“关闭”按钮。

0.4 AutoCAD 2016 的工作界面

1．AutoCAD 2016 工作界面的组成及功能

应用 AutoCAD 2016 绘制图形之前，需要掌握 AutoCAD 工作界面各组成部分的分布及其相关功能。图 0–9 所示的是启动 AutoCAD 2016 后完整的工作界面，主要由应用程序菜单、快速访问工具栏、标题栏、信息中心、菜单栏、功能区、绘图区、坐标系、命令行和状态栏组成。

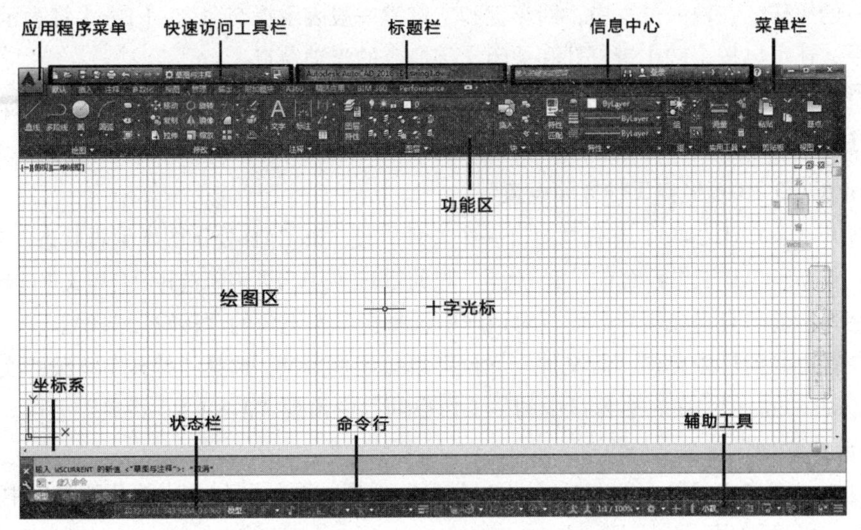

图 0–9 AutoCAD 2016 工作界面

应用程序菜单：位于 AutoCAD 2016 工作界面的左上方。单击该按钮，将弹出应用程序菜单。用户可以在其中选择相应的菜单命令，也可以标记常用命令以便日后查找，在该菜单中可以进行快速新建、打开、保存、打印和发布图形、退出 AutoCAD 2016 等操作。

快速访问工具栏：用于存储经常使用的命令，单击快速访问工具栏右侧的下拉按钮，将弹出工具按钮选项菜单供用户选择。如在弹出的下拉列表框中选择“显示菜单栏”选项，可以在快速访问工具栏下方显示菜单栏，便于用户使用。

标题栏：位于窗口顶部，用于显示当前图形正在运行的程序名称及当前载入的图形文件名。如果图形文件还未命名，则标题栏中显示 Drawing1。

信息中心：信息中心可以帮用户同时搜索多个源（如帮助、新功能专题研学，网址和指定的文件）。

菜单栏：位于标题栏下方，主要包含了默认、插入、注释、参数化、视图、管理、输出、附加模块、A360、精选应用、BIM360、Performance12 个菜单项。

功能区：位于菜单栏下方，主要由选项卡和面板组成。在新建或打开文件时，会自动显示功能区，这里提供一个包括新建文件所需要的所有工具的小型面板。不同的选项卡下又集成多个面板，不同的面板上放置了大量的某一类型的工具，单击相应的命令按钮，可执行各种绘制及编辑命令，利用功能区面板上的按钮可以完成绘图过程中的大部分工作。

绘图区：窗口中央最大的空白区是绘图区，相当于一张图纸。绘图区是没有边界的，通过绘图区右侧及下方的滚动条可对当前绘图区进行上、下、左、右移动，用户可以在这张图纸上完成所有的绘图任务。

坐标系：位于绘图区的左下角，由两个相垂直的短线组成的图形是坐标系图标，它是 AutoCAD 世界坐标（WCS）和用户坐标（UCS），随着窗口内容的移动而移动。默认模式下的坐标（WCS）是二维状态（X 轴正向水平向右，Y 轴正向垂直向上），三维状态下将显示 Z 轴正向垂直平面。

命令行：位于绘图区的下方，它是 AutoCAD 与用户对话的一个区域，用户通过键盘输入命令、参数等，AutoCAD 通过命令行反馈各种信息，用户应密切关注命令行中出现的信息，并按信息提示进行相应的操作。在输入过程中，回车键和空格键一般表示提交命令，【Esc】键表示取消正在执行的命令，还可以按【F2】键打开和关闭文字命令的浮动窗口。

状态栏：位于工作界面的最下方，主要由当前光标的坐标值、辅助功能按钮、布局工具、导航工具、注释比例、当前工作空间的说明及状态栏菜单组成。

2. AutoCAD 2016 经典工作界面设置

（1）打开 AutoCAD 2016，并任意打开一个文件，使 AutoCAD 处于图纸编辑状态。

（2）单击 AutoCAD 工作界面右下角“齿轮”按钮，在弹出列表中选择“自定义”选项。

（3）在弹出的“自定义用户界面”对话框中选择窗口左上角的“传输”选项卡。

（4）在右边的窗口中单击“新文件”下拉菜单按钮，选择“打开”下载的文件“CAD 经典界面（acad.cuix）”，在右边窗口中的“工作空间”中出现“AutoCAD 经典”字样。选择“这儿有 CAD 经典界面”选项。

（5）复制“工作空间”中的“AutoCAD 经典”选项，并粘贴到左边的分裂窗口中的“工作空间”。

（6）在“自定义用户界面”对话框中，单击窗口右下角的“应用”、“确定”按钮，关闭窗口。

（7）再次单击 AutoCAD 工作界面右下角“齿轮”按钮，在弹出列表中选择“AutoCAD 经典”选项，即完成了和 AutoCAD 2010 经典用户界面一样的设置，如图 0-10 所示。

3. AutoCAD 2016 工具栏

AutoCAD 2016 提供了近 40 余种已命名的工具，每一个工具都通过形象化图标按钮表示一条 AutoCAD 命令，使用工具可以快速执行 AutoCAD 中的各种命令，一系列的工具组成了工具栏。

在默认的“草图与注释”工作空间中，工具栏处于隐藏状态。

在“AutoCAD 经典”工作空间中，已经显示一些工具栏，用户可以在工具栏上右击，在弹出的快捷菜单中选择想要隐藏或显示的工具栏，还可以通过“自定义用户界面”对话框进行管理。

打开或关闭工具栏有以下两种方法：

- 使用菜单命令打开或关闭工具栏。选择菜单栏中“工具→工具栏→AutoCAD”命令，弹出工具栏列表。单击需要打开或关闭的工具栏名称，即可在窗口打开或关闭相应的工具栏，如图 0–11 所示。
- 使用快捷菜单打开或关闭工具栏。将光标移到任意一个打开的工具栏上并右击，在弹出的快捷菜单中选择相应命令，即可在窗口打开或关闭相应的工具栏，如图 0–11 所示。

熟练掌握各个工具条的功能及用法是非常重要的，可以大大节省用户绘图的时间。

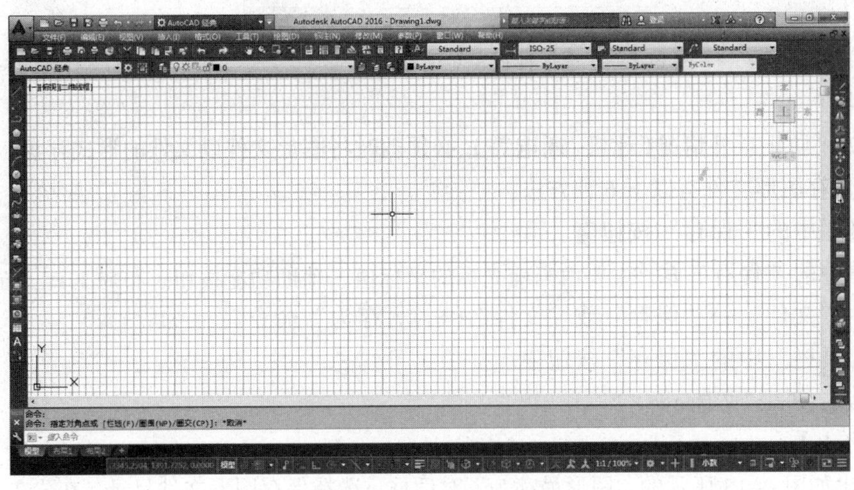

图 0–10　AutoCAD 经典工作界面

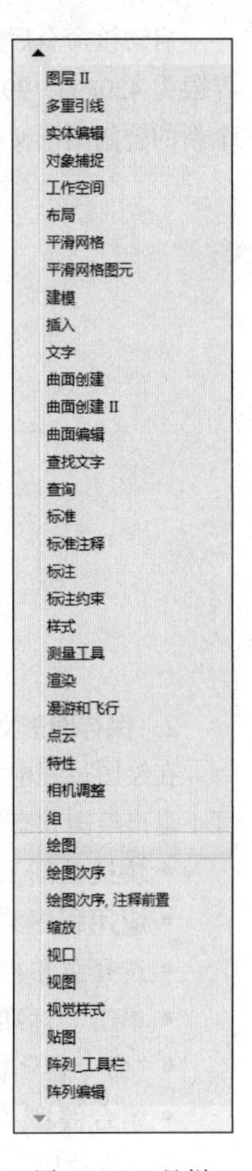

图 0–11　工具栏

0.5　AutoCAD 2016 图形文件管理

AutoCAD 2016 图形文件管理基本操作包括新建图形文件、保存图形文件、打开图形文件和关闭图形文件等。

1. 新建图形文件

在 AutoCAD 工作界面下建立一个新的图形文件，创建新图形文件有以下 6 种方法：

- 快捷访问工具栏中的“新建”按钮。
- 应用程序菜单中的“新建”命令。
- 选择菜单栏中“文件”→“新建”命令。
- 单击“标准工具栏”中的“新建”按钮。
- “命令行”输入：New↙（↙表示按【Enter】（回车）键或者【Sapace】（空格）键，后同）。
- 组合健：【Ctrl+N】。

启动该命令后，弹出如图 0–12 所示的“选择样板”对话框，选择 acadiso.dwt 样板，其绘图界限为 420mm × 297mm 的 A3 空白图纸样板文件，单击“打开”按钮，以样板文件为基础建立一个新的公制图形文件。

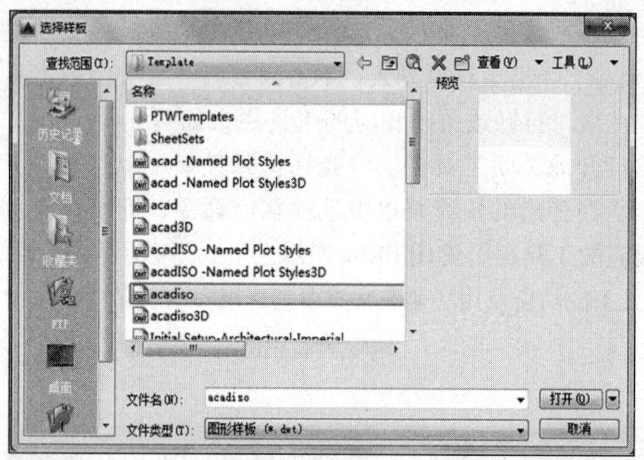

图 0–12 “选择样板”对话框

2. 保存图形文件

在绘图过程中，为了防止意外情况（死机、断电等），必须随时将图形文件以文件的形式存盘，且不退出绘图状态。保存图形文件有以下 6 种方法：

- 快捷访问工具栏中的“保存”按钮。
- 应用程序菜单中的“保存”命令。
- 选择菜单栏中“文件”→“保存”或“文件”→“另存为”命令。
- 单击“标准工具栏”中的“保存”按钮。
- “命令行”输入：Save 或 Qsave↙。
- 组合健：【Ctrl+S】。

命令启动后，弹出如图 0–13 所示的“图形另存为”对话框，选择保存图形文件目录，在“文件名”的文本框中输入文件的新名称，单击“保存”按钮，保存图形文件。

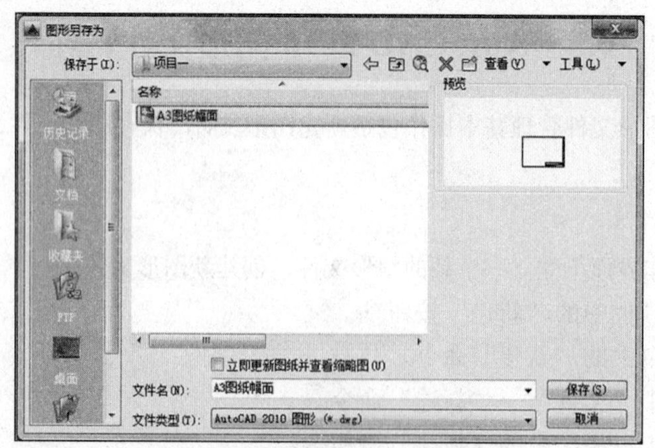

图 0–13 “图形另存为”对话框

由于 AutoCAD 高版本的文件在低版本的 AutoCAD 软件中无法打开，如果需要将 AutoCAD 2016 图形文件保存为低版本文件，可以在 AutoCAD 的“图形另存为”对话框中的“文件类型”下拉列表框中选择类型图形保存为低版本文件。如在“图形另存为”对话框中，选择“文件类型” AutoCAD 2008/LT2007 图形 (*.dwg)，单击 保存(S) 按钮，就保存为 AutoCAD 2008 的文件类型，在 AutoCAD 2008 及以上版本软件中可以打开此图形文件。

在 AutoCAD 中，除了手动保存方法以外，还提供了“自动保存”的功能。自动保存会定时地对正在编辑的图形文件进行保存处理，以方便误操作后可以找到备份文件，设置自动保存间隔时间的具体操作步骤如下：

（1）选择菜单栏中“工具”→“选项”命令。

（2）在弹出的“选项”对话框中选择“打开和保存”选项卡，在“文件安全措施”选项组中选择“自动保存”复选框，也可以在文本框中输入保存时间，单击“确定”按钮，即可自动保存时间间隔设置，如图 0-14 所示。

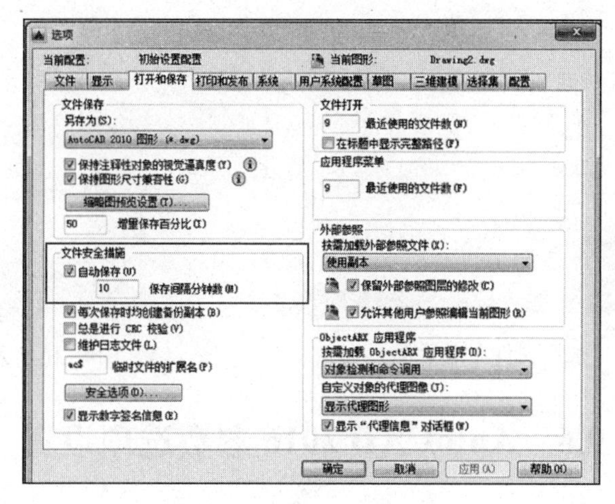

图 0-14 “选项”对话框

3. 打开图形文件

在 AutoCAD 工作界面下打开一个或多个已存盘的图形文件，对图形文件进行编辑。保存图形文件有以下 6 种方法：

- 快捷访问工具栏中的“打开”按钮。
- 应用程序菜单中的“打开”命令。
- 选择菜单栏中“文件”→“打开”命令。
- 单击“标准工具栏”中的“打开”按钮。
- “命令行”输入：Open↙。
- 组合健：【Ctrl+O】。

命令启动后，弹出如图 0-15 所示的“选择文件”对话框，选择要打开的文件后，单击“打开”按钮，打开图形文件。

在一个 AutoCAD 任务下可以同时打开多个图形文件。其方法是在“选择文件”对话框中，按【Ctrl】键的同时选中几个要打开的文件，然后单击“打开”按钮，为建筑工程图形绘制中提供了重复使用过去的设计在不同图形文件之间移动、复制图形对象及其特性操作的方便。打开多个图形文件进行编辑时，按【Ctrl+Tab】组合键可完成已打开文件间的切换。

4. 关闭图形文件

创建完图形后需要关闭 AutoCAD 图形文件，关闭图形文件有以下 4 种方法：

- 快捷访问工具栏右上角的“关闭”按钮☒。
- 应用程序菜单中的“关闭”命令。
- 选择菜单栏中“文件”→“退出”命令，可以关闭当前图形文件。
- 在绘图窗口中单击右上角的“关闭”按钮☒，可以关闭当前图形文件。

当用户想退出一个已经修改过的图形时，系统将弹出 AutoCAD 提示对话框，询问是否保存文件，用户可以根据对话框提示再次确认自己的选择，以免丢失图形文件，如图 0-16 所示。

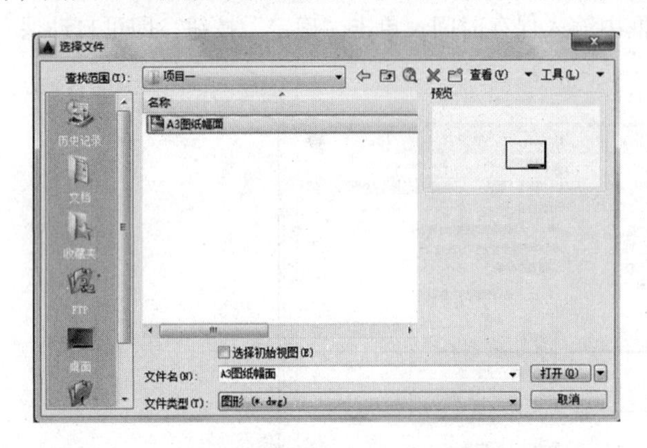

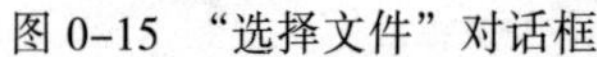

图 0-15 “选择文件”对话框

图 0-16 关闭图形文件对话框

0.6 AutoCAD 2016 参数选项设置

设置参数选项，是为了构造方便操作的绘图界面，AutoCAD 2016 最直接的方法是选择菜单栏中“工具→选项”命令，弹出如图 0-17 所示的“选项”对话框。在该对话框中设置图形显示、打开、打印和发布等参数，其主要选项卡具体内容介绍如下。

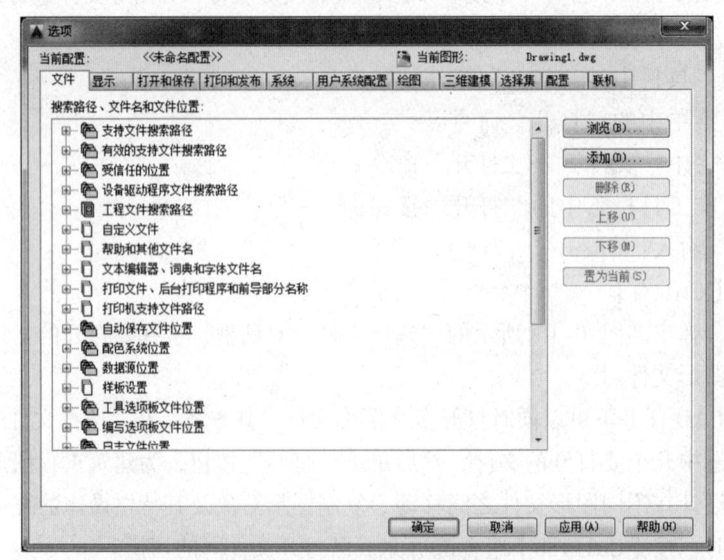

图 0-17 “选项”对话框

文件：该选项卡用于确定 AutoCAD 搜索支持文件、驱动程序文件、菜单文件和其他文件时的路径，以及用户定义的一些设置。

显示：该选项卡用于设置窗口元素、布局元素、显示精度、显示性能、十字光标大小和参照编辑的褪色度显示属性。其中最常执行的操作为改变图形窗口颜色，即单击“颜色”按钮，在弹出的“图形窗口颜色”对话框中设置各类背景颜色。

打开和保存：该选项卡用于设置是否自动保存文件以及指定保存文件时的时间间隔，是否维护日志以及是否加载外部参照等。

打印和发布：该选项卡用于设置 AutoCAD 的输出设置。默认情况下，输出设备为 Windows 打印机，但在多数情况下为输出较大幅面的图形，常使用专门的绘图仪。

系统：该选项卡用于设置当前三维图形的显示特性、设置定点设备、是否显示 OLE 特性对话框、是否显示所有警告信息、是否检查网络连接、是否显示启动对话框以及是否允许设置长符号等。

用户系统配置：该选项卡用于设置是否使用快捷菜单和对象的排序方式，以及进行坐标数据输入的优先级设置。为了提高绘图的速度，避免重复使用相同命令，通常单击“自定义右键单击”按钮，在弹出的“自定义右键单击”对话框中进行设置。

绘图：该选项卡用于设置自动捕捉、自动追踪、对象捕捉标记框的颜色和大小，以及靶框的大小。这些选项的具体设置需要配合状态栏功能操作情况而定。

三维建模：该选项卡用于对三维绘图模式下的三维十字光标、UCS 光标、动态输入光标、三维对象和三维导航等选项进行设置。

选择集：该选项卡用于设置选择集模式、拾取框大小及夹点大小等。单击“视觉效果设置”按钮，在弹出的对话框中可以设置区分其他图线的显示效果。

配置：该选项卡用于实现新建系统配置文件、重命名系统配置文件以及删除系统配置文件等操作。

学习效果评价表

项目名称							
专业		班级		姓名		学号	
评价内容	评价指标		分数	自我评价（25%）	小组评价（25%）	老师评价（50%）	得分
学习态度	出勤情况、学习主动性、语言表达、团队协作		10				
项目实施	AutoCAD 2016 的安装与卸载		20				
	AutoCAD 2016 图形文件管理		20				
	AutoCAD 2016 参数选项设置		10				
项目质量	完成软件安装并使用、完成图形文件管理操作、掌握设置绘图区颜色和光标效果的设置方法		20				
学习方法	创新思维能力、计划能力、解决问题能力		20				
教师签名		日期				成绩评定	

项目一 绘制 A3 标准图纸幅面

【学习目标】

● 知识目标

1. 掌握建筑制图规范在建筑 CAD 制图中的实际应用。
2. 熟悉 AutoCAD 工作界面及坐标知识。
3. 熟悉 AutoCAD 图形文件管理和命令执行的方法。
4. 掌握直线绘制与编辑。
5. 掌握文本的创建与输入方法。

● 能力目标

掌握 AutoCAD 绘图软件的基本操作，具有绘制 A3 标准图纸幅面、图框、标题栏、填写标题栏的操作能力及绘图技巧。

● 素质目标

培养学生认真收拾设备、摆放有序、清扫卫生的良好安全意识和爱护设备意识，具备建筑工程技术人员最基本的职业道德。

【重点与难点】

● 重点

掌握绘制 A3 标准图纸幅面的基本命令和操作技巧。

● 难点

理解坐标输入的方法，理解文本的创建与输入方法。

【学习引导】

1. 教师课堂教学指引：绘制 A3 标准图纸幅面的基本命令和操作技巧。
2. 学生自主性学习：每个学生通过实际操作反复练习加深理解，提高操作技巧。
3. 小组合作学习：通过小组自评、小组互评、教师评价，并总结绘图效果，提升绘图质量。

1.1 项目描述

本项目是根据《房屋建筑制图统一标准》（GB/T 50104—2010）规定，用 AutoCAD 绘制如图 1-1 所示 A3 标准图纸幅面及标题栏，并将其保存在计算机桌面“学号+姓名”的文件夹中。通过图幅、图框、标题栏的绘制过程，进一步熟悉 AutoCAD 绘图工作界面，掌握图形文件管理、设置绘图环境、坐标知识、图形的显示控制、绘制直线、偏移对象、修剪对象和文本创建知识，掌握基本操作命令在建筑工程制图中的应用。

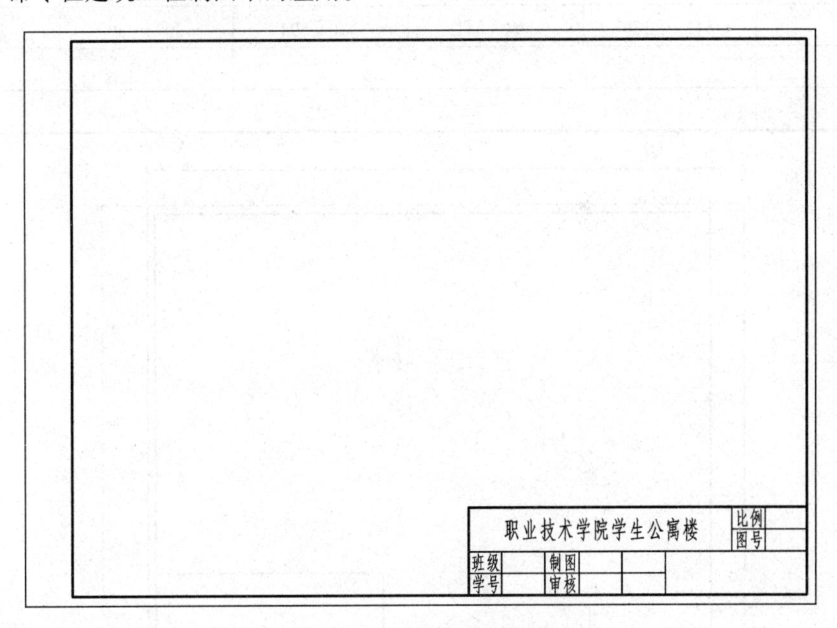

图 1-1　A3 标准图纸幅面及标题栏

1.2 知 识 平 台

1.2.1 AutoCAD 在建筑制图中的应用

AutoCAD 软件拥有强大的二维、三维绘图功能，灵活方便的编辑修改功能，规范的文件管理功能，人性化的界面设计等，现已成为国际上广为流行的绘图工具。在土木建筑工程行业中，AutoCAD已经应用到从基本规划到详细设计的各个方面，应用AutoCAD可方便地绘制建筑施工图、结构施工图和三维图形，并可快速、高效、精准标注图形尺寸，打印图形，已成为企业使用 AutoCAD 技术水平的象征，现在各土木建筑企业纷纷对聘用人员提出了 AutoCAD 绘图的技能要求。

1.2.2 建筑制图的基本规范

建筑工程图是重要的技术资料，是施工的依据。要做到图面清晰、简明，符合设计、施工、审查、存档要求，适应工程建设的需要，就要使建筑工程图样画法、尺寸标志等统一，保证制图质量，提高制图效率。

1. 图纸幅面

在绘制建筑工程图时，为了使图纸整齐，便于装订和保管，根据图面大小和比例要求，采用不同的幅面。按《房屋建筑制图统一标准》（GB/T 50104—2010）（以下简称国标）规定的幅面有 A0、A1、A2、A3、A4 五种规格。其对应图纸的幅面尺寸大小应按国家标准规定（见表 1-1）执行，表中尺寸代号的含义如图 1-2 所示。

表 1-1　幅面及图框尺寸　（mm）

尺寸代号 \ 图幅代号	A0	A1	A2	A3	A4
$b \times l$	841 × 1 189	594 × 841	420 × 594	297 × 420	210 × 297
c	10			5	
a	25				

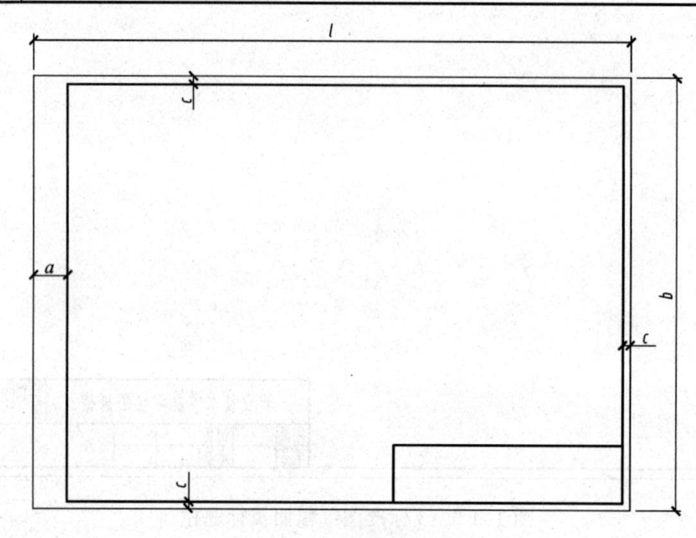

图 1-2　标准图框格式

图纸的短边尺寸不应加长，A0 ~ A3 幅面长边尺寸可加长，但应符合表 1-2 的规定。

表 1-2　图纸长边加长尺寸　(mm)

幅面代号	长边尺寸	长边加长后的尺寸
A0	1 189	1 486（A0+1/4l）　1 635（A0+3/8l）　1 783（A0+1/2l）　1 932（A0+5/8l） 2 080（A0+3/4l）　2 230（A0+7/8l）　2 378（A0+1l）
A1	841	1 051（A1+1/4l）　1 261（A1+1/2l）　1 471（A1+3/4l）　1 682（A1+1l） 1 892（A1+5/4l）　2 012（A1+3/2l）
A2	594	743（A2+1/4l）　891（A2+1/2l）　1 041（A2+1/2l）　1 041（A2+3/4l） 1 189（A2+1l）　1 338（A2+5/4l）　1 486（A2+3/2l）　1 635（A2+7/4l） 1 783（A2+2l）　1 932（A2+9/4l）　2 080（A2+5/2l）
A3	420	630（A3+1/2l）　841（A3+1l）　1 051（A2+3/2l）　1 261（A3+2l） 1 471（A3+5/2l）　1 682（A3+3l）　1 892（A3+7/2l）

注：有特殊需要的图纸，可采用 $b \times l$ 为 841mm × 891mm 与 1 189 mm × 1 261 mm 的幅面

2. 标题栏

在每幅建筑工程图中，为了方便查阅图纸，图纸右下角都有标题栏，格式应符合国标规范要求，并作为统一标识不得修改。在建筑工程设计中，一个建筑工程单位均有基本固定的图框以及标题栏。本书在 AutoCAD 图形绘制中推荐使用的标题栏格式如图 1-3 所示。

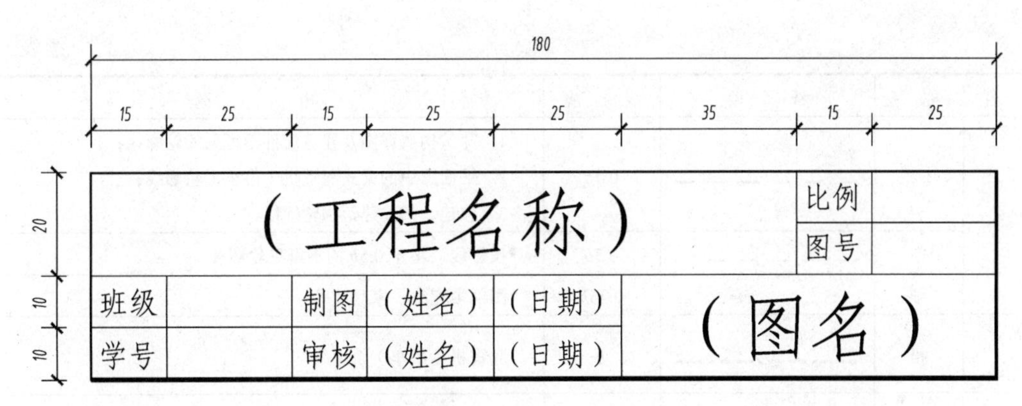

图 1-3　推荐使用的标题栏格式（尺寸单位：mm）

3. 图线

建筑工程图是由不同线型、不同粗细的线条所构成，这些图线可表达图样的不同内容，以及分清图中的主次，国标对线型及线宽作了规定。图线的宽度 *b*，宜从 1.4mm、1.0mm、0.7mm、0.5mm、0.35mm、0.25mm、0.18mm、0.13 mm 线宽系列中选取。图线宽度不应小于 0.1 mm。每个图样，应根据复杂程度与比例大小，先选定基本线宽 *b*，再选用表 1-3 中相应的线宽组。

表 1-3　线宽组　（mm）

线宽比	线宽组			
b	1.4	1.0	0.7	0.5
0.7*b*	1.0	0.7	0.5	0.35
0.5*b*	0.7	0.5	0.35	0.25
0.25*b*	0.35	0.25	0.18	0.13

注：1. 需要缩微的图纸，不宜采用 0.18 mm 及更细的线宽

2. 同一张图纸内，各不同线宽中的细线，可统一采用较细的线宽组的细线

用 AutoCAD 绘制建筑工程图时应选用表 1-4 所示的图线。

表 1-4　图线

名称		线型	线宽	用途
实线	粗	——————	*b*	1. 平、剖面 图中被剖切的主要建筑构造（包括构配件）的轮廓线； 2. 建筑立面图或室内立面图的外轮廓线； 3. 建筑构造详图中被剖切的主要部分的轮廓线； 4. 建筑构配件详图中的外轮廓线； 5. 平、立、剖面的剖切符号
	中粗	——————	0.7*b*	1. 平、剖面图中被剖切的次要建筑构造（包括构配件）的轮廓线； 2. 建筑平、立、剖面图中建筑构配件的轮廓线； 3. 建筑构造详图及建筑配件详图中的一般轮廓线
	中	——————	0.5*b*	小于 0.7*b* 的图形线、尺寸线、尺寸界线、索引符号、标高符号、详图材料做法引出线、粉刷线、保温层线、地面、墙面的高差分界线等
	细	——————	0.25*b*	图例填充、家具线、纹样线等

续表

名称		线型	线宽	用途
虚线	中粗		0.7b	1. 建筑构造详图及建筑配件不可见的轮廓线； 2. 平面图中的梁式起重机（吊车）轮廓线； 3. 拟建、扩建建筑物轮廓线
	中		0.5b	投影线、小于0.5b的不可见轮廓线
	细		0.25b	图例填充线、家具线等
单点画线	粗		b	起重机（吊车）轨道线
单点长画线	细		0.25b	中心线、对称线、定位轴线
折断线	细		0.25b	部分省略表示时的断开界线
波浪线	细		0.25b	部分省略表示时的断开界线，曲线形构件断开界限，构造层次的断开界限

注：地平线线宽可用1.4b。

用AutoCAD绘制建筑工程A3图纸的图框和标题栏线，可采用表1-5所示的线宽。

表1-5　图框线、标题栏线的宽度　（mm）

幅面代号	图框线	标题栏外框线	标题栏分格线
A0、A1	b	0.5b	0.25b
A2、A3、A4	b	0.7b	0.35b

4. 文字

建筑工程图纸上所需书写的文字、数字或符号等，均应笔画清晰、字体端正、排列整齐；标点符号应清楚正确。文字的字高，应从表1-6中选用。字高大于10 mm的文字宜采用TRUETYPE 字体。

表1-6　文字的字高　(mm)

字体种类	中文矢量字体	TRUETYPE字体及非中文矢量字体
字高	3.5、5、7、10、14、20	3、4、6、8、10、14、20

建筑工程图样及说明中的汉字，宜采用长仿宋体（矢量字体）、仿宋或黑体，同一图纸字体种类不应超过两种。

5. 比例

图样的比例，应为图形与实物相对应的线性尺寸之比。比例的符号为“:”，比例应以阿拉伯数字表示。比例宜注写在图名的右侧，字的基准线应取水平；比例的字高宜比图名的字高小一号或二号，如图1-4所示。

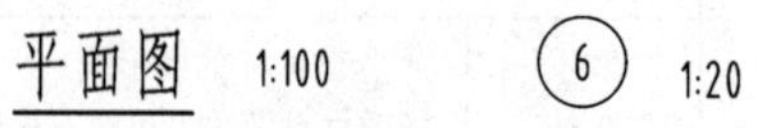

平面图 1:100　　(6) 1:20

图1-4　比例的注写

绘图所用的比例应根据图样的用途及被绘对象的复杂程度来确定，并应优先采用表1-7中常用比例。

表 1-7　绘图所用的比例

图　　名	比　　例
建筑物或构筑物的平面图、立面图、剖面图	1∶50、1∶100、1∶150、1∶200、1∶300
建筑物或构筑物的局部放大图	1∶10、1∶20、1∶25、1∶30、1∶50
配件及构造详图	1∶1、1∶2、1∶5、1∶10、1∶15、1∶20、1∶25、1∶30、1∶50

特殊情况下也可自选比例，这时除应注出绘图比例外，还必须在适当位置绘制出相应的比例尺。

建筑施工图的尺寸分为工程尺寸和制图尺寸两类。工程尺寸是指图样上有明确标注的、施工时作为依据的尺寸，如开间尺寸、进深尺寸、墙体厚度、门窗大小等。而制图尺寸是指国家制图标准规定的图纸规格，一些常用符号及线形宽度尺寸等，如定位轴线编号大小、指北针符号尺寸、标高符号尺寸、文字的高度、箭头的大小以及粗细的宽度要求等。用 AutoCAD 绘制建筑工程图，应根据其大小采用适当的比例绘制，图样的比例是指图形与实物相应要素的线性尺寸之比。采用 1:100 的比例绘图时，将所有制图尺寸扩大 100 倍。如在绘图 A3 图幅线时，输入的尺寸是 42 000 mm × 29 700 mm。而在输入工程尺寸时，按实际尺寸输入，如开间的尺寸是 3 600 mm，就直接输入 3 600，这与手工绘图正好相反。

1.2.3　坐标知识

不管绘制的是什么图形，必须首先了解坐标的概念，其位置都是由其在某坐标系中的坐标决定的。在 AutoCAD 2016 中，坐标系分为世界坐标系（WCS）和用户坐标系（UCS）两种。

1. 世界坐标系

世界坐标系（WCS）是 AutoCAD 默认的固定坐标系，在 WCS 中，*X* 轴为水平方向，*Y* 轴为垂直方向，*Z* 轴垂直于 *XY* 平面。原点是图形左下角 *X* 轴和 *Y* 轴的交点（0,0）。图形中的任何一点都可以用相对于其原点（0,0）的距离和方向来表示。

2. 用户坐标系

用户坐标系（UCS）是 AutoCAD 的另一种坐标系，是由用户相对于世界坐标系（WCS）而建立的，因此用户坐标系（UCS）可以移动、旋转，用户可以设定屏幕上的任意一点为坐标原点，也可指定任何方向为 *X* 轴的正方向。

3. 坐标输入方法

在绘制建筑工程图实际应用中，精确定位点对绘制精确对象特别重要，使用坐标系就可以精确地确定某一点的位置。在世界坐标系中，AutoCAD 提供了以下 4 种输入方式：

（1）绝对直角坐标

在二维空间中，是从坐标原点出发的沿 *X* 轴和 *Y* 轴的位移（*Z* 轴坐标值为 0）。可以使用分数、小数和科学记数等形式表示点的 *X* 轴和 *Y* 轴坐标值，坐标间用逗号隔开。例如，点的坐标为（15,50），表示该点在 *X* 轴正方向 15 个单位与 *Y* 轴正方向 50 个单位的位置上。

（2）相对直角坐标

相对于当前点的位移，或距离和角度的方法来输入新点。AutoCAD 规定，所有相对坐标的前面添加一个@号，用来表示与绝对直角坐标的区别。例如，一点的坐标值为（5,9,11），如果在“命令行”输入：@6,18,-30，那么该点的绝对坐标值为（11,27,-19）。

（3）绝对极坐标

绝对极坐标是将点看成相对原点在某一方向一定距离的位移。用极坐标表示点的位置需要用距离和角度两个单位。例如，点的极坐标为 30<45，表示该点距坐标原点的距离为 30，该点与坐标原点的连线和 *X* 轴正向的夹角为 45°。

（4）相对极坐标

相对极坐标输入各参数的意义与绝对极坐标相同，所有相对极坐标的前面添加一个@号。例如，@10<30 表示距当前点的距离为 10 个单位，与 *X* 轴夹角为 30° 的点。

4. 控制坐标的显示

在绘图区域中移动光标的十字指针时，状态栏中将动态地显示当前指针的坐标。在 AutoCAD 中，坐标显示取决于所选择的模式和程序中运行的命令，有以下 3 种方式：

- 模式 0，“关” -1235.0467, -1413.9568, 0.0000：显示上一个拾取点的绝对坐标。此时，指针坐标不能动态更新，只有在拾到新点时，显示才会更新。但是，如果从键盘输入一个新点坐标，将不会改变该显示方式。
- 模式 1，“绝对” 533.0589, -1395.8398, 0.0000：显示光标的绝对坐标，这个值是动态更新的，系统默认是打开的。
- 模式 2，“相对” 2256.2413<24, 0.0000：显示一个相对极坐标。选择这个方式时，若当前处在拾取点状态，系统就会显示光标所在位置相对于上一个点的距离和角度。若离开拾取点状态时，系统将自动恢复到模式 1。

1.2.4 设置绘图环境

利用 AutoCAD 绘制建筑工程图，一般根据建筑物体的实际尺寸来绘制图纸。在绘制建筑工程图前需要选择绘图单位，设置图形的界限，才能绘制精确的工程图，并按合适的比例尺打印成为图纸。

1. 设置绘图单位

图形的单位和格式是建筑工程图读图的基本知识。在 AutoCAD 绘图中，可以采用 1∶1 比例因子绘制图形，正确的绘图及打印输出需掌握绘图单位的设置。设置绘图单位有以下 2 种方法：

- 选择菜单栏中“格式”→“单位”命令。
- “命令行”输入：Units↙。

命令启动后，打开如图 1-10 所示的“图形单位”对话框，在“长度”选项组中选择“类型”和“精度”选项。通常选择长度类型为“小数”，精度选择为“0”。角度单位一般不做修改。单击对话框下方“方向”按钮，打开如图 1-11 所示的“方向控制”对话框，默认起始方向为东，角度逆时针为正，通常使用默认设置。

2. 设置图形界限

在 AutoCAD 绘制建筑工程图时，通常根据建筑物体的实际尺寸来绘制图形，因此需要设定图纸的界限，主要是为图形确定一个图纸的边界。设置图形界限有以下 2 种方法：

- 选择菜单栏中“格式”→“图形界限”命令。
- “命令行”输入：Limits↙。

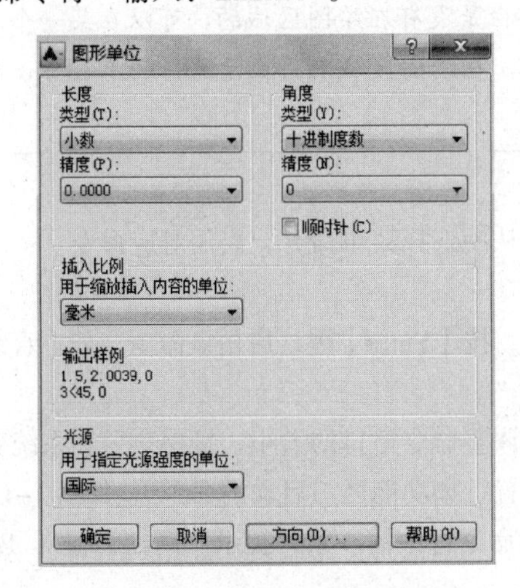

图 1-10 “图形单位”对话框

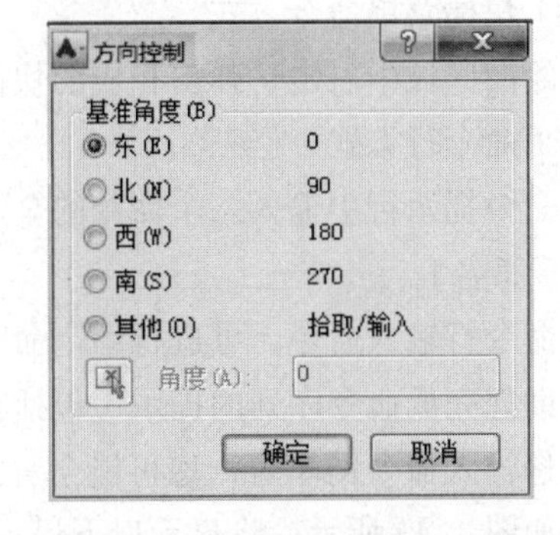

图 1-11 “方向控制”对话框

【操作示例 1-1】

设置一张 A3（420 mm × 297 mm）图纸的图形界限，操作步骤如下：

```
命令：limits↙
重新设置模型空间界限：
指定左下角点或[开(ON)/关(OFF)]<0.0000,0.0000>:↙      (默认左下角点为坐标原点 0,0)
指定右上角点<420.0000,297.0000>:↙                    (默认右上角点为 420，297)
```

设置完成后，通过单击状态栏“栅格”按钮查看。

> **技巧**
>
> 在设置图形界限过程中，输入的 *X* 和 *Y* 坐标之间的逗号为半角英文符号，必须在英文输入状态下才有效。

1.2.5 命令的执行方式

命令是 AutoCAD 系统的核心，用户执行的每一个操作都需要启用相应的命令。在绘制建筑工程图时，命令告诉 AutoCAD 要执行何种操作，然后 AutoCAD 响应命令并给出提示信息，命令的提示信息告诉用户当前系统的状态或给出一些选项供用户选择。

> **技巧**
>
> AutoCAD 2016 在命令行输入命令首字母，会同时显示多个相关命令候选。鼠标移动到命令位置悬停下，会有命令操作提示及解释。

1. 执行命令

（1）菜单命令方式

选择菜单中的某一菜单项，启用对应的命令。如：菜单“视图”→“缩放”。

（2）工具按钮方式

单击某一工具栏上的某一按钮，启用对应的命令。如：“绘图”工具栏中的“直线”按钮⟋。

提示

在 AutoCAD 2016 工作界面中，有些工具栏是没有在绘图区域的，可以在某一个工具栏上右击，在打开的对话框中单击需要的工具栏，在绘图区域上将显示选择的工具栏，从中启用对应命令即可。

（3）快捷菜单命令方式

在绘图区域中右击，弹出相应的快捷菜单，从中选择菜单命令，启用对应命令。

（4）命令行方式

在命令提示行中输入一个命令的全名或简名，按【Enter】键，启用该命令。如：直线命令全名 line，简名 l。

在命令行输入命令，可进行固定命令窗口、调整命令窗口的大小、接受命令和系统变量，并显示帮助您完成命令序列的提示（包括在其他位置（如功能区）启动的命令），如图 1–12 所示。

在您输入命令回车后，您可能会看到显示在命令行中的一系列提示。例如，输入 PLINE 回车后，如图 1–13 所示，将显示以下提示：

PLINE 指定下一点或 [圆弧(A)□半宽(H)□长度(L)□放弃(U)□宽度(W)]：

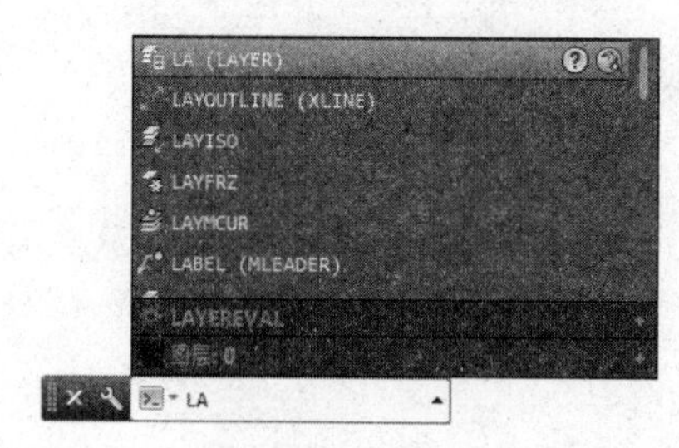

图 1–12　命令行

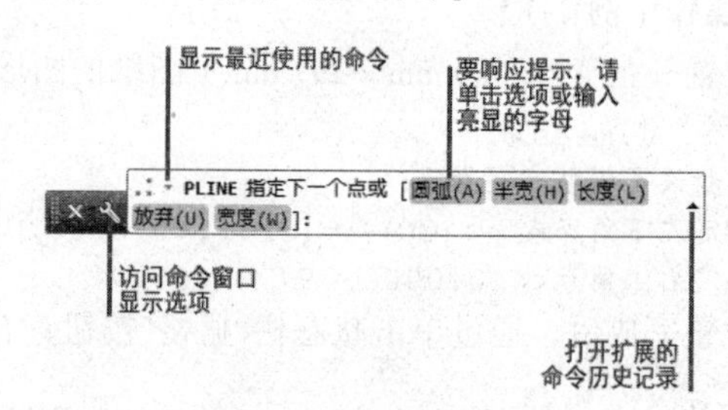

图 1–13　命令行提示

技巧

在 AutoCAD 2016 中，可在命令前键入连字符“-”来限制显示对话框，而代之以命令行提示。例如，在命令行输入“layer”将显示图层特性管理器。在命令行键入“-layer”则显示等价的命令行选项。

（5）动态输入命令方式

辅助工具栏中动态输入处于启用状态时，输入一个命令的全名或简名，按【Enter】键，启用该命令。

技巧

当动态输入命令处于启用状态时，工具提示将在光标附近动态显示更新信息。当命令正在运行时，可以在工具提示文本框中指定选项和值。

2．取消正在执行的命令

在绘图过程中，可以随时按【Esc】键取消当前正在执行的命令，也可以在绘图窗口内右击，在弹出的快捷菜单中选择“取消”命令，取消正在执行的命令。

3. 重复执行命令

当需要重复执行某个命令时，可以直接按【Enter】键、【Space】键重复执行命令，或在绘图区域右击，在弹出的快捷菜单中选择“重复执行”命令；也可以在命令行中右击，在显示快捷菜单中的“近期使用的命令”子菜单中列出了最近使用过的 6 个命令，从中选择一个命令执行。

4. 放弃已经执行命令

用户在绘图过程中，当出现一些错误而需要取消前面执行的一个或多个操作时，可以执行放弃命令，放弃已经执行的命令有以下 5 种方法：

- 快捷访问工具栏中的“放弃”按钮。
- 选择菜单栏中“编辑”→“放弃”命令。
- 单击“标准”工具栏中的“放弃”按钮。
- “命令行”输入：undo（快捷键命令 U）↙。
- 组合健：【Ctrl+Z】。

技巧

在命令行输入：undo，按【Enter】键，在命令提示窗口中输入相应的数字（如想要放弃最近的 5 次操作，可先输入“5”），然后按【Enter】键。

5. 恢复已经放弃命令

用户在绘图过程中，当放弃一个或多个操作后，又想重做这些操作，将图形恢复到原来的效果，这时可以“重做”恢复被上一步“放弃”的命令，恢复已经放弃的命令有以下 5 种方法：

- 快捷访问工具栏中的“放弃”按钮。
- 选择菜单栏中“编辑”→“重做”命令。
- 单击“标准”工具栏中的“重做”按钮。
- “命令行”输入：redo↙。
- 组合健：【Ctrl+Y】。

1.2.6 图形的显示控制

AutoCAD 系统提供了强大的图形显示控制功能，在绘制建筑工程图时，图形显示的大小及所在位置往往不能满足观察的要求，这时需要对显示内容进行适当的缩放和平移，用户可随时调整图形的显示状态来提高绘图效率。

1. 图形的显示缩放

AutoCAD 绘图区域上是通过放大来显示图形的局部细节，或通过缩小图形来观看全貌，但并不改变图形的实际尺寸。启动图形的显示缩放有以下 4 种方法：

- 选择菜单栏中“视图”→“缩放”命令。
- 单击“标准”工具栏中的“缩放”按钮。
- “命令行”输入：zoom（或 z）↙。
- 鼠标右键快捷方式：选择“缩放”命令。

（1）实时缩放

单击“标准”工具栏中的按钮用于实现图形的实时缩放。AutoCAD 会在绘图区域上显示出一个放大镜式的光标，可以滚动鼠标中间滚轮，垂直向上移动光标来放大图形，垂直向下移动光标来缩小图形。如果按【Esc】或【Enter】键，可结束缩放操作；如果右击，则会弹出一个如图 1-14 所示的快捷菜单供用户选择。

（2）窗口缩放

单击“标准”工具栏中的按钮可实现窗口缩放操作。AutoCAD 会在绘图区域上显示出一个放大镜式的光标，用光标拖出一个矩形选择图形对象，单击可以将所指定矩形窗口区域中的图形放大，使其充满显示绘图区域。单击并按住窗口缩放按钮，可以打开如图 1-15 所示的 9 种调整视图显示的命令按钮，它们和“缩放”工具栏中的命令按钮相同。

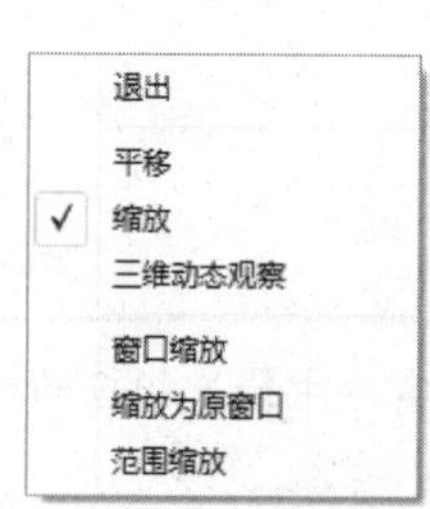

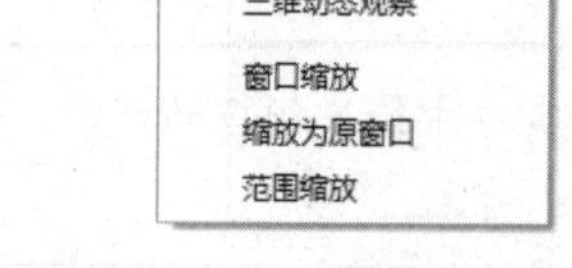

图 1-14　实时缩放鼠标右键快捷菜单

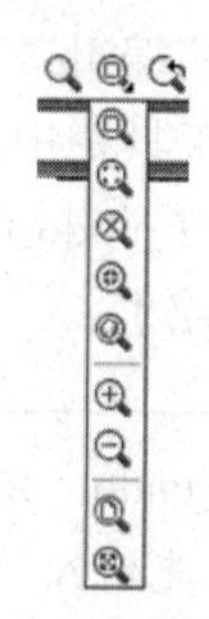

图 1-15　窗口缩放按钮

（3）缩放上一个

单击“标准”工具栏中的按钮用于恢复上一次显示的图形。

（4）zoom 命令

“命令行”输入：zoom（或 z），按【Enter】键或【Space】键后，命令提示：

指定窗口的角点，输入比例因子 (nX 或 nXP)，或者
[全部(A)/中心(C)/动态(D)/范围(E)/上一个(P)/比例(S)/窗口(W)/对象(O)] <实时>:

① 用鼠标单击绘图区域内某一点（指定窗口的角点）可以拖曳出某一窗口，对窗口区域图形进行缩放。

② 分别输入（输入比例因子）“2X”、“2XP”、“2”，按【Enter】键后分别实现将对象在模型空间显示放大 2 倍；在图纸空间放大 2 倍（在图纸空间内有效）；相对绘图界限放大 2 倍。

③ 在命令提示行输入（[全部(A)/中心(C)/动态(D)/范围(E)/上一个(P)/比例(S)/窗口(W)/对象(O)] <实时>）该命令后面的英文字母进行缩放。

【全部(A)】：当图形没有超出图形界限，如 A3 图纸（420 mm × 297 mm），缩放到整个图形绘图区域；当图形超出图形界限，缩放全部图形对象到绘图区域。

【中心(C)】：在需要放大的图形中间位置上单击，确定放大显示的中心点，再绘制一条垂直线段来确定需要放大显示高度，图形将按照所绘制的高度被放大并充满整个绘图区域。

【动态(D)】：表示用一个代表用户视窗的视图方框来显示缩放后的图形。

【范围(E)】：绘图窗口中将显示全部图形对象，且与图形界限无关。

【上一个(P)】：显示当前视图的上一个视图，连续使用该选项最多可恢复前 10 个视图。

【比例(S)】：输入一个比例因子对视图进行缩放显示。

【窗口(W)】：输入一个矩形框的两个对角点来确定新的显示区域充满整个绘图区域。

【对象(O)】：尽可能大地显示一个或多个对象并使其位于绘图区域的中心。

【实时】：根据用户需要随意放大或缩小图形。按【Esc】或【Enter】键退出，或右击显示快捷菜单。

2．图形的显示移动

在绘制图形过程中，使用平移命令在不改变图形缩放比例的情况下移动整个图形，就像是移动整张图纸，使图形位置随意改变，方便用户更快捷地观察和编辑图形的不同部位。启动图形移动有以下 4 种方法：

- 选择菜单栏中“视图”→“平移”命令。
- 单击“标准”工具栏中的“平移”按钮。
- “命令行”输入：pan（或 p）↙。
- 鼠标右键快捷方式：选择“平移”命令。

启动该命令后，绘图区域上的十字光标变成一只小手，按住鼠标左键拖动，当前绘图区域中的图形将随光标移动方向移动。在执行任何命令的时候，按住鼠标中间滚轮都可以实现图形平移。

1.2.7　绘制直线

直线在图形中是最基本的图形对象。在 AutoCAD 中调用直线命令后，选择正确的终点顺序，就可以绘制一系列首尾相接的直线段，是建筑工程绘图中最简单最常用的绘图命令。启动绘制直线命令有以下 3 种方法：

- 选择菜单栏中“绘图”→“直线”命令。
- 单击“绘图”工具栏中的“直线”按钮。
- “命令行”输入：line（或 l）↙。

【操作示例 1-2】

用直线工具绘制 A3 图纸图幅，绘制如图 1-16 所示的图形，操作步骤如下：

```
命令：l↙
LINE 指定第一点:                              (在绘图区域适当位置拾取一点，作为矩形的左下角点)
LINE 指定下一点或[放弃(U)]:@420,0↙            (相对直角坐标，绘制位于下方的水平边)
LINE 指定下一点或[放弃(U)]:@297<90↙           (相对极坐标，绘制右垂直边)
LINE 指定下一点或[闭合(C)/放弃(U)]:@-420,0↙   (相对直角坐标，绘制位于上方的水平边)
LINE 指定下一点或[闭合(C)/放弃(U)]:C↙         (封闭矩形，即绘制左垂直边，结束命令)
```

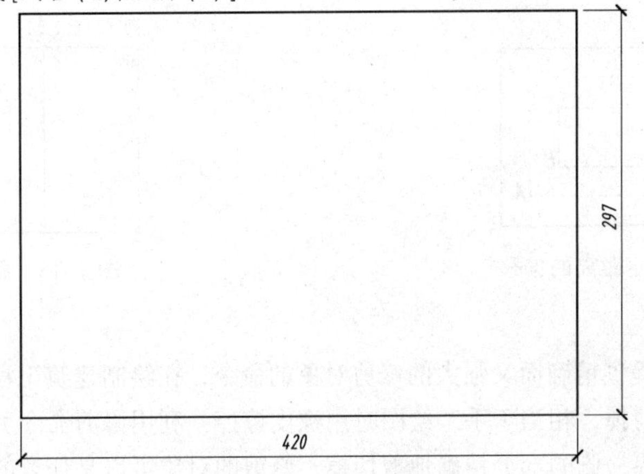

图 1-16　A3 图纸图幅

1.2.8 编辑直线

1. 偏移复制直线

利用偏移命令可以在指定的位置点或距离生成与原对象类似的新对象。在 AutoCAD 中，该命令常用于创建平行线、同心圆和等距曲线，但多线、图块等就不适应。启动偏移命令有以下 3 种方法：

- 选择菜单栏中“修改”→“偏移”命令。
- 单击“修改”工具栏中的“偏移”按钮。
- “命令行”输入：offset（或 o）↙。

【操作示例 1-3】

（1）指定距离的方式来确定偏移，指定矩形 *A* 分别到矩形 *B*、*C* 的偏移复制图形，如图 1–17 所示。

```
命令:o↙
OFFSET 当前设置: 删除源=否  图层=源  OFFSETGAPTYPE=0
OFFSET 指定偏移距离或 [通过(T)/删除(E)/图层(L)] <通过>:80↙    (输入偏移距离值 80)
OFFSET 选择要偏移的对象, 或 [退出(E)/放弃(U)] <退出>:        (单击图 1-17 所示矩形 A 点)
OFFSET 指定要偏移的那一侧上的点, 或 [退出(E)/多个(M)/放弃(U)] <退出>: m ↙
                                                        (选择“多个”偏移复制对象)
OFFSET 指定要偏移的那一侧上的点, 或 [退出(E)/放弃(U)] <下一个对象>:
                                          (单击矩形 A 内部 B 点, 得到偏移复制矩形 B)
OFFSET 指定要偏移的那一侧上的点, 或 [退出(E)/放弃(U)] <下一个对象>:
                                          (单击矩形 A 外部 C 点, 得到偏移复制矩形 C)
OFFSET 选择要偏移的对象, 或 [退出(E)/放弃(U)] <退出>:↙      (按【Enter】键结束命令)
```

（2）通过点的方式来确定偏移，将矩形垂直线 1 偏移复制为直线 *A*、垂直线 2 偏移复制为直线 *B*，如图 1–18 所示。

```
命令:o↙
当前设置: 删除源=否  图层=源  OFFSETGAPTYPE=0
OFFSET 指定偏移距离或 [通过(T)/删除(E)/图层(L)] <通过>: t↙   (选择“通过”选项)
OFFSET 选择要偏移的对象, 或 [退出(E)/放弃(U)] <退出>: (单击图 1-18 所示左侧垂直线 1)
OFFSET 指定通过点或 [退出(E)/多个(M)/放弃(U)] <退出>: (单击捕捉 A 点, 得到偏移直线)
OFFSET 选择要偏移的对象, 或 [退出(E)/放弃(U)] <退出>: (单击图 1-18 所示右侧垂直线 2)
OFFSET 指定通过点或 [退出(E)/多个(M)/放弃(U)] <退出>: (单击捕捉 B 点, 得到偏移直线)
OFFSET 选择要偏移的对象, 或 [退出(E)/放弃(U)] <退出>:↙(按【Enter】键结束命令)
```

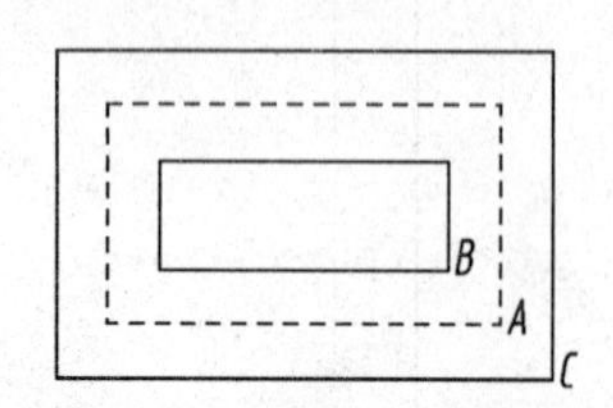

图 1–17　指定距离的偏移

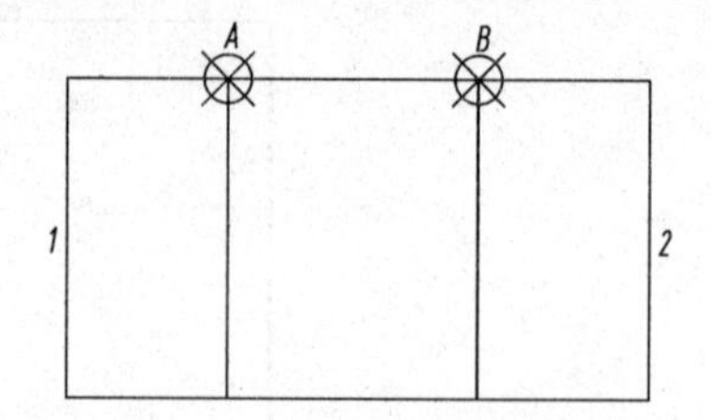

图 1–18　指定通过点的偏移

2. 修剪直线

AutoCAD 给用户提供精确而又强大的修剪对象的命令，在绘制建筑工程图中，经常会把一些超出边界的对象部分剪掉，相当于手工绘图时用橡皮擦掉。利用修剪命令可将选定的一个或多个对象，在指定修剪边界一侧的部分精确地剪切掉，修剪的对象可以是任意的平面线条。启动修剪命令有以下 3 种方法：

- 选择菜单栏中“修改”→“修剪”命令。
- 单击“修改”工具栏中的“修剪”按钮 。
- “命令行”输入：trim（或 tr）↙。

提示

修剪命令只能修剪图形相交的对象。

【操作示例 1-4】

（1）逐一修剪对象，修剪如图 1-19 所示的图形。

命令：tr↙
选择剪切边...选择对象或 <全部选择>:↙　　　　（按【Enter】键）
选择要修剪的对象，或按住 Shift 键选择要延伸的对象，或
[栏选(F)/窗交(C)/投影(P)/边(E)/删除(R)/放弃(U)]：（选中图 1-19 中 1、2、3、4、5、6 各直线）
选择要修剪的对象，或按住 Shift 键选择要延伸的对象，或
[栏选(F)/窗交(C)/投影(P)/边(E)/删除(R)/放弃(U)]：↙（按【Enter】键结束命令）

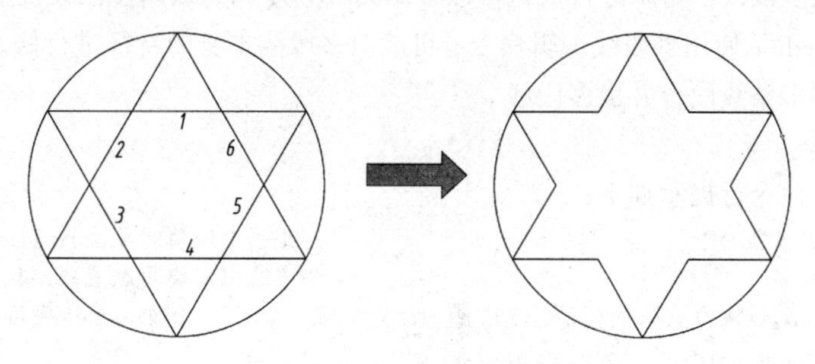

图 1-19　逐一修剪多余对象

（2）成批修剪对象，修剪如图 1-20 所示的图形。

命令：tr↙
选择剪切边...选择对象或 <全部选择>:　　　　（选中图 1-20 中直线 1，按【Enter】键）↙
选择要修剪的对象，或按住 Shift 键选择要延伸的对象，或
[栏选(F)/窗交(C)/投影(P)/边(E)/删除(R)/放弃(U)]：（框选图中所示虚线选中的对象后释放）
选择要修剪的对象，或按住 Shift 键选择要延伸的对象，或
[栏选(F)/窗交(C)/投影(P)/边(E)/删除(R)/放弃(U)]：↙　　　　（按【Enter】键结束命令）

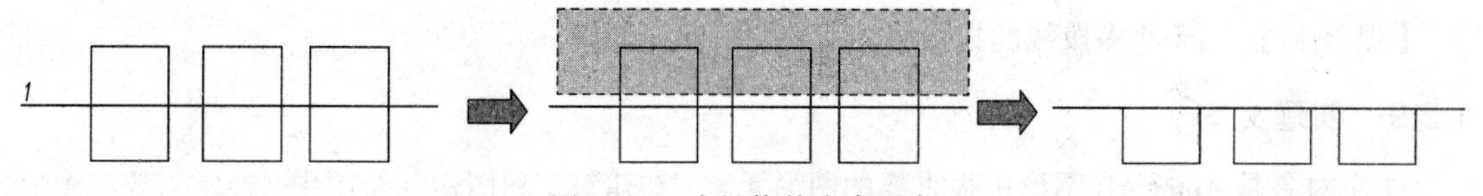

图 1-20　成批修剪多余对象

（3）延伸修剪对象，修剪如图 1-21 所示的图形。

命令：tr↙
选择剪切边...选择对象或 <全部选择>：找到 1 个　　　　（选中图 1-21 中虚线 1 的对象）
选择对象：↙　　　　（按【Enter】键）
选择要修剪的对象，或按住 Shift 键选择要延伸的对象，或
[栏选(F)/窗交(C)/投影(P)/边(E)/删除(R)/放弃(U)]：e ↙（选择“边”选项，按【Enter】键）

输入隐含边延伸模式 [延伸(E)/不延伸(N)] <延伸>:↙　　　　（直接按【Enter】键）
选择要修剪的对象，或按住 Shift 键选择要延伸的对象，或
[栏选(F)/窗交(C)/投影(P)/边(E)/删除(R)/放弃(U)]：指定对角点：
（框选图 1-21 中 2 对象上位于 1 对象上方部分后释放）
选择要修剪的对象，或按住 Shift 键选择要延伸的对象，或
[栏选(F)/窗交(C)/投影(P)/边(E)/删除(R)/放弃(U)]：↙　　　　（按【Enter】键结束命令）

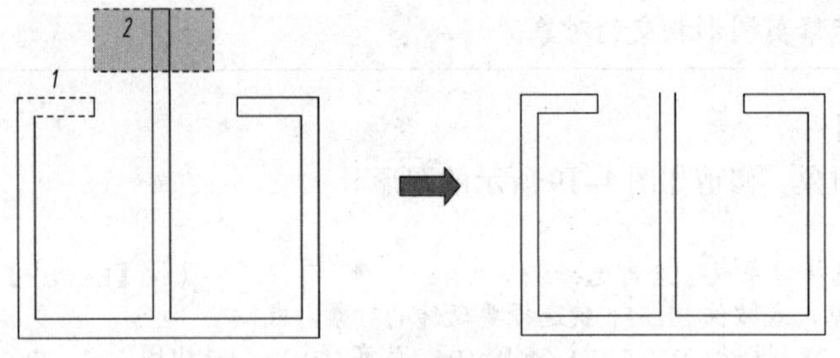

图 1-21　延伸修剪多余对象

3. 修改直线线宽

将直线转换为多段线，再来进行线宽修改。AutoCAD 专门为编辑多段线提供了一个命令，即多段线编辑命令 Pedit。使用多段线编辑命令，可能对多段线本身的特征进行修改，也可以把单一独立的首尾相连的多条线段合并成多段线。

命令：pedit↙

启动命令后，命令行提示如下：

选择多段线或 [多条(M)]：↙　　　　（选中编辑对象，按【Enter】键）
选择对象：　　　　（选中需要更改直线线段按【Enter】键）
是否将直线和圆弧转换为多段线？[是(Y)/否(N)]？<Y> y↙　　（输入 y 转换为多段线）

选择的直线转换为多段线，命令行提示如下：

PEDIT 输入选项 [闭合(C)/打开(O)/合并(J)/宽度(W)/拟合(F)/样条曲线(S)/非曲线化(D)/线型生成(L)/放弃(U)]：

命令行提示主要选项的作用及含义如下：

【闭合(C)】：用于形成闭合的多段线，即将选定的最后一点与多段线的起点连起来。

【打开(O)】：用于打开封闭的多段线，删除多段线的封闭段。

【合并(J)】：用于合并直线段、圆弧或者多段线，使所选对象成为一条多段线。

【宽度(W)】：用于修改多段线的线宽。

【拟合(F)】：用于将多段线的拐角用光滑的圆弧曲线连接。

1.2.9　创建文本

文字对象是 AutoCAD 图形中很重要的图形元素。在建筑工程图实际绘图中，经常需要在图形中增加一些注释性的说明，把文字和图形结合在一起来表达完整的图样。

1. 文字样式的创建

文字样式用于设置图形中所用文字的字体、高度和宽度等系数。AutoCAD 图形中的所有文字都有与之相关联的文字样式，在一幅图形中可以创建多种文字样式，用于管理不同对象的文字注释和标注。默认情况下使用的文字样式为系统提供的 Standard 样式，根据建筑工程绘图的要求可以创建一种新的文字样式。文字样式创建命令有以下 4 种方法：

• 选择菜单栏中“格式”→“文字样式”命令。
• 单击“样式”工具栏中的“文字样式”按钮。
• 单击“文字”工具栏中的“文字样式”按钮。
•“命令行”输入：style（或 st）↙。

启动“文字样式”命令后，系统将弹出如图 1-22 所示的“文字样式”对话框，由于 AutoCAD 系统默认的字体名为“txt.shx”，不符合国标规定图样中的字体使用长仿宋体的要求，用户可以从中创建或调用已有的文字样式。

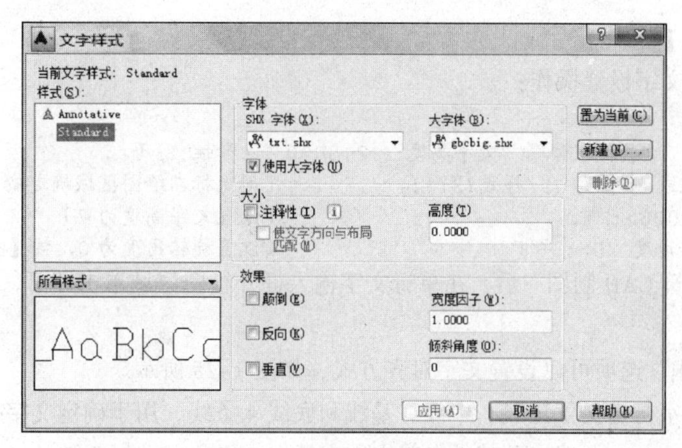

图 1-22　“文字样式”对话框

① 单击“文字样式”对话框中“新建”按钮，打开如图 1-23 所示的“新建文字样式”对话框，在“样式名”文本框中输入“长仿宋体”，单击“确定”按钮，返回“文字样式”对话框。

图 1-23　“新建文字样式”对话框

② 在“SHX 字体”下拉列表中选择“T 仿宋”，设置“宽度因子”为“0.7”，其余采用默认设置，如图 1-24 所示。单击“应用”按钮，再单击“关闭”按钮结束命令，完成设置。

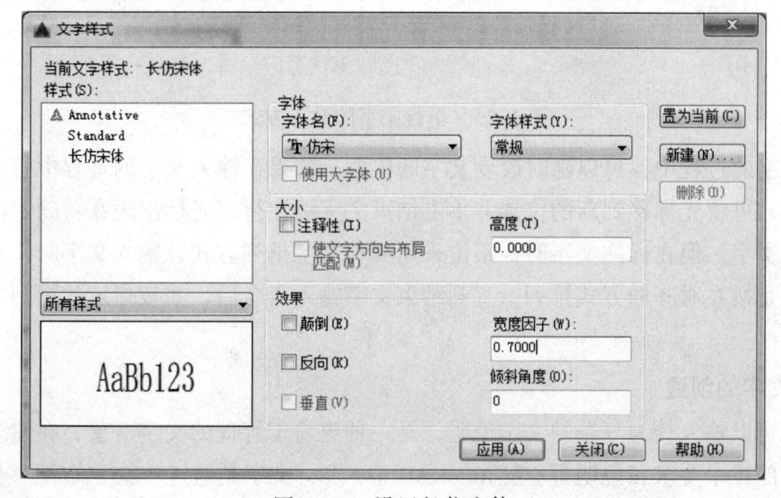

图 1-24　设置长仿宋体

2. 单行文字的创建

创建文字内容比较简短的文字对象是“单行文字”命令，以单行方式输入文字，每一行文字的位置可随时用光标确定，同一命令输入的每一行都是一个独立的实体。创建单行文字的命令有以下 3 种方法：

- 选择菜单栏中“绘图”→“文字”→“单行文字”命令。
- 单击“文字”工具栏中的“单行文字”按钮A|。
- “命令行”输入：dtext（或 dt）↙。

【操作示例 1-5】

进行如下单行文字设置操作：

命令：dt↙
当前文字样式：“长仿宋体” 文字高度：2.5000 注释性：否
指定文字的起点或 [对正(J)/样式(S)]：（用光标在绘图区域确定输入文字的起点）
指定高度 <2.5000>：7↙（设置文字高度为 7）
指定文字的旋转角度 <0>：↙（设置旋转角度为 0，按【Enter】键）

输入文字“建筑 CAD 制图”后，在单行文字输入框外绘图区域单击即可，按【Esc】键结束，退出命令。

其中“[对正(J)]”选项可以设置文字对齐方式，如图 1-25 所示。

AutoCAD 为文字行定义了项线、中线、基线和底线 4 条线，用于确定文字行的上下位置，同时用文字行在基线的左、右端点及其中点确定文字行在水平方向的对正点。

指定文字的起点或 [对正(J)/样式(S)]：j↙
输入选项 [对齐(A)/调整(F)/中心(C)/中间(M)/右(R)/左上(TL)/中上(TC)/右上(TR)/左中(ML)/正中(MC)/右中(MR)/左下(BL)/中下(BC)/右下(BR)]：

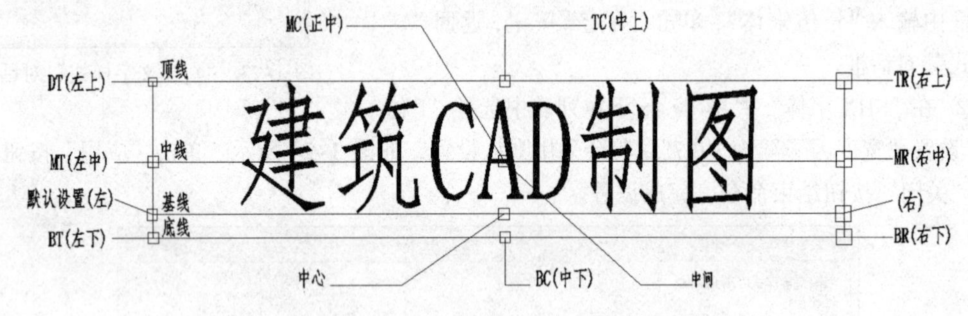

图 1-25 单行文字的对正方式

在输入文字的过程中，可以随时改变文字的位置。如果在输入文字的过程中想改变后面输入的文字的位置，可将光标移到新的位置并单击结束文字标注行，光标出现在新确定位置后，可以在此继续输入文字。但在标注文字时，不论采用哪种文字排列方式，输入文字时，在绘图区域上显示的文字都是按左对齐的方式排列，直到结束文字输入命令后，才按指定的排列方式重新生成文字。

3. 多行文字的创建

多行文字可以输入较为复杂的文字说明，是一种更易于管理的文字对象，在建筑工程图绘制中常用于图样的技术要求和说明等。在 AutoCAD 中，多行文字是通过“多行文字”编辑器实现的。创建多行文字的命令有以下 3 种方法：

- 选择菜单栏中“绘图”→“文字”→“多行文字”命令。
- 单击“文字”工具栏中的“多行文字”按钮A。
- “命令行”输入：mtext（或 mt）↙。

启动该命令后，在绘图区域中指定一个用来放置多行文字的矩形区域，将打开如图 1-26 所示“文字格式”工具栏和文字输入窗口。“文字格式”工具栏从左向右依次为文字样式、字体、字高、加粗、倾斜、下画线、撤销、分式、着色、标尺、确定和选项等。文字输入窗口主要用来输入文字、编辑文字等。

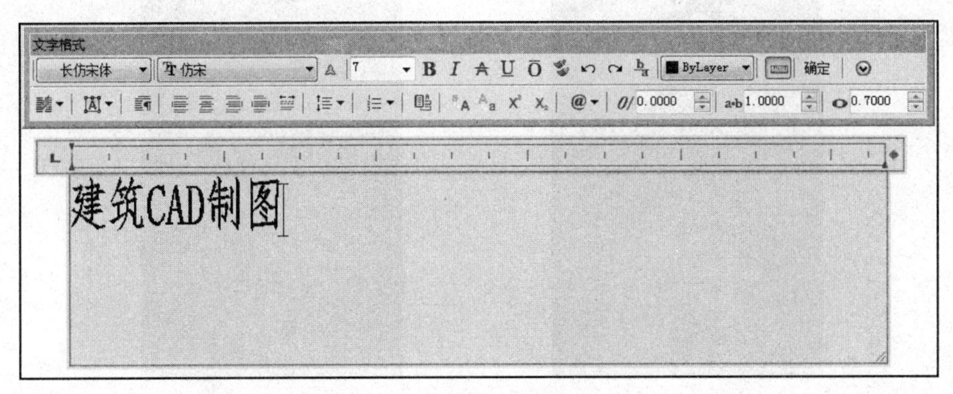

图 1-26　多行文字编辑器

【操作示例 1-6】

命令：mt↙
MTEXT 当前文字样式："长仿宋体"　文字高度：7　注释性：否
指定第一角点：　（根据输入文字的位置，用鼠标单击指定第一个角点）
指定对角点或 [高度(H)/对正(J)/行距(L)/旋转(R)/样式(S)/宽度(W)/栏(C)]：
（根据输入文字的位置，用鼠标单击指定第二角点）

在“多行文字”编辑器中输入文字，单击“确定”按钮，完成多行文字输入。

4. 编辑文字

对输入的文字可以编辑属性或者文字内容，下面介绍两种常用的方法。

（1）编辑文字命令修改方式

- 选择菜单栏中“修改”→“对象”→“文字”→“编辑”命令。
- 单击“文字”工具栏中的“编辑文字”按钮A/。
- “命令行”输入：ededit（或 ed）↙。

启动该命令后，命令行提示如下：

选择注释对象或 [放弃(U)]：

如果选择单行文字，只能对单行文字进行删除和添加，不能改变字高，如图 1-27 所示。

如果选择多行文字，AutoCAD 将显示“多行文字”编辑器功能面板，修改所选择的文字。修改完毕，单击“确定”按钮即可。

（2）特性命令修改方式

- 选择菜单栏中“修改”→“特性”命令。
- 单击“标准”工具栏中的“对象特性”按钮。
- “命令行”输入：properties（或 pr）↙。

启动该命令后，系统将弹出“特性”功能面板。然后选择文字，便可以修改文字的基本特性分别如图 1-27 所示。

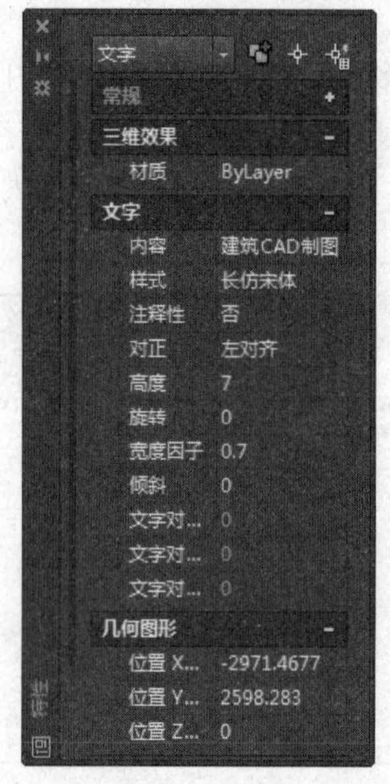

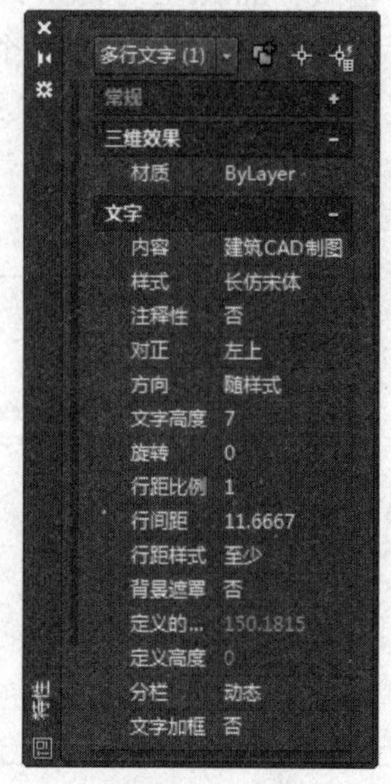

图 1-27 单行文字特性和多行文字特性

技巧

选择文字对象后在绘图区域中右击，在弹出的快捷菜单中选择“编辑”命令，也可对文字的内容进行编辑。

5. 特殊字符的输入

（1）使用控制码输入常用特殊字符

在绘制建筑工程图的过程中需要标注一些特殊字符，如直径符号“ϕ”、百分比“%”等，AutoCAD 提供了一系列控制码来输入特殊字符，如表 1-8 所示。

表 1-8 常用控制码与特殊字符的对照

控制码	含义	输入内容	输出结果
%%C	直径符号“ϕ”	%%C12	ϕ12
%%P	正负符号“±”	%%P12	±12
%%D	度的符号“°”	%%D12	12°
%%%	百分符号“%”	%%%12	12%
%%U	文字下画线开关	%%U12	$\underline{12}$
%%O	文字上画线开关	%%O12	$\overline{12}$

（2）在多行文字输入区右键菜单输入特殊字符

在多行文字输入区右击，在弹出的快捷菜单中选择“符号”子菜单，用户可以从中选择度数、正/负、直径符号等，或在快捷菜单中选择“其他”命令，AutoCAD 将打开“字符映射表”对话框，从中选择特殊符号。

1.3　项目实施

1.3.1　绘制 A3 标准图纸幅面基本要求

1. 绘制 A3 标准图纸幅面内容

在绘制建筑工程图时，为了使图纸整齐，便于装订和保管，根据图面大小和比例要求，采用横式 A3 图纸幅面。本项目推荐右下角标题栏，以表格形式表达本张图纸的一些属性，如工程名称、图样名称、图号、比例、班级、学号、制图、审核、负责人签名、日期，为了方便查阅图纸。

2. A3 标准图纸幅面的绘制要求

① 新建图形文件：采用“acadiso.dwt”图形样板创建空白图形文件。

② 设置图形：绘图界限 42 000×29 700。

③ 保存图形文件：用文件名“A3 图纸幅面.dwg”保存到计算机桌面“学号+姓名”的文件夹中。

④ 图幅：采用比例 1∶100 绘图，A3 标准图纸图幅为 420 mm×297 mm，利用直线命令和相对坐标来绘制图幅。

⑤ 图框、标题栏：执行偏移和修剪命令来完成 A3 图框、标题栏绘制，图框线宽度为 100 mm，标题栏外框线为 70 mm，其他线宽为默认值。

⑥ 文字：字体用仿宋体，宽度因子为 0.7，字体高度为 800 mm 和 400 mm 两种。

3. A3 标准图纸幅面的绘图步骤

① 绘制图幅。

② 绘制图框。

③ 绘制标题栏。

④ 填写标题栏。

⑤ 完成图形并保存文件。

1.3.2　绘制 A3 标准图纸幅面

1. 新建图形文件

在“命令行”输入：New↙，打开如图 1-28 所示的“选择样板”对话框，选择“acadiso.dwt”单位图形文件，单击“打开”按钮，完成新建图形文件。

2. 设置绘图环境

（1）设置图形单位

选择菜单栏中“格式”→“单位”命令，在“图形单位”对话框的“长度”选项组中选择“类型”和“精度”。通常选择长度类型为“小数”，精度选择为“0”，其他使用默认设置。

（2）设置图形界限

```
命令: limits↙
重新设置模型空间界限:
指定左下角点或[开(ON)/关(OFF)]<0.0000,0.0000>:↙        (默认左下角点为坐标原点 0,0)
指定右上角点<420.0000,297.0000>:42000, 29700↙         (输入 42000, 29700)
```

图 1–28 “选择样板”对话框

（3）缩放绘图窗口

命令：zoom↙
指定窗口的角点，输入比例因子（nX 或 nXP），或者[全部(A)/中心(C)/动态(D)/范围(E)/上一个(P)/比例(S)/窗口(W)/对象(O)] <实时>：a↙　（选择“全部”选项）
正在重生成模型。

完成绘图界限设置，使绘图界限全部呈现在显示器的工作界面。

3．绘制 A3 图纸幅面

A3 标准图纸图幅为 420 mm × 297 mm，利用直线命令和相对坐标来绘制图幅，采用比例 1 : 100 绘图，如图 1–29 所示。

图 1–29 绘制 A3 图纸图幅

命令：line↙
指定第一点：　（在窗口左下方单击，绘出 A 点）
指定下一点或 [放弃(U)]：@42000,0 ↙　（绘出 B 点）
指定下一点或 [放弃(U)]：@0,29700 ↙　（绘出 C 点）
指定下一点或 [闭合(C)/放弃(U)]：@-42000,0 ↙　（绘出 D 点）
指定下一点或 [闭合(C)/放弃(U)]：c ↙　（将 D 点和 A 点闭合）

4．绘制 A3 图纸图框

根据国标规定 A3 图纸幅面及图框尺寸，选择“偏移”命令和“修剪”命令完成图框绘制，如图 1-30 所示。

图 1-30　偏移图幅线

（1）偏移图幅线

命令：offset↙
当前设置：删除源=否　图层=源　OFFSETGAPTYPE=0
指定偏移距离或 [通过(T)/删除(E)/图层(L)] <通过>：500↙
选择要偏移的对象，或 [退出(E)/放弃(U)] <退出>：　　（单击线段 AB）
指定要偏移的那一侧上的点，或 [退出(E)/多个(M)/放弃(U)] <退出>：
　　（在线段 AB 上方单击，得到线段 EF）
选择要偏移的对象，或 [退出(E)/放弃(U)] <退出>：　　（单击 BC 线段）
指定要偏移的那一侧上的点，或 [退出(E)/多个(M)/放弃(U)] <退出>：
　　（在线段 BC 左方单击，得到线段 FH）
选择要偏移的对象，或 [退出(E)/放弃(U)] <退出>：　　（单击 CD 线段）
指定要偏移的那一侧上的点，或 [退出(E)/多个(M)/放弃(U)] <退出>：
（在线段 CD 下方单击,得到线段 HG）
选择要偏移的对象，或 [退出(E)/放弃(U)] <退出>：↙　　（按【Enter】键结束命令）
命令：↙　　（直接按【Enter】键，重复执行偏移命令）
OFFSET
当前设置：删除源=否　图层=源　OFFSETGAPTYPE=0
指定偏移距离或 [通过(T)/删除(E)/图层(L)] <500>：2500↙
选择要偏移的对象，或 [退出(E)/放弃(U)] <退出>：　　（单击 DA 线段）
指定要偏移的那一侧上的点，或 [退出(E)/多个(M)/放弃(U)] <退出>：
　　（在线段 DA 右方单击，得到线段 GE）
选择要偏移的对象，或 [退出(E)/放弃(U)] <退出>：↙　　（按【Enter】键结束命令）

（2）修剪图框线

执行修剪命令，通过鼠标缩放和平移将 A3 图框 4 个角分别放大，将如图 1-31 所示（线段 *a*、

b、*c*、*d*、*e*、*f*、*g*、*h*）多余线段剪掉，得到如图 1-32 所示图形。

命令：trim↙
选择剪切边...选择对象或 <全部选择>：
（按住【Shift】键，分别单击线段 *EF*、*FH*、*HG*、*GE* 后，按【Space】键）
选择要修剪的对象，或按住 Shift 键选择要延伸的对象，或[栏选(F)/窗交(C)/投影(P)/边(E)/删除(R)/放弃(U)]：（分别单击如图 1-31 所示线段 *a*、*b*、*c*、*d*、*e*、*f*、*g*、*h*）↙

修剪完成后得到如图 1-32 图形。

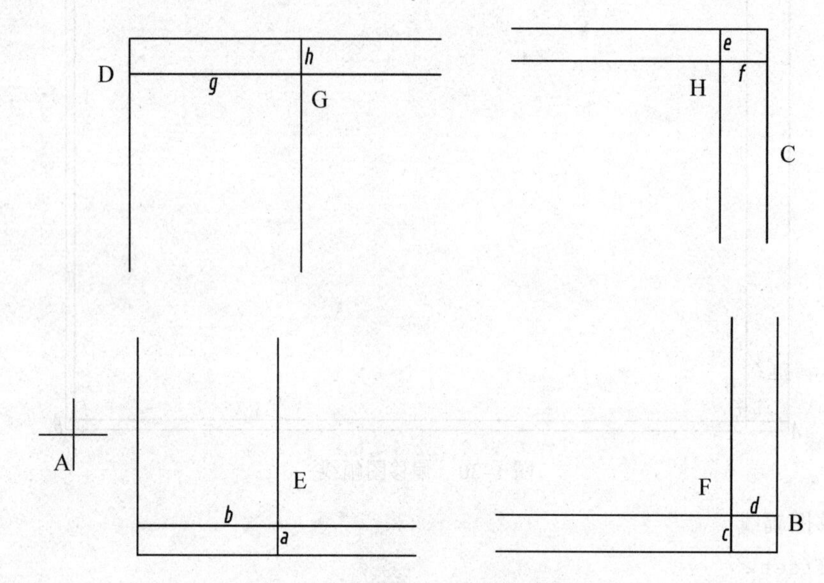

图 1-31　A3 图框 4 个角放大显示

图 1-32　修剪后的图框

5. 绘制 A3 图纸标题栏

用绘制图框的方法来绘制标题栏，执行偏移命令和修剪命令来完成，如图 1-33 所示。

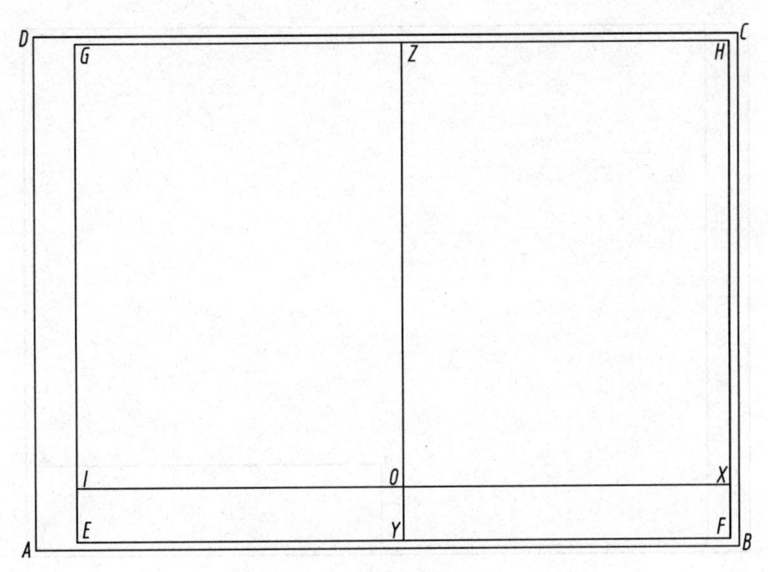

图 1-33　偏移图框线

（1）偏移图框线

命令：offset↙

当前设置：删除源=否　图层=源　OFFSETGAPTYPE=0

指定偏移距离或 [通过(T)/删除(E)/图层(L)] <40>: 4000↙　（输入偏移距离 4000）

选择要偏移的对象，或 [退出(E)/放弃(U)] <退出>:　（单击线段 *EF*）

指定要偏移的那一侧上的点，或 [退出(E)/多个(M)/放弃(U)] <退出>:

（在线段 *EF* 上方单击，得到线段 *IX*）

选择要偏移的对象，或 [退出(E)/放弃(U)] <退出>:↙　（按【Enter】键结束命令）

命令:↙　（直接按【Enter】键，重复执行偏移命令）

OFFSET

当前设置：删除源=否　图层=源　OFFSETGAPTYPE=0

指定偏移距离或 [通过(T)/删除(E)/图层(L)] <4000>: 18000↙　（输入偏移距离 18000）

选择要偏移的对象，或 [退出(E)/放弃(U)] <退出>:　（单击线段 *HF*）

指定要偏移的那一侧上的点，或 [退出(E)/多个(M)/放弃(U)] <退出>:

（在线段 *HF* 上方单击，得到线段 *ZY*）

选择要偏移的对象，或 [退出(E)/放弃(U)] <退出>: ↙　（按【Enter】键结束命令）

（2）修剪图线

命令：trim↙

当前设置:投影=UCS，边=延伸

选择剪切边...选择对象或 <全部选择>:

（按住【Shift】键，分别单击线段 *IX*、*ZY* 后，按【Enter】键）

选择要修剪的对象，或按住 Shift 键选择要延伸的对象，或[栏选(F)/窗交(C)/投影(P)/边(E)/删除(R)/放弃(U)]:　（分别单击如图 1-33 所示线段 *IO*、*ZO*，按【Enter】键）

修剪完成后得到的标题栏如图 1-34 图形。

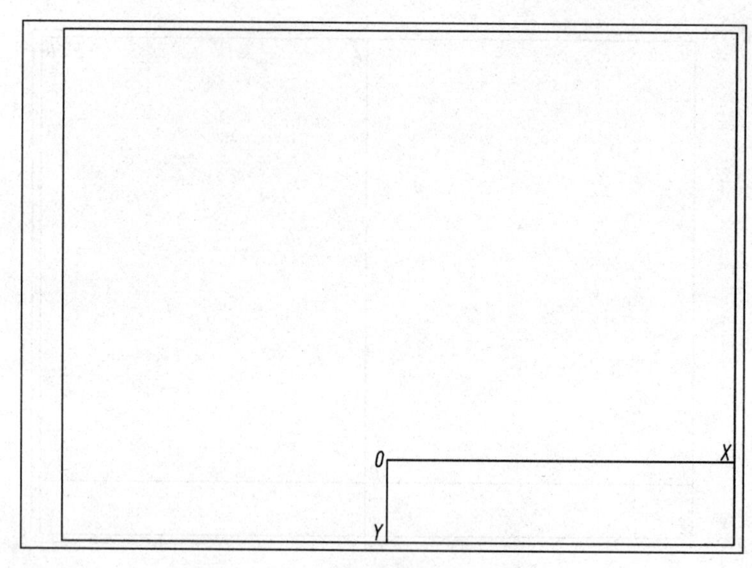

图 1–34　修剪完成后的标题栏

（3）偏移与修剪标题栏

命令：offset↙

当前设置：删除源=否　图层=源　OFFSETGAPTYPE=0

指定偏移距离或 [通过(T)/删除(E)/图层(L)] <40>：2000↙　　（输入偏移距离 2000）

选择要偏移的对象，或 [退出(E)/放弃(U)] <退出>：　　（单击线段 OX）

指定要偏移的那一侧上的点，或 [退出(E)/多个(M)/放弃(U)] <退出>：

（在线段 OX 下方单击）

选择要偏移的对象，或 [退出(E)/放弃(U)] <退出>：↙　　（按【Enter】键结束命令）

用同样的方法向下分别偏移（1000、1000）线段。

命令：offset↙

当前设置：删除源=否　图层=源　OFFSETGAPTYPE=0

指定偏移距离或 [通过(T)/删除(E)/图层(L)] <40>：1500↙

选择要偏移的对象，或 [退出(E)/放弃(U)] <退出>：　　（单击线段 OY）

指定要偏移的那一侧上的点，或 [退出(E)/多个(M)/放弃(U)] <退出>：（在线段 OY 右方单击）

选择要偏移的对象，或 [退出(E)/放弃(U)] <退出>：↙　　（按【Enter】键结束命令）

用同样的方法向右分别偏移（2 500、1 500、2 500、2 500、3 500、1 500、2 500）线段。再用修剪命令完成如图 1–35 所示标题栏。

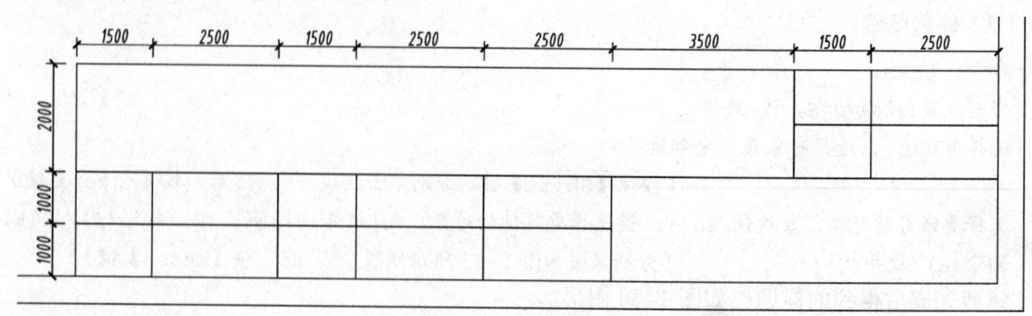

图 1–35　修剪标题栏

（4）编辑线宽

命令：pedit↙

选择多段线或 [多条(M)]：m↙

选择对象：　　　　（按住【Shift】键，分别单击图框线段 *EF*、*FH*、*HG*、*GE*，按【Enter】键）

是否将直线和圆弧转换为多段线？[是(Y)/否(N)]？<Y> y↙　　　　（输入 y 转换为多段线）

输入选项 [闭合(C)/打开(O)/合并(J)/宽度(W)/拟合(F)/样条曲线(S)/非曲线化(D)/线型生成(L)/放弃(U)]：w↙　　　　（输入 w，选择线段“宽度”）

指定所有线段的新宽度：100↙　　　　（输入线宽 100）

输入选项 [闭合(C)/打开(O)/合并(J)/宽度(W)/拟合(F)/样条曲线(S)/非曲线化(D)/线型生成(L)/放弃(U)]：j↙　　　　（输入 j，选择“合并”线段）

合并类型 = 延伸

输入模糊距离或 [合并类型(J)] <0>:↙　　　　（按【Enter】键结束命令）

多段线已增加 3 条线段

输入选项 [闭合(C)/打开(O)/合并(J)/宽度(W)/拟合(F)/样条曲线(S)/非曲线化(D)/线型生成(L)/放弃(U)]：↙　　　　（按【Enter】键结束命令）

执行同样方法把标题栏外框线分别加粗（宽度 70 mm），得到如图 1-36 所示的图形。

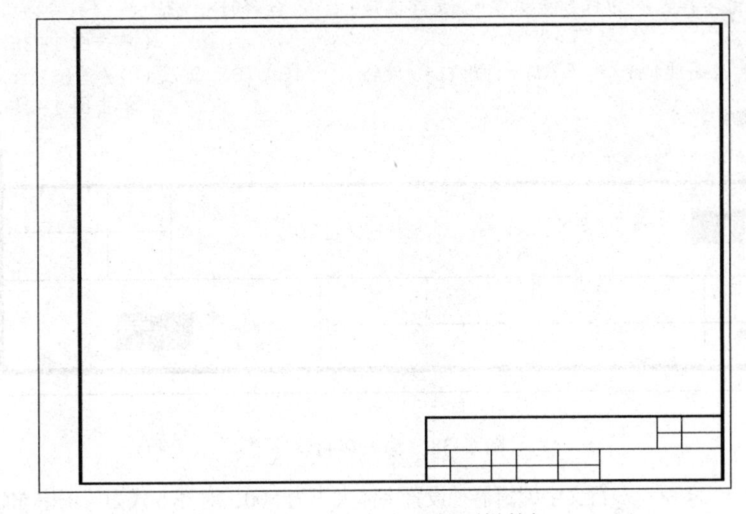

图 1-36　加粗图框和标题栏外框

6．填写标题栏

（1）设置文字样式

① “命令行”输入：style（或 st）↙。

② 打开“文字样式”对话框，如图 1-37 所示。单击“文字样式”对话框中“新建”按钮，打开“新建文字样式”对话框，在“样式名”文本框中输入“标题栏文字”，单击“确定”按钮，返回“文字样式”对话框。

③ 取消选中“字体”选项组中的“使用大字体”复选框 ☑使用大字体(U)，选择“字体名”为“仿宋” 仿宋，其余采用默认设置，如图 1-37 所示。单击“应用”按钮，再单击“关闭”按钮结束命令，完成设置。

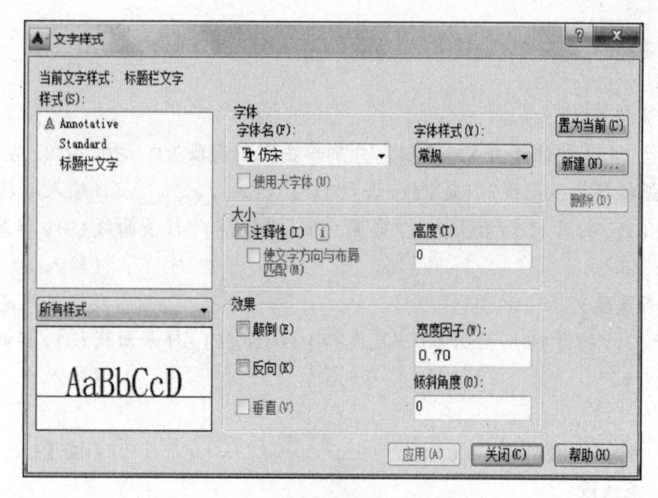

图 1-37　设置标题栏文字样式

（2）输入文本

① 命令：mt↙

MTEXT 当前文字样式："标题栏文字"　文字高度：6　注释性：否

指定第一角点：（单击图 1-38 所示上端端点）

指定对角点或 [高度(H)/对正(J)/行距(L)/旋转(R)/样式(S)/宽度(W)/栏(C)]：（单击图 1-38 所示下端端点）

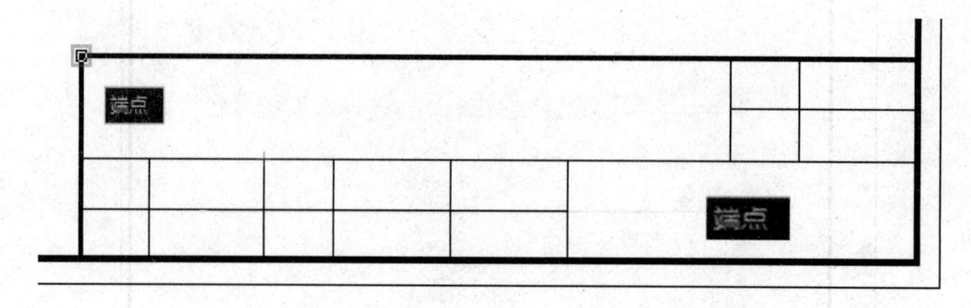

图 1-38　输入多行文字

② 打开如图 1-39 所示多行文字编辑器，设置字体大小为 800，对齐方式为“正中 MC”，输入“职业技术学院学生宿舍楼”文字，单击“确定”按钮退出。

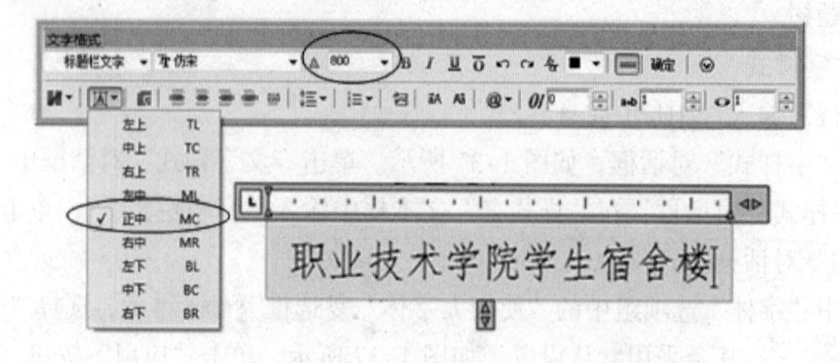

图 1-39　设置多行文字

③ 调整文字框的夹点位置如图 1-40 所示。

④ 用同样方法输入其他文本（字号 500），完成如图 1-41 所示标题栏填写。

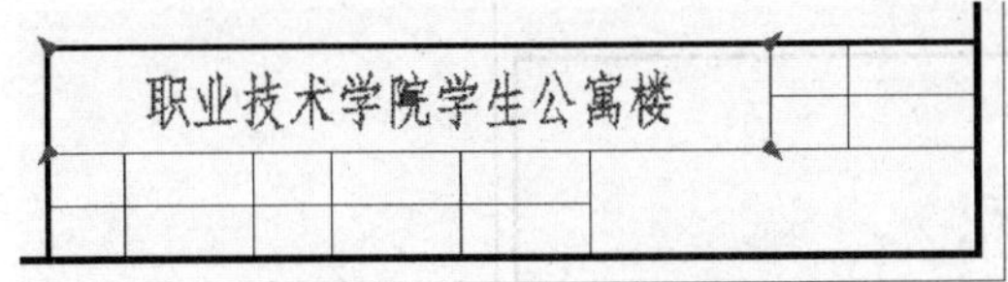

图 1-40　调整文字框的夹点位置

职业技术学院学生公寓楼					比例	
					图号	
班级		制图				
学号		审核				

图 1-41　填写标题栏

7. 保存文件

命令：save↙

打开如图 1-42 所示“图形另存为”对话框，选择要保存的文件夹，在“文件名”文本框中输入“A3 图纸幅面.dwg”，单击“保存”按钮，完成图形文件保存。

绘制完成后如图 1-1 所示，保存文件并退出 AutoCAD，如图 1-42 所示。

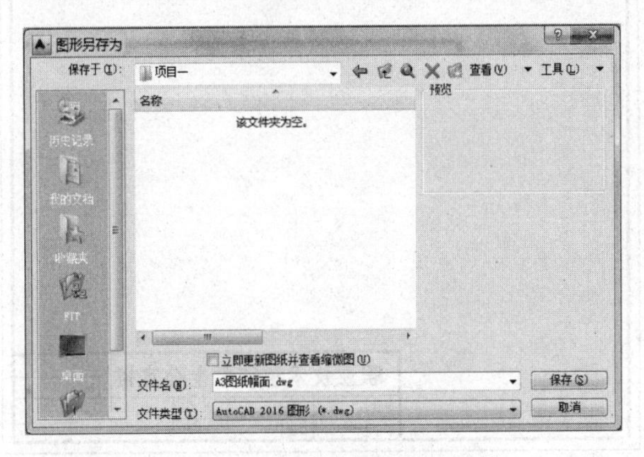

图 1-42　“图形另存为”对话框

在实际建筑工程图绘图工作中，不同规格尺寸的图框第一次制作好以后，保存为 AutoCAD 图形样板文件。方便以后再建筑工程图绘制完成后，就可以根据图幅大小插入相应规格图框的图形样板文件。

技巧

用户打开 CAD 文件时，中文汉字显示为“?”符号，用户可在“文字样式”对话框的“字体名”下拉列表中选取合适的字体，如宋体、楷体、仿宋或 Big font 字体中的 HZtxt.shx 等字体，即可将带“?”符号的文字显示出来。

提示

用户可以根据自己的绘图习惯和需要，设置几个最常用的文字样式，需要时只需从这些文字样式中进行选择，而不必每次都重新设置，这样可大大提高绘图效率。

1.4 技能拓展

绘制 A3 立式标准图纸幅面

创建 A3（297 mm × 420 mm）立式图纸幅面图，如图 1-43 所示。

图 1-43　A3 立式图纸幅面

学习效果评价表

项目名称								
专业		班级		姓名			学号	
评价内容	评价指标			分数	自我评价（25%）	小组评价（25%）	老师评价（50%）	得分
学习态度	出勤情况、学习主动性、语言表达、团队协作			10				
项目实施	图形文件管理			10				
	设置绘图环境			10				
	绘制 A3 标准图纸图幅、图框、标题栏			40				
项目质量	绘图符合规范、图线清晰、标注准确、图面整洁			10				
学习方法	创新思维能力、计划能力、解决问题能力			20				
教师签名		日　期				成绩评定		

项目二 绘制建筑轴网平面图

【学习目标】

● 知识目标

1. 理解轴网在建筑平面图中的应用。

2. 理解图层的含义，掌握图层命名、创建、修改、控制和有效使用方法。

3. 掌握绘图辅助工具的操作应用。

4. 掌握圆的绘制方法。

5. 掌握图形选择和编辑方法。

● 能力目标

具有建筑轴网平面图的识读能力及绘图能力。

● 素质目标

培养学生从看图到绘图的良好绘图习惯，具备建筑工程技术人员应有的科学、严谨、精准的工作作风和良好的职业道德。

【重点与难点】

● 重点

掌握绘制建筑轴网平面图的基本命令和操作技巧。

● 难点

理解图层的含义及图层的应用。

【学习引导】

1. 教师课堂教学指引：绘制建筑轴网平面图的基本命令和操作技巧。

2. 学生自主性学习：每个学生通过实际操作反复练习加深理解，提高操作技巧。

3. 小组合作学习：通过小组自评、小组互评、教师评价，并总结绘图效果，提升绘图质量。

2.1 项目描述

轴网是建筑 CAD 制图中最为基础的辅助绘图功能，轴网的创建与编辑可以提升绘图效率。通过绘制学生公寓楼建筑轴网，并进行修剪和整理得到如图 2-1 所示建筑轴网平面图，掌握 AutoCAD 绘制建筑轴网平面图的基本绘图方法和操作技巧，以达到图面美观、简洁、清晰的建筑工程图绘图标准。

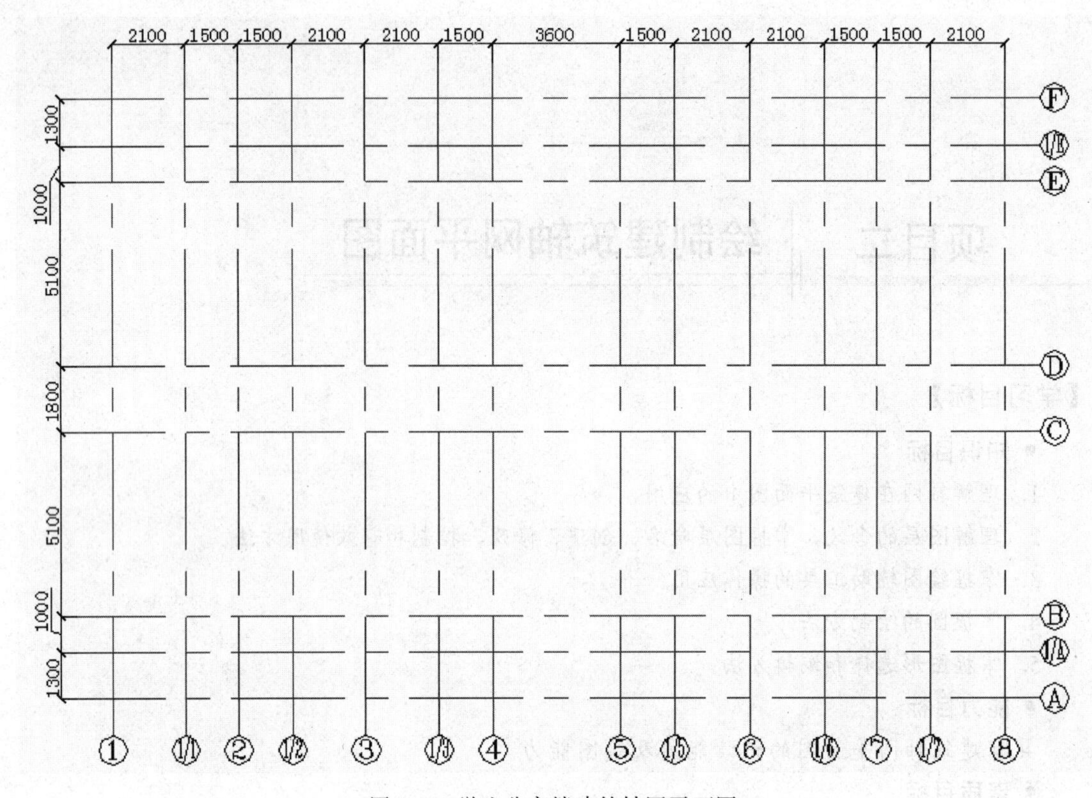

图 2-1　学生公寓楼建筑轴网平面图

2.2　知 识 平 台

2.2.1　轴网在建筑平面图中的应用

建筑的平面设计图一般从定位轴线开始，建筑的轴网主要用于确定建筑结构体系，是建筑定位最根本的依据，建筑施工的每一个部件都是以轴线为基准定位的，确定了轴网，就决定了建筑的承重体系，也就决定了柱网、墙体的布置形式，因此轴网一般以柱网或主要墙体为基准进行布置。轴网由定位轴线（建筑结构中的墙或柱的中心线）、标志尺寸（标注建筑物定位轴线之间的距离大小）和轴号（横向编号自左向右用阿拉伯数字编号，竖向编号自下向上用大写英文字母 ABC…编号）组成。

2.2.2　图层

绘制建筑工程图时，为了方便管理和修改图形，需要将特性相似的对象绘制在同一图层上。图层相当于一张无厚度的透明纸，用来绘制和编辑图形，把同一颜色、同一种线型和线宽的图形实体放到同一张透明纸上，合成由若干张透明纸叠加而成的工程图。

1. 图层命名

建筑工程图中的图层名的命名应符合下列规定：

（1）图层可根据不同的用途、设计阶段、属性和使用对象等进行组织，但在工程上应具有明确的逻辑关系，便于识别、记忆、软件操作和检索。

（2）图层名可使用汉字、字母、数字和连接符“-”的组合，图层名应具有唯一性和可读性、便于记忆和检索，且中、英文命名格式不得混用。

（3）为了便于各专业信息交换，图层名应采用中文或西文的格式化命名方式，应使用统一的图层命名格式，图层名称应自始至终保持不变，编码之间用西文链接符“-”链接。如中文图层名格式：“建筑-墙体-全高”，西文图层名格式“A-WALL-FULL”。

2. 创建图层

在绘制建筑工程图的过程中，可以根据绘图需要来创建图层。AutoCAD 提供了如下 3 种方法来启动“图层特性管理器”创建图层：

- 选择菜单栏中“格式”→“图层”命令。
- 单击“图层”工具栏中的“图层特性管理器”按钮。
- “命令行”输入：layer（或 la）。

启动命令后，打开如图 2-2 所示的“图层特性管理器”功能面板。在“图层特性管理器”功能面板中，可以对图层进行设置和管理，可以显示图层的列表及其特性设置，也可以添加、删除和重命名图层、修改图层特性或添加说明。图层过滤器用于控制在列表中显示哪些图层，并可同时对多个图层进行修改。

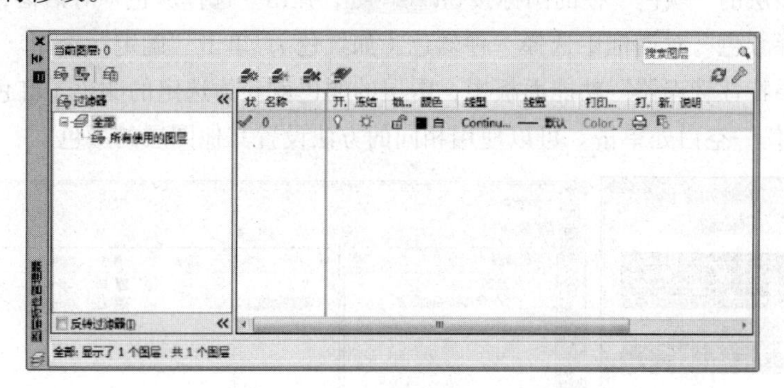

图 2-2　“图层特性管理器”功能面板

（1）新建图层

在绘制建筑工程图的过程中，用户可以根据绘图需要来创建图层。

① 在“图层特性管理器”功能面板中单击“新建图层”按钮。

② 系统将在图层的列表中添加新图层，其默认名称为“图层 1”，如图 2-3 所示，在名称栏中输入图层的名称，在对话框内任一空白处单击，确定新图层的名称。

③ 使用相同的方法可以创建更多的图层，设置好的图层将随当前的图形存盘。

提示

AutoCAD 2016 中的图层名允许包含空格，并按照图层名的字母顺序排列图层。

技巧

如果要更改图层名，可单击该图层的名或在图层名上按【F2】键，使之变为文本编辑状态，然后输入一个新的图层名并按【Enter】键即可。

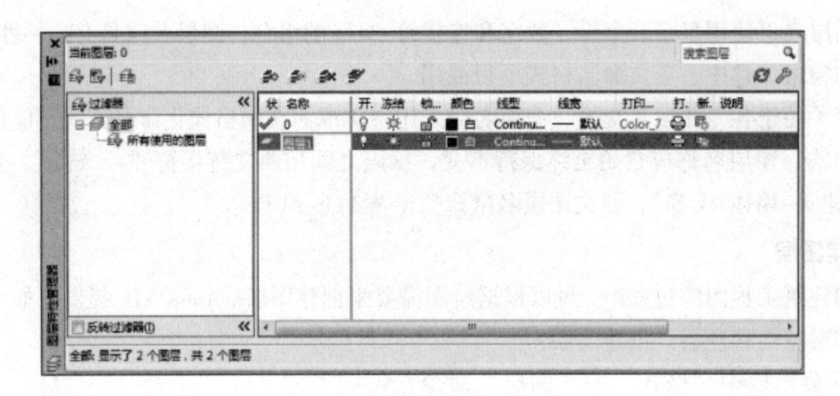

图 2-3　创建图层

（2）设置图层颜色

AutoCAD 默认的图层颜色为“白色”。为了区分每个图层，绘制建筑工程图时，经常为不同图层设置不同的颜色，以方便用户区别较复杂的图形。

① 在“图层特性管理器”功能面板中选择图层列表框中所需的图层。

② 单击该图层的“颜色”栏的图标按钮■ 白，弹出“选择颜色”对话框，如图 2-4 所示。

③ 在“选择颜色”对话框中选择一种颜色（如红色），单击“确定”按钮。

④ 在“图层特性管理器”功能面板中，图层的颜色就变为选定的颜色（红色），如图 2-5 所示，在对话框内任一空白处单击。可以使用相同的方法设置其他图层的颜色。

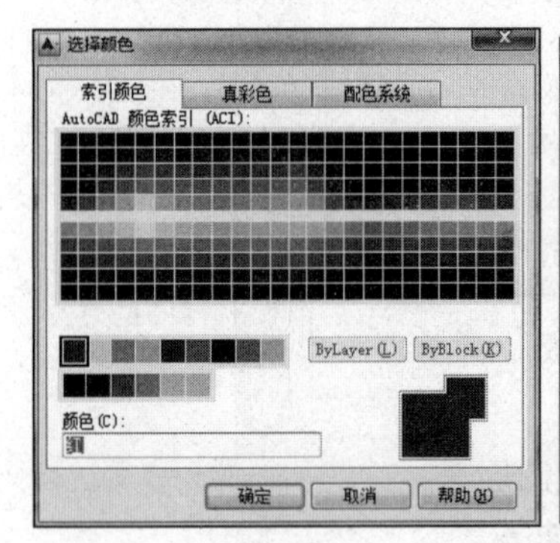

图 2-4　“选择颜色”对话框

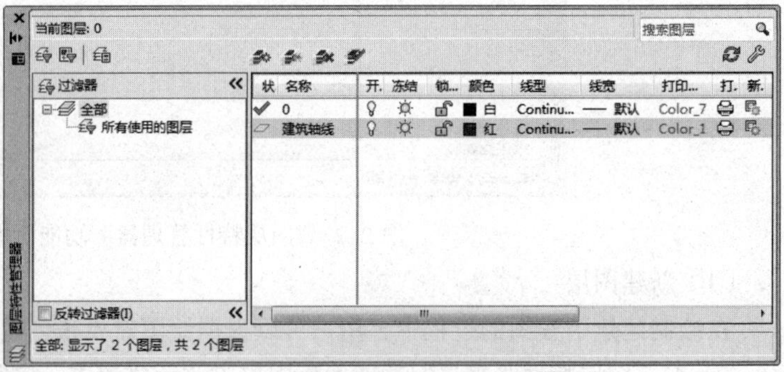

图 2-5　设置图层颜色

（3）设置图层线型

图层的基本元素是线条，图层的线型用来表示图层中图形线条的特性，通过设置图层的线型可以区分不同对象所代表的含义和作用，AutoCAD 默认的线型为连续线 Continuous。

① 在“图层特性管理器”功能面板中选择图层列表框中所需的图层。

② 单击该图层“线型”栏的图标按钮Continuous，弹出“选择线型”对话框，如图 2-6 所示。

③ 在“选择线型”对话框中单击“加载”按钮加载(L)...，在弹出的“加载或重载线型”对话框中单击选择点画线线型 CENTER，如图 2-7 所示，单击“确定”按钮。

④ 在“选择线型”对话框中单击加载线型CENTER，如图 2-8 所示，单击“确定”按钮。

⑤ 在“加载或重载线型”对话框中显示当前图层新设置的线型CENTER，如图 2-9 所示，在

对话框内任一空白处单击，可以使用相同的方法设置其他图层的线型。

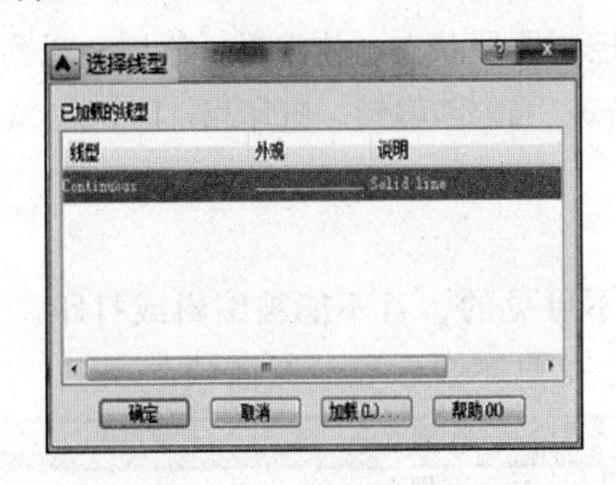

图 2-6　“选择线型”对话框

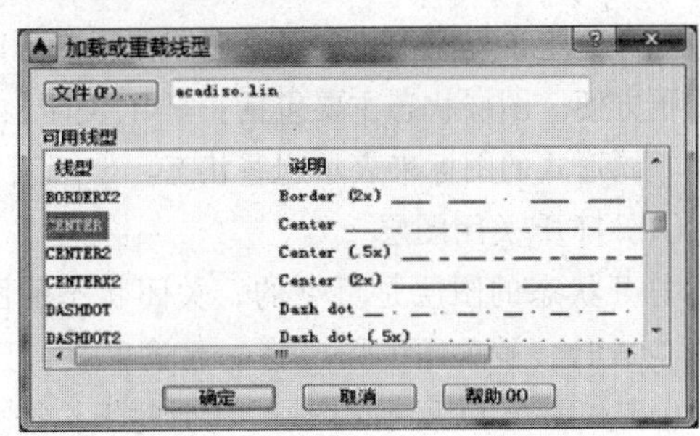

图 2-7　“加载或重载线型”对话框

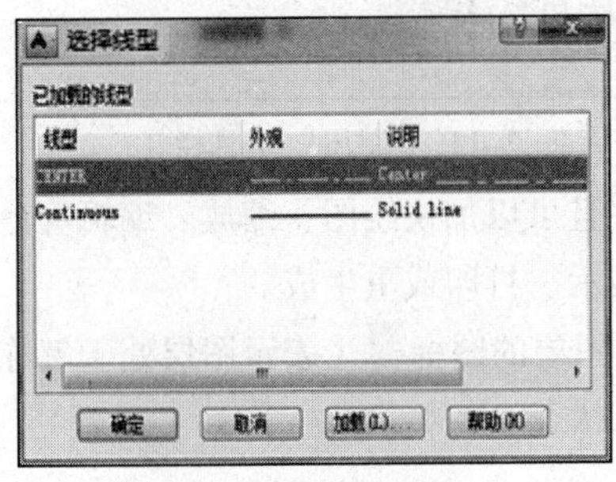

图 2-8　选择加载线型

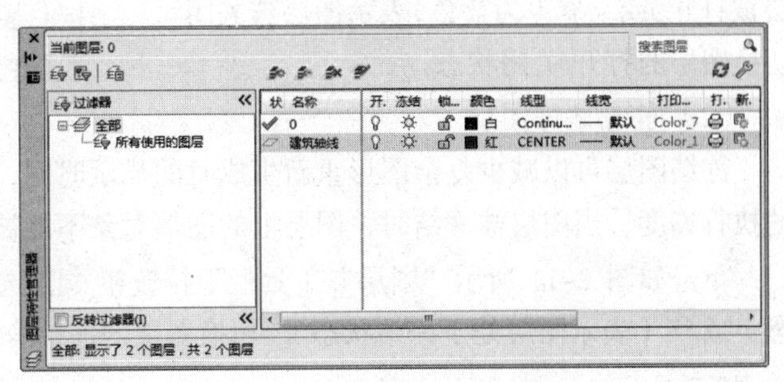

图 2-9　设置图层线型

（4）设置图层线宽

在 AutoCAD 中，用户可以为每个图层的线条定制线宽，从而使图形中的线条在打印输出后，仍然各自保持其实际的宽度。

① 在“图层特性管理器”功能面板对话框中选择图层列表框中所需的图层。

② 单击该图层的“线宽”栏的图标按钮，弹出“线宽”对话框，如图 2-10 所示。在“线宽”下拉列表框选择合适的线宽，单击“确定”按钮。可以使用相同的方法设置其他图层的线型。

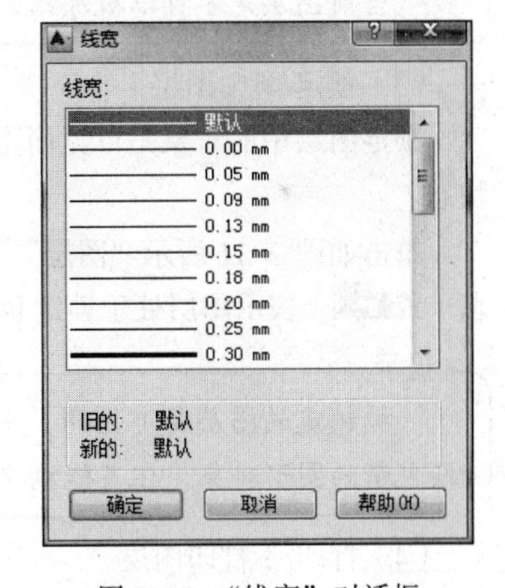

图 2-10　“线宽”对话框

3. 删除图层

在绘制建筑工程图的过程中，为了减少图形所占文件空间，可以删除不使用的图层。

① 单击“图层”工具栏中的“图层特性管理器”按钮，弹出“图层特性管理器”功能面板。

② 在“图层特性管理器”功能面板中选择要删除的图层，单击“删除图层”按钮，可将图层删除。

提示

AutoCAD 默认的“0”图层，包含图层对象的层。当前图层以及使用外部参照的图层是不能被删除的。

4. 控制图层显示状态

如果建筑工程图中包含多个图层，用户可以通过控制图层状态，使编辑、绘制、观察等工作变得更方便。图层状态主要包括：打开/关闭、冻结/解冻、锁定/解锁、打印/不打印等，AutoCAD 采用不同形式的图标来表示这些状态。

（1）打开/关闭图层

打开状态的图层是可见的，关闭状态的图层是不可见的，且不能被编辑或打印。当图形重新生成时，被关闭的图层将一起被生成，只是图形信息不显示在绘图区域。

单击如图 2-11 所示“图层”工具栏下拉按钮，选择图层的图标（为黄色，表示图层被打开）或（为蓝色，表示图层被关闭），切换图层的打开/关闭状态。

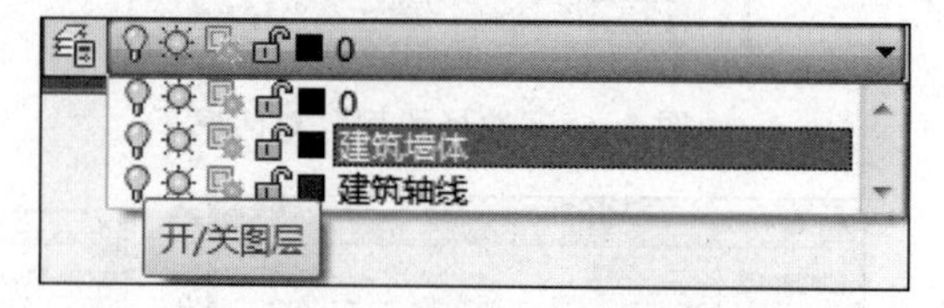

图 2-11 “图层”工具栏

（2）冻结/解冻图层

冻结图层可以减少复杂图形重新生成时的显示时间，并且可以加快绘图、缩放、编辑等命令的执行速度。当图层被冻结时，图层上的图形对象不能被显示、打印或重生成。

单击如图 2-11 所示“图层”工具栏下拉按钮，选择图层的图标（表示图层处于解冻状态）或（表示图层处于冻结状态），切换图层的冻结/解冻状态。

提示

当前图层是不可以被冻结的。

（3）锁定/解锁图层

锁定图层中的对象是可见而不能被编辑和选择，解锁图层可以将图层恢复为可编辑和选择的状态。

单击如图 2-11 所示“图层”工具栏下拉按钮，选择图层的图标（表示图层处于解锁状态）或（表示图层处于锁定状态），切换图层的锁定/解锁状态。

提示

被锁定的图层是可见的，用户可以查看、捕捉锁定图层上的对象，还可以在锁定图层上绘制新的图形对象，但不能编辑锁定图层上的对象。

（4）打印/不打印图层

当指定一个图层不打印后，该图层上的对象仍是可见的。

在如图 2-2 所示的“图层特性管理器”功能面板中单击图层的图标（表示图层处于打印状态）或（表示图层处于不打印状态），切换图层的打印/不打印状态。

提示

图层的不打印设置只对图形中可见的图层（即图层是打开的并且是解冻的）有效。若图层设为可打印但该层是冻结的或关闭的，AutoCAD 将不打印该图层。

5. 图层有效使用

（1）修改当前图层

AutoCAD 默认的当前图层为“0”图层，当需要在一个图层上绘制图形时，必须先设置该图层成为当前图层。用户在绘制复杂建筑工程图时，常常需要从一个图层切换到另一个图层来绘制图形，有如下4种方法：

- 在图2-11所示"图层控制"下拉列表框中单击需要绘制的图层，将其转换为当前图层。
- 在图2-2所示的"图层特性管理器"功能面板中双击图层状态栏的图标变为当前图层图标，即设置为当前图层。
- 在绘图窗口中选择已经设置图层的对象，
- 单击"图层"工具栏上的"上一个图层"按钮，系统会按照先后打开图层的顺序，自动重置上一次设置图层为当前图层。

（2）修改图层状态

在绘制建筑工程图中，用户通过"图层"工具栏如图2-11所示，在"图层控制"下拉列表框中修改图层控制状态，在工具栏上可以一次修改多个图层的控制状态，使用起来非常方便。

（3）修改图形对象所在的图层

在实际绘图时，如果绘制好某一个图形对象后，发现此图形对象并没有在预先设置的图层中，此时可以选中该图形对象，在如图2-11所示的"图层控制"下拉列表框中选择要切换的图层名称，即可更改图形对象的图层。

2.2.3　绘图辅助工具

AutoCAD状态栏集中了绘图辅助工具，包括各项功能如图2-12所示，在绘制比较复杂的图形时，可以精确指定点的位置。系统定义了专门的功能键或组合键，如表2-1所示，用户可以通过鼠标单击相应按钮、按功能键、按组合键来设置辅助工具的开关状态。

在任一个辅助工具按钮上右击，在弹出的快捷菜单中选择"设置"，打开"草图设置"对话框，如图2-13所示，可以设置其相关的参数和选项。

表2-1　常用功能键与组合键的用途

功能键	组合键	功能	用途说明
F1		帮助	显示活动工具提示、命令、选项板或对话框的帮助
F2		展开的历史记录	在命令窗口中显示展开的命令历史记录
F3	Ctrl+F	对象捕捉	打开和关闭对象捕捉
F4		三维对象捕捉	打开和关闭其他三维对象捕捉
F5	Ctrl+E	等轴测平面	循环浏览二维等轴测平面设置
F6	Ctrl+D	动态 UCS	打开和关闭 UCS 与平面曲面的自动对齐
F7	Ctrl+G	栅格显示	打开和关闭栅格显示
F8	Ctrl+L	正交	锁定光标按水平或垂直方向移动
F9	Ctrl+B	栅格捕捉	限制光标按指定的栅格间距移动
F10	Ctrl+U	极轴追踪	引导光标按指定的角度移动
F11		对象捕捉追踪	从对象捕捉位置水平和垂直追踪光标
F12		动态输入	显示光标附近的距离和角度并在字段之间使用 Tab 键时接受输入

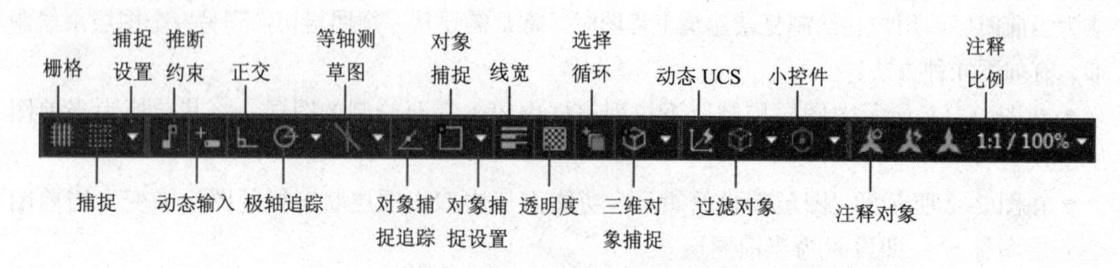

图 2-12　状态栏辅助功能

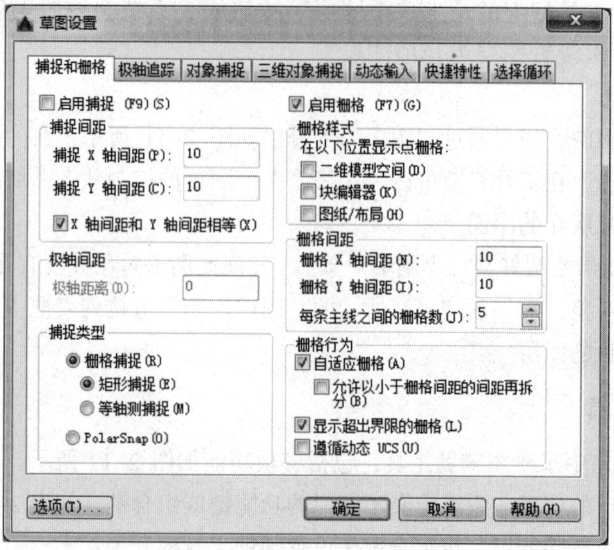

图 2-13　“草图设置”对话框

以下对常用绘图辅助工具进行说明。

1．栅格

栅格是覆盖用户坐标系 (UCS) 的整个 *XY* 平面的直线或点的矩形图案。栅格的间距在系统默认为 10 个单位，开启栅格命令后，在绘图区域上显示的是点的矩阵，遍布图形界限的整个区域，类似于在图形下放置一张方格的坐标纸。栅格命令可以对齐对象并直观显示对象之间的距离，方便对图形的定位和测量，一般与捕捉功能配合使用。

2．捕捉

捕捉命令是锁定光标在绘图区域上所能拾取的点，AutoCAD 自动将光标点约束到整数倍栅格间距的位置，让鼠标拾取准确的点，用于限制十字光标只能在定义间距的角度方向和垂直方向移动。

3．动态输入

动态输入在绘图区域中的光标附近提供命令界面。动态工具提示提供另外一种方法来输入命令。当动态输入处于启用状态时，工具提示将在光标附近动态显示更新信息。当命令正在运行时，可以在工具提示文本框中指定选项和值。

4．正交

启动正交命令，可以将光标限制在水平或垂直方向上移动，以便于精确地创建和修改对象。

当创建或移动对象时，可以使用“正交”模式将光标限制在相对于用户坐标系（UCS）的水平或垂直方向上，它是绘制建筑图的过程中最为常用的绘图辅助工具。

5. 极轴追踪

打开极轴追踪命令，AutoCAD将自动随光标移动而显示出已设置的各极轴角度位置，以供用户参考。系统将沿极轴方向显示绘图的辅助线，也就是用户指定的极轴角度所定义的临时对齐路径，并自动在该路径上捕捉距离光标最近的点。

6. 对象捕捉追踪

在利用对象追踪绘图时，必须打开对象捕捉开关。利用对象捕捉追踪，可以沿着基于对象捕捉点的对齐路径进行追踪。已捕捉的点将显示一个小加号“+”，捕捉点之后，在绘图路径上移动光标时，将显示相对于获取点的水平、垂直或极轴对齐路径。在按钮上单击鼠标右键，以指定要从中追踪的对象捕捉点。

7. 对象捕捉

在绘制建筑工程图时，常常需要在图形上精确找到一些特殊的定位点，AutoCAD提供了准确定位的方法，即目标自动捕捉的功能，该功能具备14种不同的捕捉模式，启动捕捉方式，光标可以智能地提示并捕捉到各种符合条件的关键点，并显示标记和工具栏提示。

8. 线宽

线宽是指定给图形对象、图案填充、引线和标注几何图形的特性，可产生更宽、颜色更深的线。当前线宽指定给所有新对象，直到将另一线宽置为当前。除了明确设置线宽的值，还可以将线宽设置为“ByLayer”或“ByBlock”。

9. 动态UCS

在创建对象时，临时将UCS的XY平面与三维实体上的平整面、平面网格元素或平面点云线段对齐。

10. 注释比例

注释对象包括标注、注释和其他类型的说明性符号或通常用于向图形添加信息的对象。注释对象提供有关功能的信息，例如墙的长度、紧固件的直径或详细信息标注。通常，注释对象的缩放方式与图形的视图不同，并且它取决于打印时注释对象应显示的比例。

2.2.4　选择图形对象

AutoCAD中有多种选择对象的方式，对于不同的图形、不同位置的对象可使用不同的选择方式。首先要明确选择被编辑的对象，这些对象的集合称为选择集，它可以是一个对象也可以是多个对象，只有明确地选定了编辑的对象后，才能正确地修改和编辑图形。下面介绍几种选择图形对象的方法。

1. 点选对象

选择单个对象的方法叫做点选。点选对象是最简单、最常用的一种选择对象方式。利用十字光标单击选择图形对象，被选中的对象以带有夹点的虚线显示，按住【Shift】键连续单击不同的对象则可同时选择多个对象。如图2-14所示为连续单

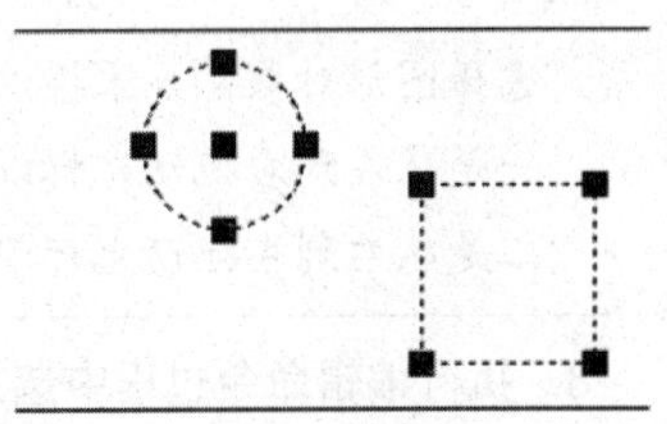

图2-14　点选对象

击选择圆形和正方形的效果。

2. 框选对象

框选对象即使用窗口或窗交方法来选择对象，AutoCAD 中的框选方式分为左框选和右框选两种。

（1）左框选

将十字光标移到图形对象的左侧，按住鼠标左键不放向右侧拖动，释放鼠标后，被淡蓝色选择框完全包围的图形对象将被选择，如图 2-15 所示。

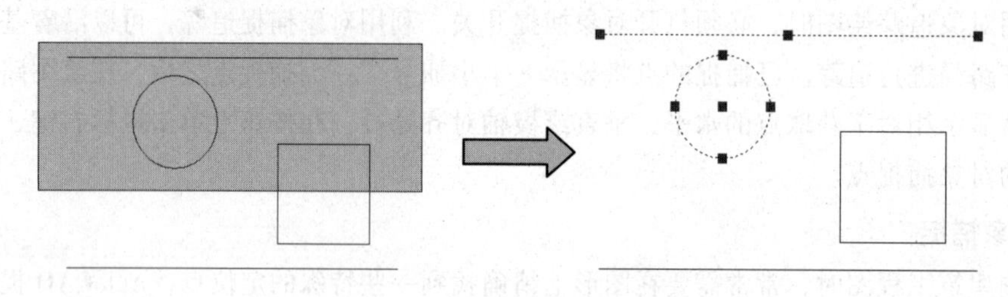

图 2-15　从左向右框选对象

（2）右框选

与左框选方向相反，将十字光标移到图形对象的右侧，按住鼠标左键不放向左侧拖动，释放鼠标后，与淡绿色选择框相交及完全包围的图形对象都可以被选择，如图 2-16 所示。

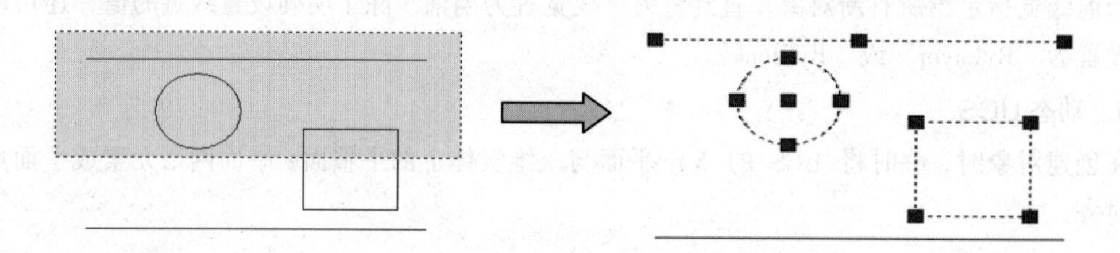

图 2-16　从右向左框选对象

提示

在 AutoCAD 2016 中，通过使用窗口或窗交方法来选择对象，可以指定矩形选择区域和创建套索选择两种方式。

要指定矩形选择区域，请单击并释放鼠标按钮，然后移动光标并再次单击。

要创建套索选择，请单击、拖动并释放鼠标按钮。

技巧

选择图形对象，要掌握以下两个技巧：

一是从左到右拖动光标以选择完全封闭在选择矩形或套索（窗口选择）中的所有对象。

二是从右到左拖动光标以选择由选择矩形或套索（窗交选择）相交的所有对象。

3. 执行编辑命令过程中选择图形对象

在执行编辑命令过程中，当命令行中出现 选择对象: 信息提示时，执行相应的快捷健可以得到如下的选择图形对象。

（1）窗口方式（W）

在命令行 选择对象： 提示下输入“W”，然后分别指定窗口的两个对角点来定义矩形选区，完全被矩形选区包围的图形对象将被选中。无论从哪个方向开始选框，都等同于左框选。

（2）窗交方式（C）

在命令行 选择对象： 提示下输入“C”，操作方式与窗口方式相似，不同的是与矩形选区相交的图形对象及完全包围的图形对象都将被选中。无论从哪个方向开始选框，都等同于右框选。这种方式是拉伸编辑命令操作指定的选择方式。

（3）多边形窗口方式（WP）

在命令行 选择对象： 提示下输入“WP”，由多个角点构成了多边形选区，多边形的各边不能相交或重合。完全被多边形选区包围的图形对象被选中。

（4）多边形窗交方式（CP）

在命令行 选择对象： 提示下输入“CP”，操作方式与“WP”相似，不同的是与多边形选区相交的图形对象及完全包围的图形对象都将被选中。

（5）栏选方式（F）

在命令行 选择对象： 提示下输入“F”，然后分别指定一条直线，则该直线穿过的所有图形对象都将被选中。可连续画直线，它不一定要围成封闭的多边形选区，不与栏线相交的图形对象不被选中，按【Enter】键结束，这是一种独特的选择方式。

4．快速选择对象

利用快速选择功能，可以快速地将指定类型的对象或具有指定属性值的对象选中。启用快速选择对象有以下 3 种方法：

- 选择菜单栏中“工具”→“快速选择”命令。
- 右击，在弹出的快捷菜单中选择“快速选择”命令。
- “命令行”输入：qselect↙。

启用该命令后，打开如图 2-17 所示对话框，通过该对话框可以快速选择对象。

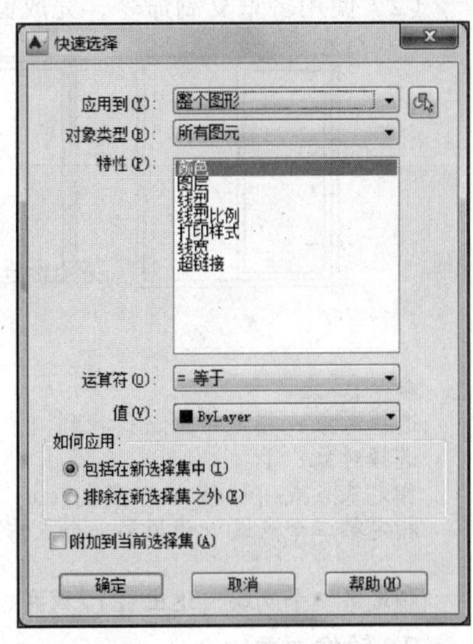

图 2-17　“快速选择”对话框

2.2.5　复制图形对象

在绘制建筑工程图中，存在着结构相同或相似的图形对象。在 AutoCAD 中，不需要对这些图形进行重复绘制，它提供了多种复制图形对象命令对这些图形对象进行编辑。偏移复制的操作在前面的章节中已经介绍过，下面着重介绍用复制、镜像和阵列命令复制图形对象。

1．复制对象

在绘图过程中，用户经常会遇到重复绘制一个相同的图形对象的情况，在 AutoCAD 中，不但可以在当前工作的图形中复制对象，而且允许在打开的不同图形文件之间进行复制。启动复制命令有以下 3 种方法：

- 选择菜单栏中“修改”→“复制”命令。

- 单击“修改”工具栏中的“复制”按钮。
- “命令行”输入：copy（或 co）↙。

【操作示例 2-1】

（1）使用单一复制命令，完成窗户 1 复制到窗户 2 的图形，如图 2–18 所示的图形。

命令：co↙
选择对象：指定对角点：找到 12 个　　（选择要复制的窗户对象）
选择对象：↙　　（直接按【Enter】键）
指定基点或 [位移(D)/模式(O)] <位移>：　　（选择图 2-18 中基准点 1）
指定第二个点或 <使用第一个点作为位移>：<正交 开>　　（选择图 2-18 中基准点 2）
指定第二个点或 [退出(E)/放弃(U)] <退出>：↙　　（按【Enter】键结束命令）

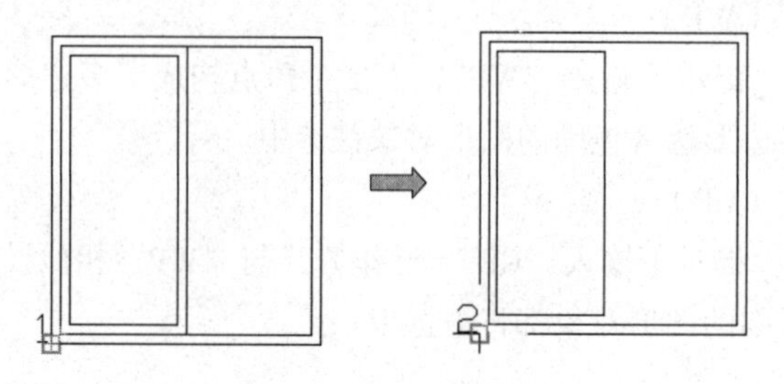

图 2–18　复制单个图形对象

（2）使用多重复制命令，完成窗户 1 复制成多个窗户 2、3、4 图形，如图 2–19 所示。

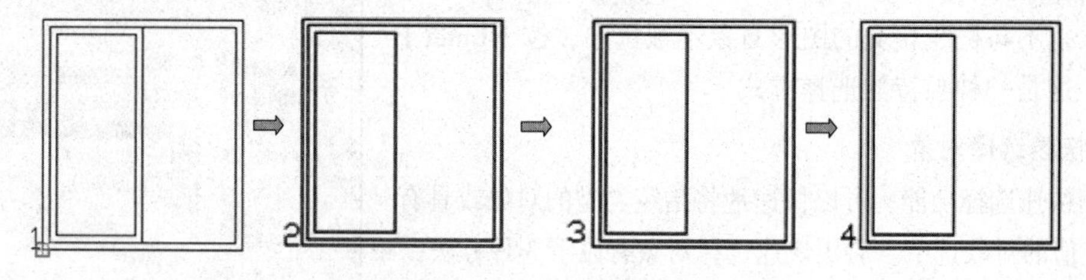

图 2–19　复制多个图形对象

命令：co↙
选择对象：指定对角点：找到 12 个　　（全部框选要复制的窗户对象）
选择对象：↙　　（直接按【Enter】键）
指定基点或 [位移(D)/模式(O)] <位移>：　　（选择图 2-19 中基准点 1）
指定第二个点或 <使用第一个点作为位移>：<正交 开>
（按【F8】键打开正交，先后选择图 2-19 中基准点 2、3、4）
指定第二个点或 [退出(E)/放弃(U)] <退出>：↙　　（按【Enter】键结束命令）

2. 镜像对象

镜像作用于当前 UCS 的 *XY* 平面平行的任何平面。当图形对象具有对称性时，可以先绘制其中的一半图形，然后使用镜像命令，选择好由两点定义的镜像直线后，就可镜像生成另一半图形，用户可以选择删除和保留原图形对象。启动镜像命令有以下 3 种方法。

- 选择菜单栏中“修改”→“镜像”命令。
- 单击“修改”工具栏中的“镜像”按钮。
- “命令行”输入：mirror（或 mi）↙。

【操作示例 2-2】

完成一个窗户的对称窗户图形，如图 2–20 所示。

命令：mi↙
选择对象：指定对角点：找到 4 个　　（全部框选要复制的窗户对象）
选择对象：↙　　（直接按【Enter】键）
指定镜像线的第一点：　　（选择图 2-20 中的镜像点 1）
指定镜像线的第二点：　　（选择图 2-20 中的镜像点 2）
要删除源对象吗？[是(Y)/否(N)] <N>：↙　　（按【Enter】键结束命令）

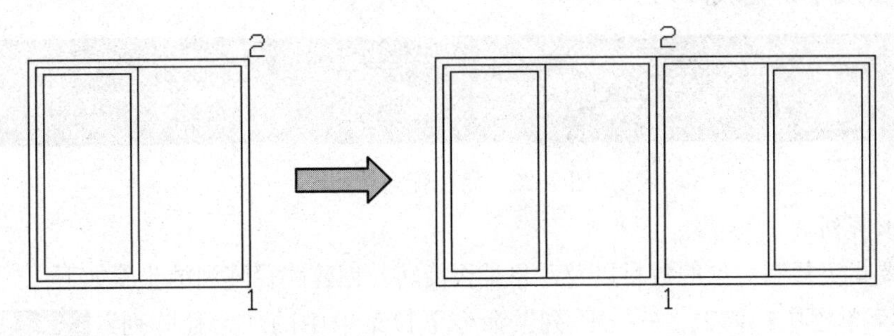

图 2-20　图形对象的镜像

3. 阵列对象

阵列可以创建要在阵列模式中排列的选定对象的副本。启动阵列命令有以下 3 种方法：

- 选择菜单栏中“修改”→“阵列”命令。
- 单击“修改”工具栏中的“阵列”按钮。
- “命令行”输入：array（或 ar）↙。

在阵列模式中，可以选择 3 种类型的阵列：

（1）矩形阵列

用户需要指定行和列的数目、行或列之间的距离以及阵列的旋转角度。创建矩形阵列的步骤如下：

- 选择菜单栏中“修改”→“阵列”命令下拉菜单中的“矩形阵列”。
- 选择要排列的对象，并按【Enter】键。
- 将显示默认的矩形阵列。
- 在阵列预览中，拖动夹点以调整间距以及行数和列数，还可以在“矩形阵列功能区”中修改值，如图 2-21 所示。
- 按【Enter】键完成阵列。

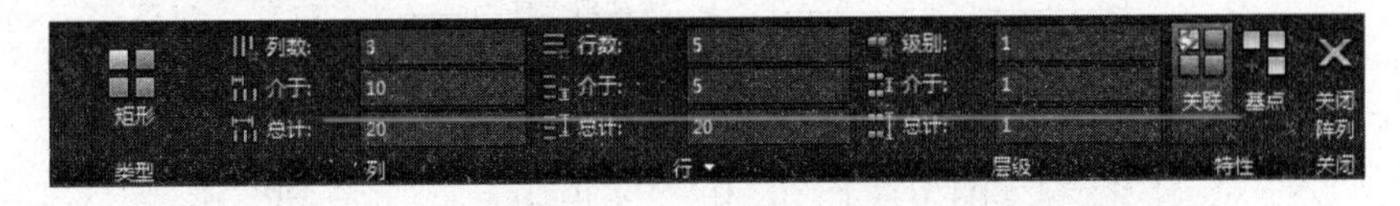

图 2-21　矩形阵列功能区

（2）路径阵列

用户需要直线、多段线、三维多段线、样条曲线、螺旋、圆弧、圆或椭圆以用作路径。创建路径阵列的步骤如下：

- 选择菜单栏中“修改”→“阵列”命令下拉菜单中的“路径阵列”。
- 选择要排列的对象，并按【Enter】键。
- 选择某个对象（例如直线、多段线、三维多段线、样条曲线、螺旋、圆弧、圆或椭圆）作为阵列的路径。

- 指定沿路径分布对象的方法：要沿整个路径长度均匀地分布项目，依次单击功能区选项卡上的“定数等分”。要以特定间隔分布对象，依次单击功能区选项卡上的“定距等分”。如图 2–22 所示。
- 沿路径移动光标以进行调整。
- 按【Enter】键完成阵列。

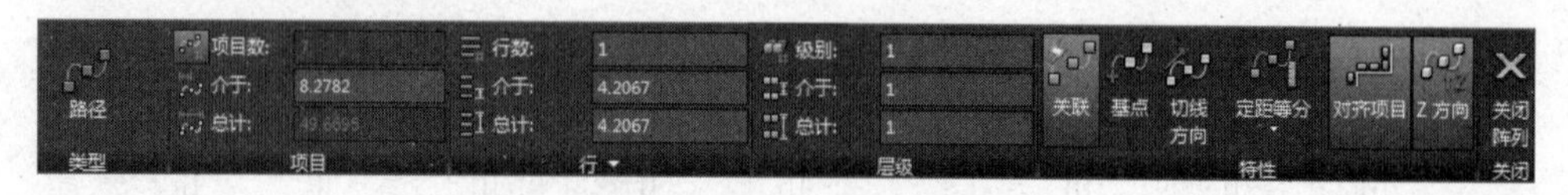

图 2–22　路径阵列功能区

（3）环形阵列

用户需要指定复制对象的数目以及对象是否旋转。创建路径阵列的步骤如下：

- 选择菜单栏中“修改”→“阵列”命令下拉菜单中的“路径阵列”。
- 选择要排列的对象，并按【Enter】键。
- 指定中心点。
- 将显示预览阵列。
- 输入 i（项目），然后输入要排列的对象的数量。
- 输入 a（角度），并输入要填充的角度，还可以拖动箭头夹点来调整填充角度。

按【Enter】键完成阵列。

【操作示例 2-3】

（1）完成源对象窗户 1 的矩形阵列图形，如图 2–23 所示。

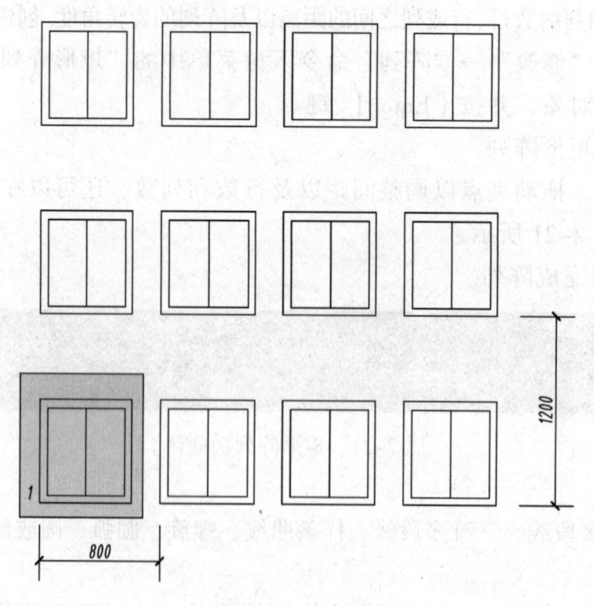

图 2–23　矩形阵列

命令：ar↙

打开如图 2–24 所示的“阵列”对话框。选择“矩形阵列”单选按钮，设置“行数”为 3、“列数”为 4、“行偏移”为 1 200、“列偏移”为 800，然后单击“选择对象”按钮。

```
选择对象：指定对角点：找到 3 个  （框选原图形窗户 1 全部对象）
选择对象：↙                                   （按【Enter】键）
```

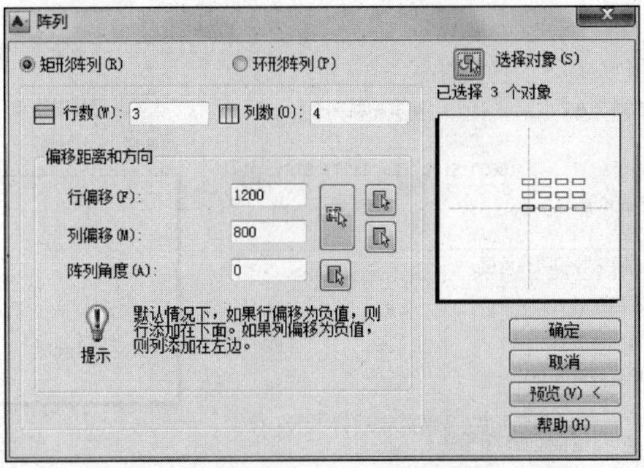

图 2-24　“阵列”对话框（矩形）

单击图 2-24 所示的“预览”按钮 预览(V) < 观看阵列效果，准确无误后单击“确定”按钮，完成矩形的阵列操作。

技巧

在 AutoCAD 2016 中，要使用对话框窗口创建阵列，请使用 ARRAYCLASSIC 命令显示传统的“阵列”对话框。传统“阵列”对话框不支持阵列关联性或路径阵列，如果需要使用 2016 版功能区中的功能，请使用 ARRAY 命令。

提示

行间距和列间距的正负值将确定矩形阵列的方向。列间距为负值，将向左边阵列；行间距为负值，则向下方阵列。

（2）完成源对象圆 *B* 的环形阵列图形，如图 2-25 所示。

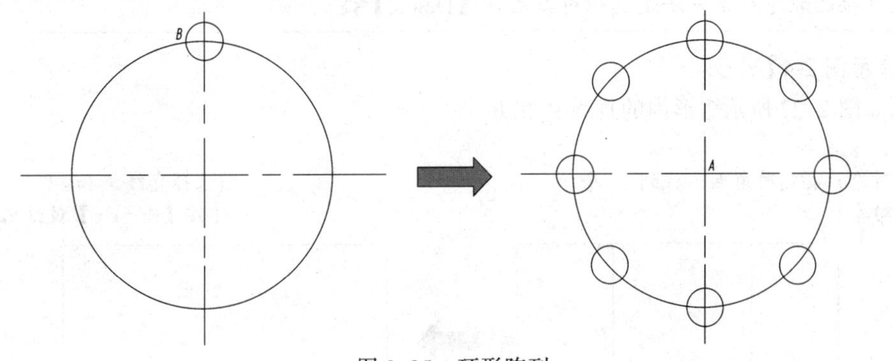

图 2-25　环形阵列

命令: ar↙

打开如图 2-26 所示的“阵列”对话框。选择“环形阵列”单选按钮，设置“项目总数”为 8、“填充角度”为 360，然后分别选择“中心点”和“选择对象”进行设置。

```
选取环形阵列圆心:          （在图形中选择中心点 A）
选择对象：找到 1 个        （单击选择原图形圆 B）
选择对象：↙               （按【Enter】键）
```

单击图 2-26 所示的“预览”按钮 预览(V) < 观看阵列效果，准确无误后单击“确定”按钮，完成环形的阵列操作。

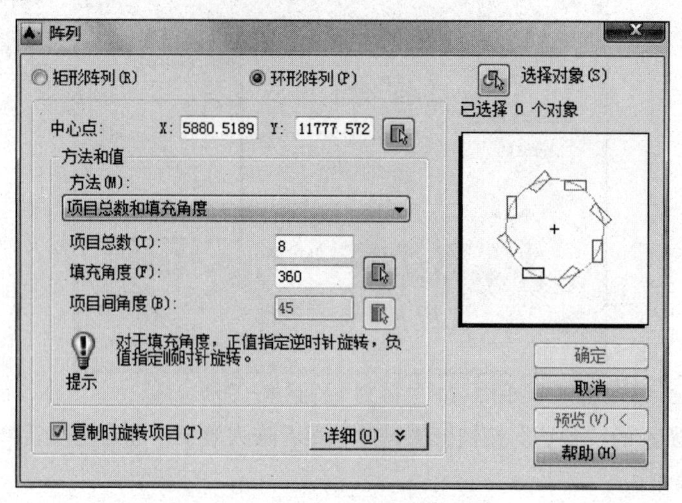

图 2-26 “阵列”对话框（环形）

2.2.6 编辑线段

1. 删除线段

利用删除命令，用户可以删除那些多余无用的图形对象，启动删除命令有以下 3 种方法。

- 选择菜单栏中“修改”→“删除”命令。
- 单击“修改”工具栏中的“删除”按钮。
- “命令行”输入：Erase（快捷键命令 E）↙。

技巧

最直接的删除对象方法是选择对象后按【Delete】键。

【操作示例 2-4】

删除如图 2-27 所示矩形内的直线 A 和 B。

命令：e↙

选择对象：指定对角点：找到 2 个　　(选择直线 A 和 B)

选择对象：↙　　（按【Enter】键结束命令）

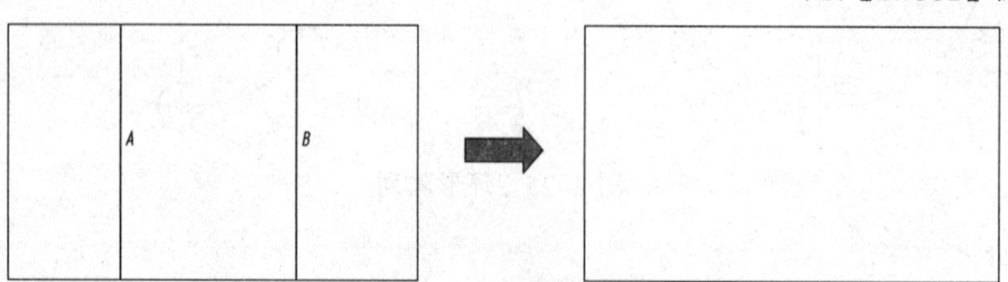

图 2-27 删除直线

2. 延伸对象

利用延伸命令，用户可以准确无误地将直线、曲线等对象延伸到指定的边界，使它与边界对象相交。若边界对象可能有隐含边界，这时对象延伸后并不与边界对象直接相交，而是与边界对象的隐含部分相交。启动延伸命令有以下 3 种方法：

- 选择菜单栏中“修改”→“延伸”命令。
- 单击“修改”工具栏中的“延伸”按钮--/。
- “命令行”输入：extend（或 ex）↙。

【操作示例 2-5】

（1）将线段 *A* 延伸到线段 *B*，如图 2-28 所示。

```
命令: ex↙
当前设置:投影=UCS，边=无
选择边界的边...
选择对象或 <全部选择>:  找到 1 个
选择对象: ↙                                                    (直接按【Enter】键)
选择要延伸的对象，或按住 Shift 键选择要修剪的对象，或[栏选(F)/窗交(C)/投影(P)/边(E)/
放弃(U)]:                                                      (在图 2-28 中 A 点处单击线段 A)
选择要延伸的对象，或按住 Shift 键选择要修剪的对象，或[栏选(F)/窗交(C)/投影(P)/边(E)/
放弃(U)]:                                                      (按【Enter】键结束命令)
```

（2）若线段 *A* 延伸后并不与线段 *B* 的图形相交，而是与线段 *B* 的延长线相交，如图 2-29 所示。

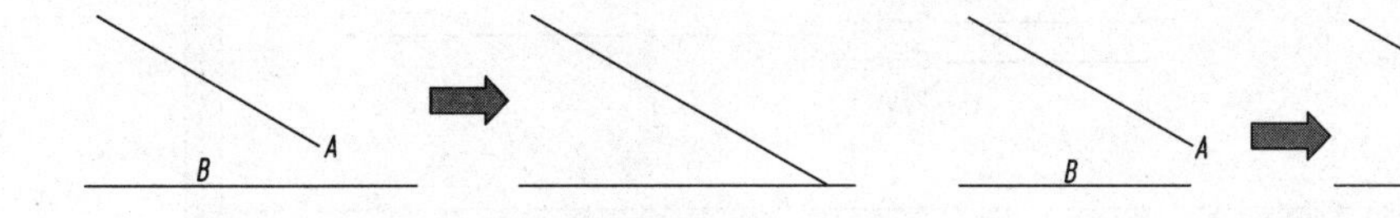

图 2-28　延伸直接相交线段　　　　图 2-29　延伸不直接相交线段

```
命令: ex↙
当前设置:投影=UCS，边=无
选择边界的边...
选择对象或 <全部选择>:  找到 1 个                              (单击图 2-29 中线段 B 作为延伸边)
选择对象: ↙                                                    (直接按【Enter】键)
选择要延伸的对象，或按住 Shift 键选择要修剪的对象，或[栏选(F)/窗交(C)/投影(P)/边(E)/
放弃(U)]: e ↙                                                  (输入 e，选择“边”选项)
输入隐含边延伸模式 [延伸(E)/不延伸(N)] <延伸>: e↙             (输入 e，选择“延伸”选项)
选择要延伸的对象，或按住 Shift 键选择要修剪的对象，或[栏选(F)/窗交(C)/投影(P)/边(E)/
放弃(U)]:                                                      (在图 2-29 中 A 点外单击线段 A)
选择要延伸的对象，或按住 Shift 键选择要修剪的对象，或[栏选(F)/窗交(C)/投影(P)/边(E)/
放弃(U)]: ↙                                                    (按【Enter】键结束命令)
```

2.2.7　设置非连续线段

非连续线是由短横线、空格、点等元素重复构成的。非连续线的外观，如短横线的长短、空格的大小等，是由其线型的比例因子来控制的。如绘制建筑工程图中的定位轴线、中心线等非连续线看上去与连续线一样时，改变其线型的比例因子，可以调节非连续线的外观。

1. 设置线型的全局比例因子

改变全局线型的比例因子，AutoCAD 将重生成图形，这将影响图形文件中所有非连续线型的外观。启动全局线型的比例因子有以下 3 种方法：

- 选择菜单栏中“格式”→“线型”命令。
- 单击“特性”工具栏中的“线型控制”列表框下拉按钮▼。
- “命令行”输入：ltscale（或 lts）↙。

启动线型命令后，弹出“线型管理器”对话框。在“线型管理器”对话框中，单击“显示细节”按钮[显示细节(D)]后变成“隐藏细节”按钮[隐藏细节(D)]，在对话框的底部弹出“详细信息”选项组，如图 2-30 所示。在“全局比例因子”数值框中输入新的的比例因子，单击“确定”按钮。

【操作示例 2-6】

将建筑轴线 *A* 的全局线型比例因子增加后，得到如图 2-31 所示建筑轴线 *B*，将线段 *A* 延伸到线段 *B* 的图形。

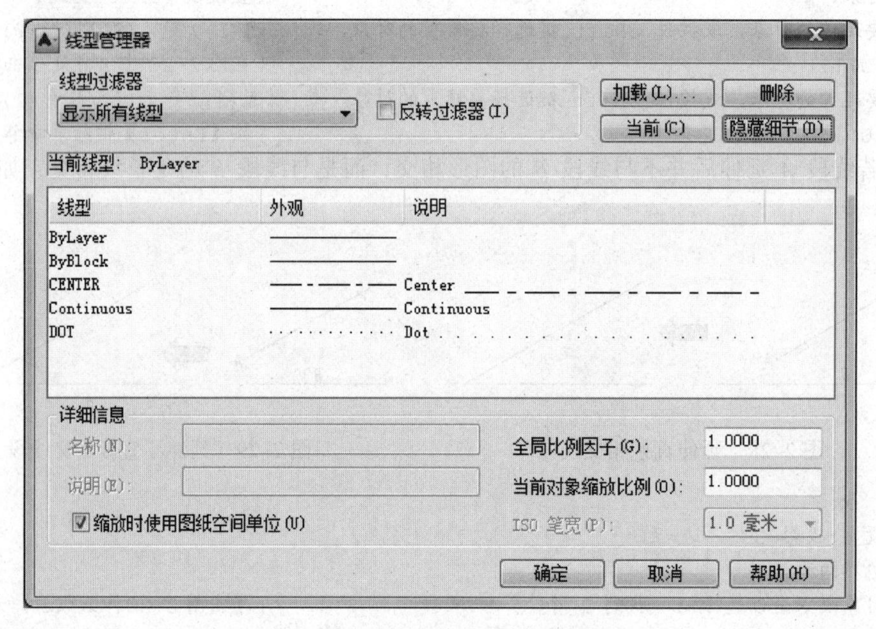

图 2-30 “线型管理器”对话框

```
命令: lts↙
LTSCALE 输入新线型比例因子 <1.0000>: 4↙          （输入新的数值 4，按【Enter】键）
正在重生成模型。
```

A　　　　B

（a）比例因子=1　　（b）比例因子=4

图 2-31 设置新的线型比例因子

提示

设置全局线型比例因子时，线型比例因子不能为“0”。当系统变量 Ltscale 的值增加时，非连续线的短横线及空格加长，反之则缩短。

2. 设置当前对象的线型比例因子

改变当前对象的线型比例因子，将改变当前选择的对象中所有非连续线型的外观。改变当前对象的线型比例因子有以下两种方法：

（1）利用“线型管理器”对话框

选择菜单栏中“格式”→“线型”命令，弹出“线型管理器”对话框。在“线型管理器”对话框中，单击“显示细节”按钮 显示细节(D) 后变成“隐藏细节”按钮 隐藏细节(D) ，在对话框的底部弹出“详细信息”选项组，如图 2-30 所示。在“当前对象缩放比例”数值框中输入新的比例因子，单击“确定”按钮。

（2）利用“特性管理器”对话框

选择菜单栏中“修改”→“特性”命令，打开“特性管理器”对话框，选择需要改变线型比例的对象，特性管理器将显示选中对象的特性设置，如图 2-32 所示。在“常规”选项组中“线型比例”中输入新的比例因子，按【Enter】键，改变其外观图形，此时其他非连续线型的外观不会改变。

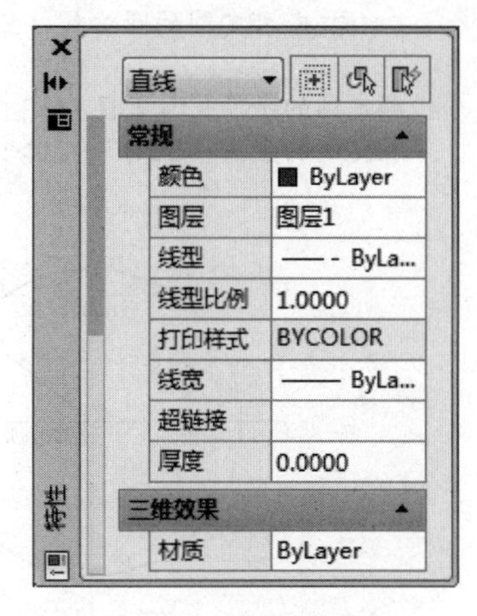

图 2-32　特性管理器

3．全局比例因了与当前对象比例的区别

全局比例因子将影响图形中所有线型的外观。通过在命令提示下或使用线型管理器更改 LTSCALE 系统变量，可以设置全局比例因子。默认的全局比例因子为 1.0。比例因子越小，重复的线型图案数就越多且每个线型图案的间距也越小。如果更改全局比例因子，图形中所有线型的外观将发生更改。

当前对象比例（也称为当前的线型比例）控制新对象的线型比例。可以通过更改 CELTSCALE 系统变量或使用线型管理器来设置当前的对象比例，默认的当前对象比例为 1.0。创建几何图形时，当前的对象比例值将成为对象的线型比例特性，可以在“特性”选项板中更改现有对象的线型比例。对象的线型比例基于全局比例因子和线型比例特性。

2.2.8　绘制圆

AutoCAD 提供了 6 种绘制圆的方法，如图 2-33 所示。其中，默认的方法是通过确定圆心和半径来绘制圆。用户可以根据图形的特点，采用不同的方法进行绘制。启动绘制圆命令有以下 3 种方法：

- 选择菜单栏中“绘图”→“圆”命令。
- 单击“绘图”工具栏中的“圆”按钮。
- “命令行”输入：circle（或 c）↙。

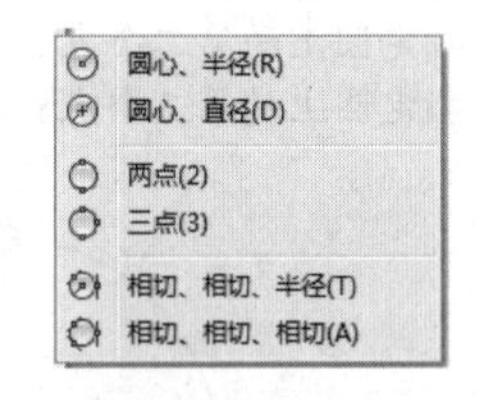

图 2-33　绘制圆的 6 种命令

【操作示例 2-7】

（1）【圆心、半径（R）】：此命令通过指定圆心位置和半径值来画圆。

已知圆心 O（300,200）和半径（R=100），绘制如图 2-34 所示的圆。

```
命令：c·
CIRCLE 指定圆的圆心或 [三点(3P)/两点(2P)/切点、切点、半径(T)]：300,200↙
                                                    (输入 300，200，指定圆心)
指定圆的半径或 [直径(D)] <165.7075>：100↙           (输入 100 半径值)
```

（2）【圆心、直径（D）】：此命令通过指定圆心位置和直径值来画圆。

已知圆心点 O（600,200）和直径（ϕ=200），绘制如图 2-35 所示的圆。

```
命令：c↙
```

CIRCLE 指定圆的圆心或 [三点(3P)/两点(2P)/切点、切点、半径(T)]: 600,200
（输入 600，200，指定圆心）
指定圆的半径或 [直径(D)] <100.0000>: d↙ （选择“直径”选项）
指定圆的直径 <200.0000>: 200↙ （输入 200 直值）

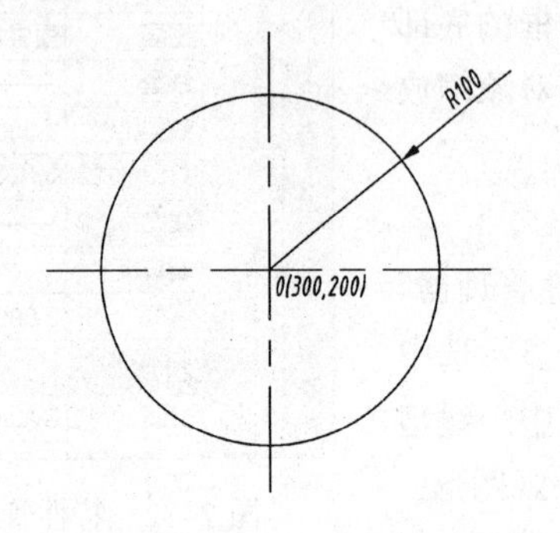

图 2-34　圆心、半径绘制圆

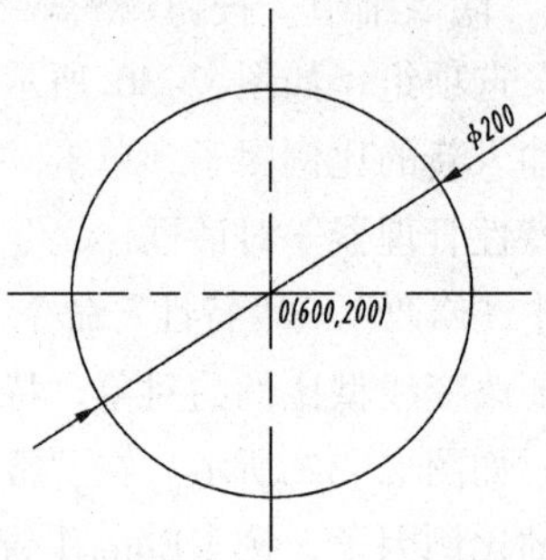

图 2-35　圆心、直径绘制圆

（3）【两点（2）】：此命令通过指定圆周上两点来画圆。

已知两点 *A*（900,200）、*B*（1050，290），绘制如图 2-36 所示的圆。

命令:c↙
CIRCLE 指定圆的圆心或 [三点(3P)/两点(2P)/切点、切点、半径(T)]: 2p↙
（选择“两点”选项）
指定圆直径的第一个端点: 900,200↙ （输入 900，200，指定 *A* 点）
指定圆直径的第二个端点: 1050,290↙ （输入 1050，290，指定 *B* 点）

（4）【三点（3）】：此命令通过指定圆周上三点来画圆。

已知三点 *A*（900,200）、*B*（1050,290）、*C*（1050,110），绘制如图 2-37 所示的圆。

命令:c↙
CIRCLE 指定圆的圆心或 [三点(3P)/两点(2P)/切点、切点、半径(T)]: 3p↙
（选择“三点”选项）
指定圆上的第一个点: 900,200 （输入 900,200，指定 *A* 点）
指定圆上的第二个点: 1050,290 （输入 1050,290，指定 *B* 点）
指定圆上的第三个点: 1050,110 （输入 1050,110，指定 *C* 点）

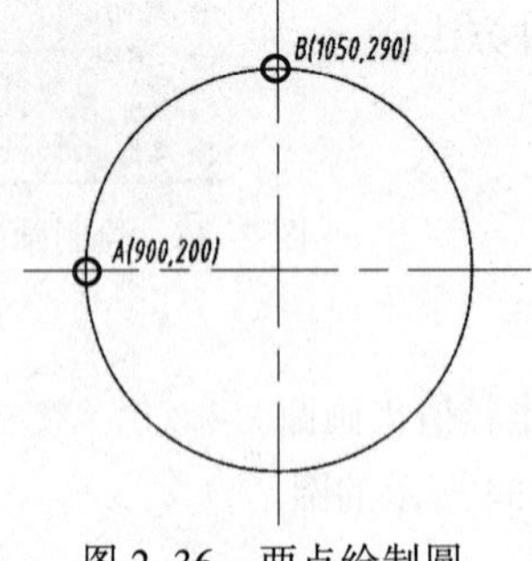

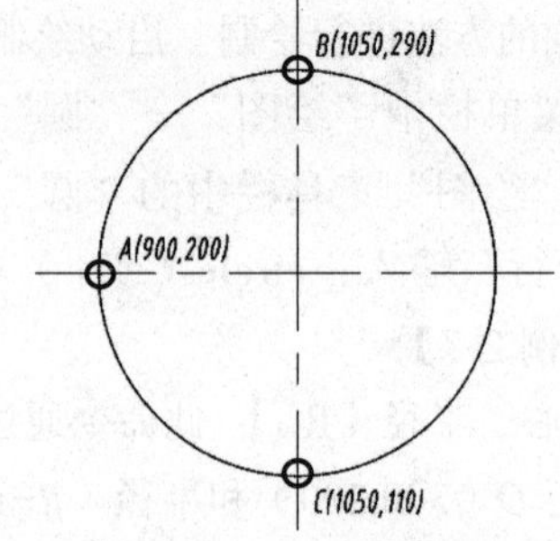

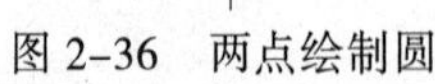
图 2-36　两点绘制圆

图 2-37　三点绘制圆

（5）【相切、相切、半径（T）】：此命令通过指定两个相切对象，后指定半径值的方法来画圆。

已知两条相切线 *AB*、*BC* 和半径（*R*=50），绘制如图 2-38 所示的圆。

命令:c↙
CIRCLE 指定圆的圆心或 [三点(3P)/两点(2P)/切点、切点、半径(T)]: t↙

（输入t，选择“切点、切点、半径”选项）

指定对象与圆的第一个切点：　　（单击图 2-38 中 1 点）

指定对象与圆的第二个切点：　　（单击图 2-38 中 2 点）

指定圆的半径 <100>：50↙　　（输入半径值 50）

（6）【相切、相切、相切（A）】：此命令通过指定三个相切对象的方法来画圆。

已知两条相切线和一个圆弧，绘制如图 2-39 所示的圆（加粗的圆即为所画的圆）。

命令：c↙

CIRCLE 指定圆的圆心或 [三点(3P)/两点(2P)/切点、切点、半径(T)]：_3p 指定圆上的第一个点：

_tan 到　　（单击图 2-39 中 1 点）

指定圆上的第二个点：_tan 到　　（单击图 2-39 中 2 点）

指定圆上的第三个点：_tan 到　　（单击图 2-39 中 3 点）

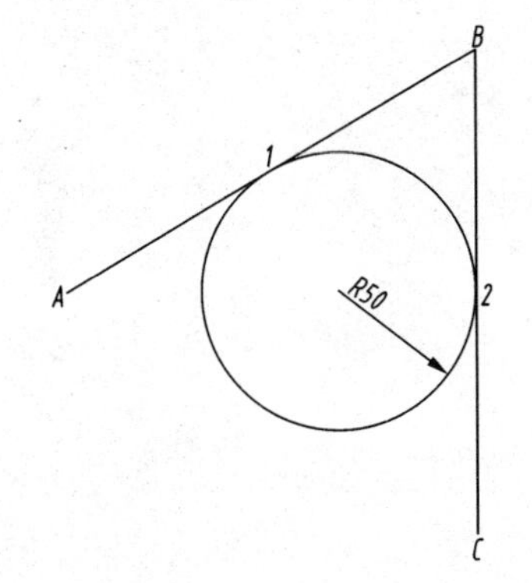

图 2-38　相切、相切、半径绘制圆

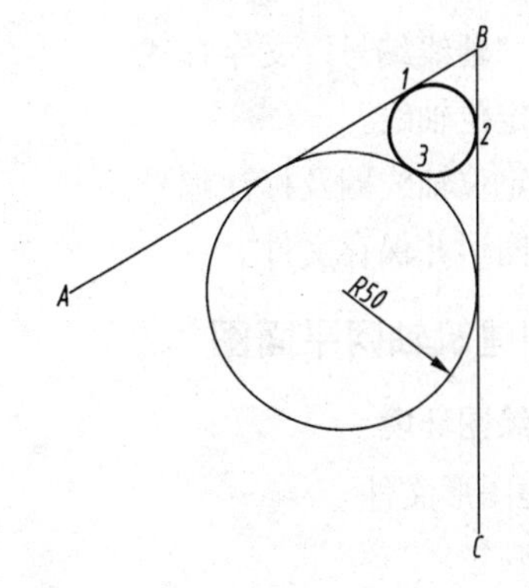

图 2-39　相切、相切、相切绘制圆

2.3　项目实施

2.3.1　绘制建筑轴网平面图基本要求

1. 绘制建筑轴网平面图的内容

绘制由横向水平定位轴线 6 条（附加定位轴线两条）、纵向垂直定位轴线 8 条（附加定位轴线 6 条），构成建筑轴网，表示建筑结构中的墙或柱的中心线。绘制定位轴圈并标注编号。轴网是建筑平面图的主体框架，建筑物的主要支承构件按照轴网定位排列，达到井然有序。

2. 建筑轴网平面图的绘制要求

（1）绘图单位

常为十进制，小数点后显示 0 位，以毫米为单位。

（2）绘图界限

设置绘图界限 70 000 × 50 000，采用 1 : 100 比例绘图。

（3）定位轴线

定位轴线用细单点长画线绘制，颜色为红色、线型为 CENTER、线宽为默认线宽。

（4）定位轴线圈及标注编号

定位轴线一般应编号，编号应注写在轴线端部的圆内。圆应用细实线绘制，直径为 8 ~ 10 mm。定位轴线圆的圆心，应在定位轴线的延长线上或延长线的折线上。

平面图上定位轴线的编号，宜标注在图样的下方与左侧。横向编号应用阿拉伯数字，从左至右顺序编写，竖向编号应用大写拉丁字母，从下至上顺序编写。

英文字母的 I、O、Z 不得用做轴线编号。如字母数量不够使用，可增用双字母或单字母加数字注脚，如 AA、BA…YA 或 A1、B1…Y1。

附加定位轴线的编号，应以分数形式表示，并应符合规定：两根轴线的附加定位轴线，应以分母表示前一轴线的编号，分子表示附加轴线的编号，用阿拉伯数字顺序编写。

（5）文字样式

文字名称用“轴线编号”，字体名为“complex.shx”，高度为 0 ，宽度因子为 1。

3．建筑轴网平面图的绘图步骤

① 创建图层。

② 创建“轴线编号”文字样式。

③ 绘制定位轴线。

④ 绘制定位轴线圈及标注编号。

⑤ 完成图形并保存文件。

2.3.2 绘制建筑轴网平面图

1．设置绘图环境

（1）新建图形文件

命令:new↙

打开“选择样板”对话框，选择“acadiso.dwt”图形样板文件，单击“打开”按钮，完成新建图形文件。

（2）设置绘图单位

命令: un↙

在弹出的“图形单位”对话框中，设置长度：“类型”为“小数”，“精度”为 0，设置单位：毫米。

（3）设置绘图界限

根据图样大小，选择比图样较大一些的范围，相当于手工绘图买好图纸后裁图纸的过程。

命令:limits↙

指定左下角点（0,0），指定右上角点（70000,50000）。

命令:z↙

根据命令行提示输入 a↙，选择“全部”选项缩放窗口，将所设置的绘图界限设全部呈现在显示器工作界面。

（4）创建图层

命令:la↙

在弹出的“图层特性管理器”功能面板中创建“建筑-轴线”图层、“建筑-轴线-编号”图层，两个图层的相应颜色、线型和线宽如图 2-40 所示。

2．创建轴圈编号文字样式

命令:st↙

在弹出的“文字样式”对话框中新建“轴线编号”样式，字体名 complex.shx ，单击“应用”按钮，单击“置为当前”按钮，关闭“文字样式”对话框，如图 2-41 所示。

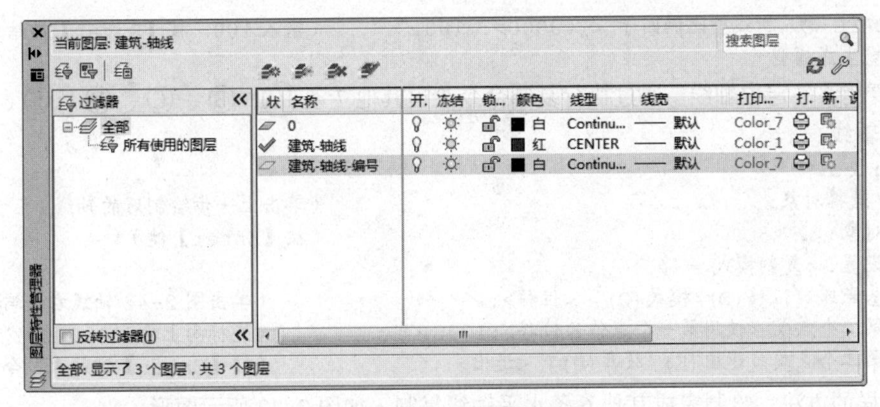

图 2-40　创建建筑轴线图层

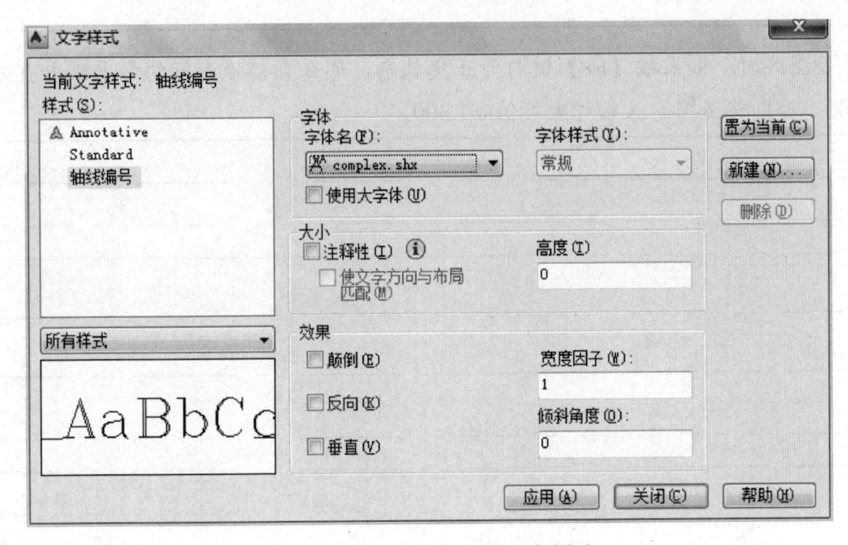

图 2-41　创建轴线编号文字样式

3. 绘制定位轴线

（1）绘制水平定位轴线

在本任务的建筑轴网平面图中，有 6 条横向水平定位轴线（附加定位轴线 2 条），它们之间的距离分别是 1 300 mm、1 000 mm、5 100 mm、1 800 mm、5 100 mm、1 000 mm、1 300 mm。

① 在“图层”工具栏的“图层控制”下拉列表框中选择“建筑-轴线”图层，单击按钮，置为当前图层。

② 绘制水平定位轴线 *A* 轴。

命令：l↙

LINE 指定第一点：　　　　　　　　　　（在绘图区域左下方单击）

指定下一点或 [放弃(U)]：<正交 开> 27600↙

（按【F8】键打开正交，将光标往右边移动，输入 27600 绘制直线）

指定下一点或 [放弃(U)]：↙　　　　　　　（按【Enter】键结束命令）

③ 调整线型比例。在绘图区域看到绘制了一条红色的实线，而不是显示的细单点长画线，这就需要重新调整比较合适的线型比例命令 Ltscale。

命令：lts↙

LTSCALE 输入新线型比例因子 <1.0000>: 100↙　　　（输入 100，按【Enter】键结束命令）
正在重生成模型

④ 复制水平定位轴线。通过执行复制命令绘出其他 7 条(1/A)、Ⓑ、Ⓒ、Ⓓ、Ⓔ、(1/E)、Ⓕ水平定位轴线。

命令：co↙
COPY 选择对象：　　　（单击上一步绘制好的轴线）
选择对象：↙　　　（按【Enter】键）
当前设置：　复制模式 = 多个
指定基点或 [位移(D)/模式(O)] <位移>:↙　　　（单击图 2-42 轴线右边端点）
指定第二个点或 <使用第一个点作为位移>:1300↙　　　（光标向上输入 1 300）
指定第二个点或 [退出(E)/放弃(U)] <退出>:↙　　　（按【Enter】键结束命令）

用同样的方法，绘制完成其他 6 条水平轴线复制，如图 2-42 所示图形。

提示

在复制图线时，如果按【F8】键打开正交状态，那么直接沿光标的水平或垂直方向输入距离 1 300，否则就必须输入相对坐标值@1 300。

图 2-42　绘制水平轴线

（2）绘制垂直定位轴线

在本任务的建筑轴网平面图中，有 8 条纵向垂直定位轴线（附加定位轴线 6 条），它们之间的距离分别都是 3 600 mm（附加定位轴线距离分别是 2 100 mm、1 500 mm），如图 2-1 标注所示。

① 绘制垂直定位轴线①轴。

命令：l↙
LINE 指定第一点：　　　（在 A 轴左端点单击）
指定下一点或 [放弃(U)]: <正交 开> @1200,-1200↙
　　　（按【F8】键打开正交，输入相对直线坐标@1200，-1200 绘制斜线）
指定下一点或 [放弃(U)]: 19000↙　　　（把光标向上输入 19000，按【Enter】键）
指定下一点或 [放弃(U)]: ↙　　　（按【Enter】键结束命令）

② 偏移复制垂直定位轴线。通过执行偏移复制命令绘出其他 7 条②、③、④、⑤、⑥、⑦、⑧垂直定位轴线。

命令：_offset
当前设置：删除源=否　图层=源　OFFSETGAPTYPE=0
指定偏移距离或 [通过(T)/删除(E)/图层(L)] <通过>:　3600↙　（输入 3600，按【Enter】键）
选择要偏移的对象，或 [退出(E)/放弃(U)] <退出>:　　　（单击图 2-43 轴线①）
指定要偏移的那一侧上的点，或 [退出(E)/多个(M)/放弃(U)] <退出>:

（在轴线 1 右边单击，绘出轴线②）

选择要偏移的对象，或 [退出(E)/放弃(U)] <退出>:　　（单击图 2-43 轴线②）

指定要偏移的那一侧上的点，或 [退出(E)/多个(M)/放弃(U)] <退出>:

（在轴线②右边单击，绘出轴线③）

选择要偏移的对象，或 [退出(E)/放弃(U)] <退出>:　　（单击图 2-43 轴线③）

指定要偏移的那一侧上的点，或 [退出(E)/多个(M)/放弃(U)] <退出>:

（在轴线③右边单击，绘出轴线④）

用同样的步骤，绘制完成其他 4 条垂直轴线，复制、删除多余线段，如图 2-43 所示图形。

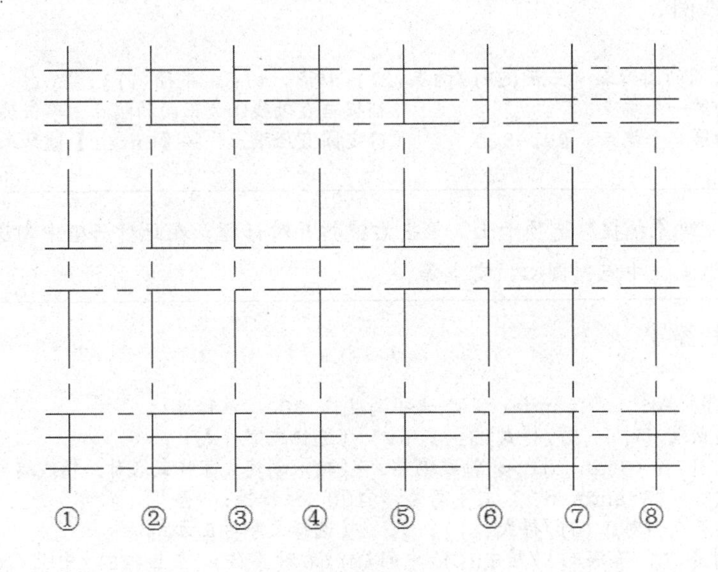

图 2-43　绘制垂直轴线

③ 绘制附加垂直定位轴线。绘制 8 条主轴线中间的 6 根分轴线，是建筑工程图的内墙轴线。

用上述相同的偏移方法，先选择轴线①、③、⑥向右偏移 2 100 mm，再选择轴线 ⑧、⑥、③向左偏移 2 100 mm，完成所有垂直轴线绘制，如图 2-44 所示。

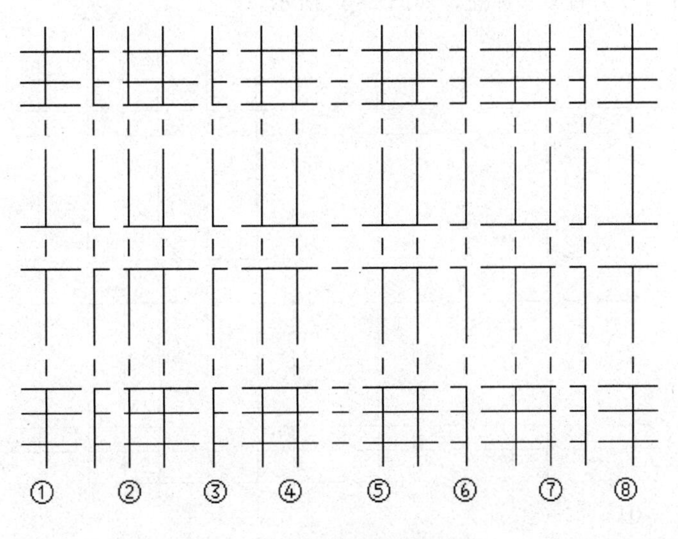

图 2-44　绘制全部垂直轴线

4. 绘制定位轴线圈并标注编号

执行绘圆命令来绘制轴线圈，先绘制一个直径为 800 mm 的圆，然后再执行单行文本命令，在轴线圈里输入标注数字。

（1）选择“建筑-轴线-编号”图层

在“图层”工具栏的“图层控制”下拉列表框中选择“建筑-轴线-编号”图层，单击按钮，置为当前图层。

（2）绘制轴线圈

命令：c↙
CIRCLE 指定圆的圆心或 [三点(3P)/两点(2P)/切点、切点、半径(T)]：2p↙
指定圆直径的第一个端点：　　（捕捉垂直轴线①最下面的端点，单击确定圆直径起点）
指定圆直径的第二个端点：@0,-800　　（确定圆直径端点，按【Enter】键结束命令）

提示

在状态栏“对象捕捉”选项卡上，单击右键打开对话框，在此对话框中勾选常用的选项，如：端点、象限点、中点、圆心、交点等。

（3）标注轴线编号

命令：dt↙
TEXT 当前文字样式：“Standard”　文字高度：300　注释性：否
指定文字的起点或 [对正(J)/样式(S)]：s↙　（选择文字样式）
输入样式名或 [?] <Standard>：轴线编号↙　（输入创建文字样式名称：轴线编号）
当前文字样式：“Standard”　文字高度：100　注释性：否
指定文字的起点或 [对正(J)/样式(S)]：j↙　（选择文字对正方式）
输入选项 [对齐(A)/布满(F)/居中(C)/中间(M)/右对齐(R)/左上(TL)/中上(TC)/右上(TR)/左中(ML)/正中(MC)/右中(MR)/左下(BL)/中下(BC)/右下(BR)]：mc↙
（选择文字“正中”对齐方式）
指定文字的中间点：　　（单击上一步绘制轴线圈圆心，确定输入文字对齐点）
指定高度 <100>：500↙　　（输入文字的高度为 500）
指定文字的旋转角度 <0>：↙　　（按【Enter】键确定字体不旋转，结束命令）

绘制完成轴线编号①的文字标注，如图 2-45 所示。

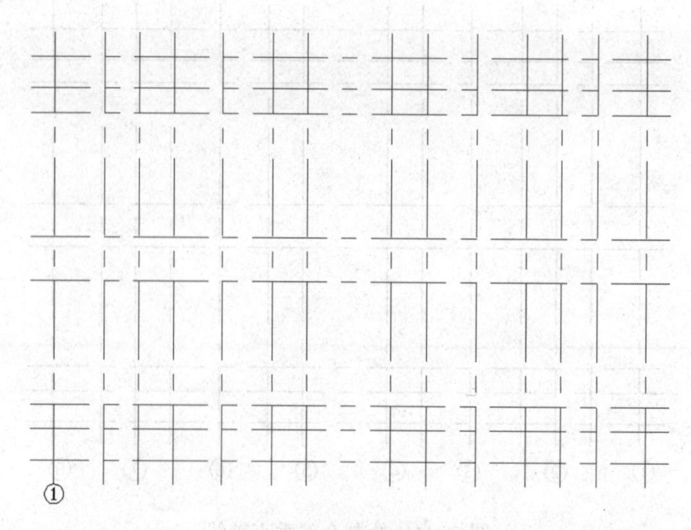

图 2-45　绘制轴线编号①

提示

在标轴线编号时，将图形局部放大可以精确捕捉点的位置，绘制好后再返回原来的视图。

（4）复制全部轴线圈及标注编号

按【F3】键打开对象捕捉状态，通过端点及象限点的捕捉，将已经绘出的轴线圈及标注编号进行多重复制。

```
命令:co↙
选择对象：指定对角点：                          (框选图 2-45 所示①轴圈及编号)
选择对象：↙                                     (按【Enter】键)
当前设置：  复制模式 = 多个
指定基点或 [位移(D)/模式(O)] <位移>:
                                                (捕捉①轴线圈上侧象限点，单击确定复制基点)
指定第二个点或 [退出(E)/放弃(U)] <退出>:
                         (依次捕捉②~⑧轴线的下端点，单击完成②~⑧轴圈及标注编号复制)
指定第二个点或 [退出(E)/放弃(U)] <退出>:↙(按【Enter】键结束命令)
```

用同样的方法，捕捉轴线圈最左边的象限点，完成Ⓐ~Ⓕ轴线右侧轴圈及标注编号复制，如图 2-46 所示图形。

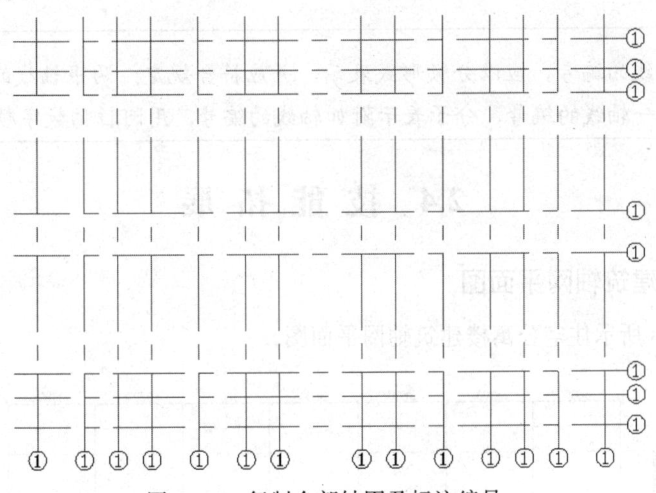

图 2-46　复制全部轴圈及标注编号

（5）修改轴线编号

① 定位轴线编号修改：在轴线编号上双击，数字亮显，直接输入标注数字，如图 2-47 所示。

② 附加定位轴线修改：在轴线编号上双击，数字亮显，直接输入标注数字，如输入附加定位轴线 1/1，显示的是超出轴线圈文字1/1，修改方法如下：

首先，单击工具栏特性按钮，打开“特性”功能面板。

然后，单击选择轴线编号文字 1/1、1/2、1/3、1/5、1/6、1/7、1/A、1/E，共 8 个文字。在“特性”功能面板的上面显示 文字(8)，将“文字”选项中的 宽度因子 1，修改为 宽度因子 0.4，按【Enter】键完成修改，效果如图 2-47 所示。

5．保存文件

```
命令：save↙
```

将完成的图形以“建筑轴网平面图”文件名保存，退出 AutoCAD。

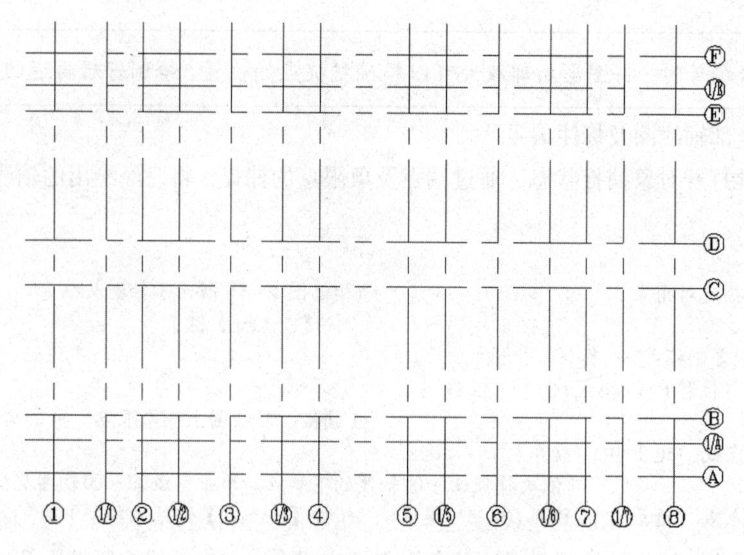

图2-47　学生公寓建筑轴网平面图

提示

附加定位轴线的编号，应以分数形式表示，并应符合规定：两根轴线的附加定位轴线，应以分母表示前一轴线的编号，分子表示附加轴线的编号，用阿拉伯数字顺序编写。

2.4 技能拓展

绘制住宅公寓楼建筑轴网平面图

绘制如图2-48所示住宅公寓楼建筑轴网平面图。

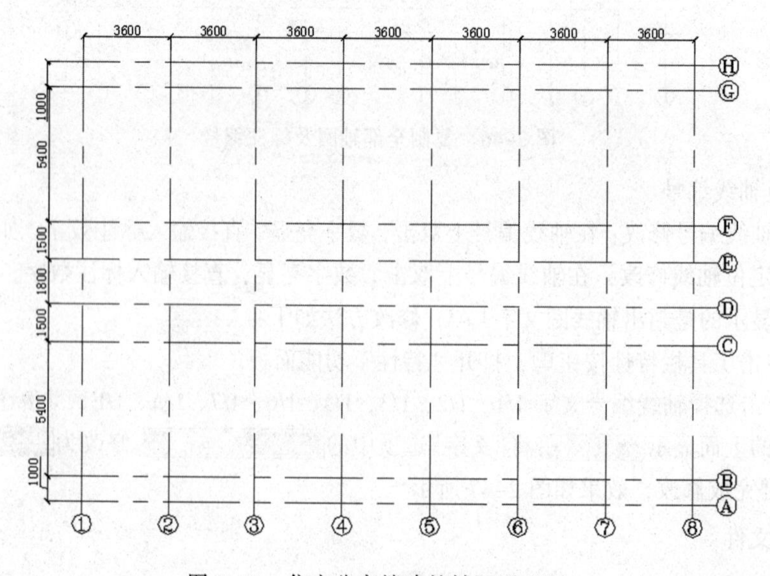

图2-48　住宅公寓楼建筑轴网平面图

学习效果评价表

项目名称							
专业		班级		姓名		学号	
评价内容	评价指标			分数	自我评价（25%）	小组评价（25%）	老师评价（50%）	得分
学习态度	出勤情况、学习主动性、语言表达、团队协作			10				
项目实施	新建图形文件、图形界限、图层设置			15				
	设置文字样式			10				
	绘制定位轴线、轴线圈并标注编号			35				
项目质量	绘图符合规范、图线清晰、标注准确、图面整洁			10				
学习方法	创新思维能力、计划能力、解决问题能力			20				
教师签名		日　期			成绩评定			

项目三　绘制建筑平面施工图

【学习目标】

• 知识目标

1. 理解建筑平面图的图示方法。

2. 理解多线的含义，掌握多线创建、绘制、编辑的方法。

3. 掌握圆弧、圆环、矩形和正多边形的绘制方法。

4. 掌握编辑图形对象位置的方法。

• 能力目标

具有建筑平面施工图的识读能力及绘图能力。

• 素质目标

培养学生从简单绘图到精准绘图的良好绘图习惯，具备建筑工程技术人员应有的科学、严谨、精准的工作作风和良好的职业道德。

【重点与难点】

• 重点

掌握绘制建筑平面施工图的基本命令和操作技巧。

• 难点

理解建筑平面图的图示方法；掌握多线创建与绘制的方法。

【学习引导】

1. 教师课堂教学指引：绘制建筑平面施工图的基本命令和操作技巧。

2. 学生自主性学习：每个学生通过实际操作反复练习加深理解，提高操作技巧。

3. 小组合作学习：通过小组自评、小组互评、教师评价，并总结绘图效果，提升绘图质量。

3.1　项 目 描 述

建筑平面图是建筑施工图的基本图样，它是假想用一水平剖切平面将房屋各层沿窗台以上适当部位剖切开，对剖切平面以下部分所作的水平投影图。用于反映房屋的平面形状、大小和房间的布置、墙或柱的位置、尺寸和材料，以及门窗的类型和位置等。在绘制好的图 2-1 所示学生公寓建筑轴网平面图基础上，绘制如图 3-1 所示学生公寓楼建筑底层平面图。

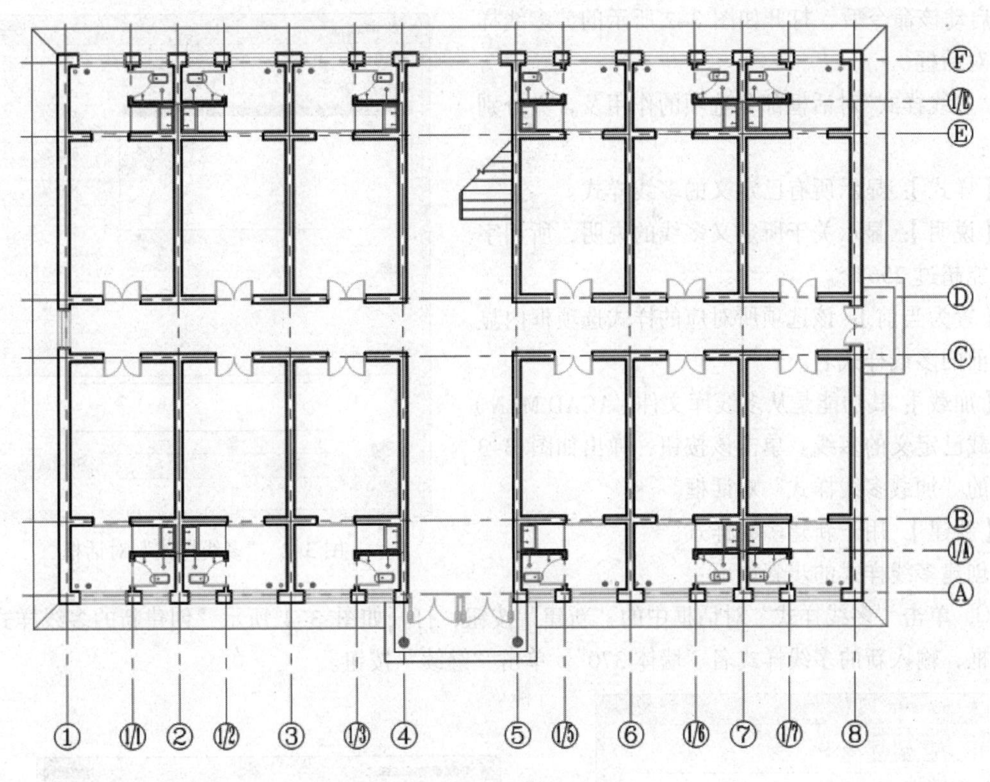

图 3-1　学生公寓楼建筑底层平面图

3.2　知识平台

3.2.1　建筑平面图的图示方法

建筑平面图随着建筑物每层平面的功能布局的不同而导致的空间组合不同。每一层的平面图都应该画，当中间某几层的功能完全一样时，可用标准层平面图来代替，并在图中做相应说明。因此，任何一个多层建筑都应该包括底层平面图、标准层平面图和顶层平面图，才能够满足建筑工程施工各项具体要求。

3.2.2　绘制多线

多线是指多条相互平行的直线，多线命令是一个快速绘制多条平行线的操作。绘制多线与绘制直线方法类似，必须指定一个起点和端点。多线命令在建筑工程图中绘制墙的结构功能特别有用。

1. 创建多线样式

多线的样式决定多线中线条的数量、线条的颜色和线型、直线间的距离，还能指定多线封口的形式为弧形或直线形，用户根据需要可以设置多种不同的多线样式。

启动“多线样式”对话框有如下两种方法：

- 选择菜单栏中“格式”→“多线样式”命令。
- “命令行”输入：mlstyle↙。

启动该命令后，打开如图 3-2 所示的“多线样式”对话框。

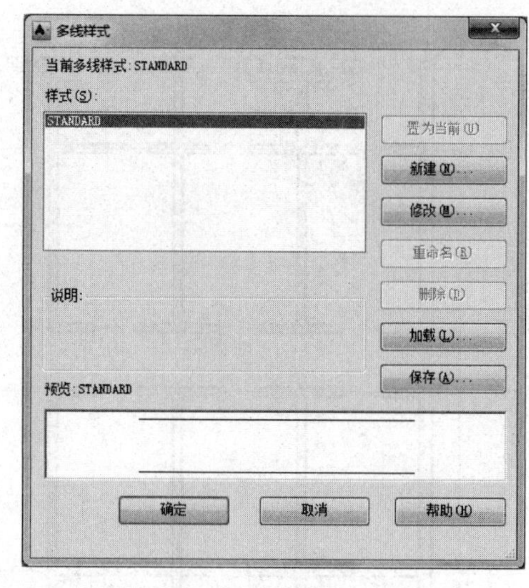

图 3-2 “多线样式”对话框

“多线样式”对话框部分选项的作用及含义分别如下：

【样式】：显示所有已定义的多线样式。

【说明】：显示关于所定义多线的说明，所用字符不能超过 256 个。

【置为当前】：该选项所对应的样式选项框内显示当前的多线样式名。

【加载】：其功能是从多线库文件（ACAD.MLN）中加载已定义的多线。单击该按钮，弹出如图 3-3 所示的“加载多线样式”对话框。

【新建】：用于新建多线样式。

创建多线样式的步骤如下：

① 单击“多线样式”对话框中的“新建”按钮，打开如图 3-4 所示“创建新的多线样式”对话框，输入新的多线样式名“墙体 370”。单击“继续”按钮。

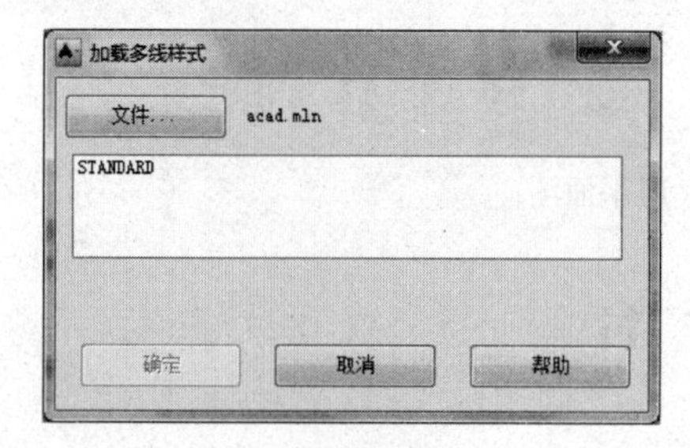

图 3-3 “加载多线样式”对话框

图 3-4 “创建新的多线样式”对话框

② 打开“新建多线样式：墙体 370”对话框，如图 3-5 所示。在“图元”选项框中单击 0.5 BYLAYER ByLayer 按钮，在“偏移”文本框中输入数值 250。再单击 -0.5 BYLAYER ByLayer 按钮，在“偏移”文本框中输入数值-120，单击“确定”按钮。

图 3-5 “新建多线样式：墙体 370”对话框

技巧

要删除创建多线样式，可以在命令行中输入“pu”命令，在打开的“清理”对话框中选择要删除“多线样式”选项，单击“清理”按钮，即可删除。

2. 使用多线绘制墙体

启用多线命令的两种方法：

- 选择菜单栏中“绘图”→“多线”命令。
- “命令行”输入：mlint（或 ml）↙。

各选项具体说明：

```
命令：ml↙
MLINE 当前设置：对正 = 上，比例 = 20.00，样式 = STANDARD
指定起点或 [对正(J)/比例(S)/样式(ST)]：
```

第一行为当前的多线设置，第二行为绘制多线时的各选项，下面分别对各选项的含义进行介绍。

【指定起点】:此项为默认选项，执行该选项在绘图区域内单击选择或输入多线的起点，命令行继续提示如下：

```
指定下一点：
```

在此提示下确定多线的下上点，操作方式类似 Line 命令。

这样 AutoCAD 2016 以当前的线型样式、线型比例和绘图方式绘制出多线。

【对正（J）】：此选项用于指定绘制多线时的对正方式。

```
指定起点或 [对正(J)/比例(S)/样式(ST)]： j↙
```

执行该选项，命令行提示信息如下：

```
输入对正类型 [上(T)/无(Z)/下(B)] <上>:
```

对正类型共三种方式，它们的含义如下。

<上（T）>：该选项表示当从左往右绘制多线时，多线上最顶端的线将随着光标移动，当从右往左绘制时，则正好相反。如图 3-6（a）所示为从左往右绘制多线时的上偏移状态。

<无（Z）>：该选项表示当从左往右绘制多线时，光标将随着多线的中心线移动。如图 3-6（b）所示为从左往右绘制多线时的中心线偏移状态。

<下（B）>：该选项与<上（T）>选项的含义相反，也就是当从左往右绘制多线时，多线上最底端的线将随着光标移动，当从右往左绘制时，则正好相反。如图 3-6（c）所示为从左往右绘制多线时的上偏移状态。

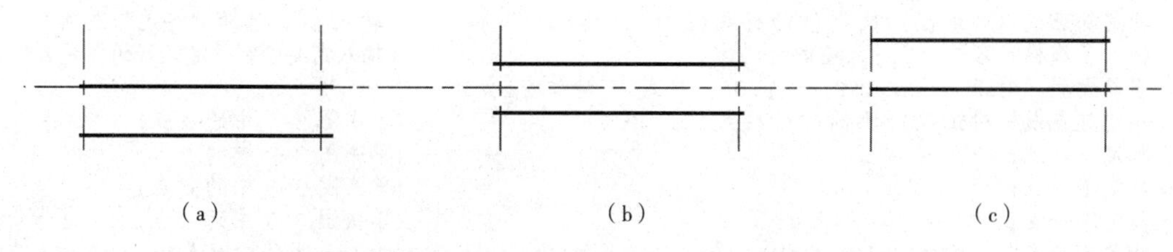

（a）　　　　（b）　　　　（c）

图 3-6 多线对正方式

【比例（S）】：用来确定所绘多线相对于定义的多线的比例因子。在命令提示下输入【S】并按【Enter】，执行该选项，命令行提示信息如下：

输入多线比例 <20.00>:

输入新的比例因子值，其中 20.00 是默认的比例因子值。如果想用 1:1 的比例绘制 240 厚的墙体，因新建的 240 墙体多线样式中图元偏移量为 120 和–120 时，所以此处比例应为 1；若新建的 240 墙体多线样式中图元偏移量为 12 和–12 时，则此处比例应为 10。

【样式（ST）】：用来确定绘制多线时所用的线型样式。在命令提示下输入【ST】并按【Enter】键，执行该选项，命令行提示信息如下：

输入多线样式名或 [?]:

输入用户需要的并定义的多线样式名。

提示

所输入的多线样式名称必须是已加载的样式或者用户创建的库文件（MLN）中已定义的样式名。如果用户输入“？”，则 AutoCAD 2016 列表显示当前已加载的多线样式。

【操作示例 3-1】

用设置多线样式“墙体 370”的方法设置多线样式“墙体 240”，并在图 3-7（a）中绘制墙线，完成后如图 3-7（b）所示。

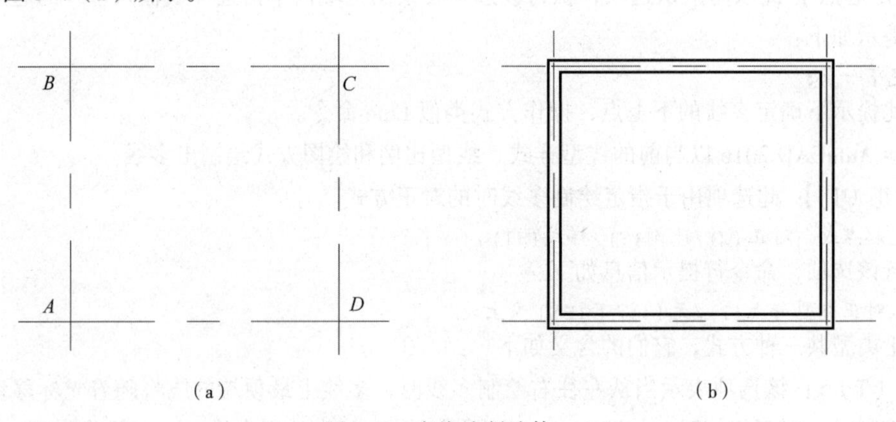

图 3-7　多线绘制墙体

```
命令：ml↙
当前设置：对正 = 上，比例 = 1.00，样式 = STANDARD
指定起点或 [对正(J)/比例(S)/样式(ST)]:  j↙            (输入 j，选择“比例”选项)
输入对正类型 [上(T)/无(Z)/下(B)] <上>:  z↙            (选择中心线对正方式)
当前设置：对正 = 无，比例 = 1.00，样式 = STANDARD
指定起点或 [对正(J)/比例(S)/样式(ST)]:  s↙            (输入 s，选择“比例”选项)
输入多线比例 <1.00>:  1↙                              (输入多线宽度比例)
当前设置：对正 = 无，比例 = 1.00，样式 = STANDARD
指定起点或 [对正(J)/比例(S)/样式(ST)]:  st↙           (输入 st，选择“样式”选项)
输入多线样式名或 [?]:  墙体 240↙                      (输入需要绘制并定义好的样式名称)
当前设置：对正 = 无，比例 = 1.00，样式 = 墙体 240
指定起点或 [对正(J)/比例(S)/样式(ST)]:                (单击图 3-7 中的 A 点)
指定下一点:                                           (单击图 3-7 中的 B 点)
指定下一点:                                           (单击图 3-7 中的 C 点)
指定下一点:                                           (单击图 3-7 中的 D 点)
指定下一点或 [闭合(C)/放弃(U)]:c↙                     (输入 c 闭合，按【Enter】键)
```

提示

在输入多线样式名或 [?]：墙体 240 按【Enter】键后，一定要将中文输入法状态按【Ctrl+Shift】组合键切换为英文输入法状态，AutoCAD 命令在英文输入法输入后才执行。

3. 编辑多线

绘制完成的多线一般需要经过编辑，才能符合绘图需要。用户可以对已经绘制的多线进行编辑，修改其形状。

启用多线编辑命令如下两种方法：

- 选择菜单栏中“修改”→“对象”→“多线”命令。
- “命令行”输入：mledit↙。

启用该命令后，打开“多线编辑工具”对话框，如图 3-8 所示。从中可以选择相应的命令按钮来编辑多线。

“多线编辑工具”对话框以 4 列显示样例图像：第 1 列控制十字交叉的多线形式；第 2 列控制 T 形相交的多线形式；第 3 列控制触点结合和顶点形式；第 4 列控制多线中的打断和连接形式。选择需要的多线编辑工具，再选中需要编辑多线的图形，按【Enter】键设置。

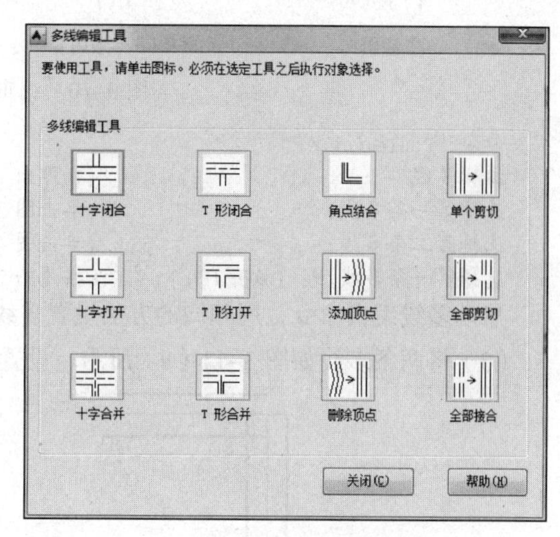

图 3-8　“多线编辑工具”对话框

技巧

直接双击多线图形也可弹出“多线编辑工具”对话框。

【操作示例 3-2】

（1）将两条多线如图 3-9（a）所示，分别设置为“十字闭合”如图 3-9（b）所示、“十字打开”如图 3-9（c）所示、“十字合并”如图 3-9（d）所示形式。

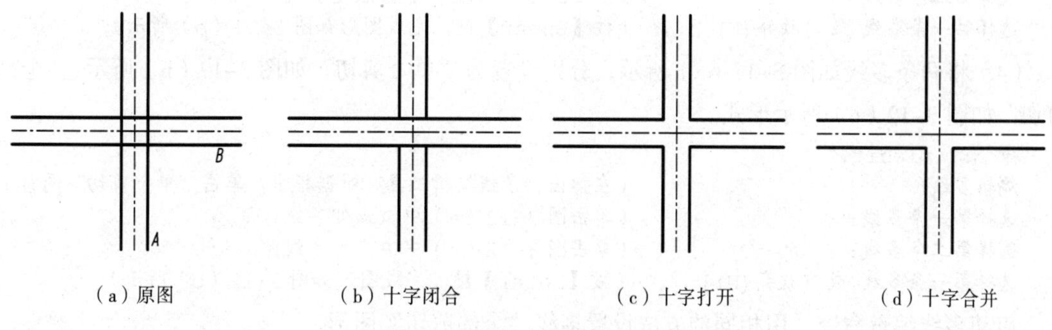

（a）原图　（b）十字闭合　（c）十字打开　（d）十字合并

图 3-9　编辑多线图形（1）

命令：_mledit↙
编辑多线　（在弹出“多线编辑工具”对话框中，单击“十字闭合”图标）
选择第一条多线：　（单击图 3-9（a）中 A 点处多线）
选择第二条多线：　（单击图 3-9（a）中 B 点处多线）

选择第一条多线 或 [放弃(U)]：↙（按【Enter】键，完成图形如图 3-9（b）所示）

启动多线编辑命令，用相同的方法设置多线十字打开和十字合并图形。

（2）将两条多线如图 3-10（a）所示，分别设置为“T 形闭合”如图 3-10（b）所示、“T 形打开”如图 3-10（c）所示、“T 形合并”如图 3-10（d）所示形式。

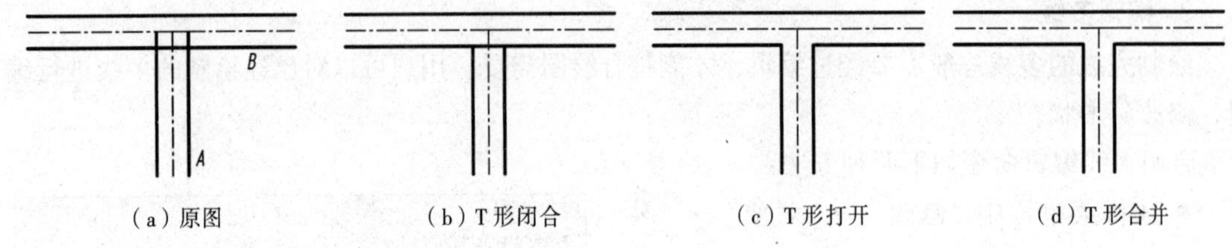

图 3-10　编辑多线图形（2）

命令：_mledit↙
编辑多线　　（在弹出“多线编辑工具”对话框中，单击“T 形闭合”图标）
选择第一条多线：　　（单击图 3-10（a）中 A 点处多线）
选择第二条多线：　　（单击图 3-10（a）中 B 点处多线）
选择第一条多线 或 [放弃(U)]：↙（按【Enter】键，完成图形如图 3-10（b）所示）

启动多线编辑命令，用相同的方法设置多线 T 形打开和 T 形合并图形。

（3）将两条多线如图 3-11（a）所示，设置为“角点结合”如图 3-11（b）所示形式。

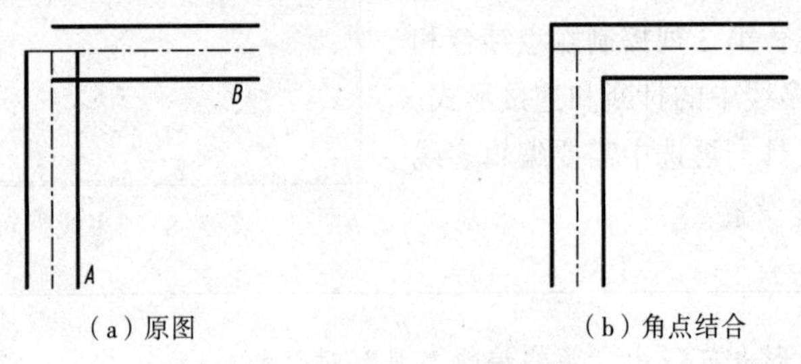

图 3-11　编辑多线图形（3）

命令：_mledit↙
编辑多线　　（在弹出“多线编辑工具”对话框中，单击“角点结合”图标）
选择第一条多线：　　（单击图 3-11（a）中 A 点处多线）
选择第二条多线：　　（单击图 3-11（a）中 B 点处多线）
选择第一条多线 或 [放弃(U)]：↙（按【Enter】键，完成图形如图 3-11（b）所示）

（4）将两条多线如图 3-12（a）所示，分别设置为“单个剪切”如图 3-12（b）所示、“全部剪切”如图 3-12（c）所示形式。

命令：_mledit↙
编辑多线　　（在弹出“多线编辑工具”对话框中，单击“单个剪切”图标）
选择第一条多线：　　（单击图 3-12（a）中 A 点处多线）
选择第二条多线：　　（单击图 3-12（a）中 B 点处多线）
选择第一条多线 或 [放弃(U)]：↙（按【Enter】键，完成图形如图 3-12（b）所示）

启动多线编辑命令，用相同的方法设置多线“全部剪切”图形。

（5）将两条多线如图 3-13（a）所示，设置为“全部结合”如图 3-13（b）所示形式。

命令：_mledit↙
编辑多线　　（在弹出“多线编辑工具”对话框中，单击“角点结合”图标）
选择第一条多线：　　（单击图 3-13（a）中 A 点处多线）

```
选择第二条多线:                              (单击图 3-13 (a) 中 B 点处多线)
选择第一条多线 或 [放弃(U)]: ↙              (按【Enter】键, 完成图形如图 3-13 (b) 所示)
```

A
B

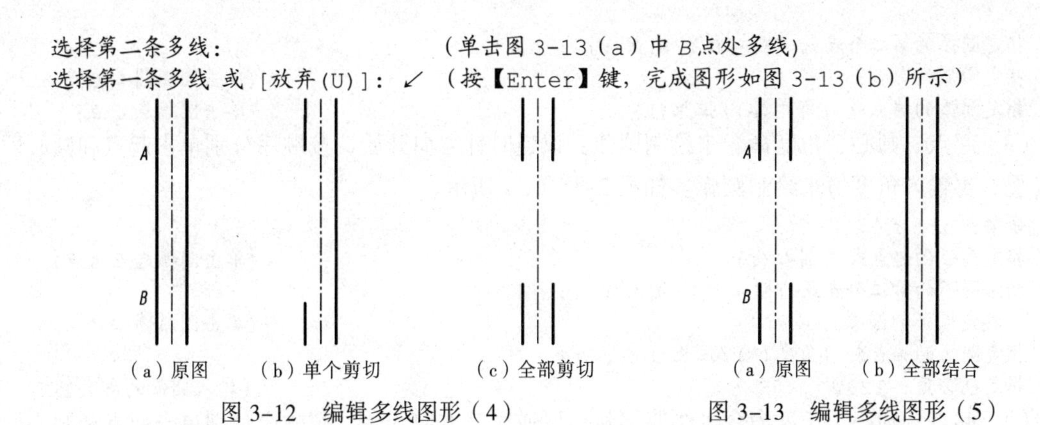

（a）原图　（b）单个剪切　（c）全部剪切

图 3-12　编辑多线图形（4）

A
B

（a）原图　（b）全部结合

图 3-13　编辑多线图形（5）

3.2.3　绘制圆弧

圆弧是圆的一部分，绘制圆弧和绘制圆却有所不同，因为圆只有圆心和半径，而圆弧基于圆心、半径、弧长、角度或方向等各种组合参数，还包括逆时针和顺时针特征。

启动圆弧命令有如下 3 种方法：

- 选择菜单栏中“绘图”→“圆弧”命令。
- 单击“绘图”工具栏中的“圆弧”按钮 。
- “命令行”输入：arc（或 a）↙。

选择菜单栏中“绘图”→“圆弧”命令，弹出“圆弧”命令的下拉菜单，菜单中提供了 10 种绘制圆弧的方法，如图 3-14 所示。其中默认绘制圆弧的方法是“三点”：起点、第 2 点和端点。用户可以根据圆弧的特点，选择相应的命令来绘制圆弧。

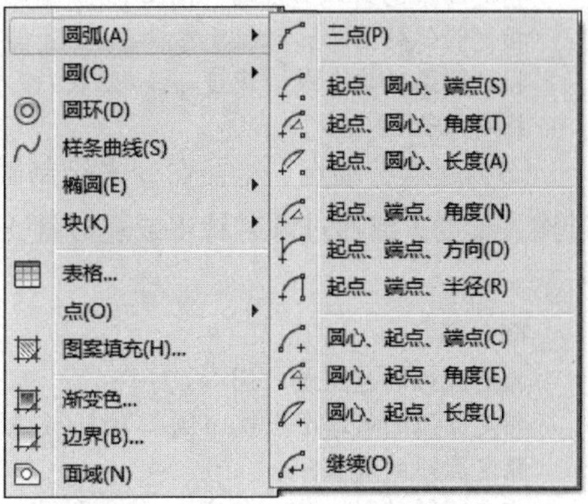

圆弧(A)
圆(C)
圆环(D)
样条曲线(S)
椭圆(E)
块(K)
表格...
点(O)
图案填充(H)...
渐变色...
边界(B)...
面域(N)
三点(P)
起点、圆心、端点(S)
起点、圆心、角度(T)
起点、圆心、长度(A)
起点、端点、角度(N)
起点、端点、方向(D)
起点、端点、半径(R)
圆心、起点、端点(C)
圆心、起点、角度(E)
圆心、起点、长度(L)
继续(O)

图 3-14　绘制圆弧的方法

【操作示例 3-3】

（1）三点命令绘制圆弧，如图 3-15（a）所示。

```
命令: arc↙
指定圆弧的起点或 [圆心(C)]:                          (单击圆弧起点 A 点)
指定圆弧的第二个点或 [圆心(C)/端点(E)]:              (单击确定 B 点)
指定圆弧的端点:                                      (单击圆弧端点 C 点)
```

B
A
C
O
A
C
O
C
120°
O
A
300
C
A
O
C
R260
A
B
O

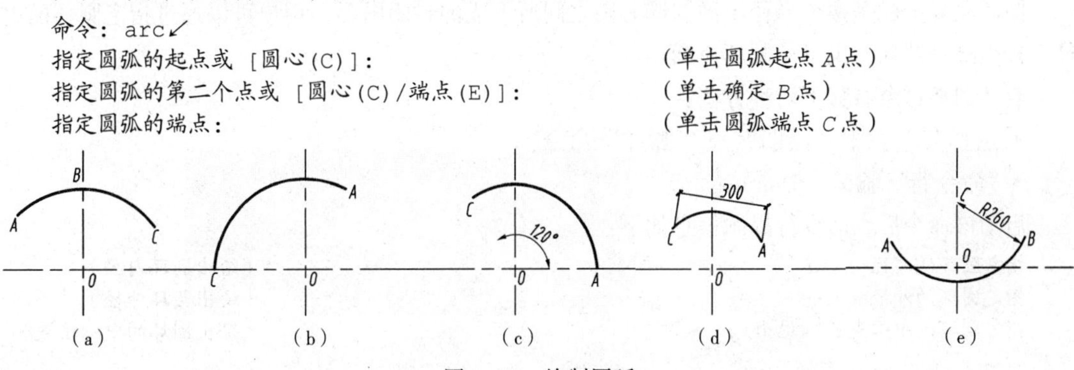

（a）　（b）　（c）　（d）　（e）

图 3-15　绘制圆弧

（2）起点、圆心、端点命令绘制圆弧：以逆时针方向开始，按顺序分别单击起点、圆心和端点 3 个位置来绘制圆弧，如图 3-15（b）所示。

```
命令: arc↙
指定圆弧的起点或 [圆心(C)]:                          (单击圆弧起点 A 点)
```

指定圆弧的第二个点或 [圆心(C)/端点(E)]: c↙
指定圆弧的圆心: (单击圆弧圆心 O 点)
指定圆弧的端点或 [角度(A)/弦长(L)]: (单击圆端点 C 点)

（3）起点、圆心、角度命令来绘制圆弧：以逆时针方向开始，按顺序分别单击起点和圆心两个位置，再输入角度值来绘制圆弧。如图 3-15（c）所示。

命令: arc↙
指定圆弧的起点或 [圆心(C)]: (单击圆弧起点 A 点)
指定圆弧的第二个点或 [圆心(C)/端点(E)]:
c 指定圆弧的圆心: (单击圆弧圆心 O 点)
指定圆弧的端点或 [角度(A)/弦长(L)]: a↙
指定包含角: 120↙ (输入圆弧的角度120°)

（4）起点、圆心、长度命令来绘制圆弧：以逆时针方向开始，按顺序分别单击起点和圆心两个位置，再输入弦长值来绘制圆弧，如图 3-15（d）所示。

命令: arc↙
指定圆弧的起点或 [圆心(C)]: (单击圆弧起点 A 点)
指定圆弧的第二个点或 [圆心(C)/端点(E)]: c↙
指定圆弧的圆心: (单击圆弧圆心 O 点)
指定圆弧的端点或 [角度(A)/弦长(L)]: l
指定弦长:300↙ (输入圆弧的弦长 300)

（5）起点、端点、半径命令来绘制圆弧：是通过指定起点、端点和半径来绘制圆弧。可能通过输入长度，或通过顺时针（或逆时针）移动鼠标单击确定一段距离来指定半径，如图 3-15（e）所示。

命令:arc↙
指定圆弧的起点或 [圆心(C)]: (单击圆弧起点 A 点)
指定圆弧的第二个点或 [圆心(C)/端点(E)]: e↙
指定圆弧的端点: (单击圆弧端点 B 点)
指定圆弧的圆心或 [角度(A)/方向(D)/半径(R)]: r↙
指定圆弧的半径:260↙ (输入圆弧半径 260)

3.2.4 绘制圆环

圆环实际上就是两个半径不同的同心圆之间所形成的封闭图形。用户可以通过指定圆环的内径、外径绘制圆环，也可绘制填充圆环。

启动圆环命令有如下两种方法：

- 选择菜单栏中“绘图”→“圆环”命令。
- “命令行”输入：Donut↙。

启动该命令后，命令行提示信息如下：

指定圆环的内径 <1>: (给出圆环内径)
指定圆环的外径 <1>: (给出圆环外径)
指定圆环的中心点或 <退出>: (给出圆环的中心位置)

技巧

系统默认的圆环是填充的，可以在绘制圆环命令前用 Fill 命令来设置是否填充。

【操作示例 3-4】

（1）绘制一个圆环，其内径为 50，外径为 90，结果如图 3-16（a）所示。

命令：donut↙
指定圆环的内径 <1>：50↙　　（输入圆环内径 50）
指定圆环的外径 <1>：90↙　　（输入圆环外径 90）
指定圆环的中心点或 <退出>：　　（在绘图区域内需要绘制位置单击）
指定圆环的中心点或 <退出>：↙　　（按【Enter】键结束命令）

（2）用同样的方法绘制一个圆环，其内径为 0，外径为 90，结果如图 3-16（b）所示。

（3）绘制一个圆环，其内径为 50，外径为 90，不填充结果如图 3-16（c）所示。

命令：fill↙　　（编辑圆环是否填充命令）
输入模式 [开(ON)/关(OFF)] <开>：off↙　　（输入 off，选择填充关闭模式）
命令：donut↙　　（绘制圆环命令）
指定圆环的内径 <0>：50↙　　（输入圆环内径 50）
指定圆环的外径 <90>：90↙　　（输入圆环外径 90）
指定圆环的中心点或 <退出>：　　（在绘图区域内需要绘制位置单击）
指定圆环的中心点或 <退出>：↙　　（按【Enter】键结束命令）

（a）

（b）

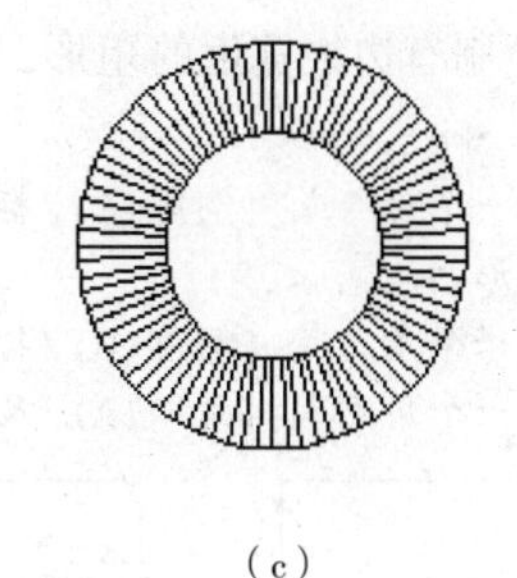
（c）

图 3-16　绘制圆环

3.2.5　绘制矩形与正多边形

1.绘制矩形

矩形是一种多段线实体对象，可以用分解命令将其分解为 4 条单线。在建筑工程绘图中，常用于绘制建筑结构和建筑组件等。

启动绘制矩形命令有如下 3 种方法：

- 选择菜单栏中“绘图”→“矩形”命令。
- 单击“绘图”工具栏中的“矩形”按钮。
- “命令行”输入：Rectang（快捷键命令 Rec）↙。

启用该命令后，命令行提示信息如下：

命令：rec↙
指定第一个角点或 [倒角(C)/标高(E)/圆角(F)/厚度(T)/宽度(W)]：
指定另一个角点或 [面积(A)/尺寸(D)/旋转(R)]：

用户可以根据其选项来绘制矩形。

【操作示例 3-5】

（1）绘制普通直角矩形，结果如图 3-17（a）所示。

命令：_rec↙
指定第一个角点或 [倒角(C)/标高(E)/圆角(F)/厚度(T)/宽度(W)]：　　（在绘图区域任选一点）
指定另一个角点或 [面积(A)/尺寸(D)/旋转(R)]：@200,100↙　　（相对于上一点坐标值）

（2）绘制倒角矩形，倒角距离为20。结果如图3-17（b）所示。

```
命令: _rec↙
指定第一个角点或 [倒角(C)/标高(E)/圆角(F)/厚度(T)/宽度(W)]: c↙        (选择“倒角”选项)
指定矩形的第一个倒角距离 <0>: 20↙                                  (输入第一个倒角距离30)
指定矩形的第二个倒角距离 <20>: 20↙                                 (输入第二个倒角距离30)
指定第一个角点或 [倒角(C)/标高(E)/圆角(F)/厚度(T)/宽度(W)]:          (在绘图区域任选一点)
指定另一个角点或 [面积(A)/尺寸(D)/旋转(R)]: @200, 100              (相对于上一点坐标值)
```

（3）绘制倒圆角矩形，倒圆角半径为20。结果如图3-17（c）所示。

```
命令: rec↙
当前矩形模式:  倒角=20 x 20
指定第一个角点或 [倒角(C)/标高(E)/圆角(F)/厚度(T)/宽度(W)]: f↙ (选择“圆角”选项)
指定矩形的圆角半径 <20>:↙                    (直接按【Enter】键,默认圆角半径为20)
指定第一个角点或 [倒角(C)/标高(E)/圆角(F)/厚度(T)/宽度(W)]:          (在绘图区域任选一点)
指定另一个角点或 [面积(A)/尺寸(D)/旋转(R)]: @200,100↙             (相对于上一点坐标值)
```

（4）绘制有边线宽度的矩形，线宽为5。结果如图3-17（d）所示。

```
命令: _rec↙
指定第一个角点或 [倒角(C)/标高(E)/圆角(F)/厚度(T)/宽度(W)]: w↙(选择“宽度”选项)
指定矩形的线宽 <0>: 5                        (输入线宽为5, 直接按【Enter】键)
指定第一个角点或 [倒角(C)/标高(E)/圆角(F)/厚度(T)/宽度(W)]:          (在绘图区域任选一点)
指定另一个角点或 [面积(A)/尺寸(D)/旋转(R)]: @200,100↙             (相对于上一点坐标值)
```

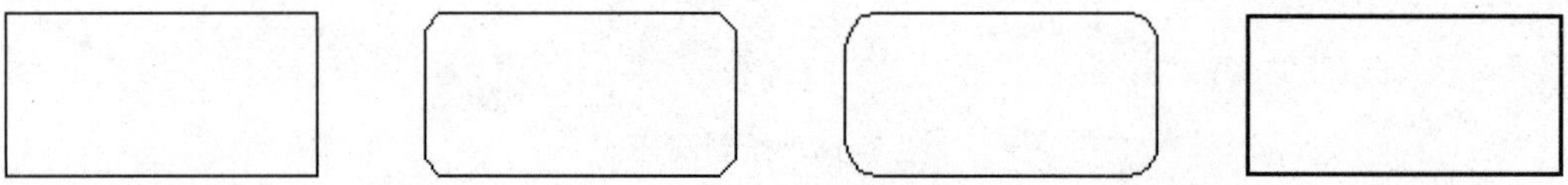

（a）　（b）　（c）　（d）

图3-17　绘制矩形

2. 绘制正多边形

AutoCAD中正多边形是具有等边长度的封闭图形，其边数为3~1 024条。通过正多边形与假想的圆内接或外切的方法来绘制，绘制过程中要想象有一圆存在；也可通过指定正多边形某一边的两端点进行绘制。

启动绘制正多边形命令有如下3种方法：

- 选择菜单栏中“绘图”→“正多边形”命令。
- 单击“绘图”工具栏中的“正多边形”按钮⬠。
- “命令行”输入：polygon（或pol）↙。

启用该命令后，命令行提示信息如下。

```
命令:pol↙
输入边的数目 <4>:                                    (输入所要绘制多边形的边数)
指定正多边形的中心点或 [边(E)]:
```

【操作示例3-6】

（1）任意两点绘制正六边形，结果如图3-18（a）所示。

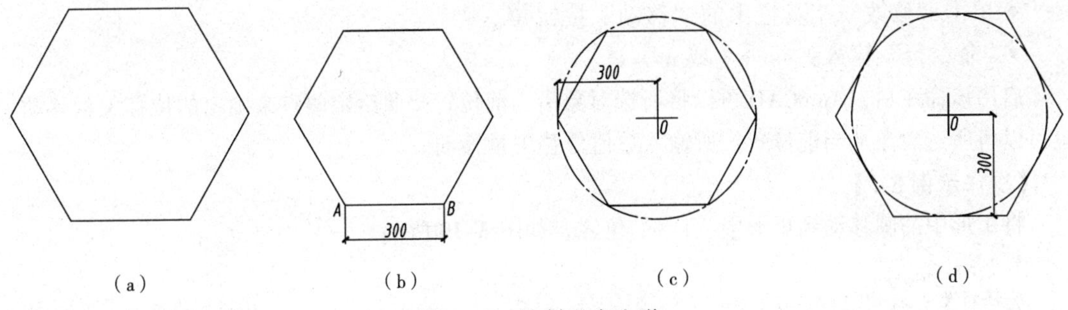

图 3-18　绘制正多边形

命令:pol↙
输入边的数目 <4>: 6↙　　（输入正六边形的数数目值 6）
指定正多边形的中心点或 [边(E)]:　　（在绘图区域内任意单击 1 点）
输入选项 [内接于圆(I)/外切于圆(C)] <I>:↙　　（按【Enter】键）
指定圆的半径:　　（水平拖动光标任意指定第 2 点）

（2）绘制两点距离 300 为边的正六边形，结果如图 3-18（b）所示。

命令:pol↙
输入边的数目 <4>: 6↙　　（输入正六边形的数数目值 6）
指定正多边形的中心点或 [边(E)]: e↙　　（输入 e，选择“边”选项）
指定边的第一个端点:　　（单击图 3-18（b）中 A 点）
指定边的第一个端点: <正交 开> 300↙　　（打开正交模式，输入 300 确定 B 点）

（3）绘制内接于半径为 300 的圆的正六边形，结果如图 3-18（c）所示。

命令:pol↙
输入边的数目 <4>: 6↙　　（输入正六边形的数数目值 6）
指定正多边形的中心点或 [边(E)]:　　（单击 O 点确定多边形中心点）
输入选项 [内接于圆(I)/外切于圆(C)] <I>:↙　　（按【Enter】键）
指定圆的半径: <正交 开> 300↙　　（打开正交模式，输入半径值 300）

（4）绘制外切于半径为 300 的圆的正六边形，结果如图 3-18（d）所示。

命令:pol↙
输入边的数目 <4>: 6↙　　（输入正六边形的数数目值 6）
指定正多边形的中心点或 [边(E)]:　　（单击 O 点确定多边形中心点）
输入选项 [内接于圆(I)/外切于圆(C)] <I>: c↙（输入 c，选择外切于圆的选项，按【Enter】键）
指定圆的半径: <正交 开> 300↙　　（打开正交模式，输入半径值 300）

3.2.6　编辑图形对象的位置

在绘制建筑工程图的过程中，通过执行移动、旋转和对齐等操作来调整所绘制的图形位置。

1. 移动图形

如图绘制的图形位置不符合要求，或者由于种种原因需要改变其位置。利用移动命令，可以将图形从当前位置移动到新位置，但不改变图形的方向和大小。若想将图形对象精确地移动到指定位置，可以使用捕捉、坐标及对象捕捉等辅助功能。

启动移动命令有以下 3 种方法：

- 选择菜单栏中“修改→移动”命令。

- 单击“修改”工具栏中的“移动”按钮 。
- “命令行”输入：move（或 m）↙。

启用该命令后，AutoCAD 可以将所选对象沿当前位置按照给定两点来确定的位移矢量移动，也可以将所选对象从当前位置按所输入数值位移矢量移动。

【操作示例 3-7】

将矩形中的圆移动到矩形中“+”的位置，如图 3–19 所示。

命令:m↙

选择对象：找到 1 个　　（矩形框选圆）

选择对象：　　（直接按【Enter】键）

指定基点或 [位移(D)] <位移>:　<对象捕捉 开>

（打开对象捕捉开关，单击捕捉矩形左下角圆心为基点）

指定第二个点或 <使用第一个点作为位移>:　　（单击捕捉“+”点位置）

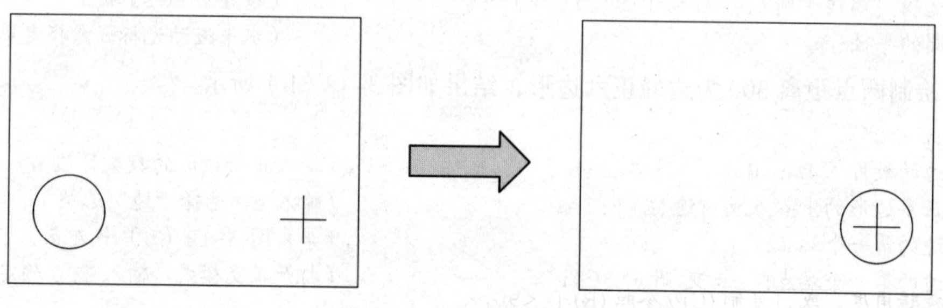

图 3–19　移动图形位置

2. 旋转图形

旋转是将所选图形对象按指定基点旋转一定角度的操作。利用旋转命令可以将图形对象绕着某一基点旋转，从而改变图形对象的方向。用户可以通过指定基点，然后输入旋转角度来转动图形对象；也可以以某个文件作为参照，然后选择一个新对象或输入一个新角度值来指明要旋转到的位置。可选择转角方式、复制旋转和参照方式旋转对象。

启动旋转命令有以下 3 种方法：

- 选择菜单栏中“修改”→“旋转”命令。
- 单击“修改”工具栏中的“旋转”按钮 。
- “命令行”输入：rotate（或 ro）↙。

提示

输入的旋转角度可以是绝对的也可以是参照的，输入角度为正值时，表示按逆时针方向旋转；反之，则所选对象沿顺时针方向旋转。

【操作示例 3-8】

（1）按角度值模式旋转：将如图 3–20（a）所示箭头图形沿逆时针方向旋转 30° 图形，如图 3–20（b）所示，沿顺时针方向旋转 30° 图形，如图 3–20（c）所示。

命令：ro↙

UCS 当前的正角方向：　ANGDIR=逆时针　ANGBASE=0

选择对象：指定对角点：找到 6 个　　（矩形框选图形图 3-20（a））

选择对象：↙　　（按【Enter】键）

指定基点：<对象捕捉 开>　<对象捕捉追踪 开>

（打开对象捕捉、对象追踪开关，捕捉图形图 3-20（a）中 A 点）

指定旋转角度，或 [复制(C)/参照(R)] <0>：30↙

（沿逆时针方向旋转 30°，结果如图 3-20（b）所示）

用相同的方法，在指定旋转角度输入“-30”，得到沿顺时针方向旋转图形，如图 3-20（c）所示。

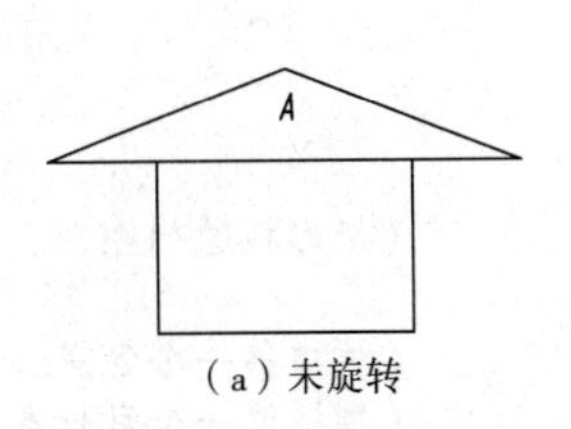

（a）未旋转

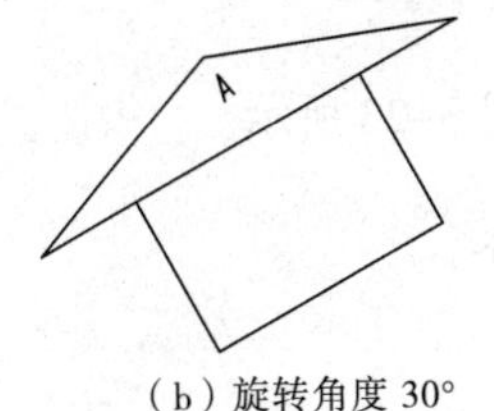

（b）旋转角度 30°

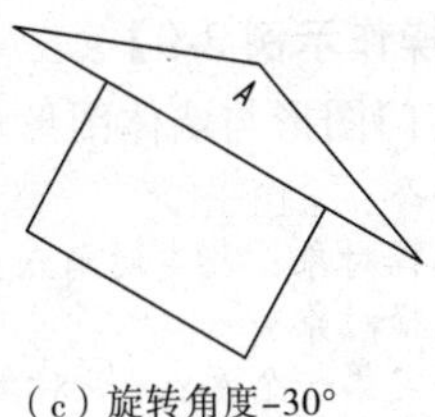

（c）旋转角度-30°

图 3-20　角度旋转图形

（2）按复制角度值模式旋转：将三角形 *A* 复制旋转 180° 图形，如图 3-21 所示。

命令：ro↙

UCS 当前的正角方向：ANGDIR=逆时针　ANGBASE=0

选择对象：指定对角点：找到 4 个　（矩形框选三角形图形）

选择对象：↙　（按【Enter】键）

指定基点：<对象捕捉 开>　<对象捕捉追踪 开>

（打开对象捕捉、对象追踪开关，捕捉图形三角形中 A 点）

指定旋转角度，或 [复制(C)/参照(R)] <90>：c↙　（选择“复制”选项）

指定旋转角度，或 [复制(C)/参照(R)] <90>：180↙　（输入旋转角度 180°）

（3）按参照角度值模式旋转：指定某个方向作为参照的起始角，然后选择一个新对象以指定原对象要旋转到的位置，也可以输入新角度值来确定要旋转的位置。将三角形 *A* 参照矩形 1、2 点旋转图形，如图 3-22 所示。

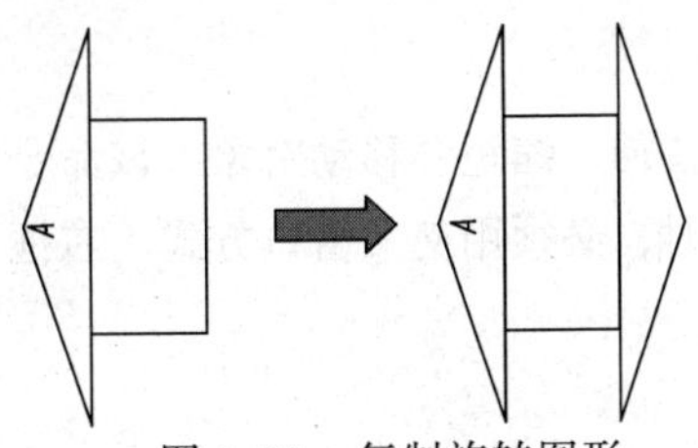

图 3-21　复制旋转图形

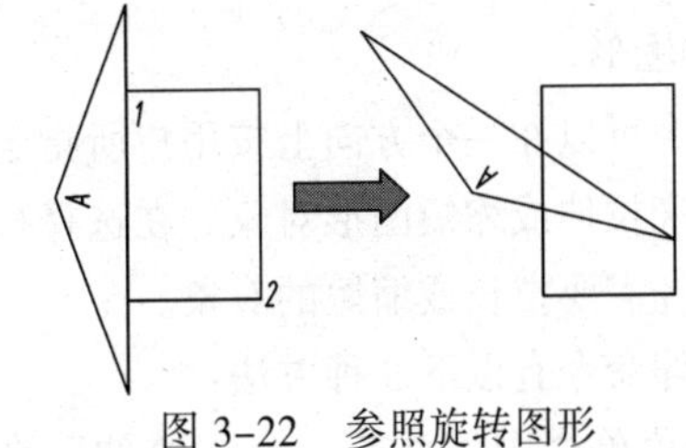

图 3-22　参照旋转图形

命令：ro↙

UCS 当前的正角方向：ANGDIR=逆时针　ANGBASE=0

选择对象：指定对角点：找到 1 个

选择对象：↙　（按【Enter】键）

指定基点：<对象捕捉 开>　<对象捕捉追踪 开>

（打开对象捕捉、对象追踪开关，捕捉图形三角形中 A 点）

指定旋转角度，或 [复制(C)/参照(R)] <57>：r↙　（选择“参照”选项）

指定参照角 <303>：　（单击图 3-22 中点 1）

指定第二点：　（单击图 3-22 中点 2）

指定新角度或 [点(P)] <0>：↙　（按【Enter】键结束命令）

3. 对齐图形

对齐命令是移动命令和旋转命令的组合。可以通过移动、旋转可偏移图形对象的方式来使某一对象与另一个对象对齐，还可以选择缩放选项来控制大小的匹配，在绘制建筑工程图时是一个很实用的命令。

启动对齐命令有以下两种方法：

- 选择菜单栏中“修改”→“三维操作”→“对齐”命令。
- “命令行”输入：align↙。

【操作示例 3-9】

将门图形与墙体图形对齐，如图 3-23 所示。

```
命令：align↙
选择对象：指定对角点：找到 1 个                    （矩形框选门图形）
选择对象：
指定第一个源点：<对象捕捉 开>                      （捕捉第一个源点 A 点）
指定第一个目标点：                                 （捕捉第一个目标点 C 点）
指定第二个源点：                                   （捕捉第二个源点 B 点）
指定第二个目标点：                                 （捕捉第二个目标点 D 点）
指定第三个源点或 <继续>：↙                         （按【Enter】键）
是否基于对齐点缩放对象？[是(Y)/否(N)] <否>：       （按【Enter】键）
```

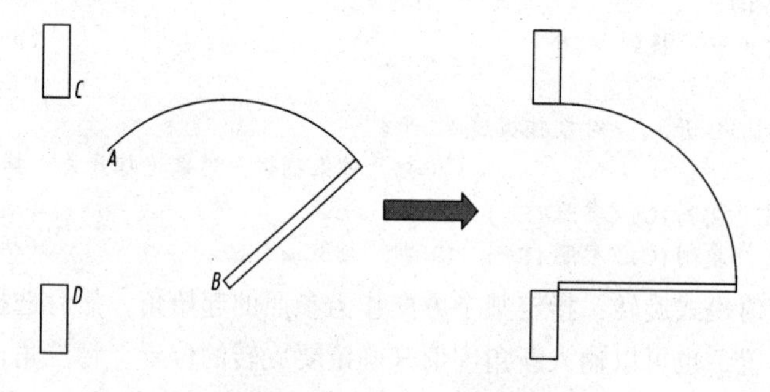

图 3-23　对齐门与墙图形

4. 拉伸图形

拉伸命令可以在一个方向上按用户所指定的尺寸拉伸、缩短和移动对象。该命令是通过改变端点的位置来拉伸或缩短图形对象。在选择拉伸对象时，必须用交叉窗口方式（右框选）或交叉多边形来选择需要拉长或缩短的对象。

启动拉伸命令有以下 3 种方法：

- 选择菜单栏中“修改”→“拉伸”命令。
- 单击“修改”工具栏中的“拉伸”按钮。
- “命令行”输入：stretch（或 s）↙。

【操作示例 3-10】

将图 3-24（a）所示图形向右拉伸 300，得到如图 3-24（c）所示图形。

```
命令：s↙
以交叉窗口或交叉多边形选择要拉伸的对象...
选择对象：指定对角点：找到 3 个              （右框选要拉伸的对象，如图 3-24（b）所示）
选择对象：↙                                  （按【Enter】键结束选择）
指定基点或 [位移(D)] <位移>：                （指定右下角点）
指定第二个点或 <使用第一个点作为位移>： 300↙ （输入拉伸长度 300，按【Enter】键）
```

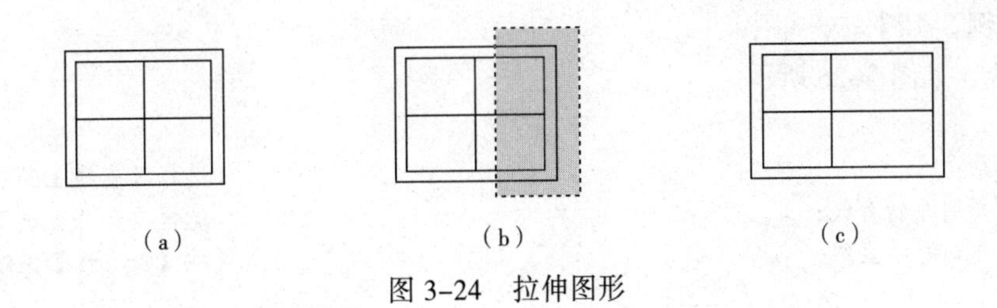

图 3-24　拉伸图形

3.2.7　分解与合并图形

1. 分解图形

分解命令可以将矩形、多边形、多段线、图块或者尺寸标注等整体组合对象分解为单个独立的对象。

启动分解命令有以下 3 种方法：

- 选择菜单栏中“修改”→“分解”命令。
- 单击“修改”工具栏中的“分解”按钮。
- “命令行”输入：explode（或 x）↙。

【操作示例 3-11】

分解正五边形。在分解前是一个独立的图形对象，在分解后是由 5 条线段组成，如图 3-25 所示。

```
命令：explode↙
选择对象：找到 1 个                    (单击选择正五边形)
选择对象：↙                            (按【Enter】键结束命令)
```

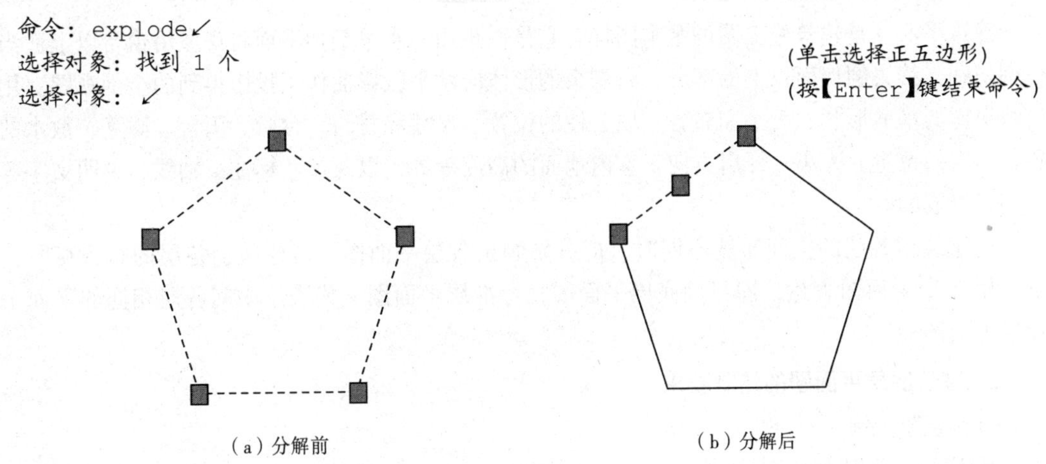

图 3-25　分解图形

2. 合并图形

合并命令可以将原本独立的对象或分解命令分解的独立对象合并成一个整体。合并命令用于将相似的对象合并为一个对象，该对象可以是直线、多线、多段线、样图曲线、圆弧和椭圆弧。

启动合并命令有以下 3 种方法：

- 选择菜单栏中“修改”→“合并”命令。
- 单击“修改”工具栏中的“合并”按钮。
- “命令行”输入：join↙。

【操作示例 3-12】

合并直线，如图 3–26 所示。

```
命令：join↙
选择源对象：                                   （选择源直线上的 A 点）
选择要合并到源的直线：                         （选择要合并直线上的 B 点）
选择要合并到源的直线： ↙                       （按【Enter】键结束命令）
```

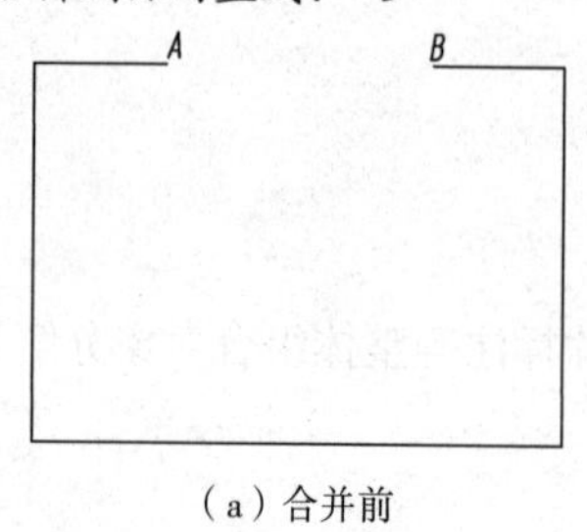

（a）合并前

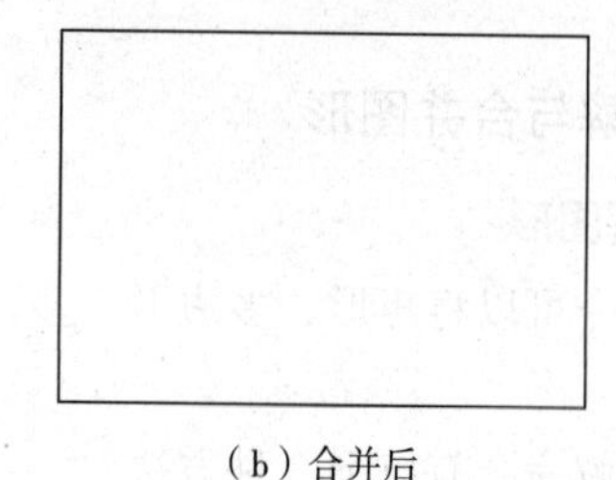

（b）合并后

图 3–26　合并图形

3.3　项目实施

3.3.1　绘制建筑平面图基本要求

1. 绘制建筑平面图的内容

建筑平面图是建筑施工图的基本图样，它是假想用一水平剖切平面将房屋沿窗台以上适当部位剖切开，移去剖切面以上的部分，将剩余的形体向水平投影面作正投影得到的全剖视图。用于反映房屋的平面形状、大小和布置，墙、柱的位置、尺寸和材料，台阶、阳台、雨篷、散水的位置，门窗的位置、大小、开启方向，室内地面的高度等等，以及尺寸标注、轴线、说明文字等辅助图素组成的。

当建筑物各层的空间布置不同时，应分别画出各层平面图；若建筑物各层的布置相同，则可以用 3 个平面图表达，即只画底层平面图、标准层平面图（代表了中间各层相同的平面）和顶层平面图。

2. 建筑底层平面图的绘制要求

（1）绘图比例

采用 1∶100 比例绘图。

（2）线型线宽

墙线为粗实线，线宽为 0.5 mm。其余都为细实线，线宽为默认值。

（3）绘制墙线

外墙厚度为 370 mm，内墙厚度 240 mm，非承重内墙厚度 120 mm。

（4）绘制门窗

窗户的尺寸：阳台窗户 C1=1 500 mm，卫生间窗户 C2=900 mm，走廊窗户 C3=1 200 mm，楼梯窗户 C4=2 600 mm。

门的尺寸：宿舍门 M1=1 200 mm，阳台门 M2=1 200 mm，卫生间门 M3=800 mm，右侧门

M4=1 200 mm，厅门 M5=1 800 mm。

（5）绘制楼梯

楼梯踏步线、梯井 180 mm，扶手 60 mm，踏面线 300 mm。

（6）绘制台阶、散水及细部

大厅门前台阶、右侧门台阶面的宽度为 300 mm。

散水：距外境边 800 mm，连接 4 个角的散水坡线。

细部：水管 ϕ100 mm，地漏 ϕ150 mm；洗漱台矩形（1000,500）；卫生洁具矩形（600,280）。

3. 建筑平面图的绘图步骤

① 绘图环境设置（包括单位、图形界限、图层）。

② 绘制轴网。

③ 绘制墙线。

④ 绘制门窗。

⑤ 绘制楼梯、台阶、散水等细部。

⑥ 绘制室内装饰内置（如卫生洁具）。

⑦ 尺寸标注。

⑧ 文字标注。

⑨ 完成图形并保存文件。

3.3.2　绘制底层平面图

1. 绘图环境设置

（1）打开“建筑轴网平面图”文件

文件中包含了已设置的绘图单位和绘图界限，并另存为“建筑底层平面图”文件。

命令:z↙

输入 a↙，选择“全部”选项缩放窗口，将所设置的绘图界限设全部呈现在显示器工作界面。

（2）创建图层

命令:la↙

在弹出的“图层特性管理器”对话框中创建如图 3-27 所示的图层名称及相应颜色、线型和线宽。

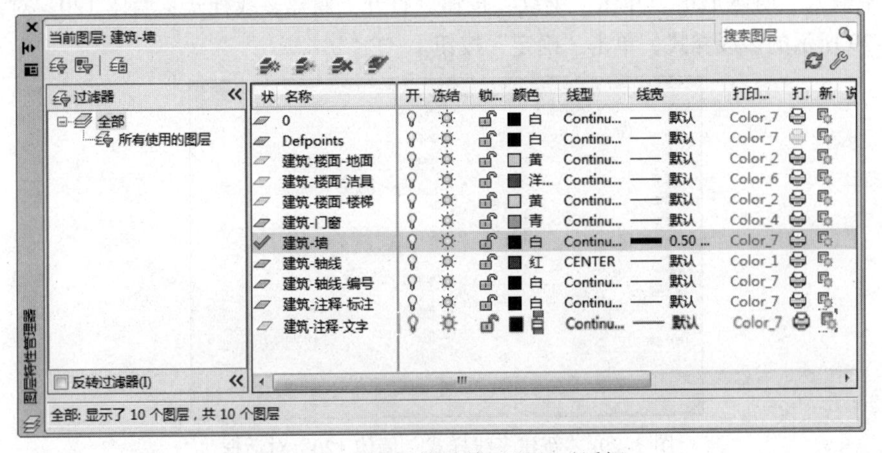

图 3-27　“图层特性管理器”对话框

2. 绘制墙体

（1）创建墙体多线样式

在建筑底层平面图中有 3 个墙体：外墙厚度为 370 mm，内墙厚度为 240 mm，非承重内墙厚度为 120 mm，墙线为粗实线。

① 创建“墙体 370”多线样式：

命令：mlstyle↙

打开“多线样式”对话框，单击“新建”按钮，打开“创建新的多线样式”对话框，在样式名文本框中输入“墙体 370”，单击“继续”按钮，弹出“新建多线样式：墙体 370”对话框，建立如图 3-5 所示的多线样式，单击“确定”按钮。

② 创建“墙体 240”多线样式：

命令：mlstyle↙

打开“多线样式”对话框，单击“新建”按钮，打开“创建新的多线样式”对话框，在样式名文本框中输入“墙体 240”，单击“继续”按钮，打开“新建多线样式：墙体 240”对话框，建立如图 3-28 所示的多线样式，单击“确定”按钮。

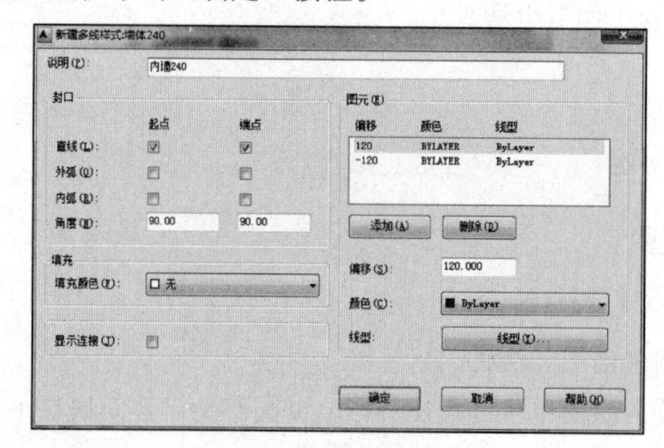

图 3-28 “新建多线样式：墙体 240”对话框

③ 创建“墙体 120”多线样式：

命令：mlstyle↙

打开“多线样式”对话框，单击“新建”按钮，打开“创建新的多线样式”对话框，在样式名文本框中输入“墙体 120”，单击“继续”按钮。打开“新建多线样式：墙体 120”对话框，建立如图 3-29 所示的多线样式，单击“确定”按钮。

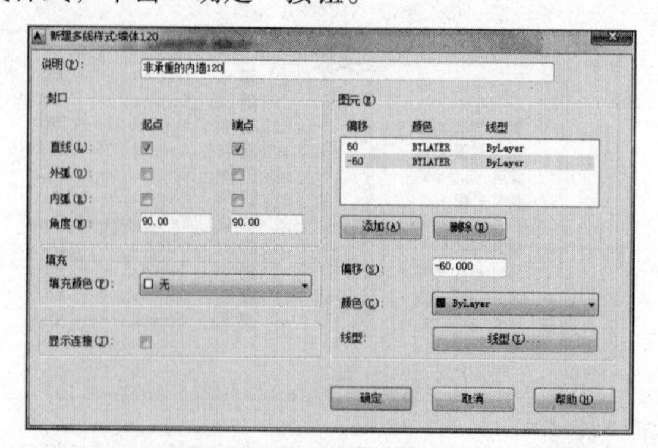

图 3-29 “新建多线样式：墙体 120”对话框

完成墙体多线设置后，回到“多线样式”对话框，样式列表中添加已经创建的墙体名称，如图 3-30 所示。

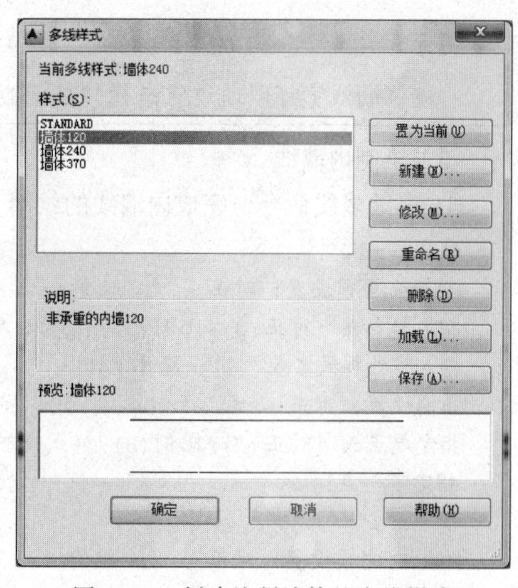

图 3-30　创建绘制墙体的多线样式

（2）绘制外墙线

① 在“图层”工具栏的“图层控制”下拉列表框中选择“建筑-墙”图层，单击按钮，置为当前图层。

② 启动多线命令，完成外墙线的绘制，得到如图 3-31 所示图形。

命令：ml↙
MLINE 当前设置：对正 = 无，比例 = 20.00，样式 = STANDARD
指定起点或 [对正(J)/比例(S)/样式(ST)]： st↙ （选择多线“样式”选项）
输入多线样式名或 [?]：墙体 370 （输入已经创建的“墙体 370”样式）
指定起点或 [对正(J)/比例(S)/样式(ST)]： s↙ （选择多线“比例”选项）
输入多线比例 <20.00>:1↙ （选择多线比例是 1：1，输入 1，按【Enter】键结束命令）
指定起点或 [对正(J)/比例(S)/样式(ST)]： j↙ （选择多线“对正”选项）
输入对正类型 [上(T)/无(Z)/下(B)] <无>： z↙ （选择中心线对正方式）
当前设置：对正 = 无，比例 = 1.00，样式 = 墙体 370
指定起点或 [对正(J)/比例(S)/样式(ST)]：<正交 开> （单击①轴线交点 A 点）
指定下一点： （单击①轴线交点 B 点）
指定下一点或 [放弃(U)]： （单击⑧轴线交点 C 点）
指定下一点或 [闭合(C)/放弃(U)]： （单击⑧轴线交点 D 点）
指定下一点或 [闭合(C)/放弃(U)]： c↙ （输入 c 闭合，按【Enter】键结束命令）

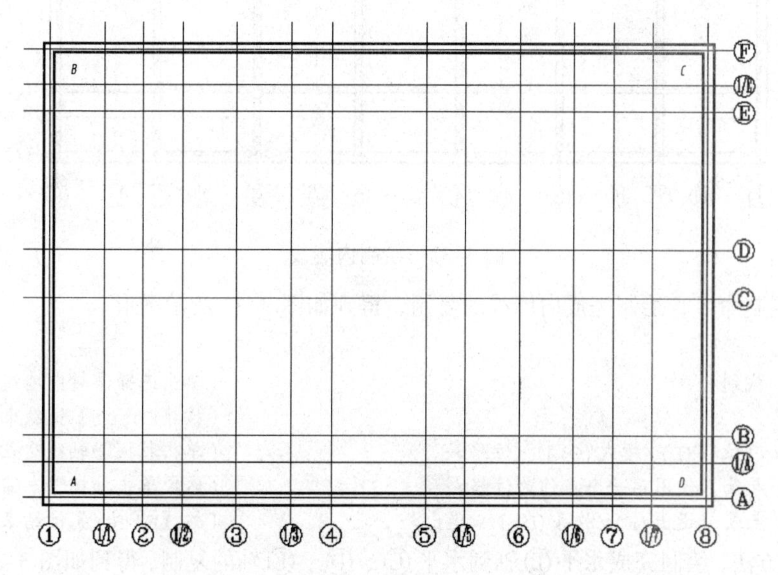

图 3-31　绘制外墙线

提示

墙体的线宽可以通过状态栏“显示/隐藏线宽”按钮 + 切换。

（3）绘制内墙线

① 启动多线命令，完成内墙线的绘制，得到如图 3-32 所示图形。

命令：ml↙
MLINE 当前设置：对正 = 无，比例 = 1.00，样式 =墙体 370
指定起点或 [对正(J)/比例(S)/样式(ST)]： st↙　　（选择多线“样式”选项）
输入多线样式名或 [?]：墙体 240↙　　（输入已经创建的“墙体 240”样式）
当前设置：对正 = 无，比例 = 1.00，样式 = 墙体 240
指定起点或 [对正(J)/比例(S)/样式(ST)]：<正交 开>　　（单击②轴线交点 A 点）
指定下一点：↙　　（单击②轴线交点 B 点）
命令：↙　　（按【Enter】键执行上一个命令）
MLINE 当前设置：对正 = 无，比例 = 1.00，样式 =墙体 240
指定起点或 [对正(J)/比例(S)/样式(ST)]：<正交 开>　　（单击水平 B 轴线交点 C 点）
指定下一点：　　（单击水平 B 轴线交点 D 点）
指定下一点或 [放弃(U)]：↙　　（按【Enter】键结束命令）

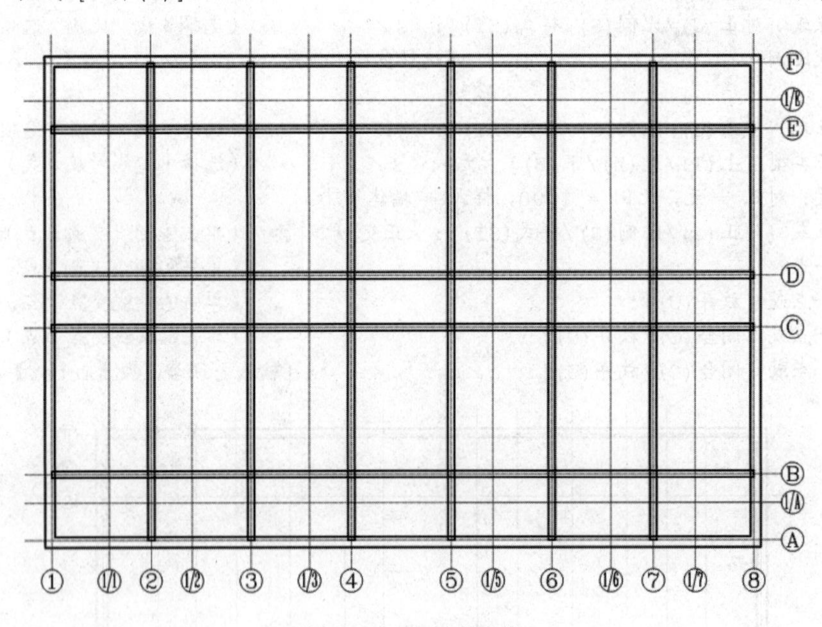

图 3-32　绘制内墙线

② 启动复制命令，绘制完成内墙线的复制，得到如图 3-32 所示图形。

命令：co↙
选择对象：找到 1 个　　（单击选择②轴内墙线）
选择对象：　　（按【Enter】键结束选择）
指定基点或 [位移(D)/模式(O)] <位移>：　　（单击捕捉②轴线交点 A 点为基点）
指定第二个点或 <使用第一个点作为位移>：　　（依次单击捕捉③～⑧轴线交点）
指定第二个点或 [退出(E)/放弃(U)] <退出>：↙　　（按【Enter】键结束命令）

用同样的方法，绘制完成水平Ⓑ轴到水平Ⓒ、Ⓓ、Ⓔ轴的复制，得到如图 3-32 所示图形。

（4）绘制非承重的内墙线

启动多线命令，完成非承重的内墙线的绘制，得到如图 3-33 所示图形。

```
命令：ml↙
MLINE 当前设置：对正 = 无，比例 = 1.00，样式 =墙体 240
指定起点或 [对正(J)/比例(S)/样式(ST)]： st↙              （选择多线“样式”选项）
输入多线样式名或 [?]：墙体 120↙                         （输入已经创建的“墙体 120”样式）
当前设置：对正 = 无，比例 = 1.00，样式 = 墙体 120
指定起点或 [对正(J)/比例(S)/样式(ST)]：<正交 开>          （单击图 3-34 中轴线交点 A 点）
指定下一点：                                            （单击图 3-34 中轴线交点 B 点）
指定下一点或 [放弃(U)]：                                 （单击图 3-34 中轴线交点 C 点）
指定下一点或 [闭合(C)/放弃(U)]：                         （单击图 3-34 中轴线交点 D 点）
指定下一点或 [闭合(C)/放弃(U)]：↙                        （按【Enter】键结束命令）
```

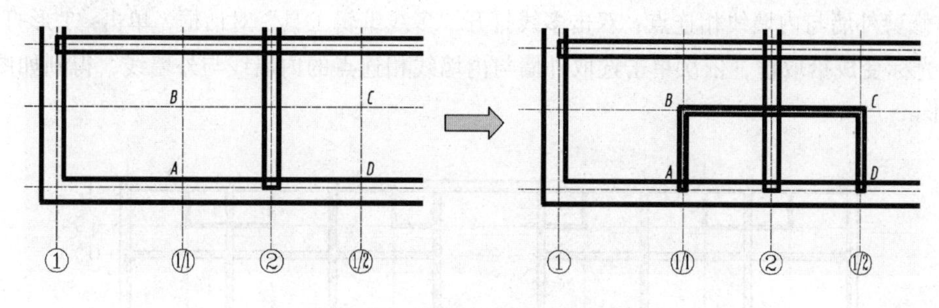

图 3-33　绘制非承重的内墙线

用同样的方法，绘制完成其Ⓐ轴与(1/A)轴之间的其他位置的非承重的内墙线，再用镜像命令得到(1/E)轴与Ⓕ轴之间的非承重的内墙线图形，如图 3-34 所示。

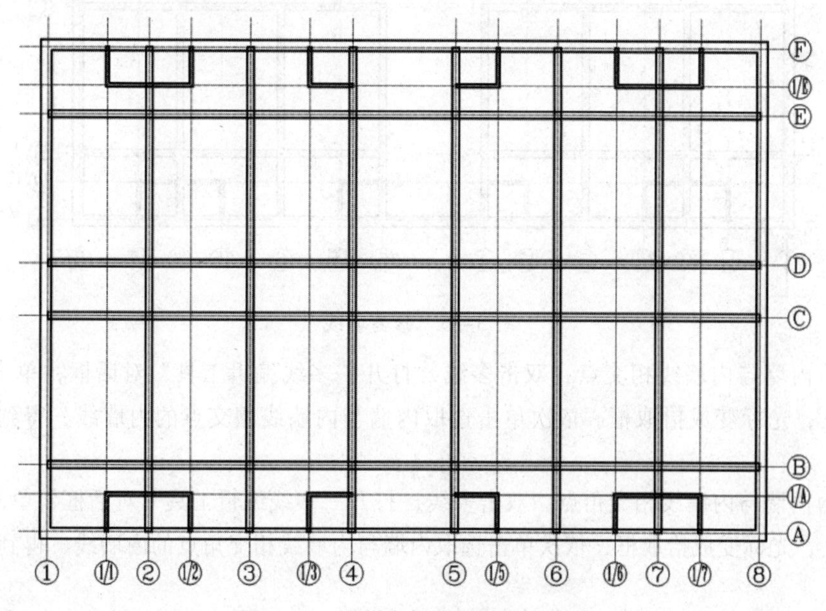

图 3-34　绘制全部非承重的内墙线

提示

绘制墙线复制方法有多种，可用偏移、镜像等命令来完成图形绘制。

（5）修剪墙线

① 锁定“建筑-轴线”图层：在“图层”工具栏中的“图层控制”下拉列表框中选择 “建筑-轴线”图层，单击“解锁”按钮变成，将该图层锁定。

② 修剪多余部分墙线：启动修剪命令，修剪内墙多余的墙线，得到如图 3-35 所示图形。

```
命令:tr↙
当前设置:投影=UCS，边=延伸
选择对象或 <全部选择>:  找到 2 个                    (框选Ⓒ轴线与Ⓓ轴线两条内墙线)
选择对象: ↙                                          (按【Enter】键，结束选择)
选择要修剪的对象，或按住 Shift 键选择要延伸的对象，或
[栏选(F)/窗交(C)/投影(P)/边(E)/删除(R)/放弃(U)]:      (框选Ⓒ轴线与Ⓓ轴线之间的墙线)
选择要修剪的对象，或按住 Shift 键选择要延伸的对象，或
[栏选(F)/窗交(C)/投影(P)/边(E)/删除(R)/放弃(U)]: ↙   (按【Enter】键结束命令)
```

③ 修剪外墙与内墙线相连点：双击多线打开“多线编辑工具”对话框，单击“T形打开”按钮，光标变成拾取框，依次单击选取外墙与内墙线相连点的内墙线与外墙线，得到如图 3-35 所示图形。

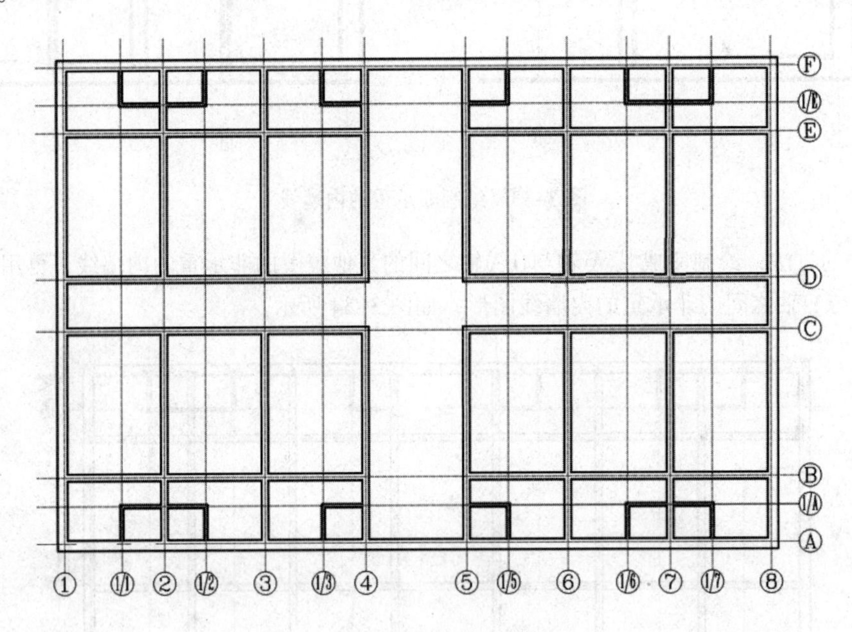

图 3-35　修剪墙线

④ 修剪内墙与内墙线相交点：双击多线，打开“多线编辑工具”对话框，单击“十字打开”按钮，光标变成拾取框，依次单击选取内墙与内墙线相交点的内墙线，得到如图 3-35 所示图形。

⑤ 修剪内墙与内墙线相交角点：双击多线，打开“多线编辑工具”对话框，单击“角点结合”按钮，光标变成拾取框，依次单击选取内墙与内墙线相交角点的内墙线，得到如图 3-35 所示图形。

提示

修剪墙线时，如果修剪错了，可执行“U”命令退回上一步，重新修剪。

3. 绘制门窗洞

（1）选择“建筑-轴线”图层

在“图层”工具栏的“图层控制”下拉列表框中选择“建筑-轴线”图层，并单击“解锁”按钮，单击按钮，置为当前图层。

（2）绘制窗洞

① 绘制阳台与卫生间两个窗洞线：用偏移命令，绘制在Ⓐ轴上的①轴线与②轴线之间的两个窗洞线（C1=1 500，C2=900）。

```
命令:o↙
当前设置: 删除源=否  图层=源  OFFSETGAPTYPE=0
指定偏移距离或 [通过(T)/删除(E)/图层(L)] <通过>:  420↙
选择要偏移的对象, 或 [退出(E)/放弃(U)] <退出>:                     (单击①轴线)
指定要偏移的那一侧上的点, 或 [退出(E)/多个(M)/放弃(U)] <退出>:
                                                                   (光标向右移动单击得到A线)
选择要偏移的对象, 或 [退出(E)/放弃(U)] <退出>:                     (按【Enter】键结束命令)
```

用同样的操作，将 *A* 线再向右偏移 1 500 得到 *B* 线；再将 *B* 线向右偏移 480 得到 *C* 线；再将 *C* 线向右偏移 900 得到 *D* 线，如图 3-36 所示。

② 修剪两个窗洞：先将“墙体 370”分解，再将如图 3-34 所示的 *A* 线与 *B* 线之间、*C* 线与 *D* 线之间的窗洞修剪出来，最后删除 *A*、*B*、*C*、*D* 线，如图 3-37 所示。

```
命令: explode↙
选择对象: 找到 1 个                                                (单击选择外墙多线)
选择对象: ↙                                                        (按【Enter】键结束命令)
命令:tr↙
当前设置:投影=UCS, 边=延伸
选择对象或 <全部选择>:  找到 4 个                                   (框选AB线、CD线)
选择对象: ↙                                                        (按【Enter】键, 结束选择)
选择要修剪的对象, 或按住 Shift 键选择要延伸的对象, 或
[栏选(F)/窗交(C)/投影(P)/边(E)/删除(R)/放弃(U)]:                    (框选AB线、CD线之间的墙线)
选择要修剪的对象, 或按住 Shift 键选择要延伸的对象, 或
[栏选(F)/窗交(C)/投影(P)/边(E)/删除(R)/放弃(U)]: ↙                  (按【Enter】键结束命令)
```

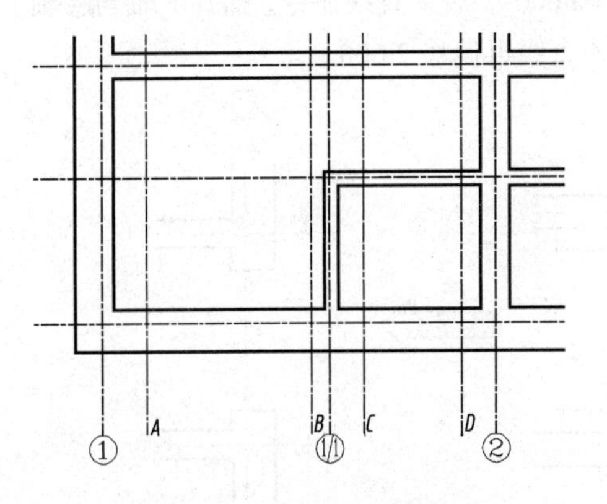

图 3-36　绘制两个窗洞线

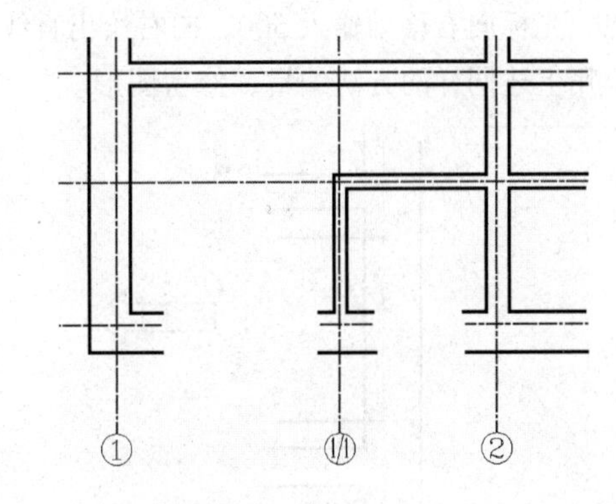

图 3-37　修剪两个窗洞

③ 绘制窗洞：在“图层”工具栏中选择“建筑-墙”图层，并置为当前。

```
命令:l↙
```

启动直线命令，绘制 A 轴外墙线上两个窗洞线（4 条）。

④ 绘制Ⓐ轴与Ⓕ轴上的窗洞：在“图层”工具栏中单击“建筑-轴线”图层“锁定”按钮，锁定“建筑-轴线”图层。

命令:mi↙

启动镜像命令，框选窗洞的外墙线（4 条）镜像图形，多次镜像后可以得到Ⓐ轴、Ⓕ轴外墙上每个开间都有了窗洞线，如图 3-38 所示。

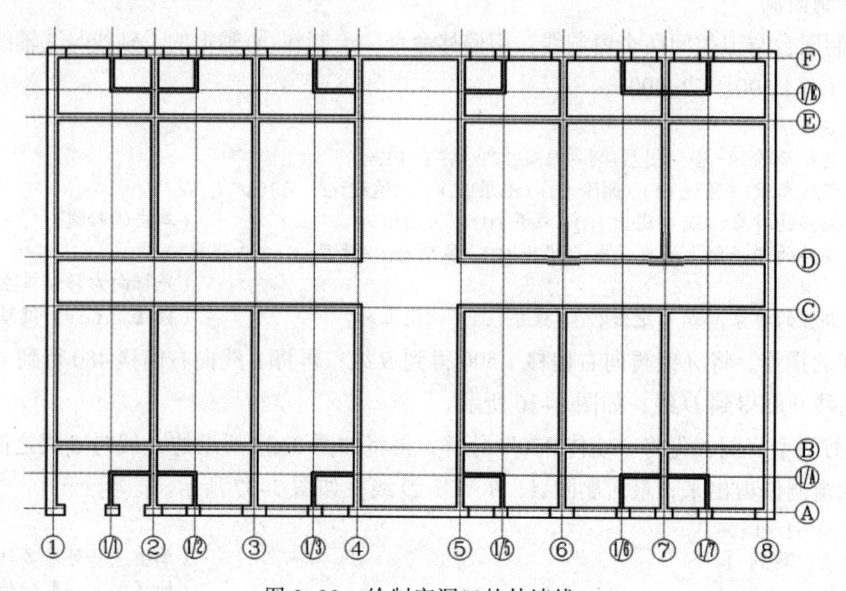

图 3-38　绘制窗洞口的外墙线

⑤ 绘制其他窗洞。绘制走廊①轴上的Ⓒ轴与Ⓓ轴之间的窗洞线（C3=1200）：

启动直线命令，捕捉Ⓒ轴与①轴上的交点，光标向上移动输入 300，向右绘出直线，将该直线再偏移 1 200，如 3-39（a）所示。

启动延伸命令，将两条直线延伸到外墙线，如图 3-39（b）所示。

启动修剪命令，将①轴上的窗洞线修剪出来，如图 3-39（c）所示。

绘制楼梯Ⓕ轴上的④轴与⑤之间的窗洞线（C4=2 600）：启动直线命令，捕捉Ⓕ轴与④轴上的交点，光标向右移动输入 500，向右绘出直线，将该直线再偏移 2 600。

用上述同样的方法编辑、修剪图形。

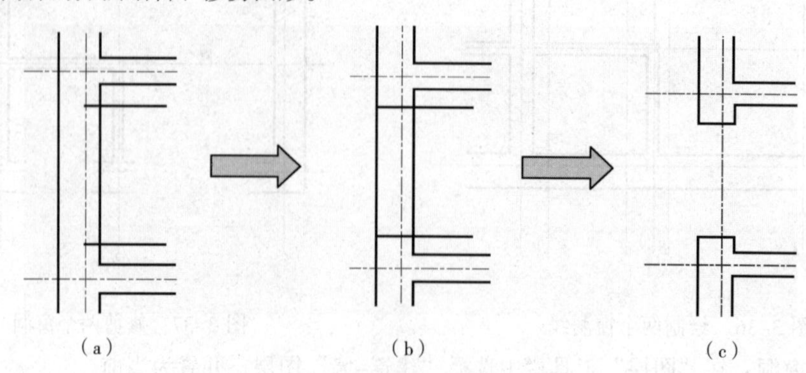

图 3-39　编辑修剪窗洞

（3）绘制门洞

① 绘制宿舍门洞线：绘制Ⓒ轴上的①轴与②轴之间的门洞线（M1=1 200），启动直线命令，捕捉Ⓒ轴与①轴上的交点，光标向右移动输入 1 200，向右绘出直线，将该直线再偏移 1 200，将复制的两条直线延伸、修剪得到如图 3-40 所示图形。

② 阵列复制门洞线：

```
命令：ar↙                    (输入阵列命令，打开“阵列”对话框)
ARRAY 选择对象：指定对角点：找到 4 个
                             (单击“选择对象”按钮，选择图 3-38 中的 1、2、3、4 门洞线)
```

在“阵列”对话框中进行参数设置，如图 3-41 所示。单击“确定”按钮，得到如图 3-42 所示图形。

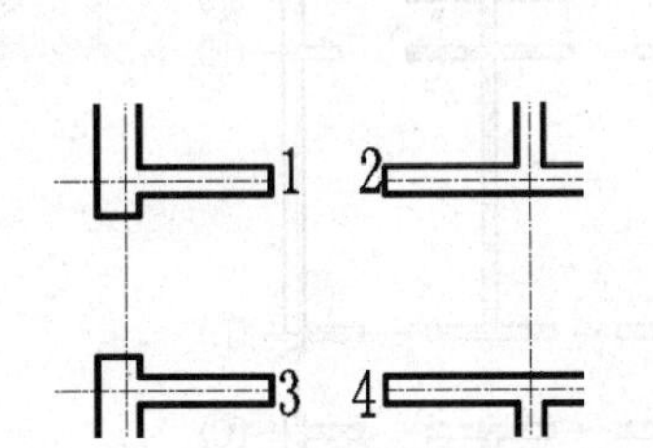

图 3-40　绘制门洞线

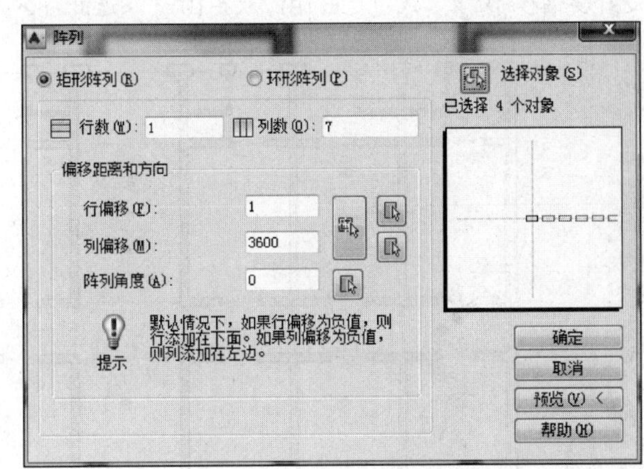

图 3-41　“阵列”对话框

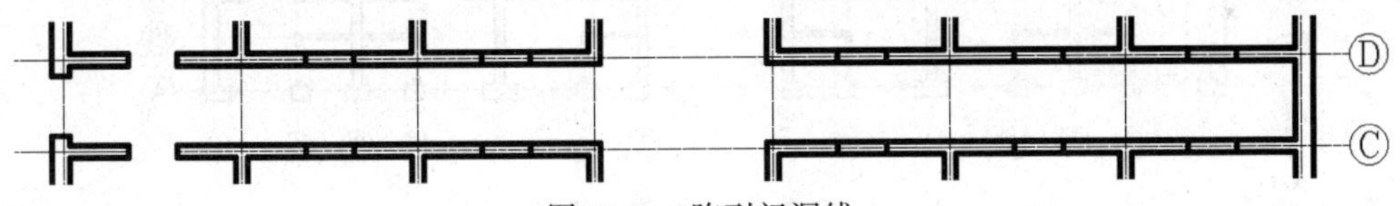

图 3-42　阵列门洞线

用同样的方法绘制阳台门洞线（M2=1 200），向右偏移 840，再偏移 1 200。选择修剪的两条门洞线一起矩形阵列，2 行 7 列，行间距为 12 000，列间距为 3 600。

③ 绘制其他门洞线：

绘制卫生间门洞线（M3=800）：向上偏移 280，再偏移 800。

绘制右侧门门洞线（M4=1 200）：向上偏移 300，再偏移 1 200。

绘制大厅门洞线（M5=1 800）：留两个门洞的位置。

分解多线后编辑多线，修剪门窗洞及多余的线段，完成墙线如图 3-43 所示图形。

4. 绘制窗线、门线及开启线

（1）选择“建筑-门窗”图层

在“图层”工具栏的“图层控制”下拉列表框中选择“建筑-门窗”图层，置为当前图层。

（2）绘制窗线

捕捉①轴与 ⑴⁄⑴ 轴窗洞对角两点来绘制一个矩形，用“分解”命令将矩形分解成 4 条线，将矩形上下直线执行“偏移”命令，偏移距离为 120，得到如图 3-44 所示一个窗线。

```
命令: rec↙                                                        (选择“矩形”命令)
指定第一个角点或 [倒角(C)/标高(E)/圆角(F)/厚度(T)/宽度(W)]:        (单击A点)
指定另一个角点或 [面积(A)/尺寸(D)/旋转(R)]:                        (单击B点)
命令: x↙                                                          (选择分解命令)
选择对象: 找到 1 个                                               (选择矩形)
选择对象: ↙                                                   (按【Enter】键分解矩形)
命令:o↙                                                           (选择偏移命令)
offset 当前设置: 删除源=否  图层=源  OFFSETGAPTYPE=0
指定偏移距离或 [通过(T)/删除(E)/图层(L)] <120>: 120↙
选择要偏移的对象, 或 [退出(E)/放弃(U)] <退出>:                    (单击A线)
指定要偏移的那一侧上的点, 或[退出(E)/多个(M)/放弃(U)] <退出>:     (在A线下方单击)
选择要偏移的对象, 或 [退出(E)/放弃(U)] <退出>:                    (单击B线)
指定要偏移的那一侧上的点, 或[退出(E)/多个(M)/放弃(U)] <退出>:     (在B线上方单击)
选择要偏移的对象, 或 [退出(E)/放弃(U)] <退出>:↙               (按【Enter】键结束命令)
```

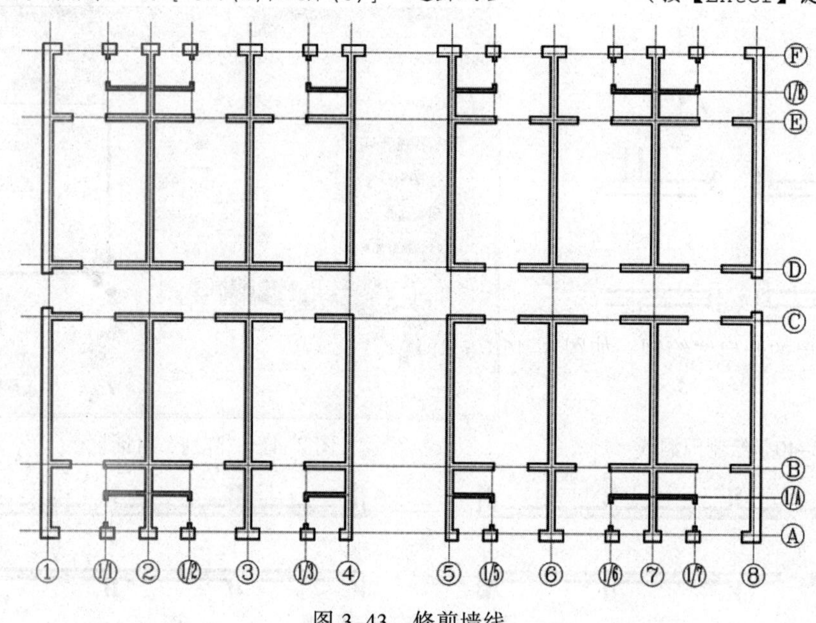

图3-43　修剪墙线

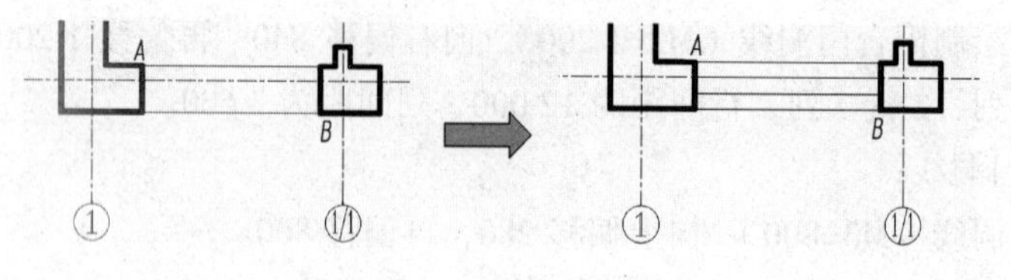

图3-44　绘制左下角窗线

用同样的方法把其他窗线绘制出来，再执行“复制”“镜像”命令完成所有的窗线。

（3）绘制门线及开启线

绘制单扇门线：确定洞口尺寸，确定门扇尺寸，画圆弧。

绘制双扇门线：确定洞口尺寸，确定门扇尺寸，连接洞口取中心线，画圆弧，按中心点镜像。

① 绘制门线：

绘制宿舍门线：Ⓒ轴到Ⓓ轴之间与①轴到②轴之间的门线（M1=1 200），双扇门。先绘制直线，然后绘制矩形，再绘制圆弧，如图3-45、图3-46所示图形。

```
命令: l↙
```

LINE 指定第一点：<对象捕捉 开>　　（捕捉 *A* 点）
指定下一点或［放弃(U)］：　　（捕捉 *B* 点）
指定下一点或［放弃(U)］：↙　　（按【Enter】键结束命令）

完成洞口尺寸绘制，如图 3-45（a）所示。

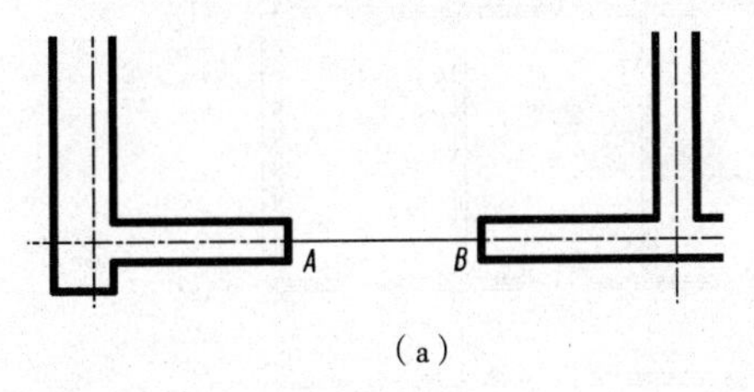

（a）

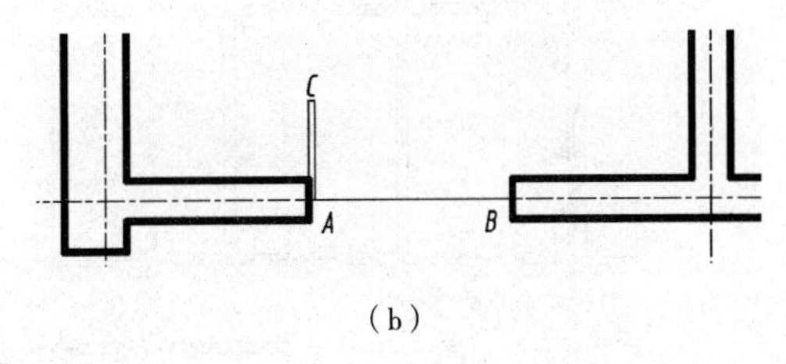

（b）

图 3-45　绘制门线

命令：rec↙　　（选择“矩形”命令）
指定第一个角点或［倒角(C)/标高(E)/圆角(F)/厚度(T)/宽度(W)］：　　（捕捉 *A* 点）
指定另一个角点或［面积(A)/尺寸(D)/旋转(R)］：@40,580　　（输入 *C* 点相对坐标值）

完成门扇尺寸绘制，得到如图 3-45（b）所示。

② 绘制门的开启线，如图 3-46 所示图形。

命令：arc↙
指定圆弧的起点或［圆心(C)］：c↙　　（选择“圆心”绘制圆弧）
指定圆弧的圆心：　　（在对象捕捉上单击“中点”，捕捉 *A* 点处矩形的中点）
指定圆弧的起点：　　（捕捉 *AB* 线段上的中点）
指定圆弧的端点或［角度(A)/弦长(L)］：　　（捕捉 *C* 点处矩形的中点）

完成门扇的开启线绘制，如图 3-46（a）所示。

（a）

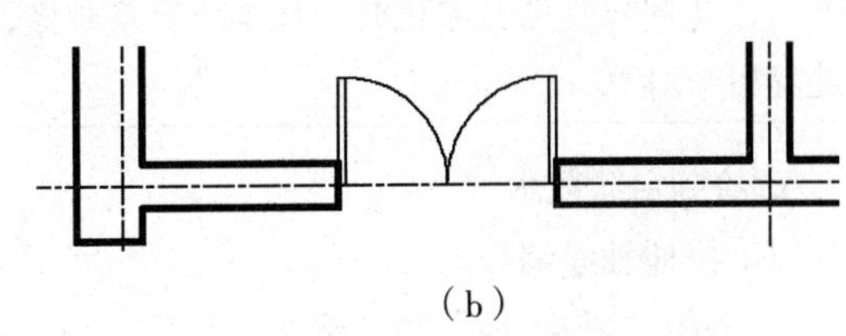

（b）

图 3-46　绘制门的开启线

命令：mi↙
选择对象：指定对角点：找到 2 个　　（选择绘制好的门线及门开启线）
选择对象：↙　　（按【Enter】键结束选择）
指定镜像线的第一点：　　（捕捉 *AB* 线段中心点）
指定镜像线的第二点：　　（光标向上单击垂直线上点）
要删除源对象吗？［是(Y)/否(N)］<N>：↙　　（按【Enter】键结束选择）

删除 *AB* 直线段，完成门线及开启线的绘制，如图 3-46（b）所示。

③ 阵列复制其他门线及开启线：

命令：ar↙

选择绘制完成的双扇门一起矩形阵列，1 行 7 列，行间距为 0，列间距为 3 600，如图 3-47 所示。

④ 用上述相同的方法，绘制阳台单推门、卫生间门、右侧门和大厅门线及开启线，如图 3-47 所示。

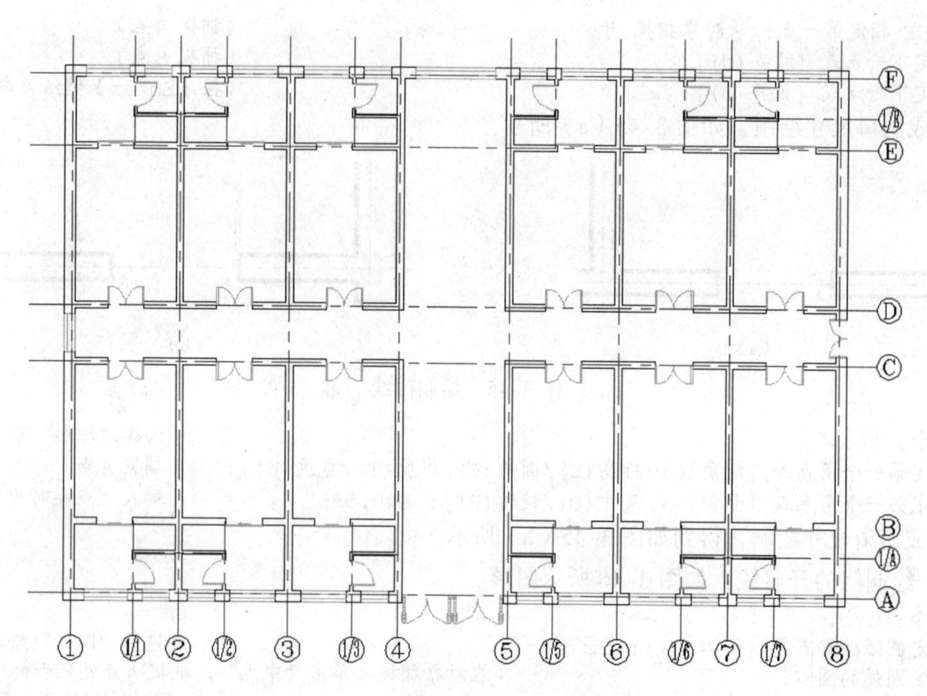

图 3-47　绘制窗线、门线及开启线图

技巧

在复制和镜像门窗线时，把其他图层锁定，更有利于直接选取对象、W 窗选和 C 窗选来选择图形对象。

5. 绘制台阶散水

（1）拉伸轴线编号

① 关闭“建筑-墙”和“建筑-门窗”图层，选择“建筑-楼面-地面”图层，置为当前图层。

② 右框选①～⑧轴线及编号，向下位伸 6 000。

```
命令：s↙
拉伸由最后一个窗口选定的对象...找到 25 个          （右框选①～⑧轴线及编号）
指定基点或 [位移(D)] <位移>:                     （单击轴线圈最上面的四分点）
指定第二个点或 <使用第一个点作为位移>:  6000↙
```

③ 右框选Ⓐ~Ⓕ轴线及编号，向右位伸 5 000。

（2）绘制大厅门前台阶

① 捕捉④轴与Ⓐ轴交点单击，如图 3-48 所示，绘制矩形（3600,1500）。

```
命令：rec↙
RECTANG 指定第一个角点或 [倒角(C)/标高(E)/圆角(F)/厚度(T)/宽度(W)]：（单击 A 点）
指定另一个角点或 [面积(A)/尺寸(D)/旋转(R)]： @3600,-1500       （输入 C 点相对的坐标值）
```

② 执行圆环命令，在如图 3-48 所示的 *B*、*C* 点分别绘制圆柱（ϕ=350），完成后如图 3-49 所示。

```
命令：donut↙
指定圆环的内径 <1>:↙
指定圆环的外径 <1>:350↙
指定圆环的中心点或 <退出>:                          (单击图 3-49 中 B 点)
指定圆环的中心点或 <退出>:                          (单击图 3-49 中 C 点)
```

指定圆环的中心点或 <退出>:↙

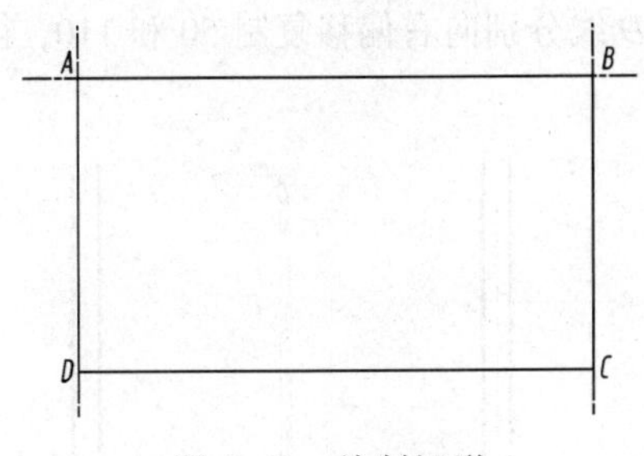

图 3-48　绘制矩形

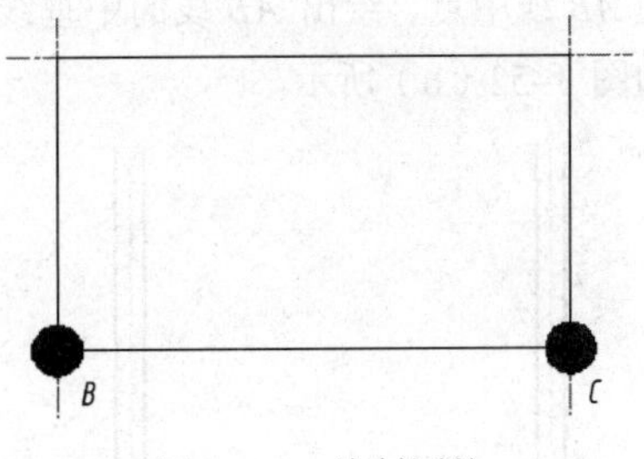

图 3-49　绘制圆柱

③ 将矩形向外偏移 300 得到大厅门前的台面，再向外偏移 300 得到一个台阶。修剪多余的线段，如图 3-50 所示。

（3）绘制右侧门的台阶

用上述同样的方法，绘制矩形（1000,1800），将矩形向外偏移 300 得到侧门前的台面，再向外偏移 300 得到一个台阶。修剪多余的线段，如图 3-51 所示。

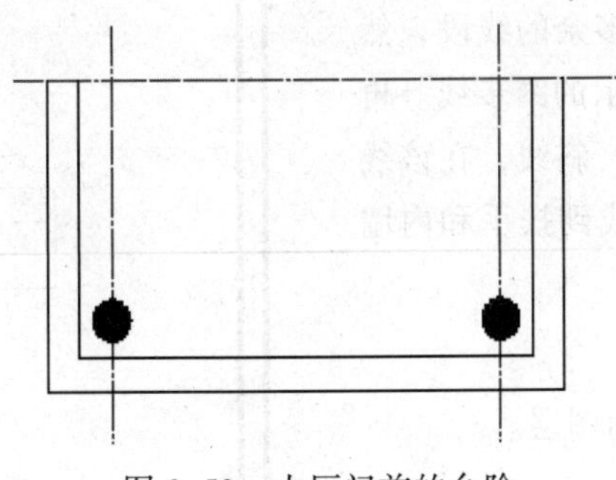
图 3-50　大厅门前的台阶

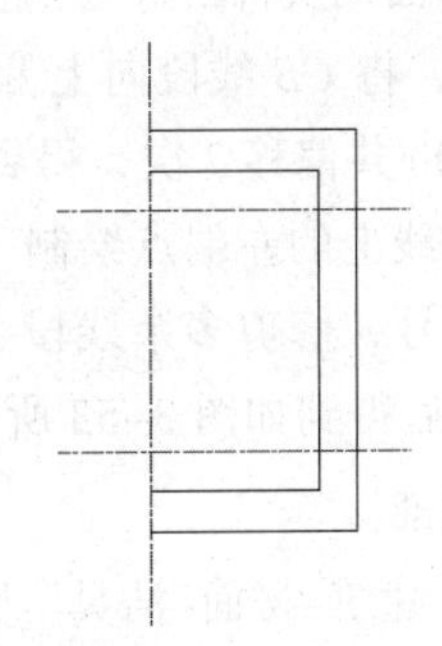
图 3-51　右侧门前的台阶

（4）绘制散水

散水距外墙边 800，距最近的轴线为 1 050，将①、⑧、Ⓐ、Ⓕ轴线分别向外偏移 1 050，在外墙与散水的 4 个角点处用直线分别连接散水坡线，修剪多余的线段。

6. 绘制楼梯

（1）选择图层

选择“建筑-楼面-楼梯”图层，置为当前图层。

（2）绘制踏步起始线及梯井扶手

① 将楼梯间局部放大：

命令：z↙
ZOOM 指定窗口的角点，输入比例因子 (nX 或 nXP)，或者
[全部(A)/中心(C)/动态(D)/范围(E)/上一个(P)/比例(S)/窗口(W)/对象(O)] <实时>: w↙

② 绘制踏步起始线 *AB*，如图 3-52（a）所示。

命令：l ↙
指定第一点：2350↙　　（捕捉④轴与Ⓓ轴交点，光标向上移动输入 2350，得到 *A* 点）
指定下一点或 [放弃(U)]：　　（光标向右移动，单击捕捉⑤轴与Ⓓ轴交点向上得到 *B* 点）
指定下一点或 [放弃(U)]：↙　　（按【Enter】键结束命令）

③ 绘制梯井扶手：

命令：l ↙

捕捉 *AB* 线中点，绘出 *AB* 线的中垂线 *CD*，将 *CD* 线分别向右偏移复制 50 和 110，得到梯井扶手，如图 3-52（b）所示。

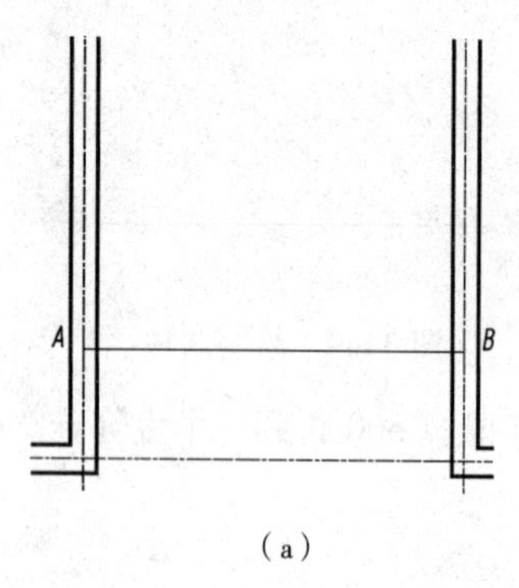

（a）

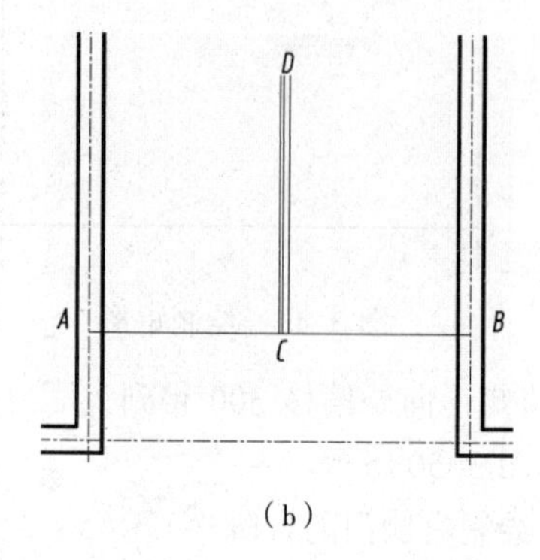

（b）

图 3-52 绘制踏步起始线及梯井扶手

④ 绘制踏面线及折断符号：删除如图 3-52 所示的 *CD* 线段，修剪 *AC* 线段，将 *CB* 线段向上偏移 300，修剪多余的线段，然后向上偏移 300 共偏移 7 次，得到如图 3-54 所示的踏步线。再在第 4 个踏面线上的左端点绘制一条较长的 45° 斜线，在该线上绘制折断符号，修剪多余线段，分别延伸斜线到扶手和内墙线，绘制完成后得到如图 3-53 所示的楼梯图形。

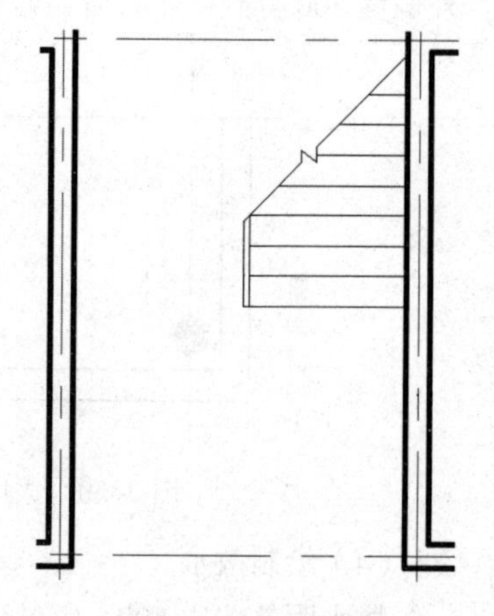

图 3-53 绘制楼梯

7. 绘制细部

① 选择“建筑-楼面-洁具”图层，置为当前图层。

② 绘制水管直径 100，地漏直径 150。

③ 绘制洗漱台矩形（1000,500），再向里面偏移 60。

④ 绘制卫生洁具矩形（600,280），向里面偏移 30。

⑤ 绘制如图 3-54 所示的细部，修剪多余线段，锁定其他图层镜像图形。

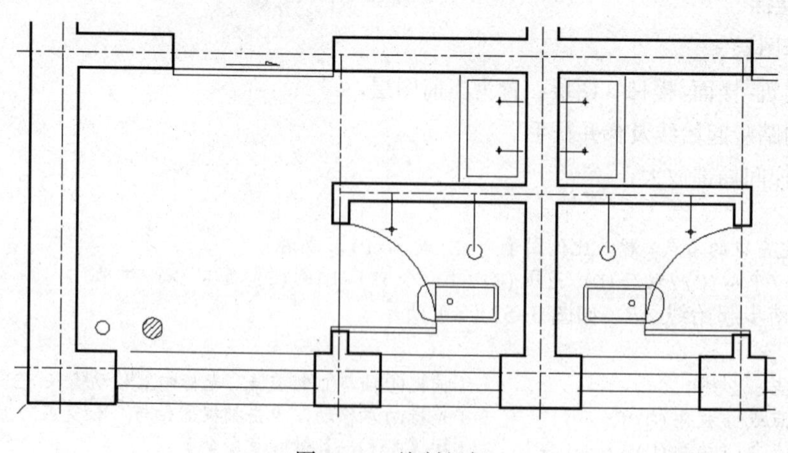

图 3-54 绘制细部

完成以上所有底层平面图绘制，得到如图 3-1 所示图形。

8．保存文件

命令：save↙

保存文件并退出 AutoCAD。

3.4　技能拓展

3.4.1　绘制标准层平面图

用绘制“底层平面图”方法绘制如图 3-55 所示图形，才能提高绘图技能。在绘制过程中注意雨篷、门窗、楼梯与底层平面图不同之处，绘制完成后保存为“标准层平面图”文件。

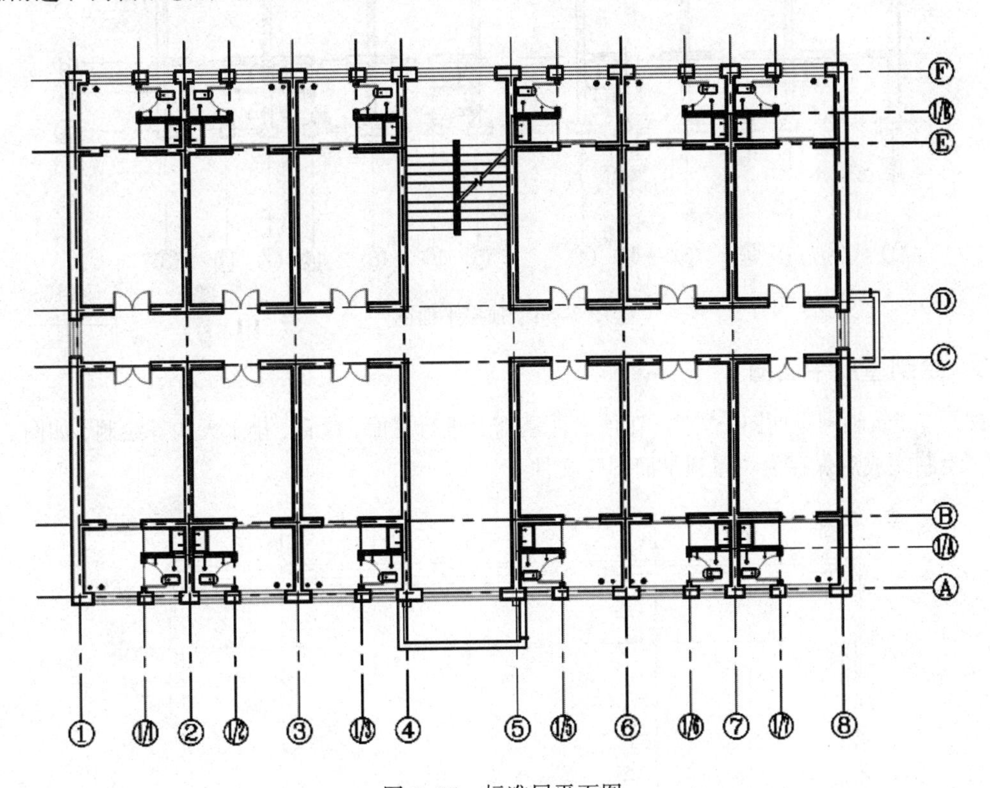

图 3-55　标准层平面图

3.4.2　绘制顶层平面图

用绘制“标准层平面图”方法绘制如图 3-56 所示图形，才能提高绘图技能。在绘制过程中注意雨篷、门窗、楼梯与标准层平面图的不同之处，绘制完成后保存为“顶层平面图”文件。

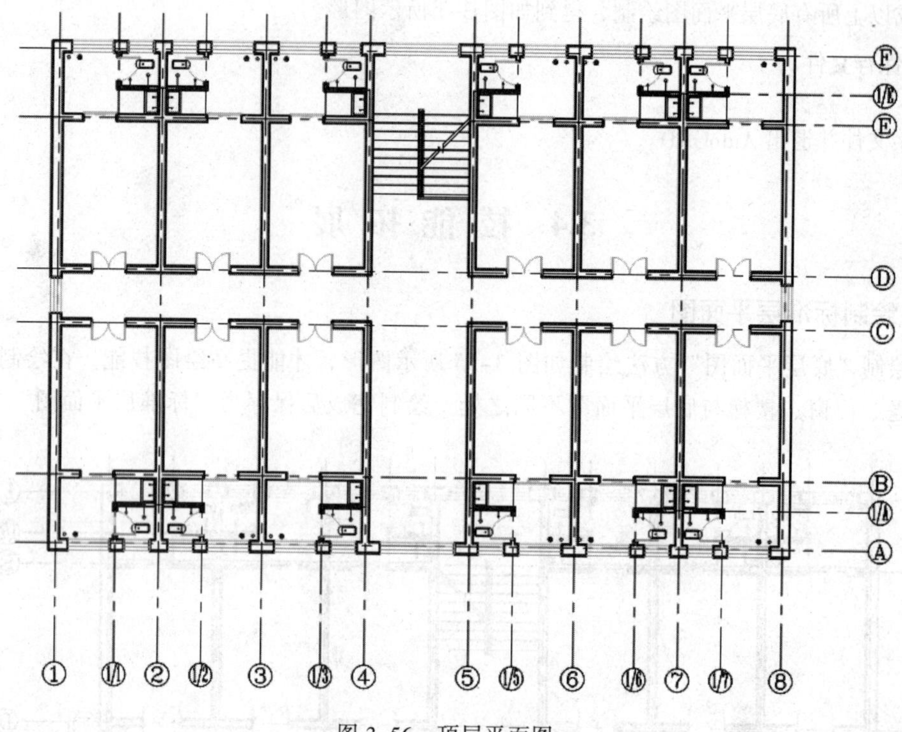

图 3-56　顶层平面图

3.4.3　绘制屋顶平面图

打开“建筑轴网平面图”文件，在该文件基础上进行屋面、屋脊、排水天沟等绘制，如图 3-57 所示。绘制完成后保存为“屋顶平面图”文件。

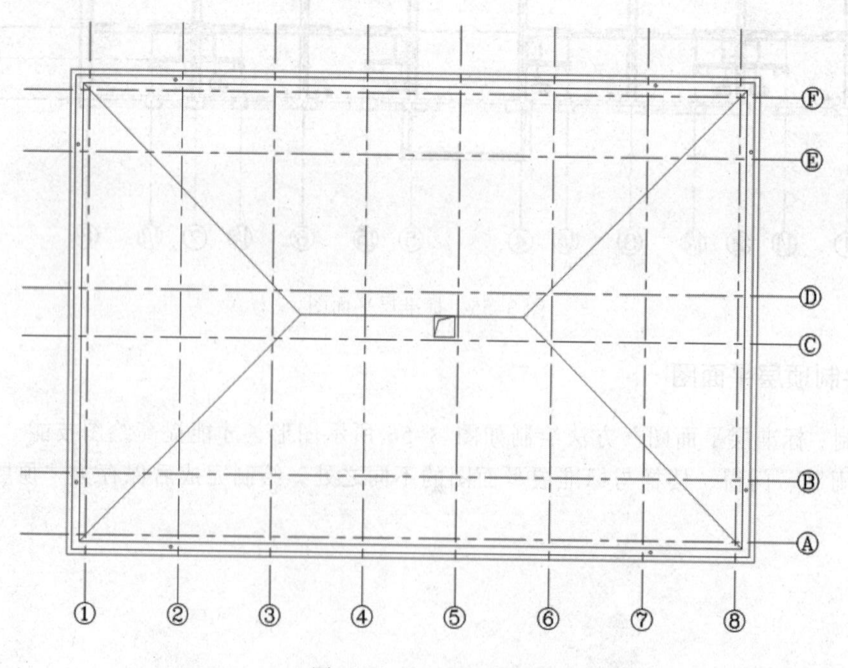

图 3-57　屋顶平面图

学习效果评价表

<table>
<tr><td>项目名称</td><td colspan="6"></td></tr>
<tr><td>专业</td><td>班级</td><td>姓名</td><td colspan="2"></td><td>学号</td><td></td></tr>
<tr><td>评价内容</td><td>评价指标</td><td>分数</td><td>自我评价（25%）</td><td>小组评价（25%）</td><td>老师评价（50%）</td><td>得分</td></tr>
<tr><td>学习态度</td><td>出勤情况、学习主动性、语言表达、团队协作</td><td>10</td><td></td><td></td><td></td><td></td></tr>
<tr><td rowspan="3">项目实施</td><td>打开文件、另存文件、图层设置</td><td>10</td><td></td><td></td><td></td><td></td></tr>
<tr><td>绘制墙体、绘制门窗、绘制楼梯</td><td>40</td><td></td><td></td><td></td><td></td></tr>
<tr><td>绘制台阶、散水及细部</td><td>10</td><td></td><td></td><td></td><td></td></tr>
<tr><td>项目质量</td><td>绘图符合规范、图线清晰、标注准确、图面整洁</td><td>10</td><td></td><td></td><td></td><td></td></tr>
<tr><td>学习方法</td><td>创新思维能力、计划能力、解决问题能力</td><td>20</td><td></td><td></td><td></td><td></td></tr>
<tr><td>教师签名</td><td>日　期</td><td colspan="2"></td><td colspan="2">成绩评定</td><td></td></tr>
</table>

项目四　标注建筑平面施工图

【学习目标】

● 知识目标

1. 理解建筑平面施工图的标注规则。
2. 理解标注样式的含义，掌握标注样式创建、标注、修改、编辑的方法。
3. 掌握图形创建块属性、创建块、写块、插入块的方法。

● 能力目标

具有标注建筑平面施工图的能力。

● 素质目标

培养学生从简单绘图到精准绘图的良好绘图习惯，具备建筑工程技术人员应有的科学、严谨、精准的工作作风和良好的职业道德。

【重点与难点】

● 重点

掌握标注建筑平面施工图的基本命令和操作技巧。

● 难点

掌握创建尺寸标注样式和修改的方法。

【学习引导】

1. 教师课堂教学指引：标注建筑平面施工图的基本命令和操作技巧。
2. 学生自主性学习：每个学生通过实际操作反复练习加深理解，提高操作技巧。
3. 小组合作学习：通过小组自评、小组互评、教师评价，并总结绘图效果，提升绘图质量。

4.1　项 目 描 述

建筑平面图中的图形除了按比例绘制出建筑物（如墙体、门窗、柱子等）或构筑物（如阳台、散水、台阶等）的形状外，还必须标注完整的实际尺寸，作为施工的依据。在图 3-1 学生公寓楼建筑底层平面图上标注尺寸、标高、文字，完成如图 4-1 所示底层平面图（参考附录 A 中图 A-1 所示尺寸），要求尺寸标注必须准确无误、字体清晰、不得有遗漏，否则会给施工造成很大的损失。

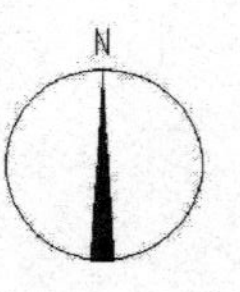
N

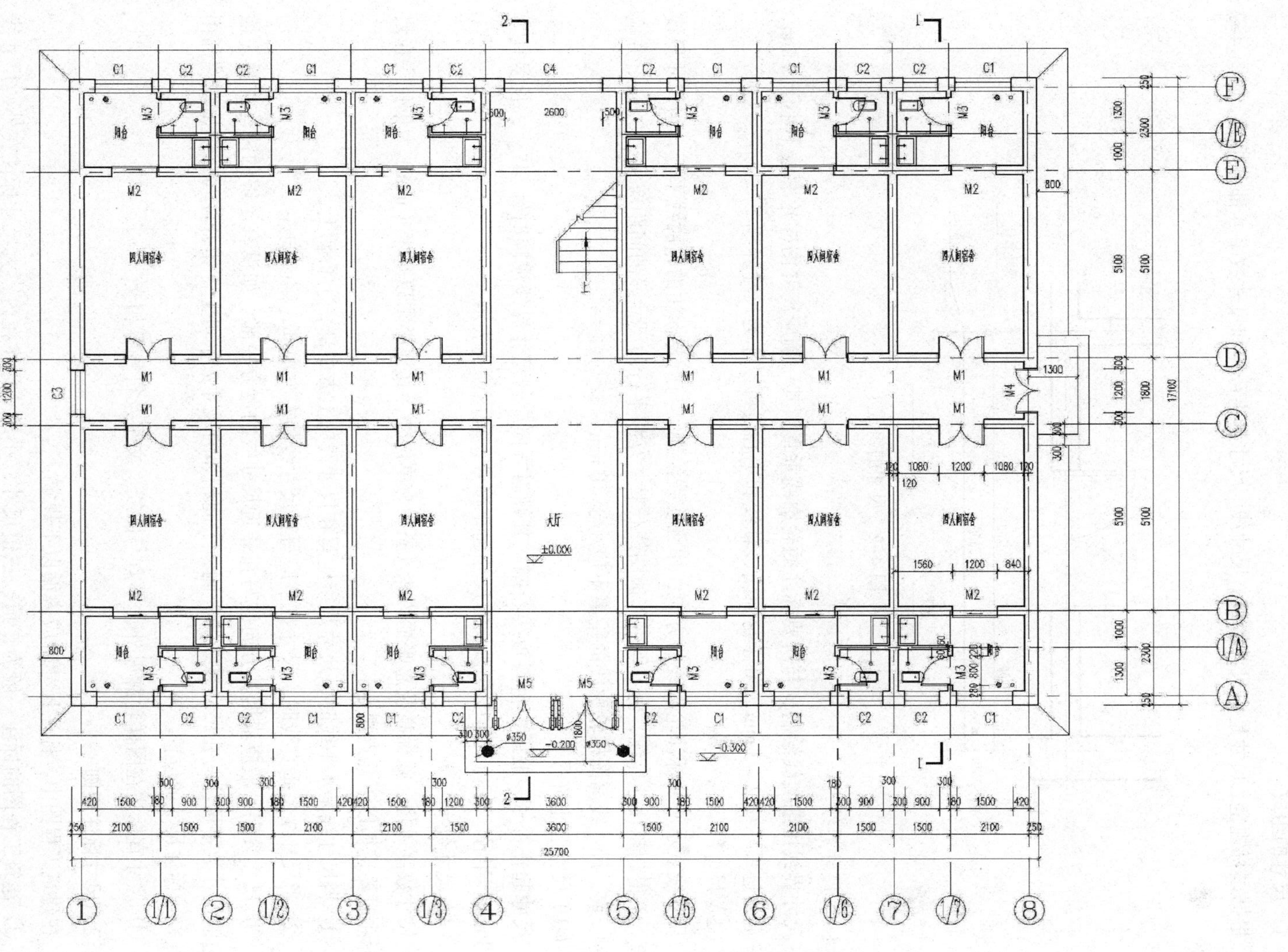
四人间宿舍
大厅
阳台
M1
M2
M3
M4
M5
C1
C2
C3
C4
±0.000
-0.200
-0.300
25700
17100
① 1/1 ② 1/2 ③ 1/3 ④ ⑤ 1/5 ⑥ 1/6 ⑦ 1/7 ⑧
Ⓐ 1/A Ⓑ Ⓒ Ⓓ Ⓔ 1/E Ⓕ

图 4-1　标注底层平面图

4.2 知 识 平 台

4.2.1 建筑平面图的尺寸标注规则

1. 尺寸的组成

根据国标规定，尺寸是由尺寸界线、尺寸线、尺寸起止符号和尺寸数字 4 部分组成，如图 4–2 所示。

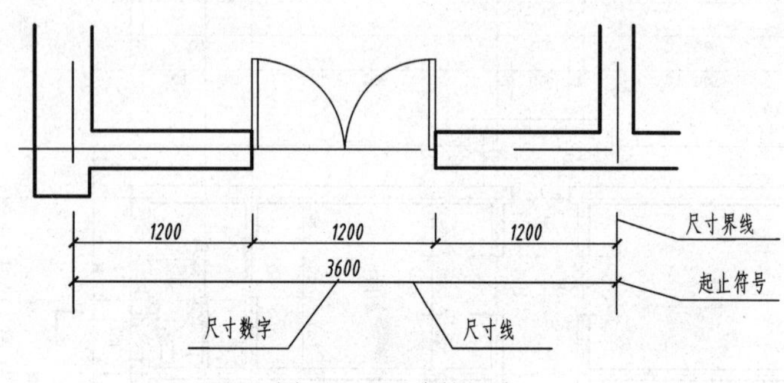

图 4–2 尺寸的组成

（1）尺寸界线

尺寸界线用细实线绘制，与所要标注的轮廓线垂直。其一端应离开图样轮廓线不小于 2 mm，另一端超过尺寸线 2 ~ 3 mm，图样轮廓线、轴线和中心线可以作为尺寸界线。

（2）尺寸线

尺寸线表示所要标注轮廓线的方向，用细实线绘制，与所要标注的轮廓线平行，与尺寸界线垂直，不得超越尺寸界线，也不得用其他图线代替。互相平行的尺寸线的间距应大于 7 mm，并应保持一致，尺寸线离图样轮廓线的距离不应小于 10 mm。

（3）尺寸起止符号

尺寸起止符号一般用中粗斜短线绘制，其倾斜方向应与尺寸界线成顺时针 45°，长度宜为 2 ~ 3 mm。半径、直径、角度与弧长的尺寸起止符号，宜用箭头表示。

（4）尺寸数字

尺寸数字单位，除标高及总平面以米（m）为单位外，其他必须以毫米（mm）为单位。在尺寸标注时要遵循以下几点规定：

① 当尺寸线是水平线时，尺寸数字应写在尺寸线的上方中部，字头朝上；

② 当尺寸线是垂直线时，尺寸数字应写在尺寸线的左方中部，字头向左。

③ 尺寸数字一般应依据其方向注写在靠近尺寸线的上方中部。如没有足够的注写位置，最外边的尺寸数字可注写在尺寸界线的外侧，中间相邻的尺寸数字可上下错开注写，引出线端部用圆点表示标注尺寸的位置。

④ 尺寸宜标注在图样轮廓以外，不宜与图线、文字及符号等相交。

2. 尺寸标注规则

在建筑工程图中，标注尺寸时应遵循以下规定：

① 建筑工程图的标注一般为二道、三道尺寸，小尺寸标注在内，大尺寸标注在外，尺寸线

与尺寸界限通常不应相交。

② 建筑工程图的尺寸界线，距图形最外轮廓之间的距离，不宜小于 10 mm。平行排列的尺寸线的间距，宜为 7 ~ 10 mm，并应保持一致。

③ 建筑工程图中的尺寸，一般是以毫米（mm）为单位，可以不标注单位；标高是以米（m）为单位。

④ 建筑工程图中标注的尺寸为对象的真实尺寸，与绘图的准确程度以及出图比例无关。

⑤ 图形对象的每一个尺寸，一般只标一次。

⑥ 图形中所标注的尺寸为图形所表示物体最后完工的尺寸。

4.2.2　尺寸标注

1. 尺寸标注类型

AutoCAD 2016 为用户提供了 4 种基本类型的尺寸标注，即线性尺寸标注、径向尺寸标注、角度尺寸标注和其他尺寸标注，分别位于“标注”菜单或“标注”工具栏（见图 4-3）中。

ISO-25

图 4-3　“标注”工具栏

（1）线性尺寸标注

用来标注线性尺寸，如图形对象的长、宽、高等，可分为如下几种形式：

- 水平标注：标注水平方向的线性尺寸。
- 垂直标注：标注垂直方向的线性尺寸。
- 对齐标注：标注与指定两点连线或所选直线平行的线性尺寸。
- 旋转标注：标注指定方向上距离的线性尺寸，尺寸线沿旋转方向放置。
- 坐标标注：标注某一点相对于用户定义的基准点（原点）的坐标值。
- 基线标注：标注从某一点开始多个平行的线性尺寸。
- 连续标注：标注多个首尾相连的线性尺寸。

（2）径向尺寸标注

- 直径标注：标注圆或弧的直径尺寸。
- 半径标注：标注圆或弧的半径尺寸。
- 弧长标注：测量和显示圆弧的长度。
- 折弯标注：如果圆弧或圆的圆心位于图形边界之外，可以使用折弯标注测量并显示其半径。

（3）角度标注

角度标注：标注两条不平行直线之间的角度、圆和圆弧的角度或三点之间的角度。

（4）其他标注

- 快速标注：标注一次选择的多个对象。
- 引线标注：标注带有一个或多个引线、多种格式的注释文字及多行旁注和说明。
- 圆心标注：标注指定的圆弧画出圆心符号。

2. 创建尺寸标注样式

在进行尺寸标注前，应按国标对尺寸标注样式进行设置，用户可以创建多种需要的标注样式。启用创建尺寸标注样式命令的 3 种方法：

- 选择菜单栏中“格式”→“标注样式”命令。
- 单击“样式”工具栏中的“标注样式”按钮。
- “命令行”输入：Dimstyle（快捷键命令 D）↙。

启动该命令后，打开如图 4-4 所示的“标注样式管理器”对话框。此对话框部分选项的作用及含义分别如下：

【样式（S）】：显示当前选定的标注样式。

【预览】：显示当前标注样式（并非当前尺寸样式）的具体标注形式。

【置为当前（U）】：将设置的标注样式定义为当前标注样式。

【新建（N）】：用来创建新的尺寸样式。

【修改（M）】：用来修改已经创建的尺寸样式。

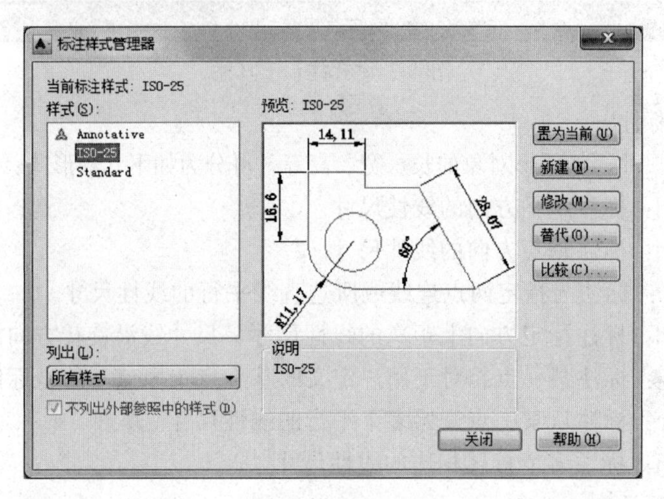

图 4-4 “标准样式管理器”对话框

（1）新建“建筑标注”样式名

单击“新建”按钮，打开如图 4-5 所示的“创建新标注样式”对话框，在“新样式名”文本框中输入“建筑标注”，该尺寸样式是以“ISO-25”为样板，适用于所有类型的尺寸，单击“继续”按钮。

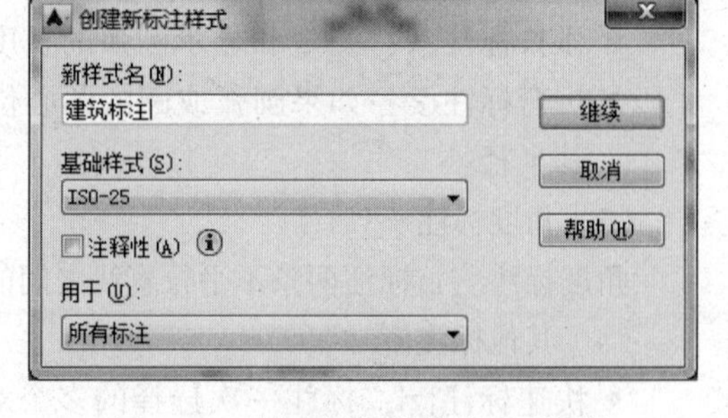

图 4-5 “创建新标注样式”对话框

（2）设置尺寸线和尺寸界线

打开“新建标注样式：建筑标注”对话框，在“线”选项卡中进行尺寸线、尺寸界线的设置，如图 4-6 所示。常用的选项作用及含义如下：

【尺寸线】选项组：设置尺寸线的颜色、线宽和线宽，系统默认为随层 ByBlock 的颜色、线宽和线宽。

基线间距：设置基线标注各平行尺寸线之间的距离。一般是文字高度的 2 倍左右。

【延伸线】选项组：

超出尺寸线：指定尺寸界线超出尺寸线的距离。

起点偏移量：指定尺寸界线起点与标注对象端点之间的距离。

固定长度的延伸线：系统将以固定长度的尺寸界线标注尺寸。

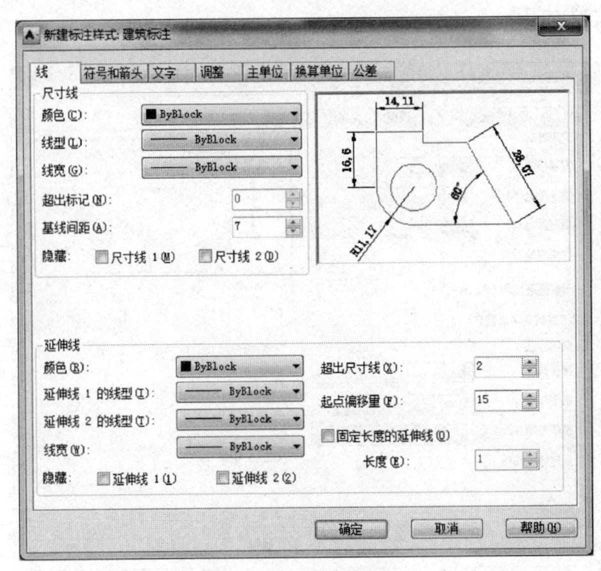

图 4–6 “线”选项卡

（3）设置符号和箭头

选择“符号和箭头”选项卡，进行尺寸起止符号、箭头大小等设置，如图 4–7 所示。

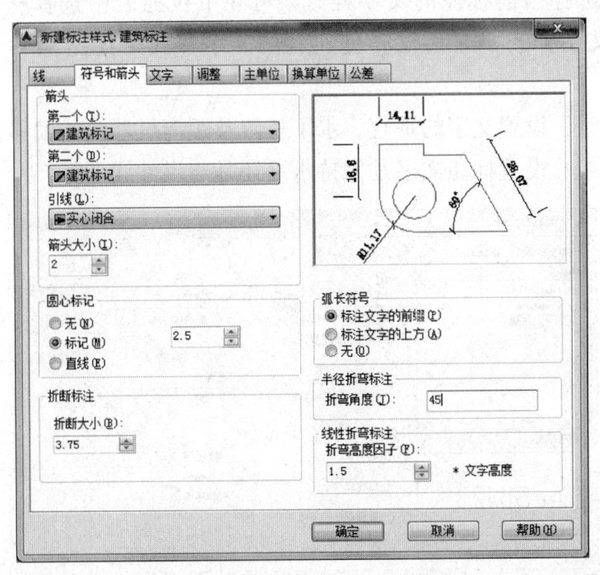

图 4–7 “符号和箭头”选项卡

“符号和箭头”选项卡中常用的选项作用及含义如下：

【箭头】选项组：

第一个：指定第一个尺寸箭头的形式。

第二个：指定第二个尺寸箭头的形式。

箭头大小：指定箭头的大小。

（4）设置文字

选择“文字”选项卡，进行尺寸数字的字体格式、位置及对齐方式等设置，如图 4-8 所示。常用的选项组作用及含义如下：

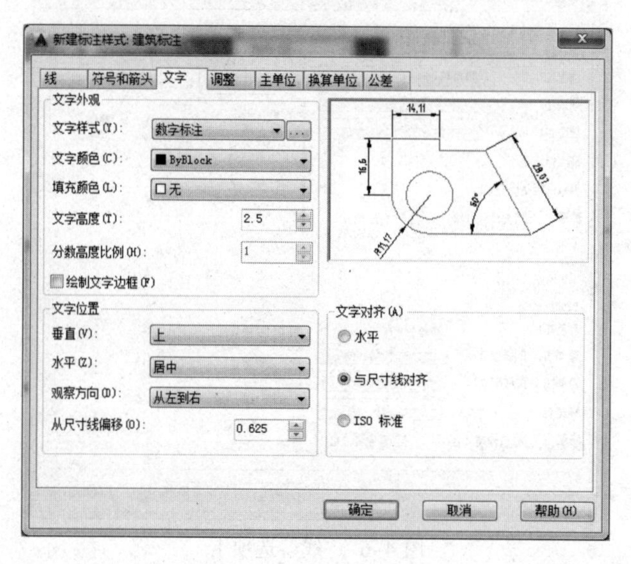

图 4-8 “文字”选项卡

【文字外观】选项组：

文字样式：指定选择当前标注的文字样式。可在下拉列表中选择样式，也可以单击中侧的[...]按钮，打开“文字样式”对话框，创建新的文字样式（见图 4-9）或对已有文字样式进行修改。

【文字位置】选项组：设置文字的垂直、水平位置及距离尺寸线的偏移量。

【文字对齐】选项组：设置标注文字是保持水平还是与尺寸线平行。

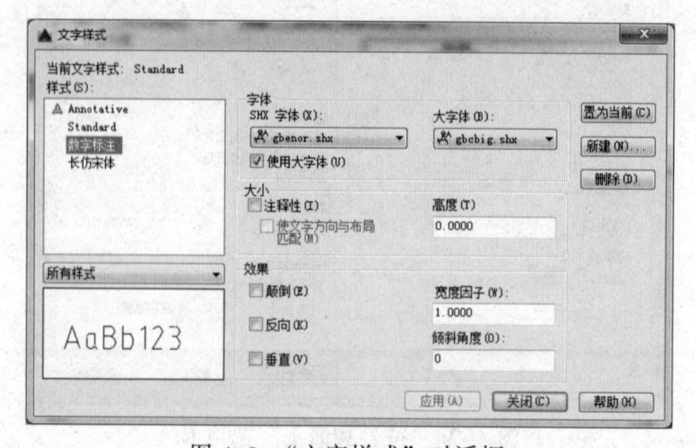

图 4-9 “文字样式”对话框

（5）设置调整

选择“调整”选项卡，进行参数设置，如图 4-10 所示。常用的选项卡作用及含义如下：

【调整选项】选项组：设置如何从尺寸界线之间移出文字或箭头。

【标注特征比例】选项组：设置标注尺寸的特征比例，以便通过设置全局比例因子来增加或减少各标注的大小。

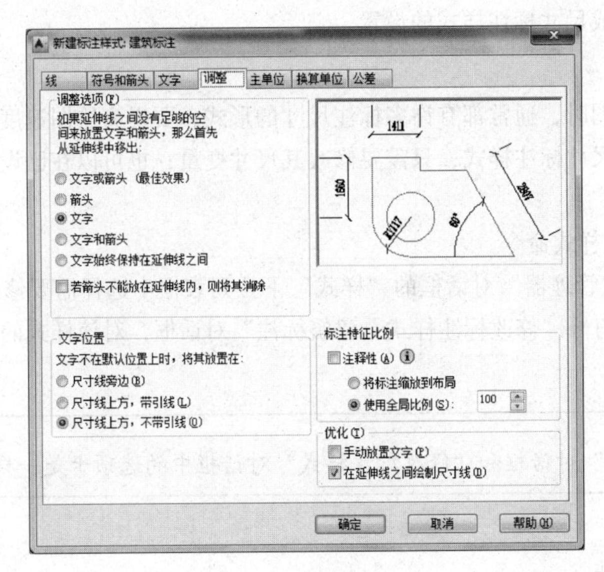

图 4-10　“调整”选项卡

提示

尺寸标注使用全局比例是出图比例的倒数：出图比例 1:100，指这张图纸上的图样及其标注缩小 100 倍打印于图纸上，为使尺寸外观合适，将尺寸标注扩大 100 倍，在“使用全局比例”文本框中输入数字 100。

（6）设置主单位

选择“主单位”选项卡，进行主要单位的格式及精度等设置，如图 4-11 所示。

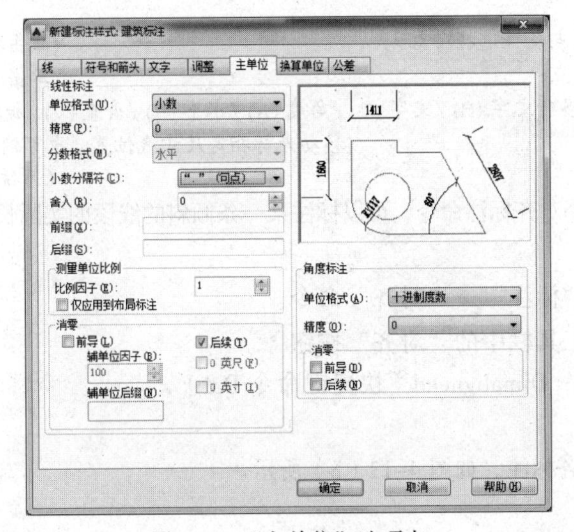

图 4-11　“主单位”选项卡

（7）完成尺寸标注设置

绘制建筑工程图时，可以忽略“换算单位”和“公差”选项卡的设置，单击“确定”按钮，返回“标注样式管理器”对话框，单击“置为当前”按钮，将“建筑标注”设置为当前样式。单击“关闭”按钮，完成尺寸标注样式的设置。

3. 修改标注样式

在绘制建筑工程图时，通常都有许多标注尺寸的形式，要提高绘图速度，可以在创建好的尺寸标注基础上再新建尺寸标注样式，只需要修改其尺寸变量；也可以在已设置的尺寸标注样式上进行修改。

① 启动创建标注样式命令。

② 在“标注样式管理器”对话框的“样式”下拉列表框中选择需要修改的标注样式，然后单击“修改”按钮，打开“修改标注样式：建筑标注”对话框，对该样式的参数进行修改。

> **技巧**
>
> “新建标注样式”对话框和“修改标注样式”对话框中的选项卡是一样的。

4. 尺寸标注

（1）线性尺寸标注

① 水平标注（垂直标注）：选择线性标注命令，可以标注水平方向尺寸和垂直方向尺寸。启用线性标注命令有以下 3 种方法：

- 选择菜单栏中“标注”→“线性”命令。
- 单击“标注”工具栏中的“线性”按钮。
- “命令行”输入：Dimlinear（快捷键命令 Dli）↙。

【操作示例 4-1】

给直线 *AB* 进行线性标注，如图 4–12（a）所示。

命令：dli↙
指定第一条延伸线原点或 <选择对象>：（单击捕捉图 4-12(a)中 *A* 点）
指定第二条延伸线原点：（单击捕捉图 4-12(a)中 *B* 点）
指定尺寸线位置或[多行文字(M)/文字(T)/角度(A)/水平(H)/垂直(V)/旋转(R)]：
（移动光标指定尺寸线位置，也可输入数值或设置其他选项）
标注文字 = 300（系统自动提示数字信息）

② 对齐标注。选择对齐标注命令，可以标注某一条倾斜的线段的实际长度。启用对齐标注命令有以下 3 种方法：

- 选择菜单栏中“标注”→“对齐”命令。
- 单击“标注”工具栏中的“对齐”按钮。
- “命令行”输入：Dimalignead（快捷键命令 Dal）↙。

【操作示例 4-2】

给斜线 *AB* 进行对齐标注，如图 4–12（b）所示。

命令： dal↙
指定第一条延伸线原点或 <选择对象>：（单击捕捉图 4-12（b）中 *A* 点）
指定第二条延伸线原点：（单击捕捉图 4-12（b）中 *B* 点）

指定尺寸线位置或[多行文字(M)/文字(T)/角度(A)]:
(移动光标指定尺寸线位置，也可输入数值或设置其他选项)
标注文字 = 300 (系统自动提示数字信息)

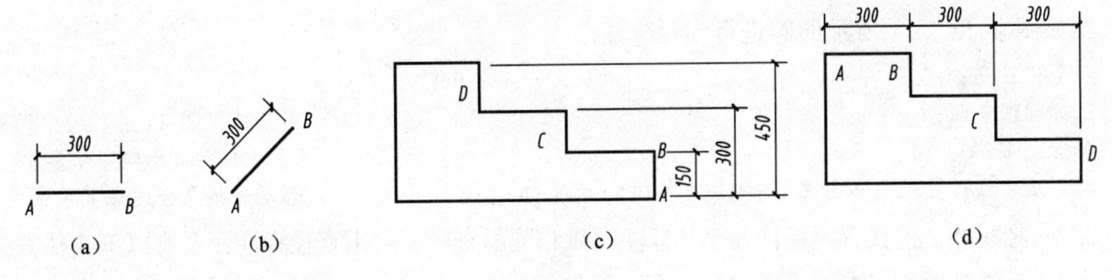

图 4-12 线性标注

③ 基线标注。选择基线标注命令，以图形中某一点作为标注的起点进行测量标注。在标注基线标注之前应先完成一个线性标注。启用基线标注命令有以下 3 种方法：

- 选择菜单栏中“标注”→“基线”命令。
- 单击“标注”工具栏中的“基线”按钮。
- “命令行”输入：dimbaseline（或 dba）↙。

【操作示例 4-3】

给如图 4-12（c）所示的图形进行基线标注。

命令：_dimbaseline↙
指定第二条延伸线原点或 [放弃(U)/选择(S)] <选择>: (单击捕捉图 4-12（c）中 C 点)
标注文字 = 300 (系统自动提示数字信息)
指定第二条延伸线原点或 [放弃(U)/选择(S)] <选择>: (单击捕捉图 4-12（c）中 D 点)
标注文字 = 450 (系统自动提示数字信息)
指定第二条延伸线原点或 [放弃(U)/选择(S)] <选择>: ↙ (单击【Enter】键结束命令)

④ 连续标注

选择连续标注命令，可以方便、迅速地标注同一列或行上的尺寸，生成连续尺寸线。在标注连续标注之前应先完成一个线性标注。启用连续标注命令有以下 3 种方法：

- 选择菜单栏中“标注”→“连续”命令。
- 单击“标注”工具栏中的“连续”按钮。
- “命令行”输入：dimcontinue（或 dco）↙。

【操作示例 4-4】

给如图 4-12（d）所示的图形进行连续标注。

命令：Dco↙
指定第二条延伸线原点或 [放弃(U)/选择(S)] <选择>: (单击捕捉图 4-12(d)中 C 点)
标注文字 = 300
指定第二条延伸线原点或 [放弃(U)/选择(S)] <选择>: (单击捕捉图 4-12(d)中 D 点)
标注文字 = 300
指定第二条延伸线原点或 [放弃(U)/选择(S)] <选择>:↙ (单击【Enter】键结束命令)

（2）径向尺寸标注

① 半径标注。选择半径标注命令，标注圆弧和圆的半径。启用半径标注命令有以下 3 种方法：

- 选择菜单栏中“标注”→“半径”命令。

- 单击“标注”工具栏中的“半径”按钮。
- “命令行”输入：dimradius（或 dra）↙。

【操作示例 4-5】

给如图 4-13（a）所示的圆进行半径标注。

命令：dra↙
选择圆弧或圆：（单击捕捉图 4-13(a)中的圆）
标注文字 = 274（系统自动提示数字信息）
指定尺寸线位置或 [多行文字(M)/文字(T)/角度(A)]：（移动光标至合适位置单击）

② 直径标注。选择直径标注命令，标注圆弧和圆的直径。启用直径标注命令有以下 3 种方法：

- 选择菜单栏中“标注”→“直径”命令。
- 单击“标注”工具栏中的“直径”按钮。
- “命令行”输入：dimdiameter（或 ddi）↙。

【操作示例 4-6】

给如图 4-13（b）所示的圆进行直径标注。

命令:ddi↙
选择圆弧或圆：（单击捕捉图 4-13(b)中的圆）
标注文字 = 547
指定尺寸线位置或 [多行文字(M)/文字(T)/角度(A)]：

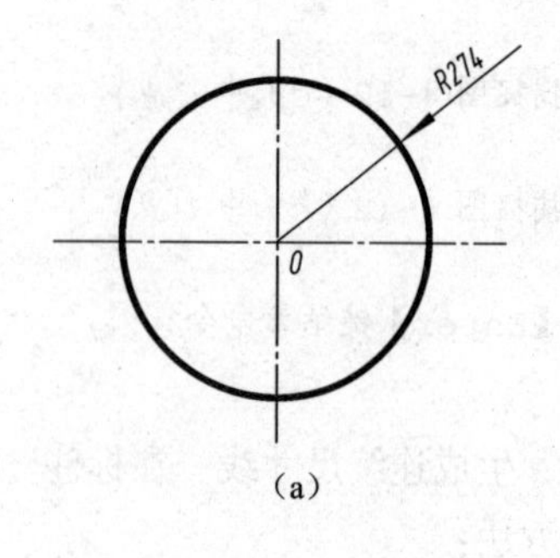

(a)

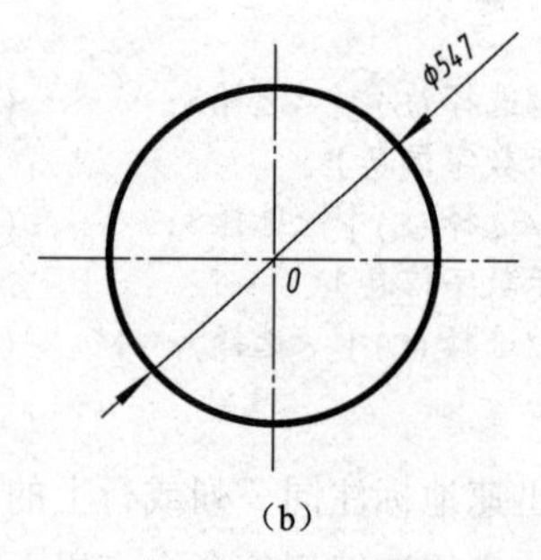

(b)

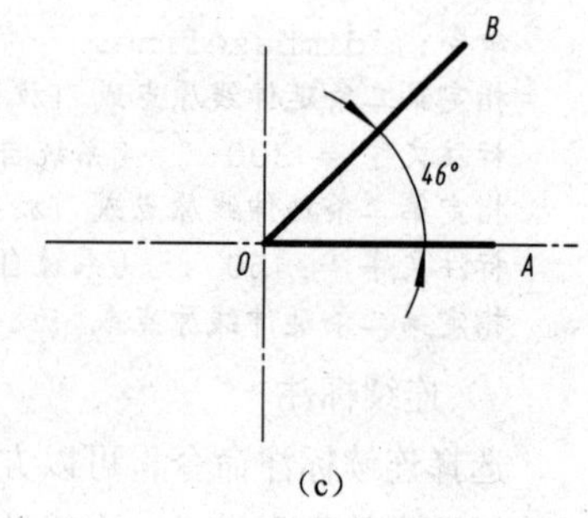

(c)

图 4-13 径向和角度标注

（3）角度标注

选择角度标注命令，标注两条相交直线的夹角。启用角度标注命令有以下 3 种方法：

- 选择菜单栏中“标注”→“角度”命令。
- 单击“标注”工具栏中的“角度”按钮。
- “命令行”输入：dimangular（或 dan）↙。

【操作示例 4-7】

给如图 4-13（c）所示的角进行角度标注。

命令：dan↙
选择圆弧、圆、直线或 <指定顶点>：（单击捕捉图 4-13（c）中 A 点）
选择第二条直线：（单击捕捉图 4-13（c）中 B 点）
指定标注弧线位置或 [多行文字(M)/文字(T)/角度(A)/象限点(Q)]：
（移动光标至合适位置单击）
标注文字 = 46（系统自动提示数字信息）

5. 编辑标注尺寸

编辑标注尺寸，就是对已标注的尺寸进行修改，包括尺寸标准的位置、文本位置和尺寸数值等。对标注的尺寸进行编辑，有多种方法，常用的方法有：夹点编辑；拉伸、修剪编辑。

（1）编辑标注尺寸

编辑标注尺寸用来进行修改已有尺寸标注的文本内容和旋转方向。启动编辑标注尺寸命令有如下两种方法：

- 单击“标注”工具栏中的“编辑标注”按钮。
- “命令行”输入：dimedit（或 ded）↙。

启动该命令后，命令行提示：

命令：ded↙
DIMEDIT 输入标注编辑类型 [默认(H)/新建(N)/旋转(R)/倾斜(O)] <默认>:

各选项含义如下：

【默认（H）】：用于将尺寸文本按 Ddim 所定义的默认位置，方向重新置放。

【新建（N）】：用于更新所选择的尺寸标注的尺寸文本。

【旋转（R）】：用于旋转所选择的尺寸文本。

【倾斜（O）】：用于倾斜标注，即编辑线性文本标注，使其尺寸界线倾斜一个角度，不再与尺寸线相垂直，常用于标注锥形图形。

（2）编辑标注文字

编辑标注文字用来进行修改文本的位置等状态，也可以用光标直接拖动来调整。启动编辑标注文字命令有如下两种方法：

单击“标注”工具栏中的“编辑标注文字”按钮。

- “命令行”输入：dimtedit↙。

启动该命令后，命令行提示：

命令：dimtedit↙
选择标注：　（选择尺寸线）
为标注文字指定新位置或 [左对齐(L)/右对齐(R)/居中(C)/默认(H)/角度(A)]：

各选项含义如下：

【左对齐（L）】：用于将尺寸文本按尺寸线左端置放。

【右对齐（R）】：用于将尺寸文本按尺寸线右端置放。

【居中（C）】：用于将尺寸文本按尺寸线中心置放。

【默认（H）】：用于将尺寸文本按 Ddim 所定义的默认位置放置。

【角度（A）】：用于将尺寸文本按一定角度置放。

（3）标注间距

标注间距命令用来自动调整图形中现有的平行线性标注和角度标注之间的间距，或根据指定的间距值进行调整，以使其间距相等在尺寸线处相互对齐。启动标注间距命令有如下 3 种方法：

- 选择菜单栏中“标注”→“标注间距”命令。
- 单击“标注”工具栏中的“标注间距”按钮。
- “命令行”输入：dimspace↙。

启动该命令后，命令行提示：

命令：dimspace↙
选择基准标注：（指定作为基准的尺寸标注）
选择要产生间距的标注：（指定要控制间距的尺寸标注）
选择要产生间距的标注：（可以是连续标注，按【Enter】键结束选择）
输入值或 [自动(A)] <自动>：（输入间距的数值）

默认状态是自动的，即按照当前尺寸样式设置的间距。

4.2.3 标高符号图块创建与插入

绘制建筑工程图的过程中，常常绘制复杂、重复的图形，如门、窗等。利用块命令可以将这些相似的图形定义成块，用户可以根据绘图需要按不同的比例和旋转角度将其插入到相关图形中任意指定的位置。

1. 绘制标高符号图块的图形对象

（1）标高符号绘制要求

① 标高符号应以直角等腰三角形表示，用细实线绘制，如图 4-14（a）所示形式。

② 标高符号的尖端应指至被注高度的位置。尖端宜向下，也可向上。标高数字应注写在标高符号的上侧或下侧，如图 4-14（b）所示。

③ 标高数字应以米为单位，注写到小数点以后第三位。

④ 零点标高应注写成 ± 0.000，正数标高不注“+”，负数标高应注“ - ”，例如 3.000、- 0.600。

⑤ 在图样的同一位置需表示几个不同标高时，标高数字可如图 4-14（c）所示的形式注写。

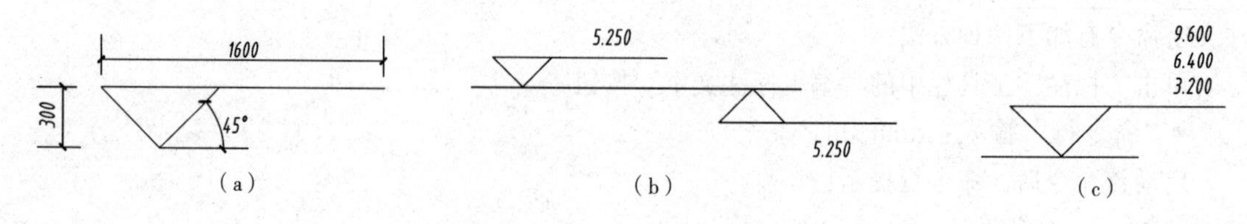

图 4-14 标高符号绘制要求

（2）绘制标高符号图形

【操作示例 4-8】

根据如图 4-14（a）所示，按照 1 : 100 绘制标注，如图 4-15 所示。

命令：l↙
指定第一点：（在绘图区域内单击任意一点 A 点）
指定下一点或 [放弃(U)]：<正交 开> 1600↙（打开正交，输入 1600 得到 B 点）
指定下一点或 [放弃(U)]：↙
命令：co↙（执行复制命令）
COPY 选择对象：找到 1 个（选择 AB 线段）
选择对象：↙
当前设置：复制模式 = 多个
指定基点或 [位移(D)/模式(O)] <位移>：（单击 A 点）
指定第二个点或 <使用第一个点作为位移>：@300,-300（得到 CD 线段）
指定第二个点或 [退出(E)/放弃(U)] <退出>：↙
命令：l↙

绘制直线连接 A、C 点。

命令：m↙

选择 *AC* 线段镜像绘制出 *CE* 线段。

单击 *CD* 线段，按【Delete】键。

命令：l↙

利用捕捉，绘制一条与 *AE* 线段平行相等的线段。

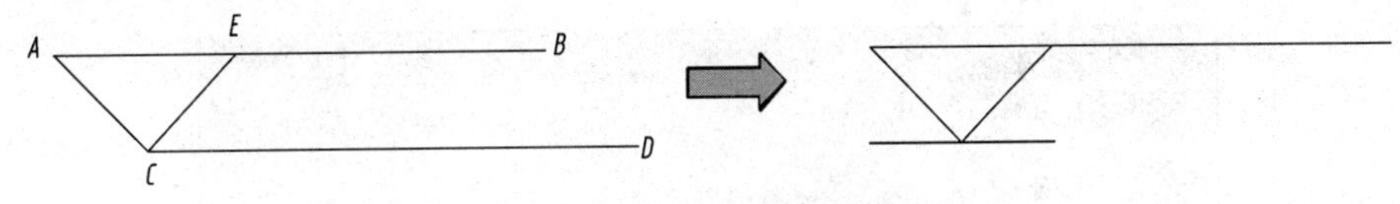

图 4-15　绘制标高图形

2. 创建标高符号图块属性

图块属性是附加在图块上的文字信息，用于描述图块的某些特征。它是图块的一个组成部分，不能独立存在，也不能单独使用，只有在图块插入时，属性才会出现。

定义带有属性的图块时，需要将作为图块的图形和标记图块属性的信息两个部分定义为图块。启用创建图块属性命令有如下两种方法：

- 选择菜单栏中“绘图”→“块”→“定义属性”命令。
- “命令行”输入：attdef（或 att）↙。

启动该命令后，打开“属性定义”对话框，设置块的属性值，如图 4-16 所示，单击“确定”按钮，返回绘图窗口，在如图 4-15 所示的 *E* 点处位置单击，确定属性文字的位置，完成后的效果如图 4-17 所示。

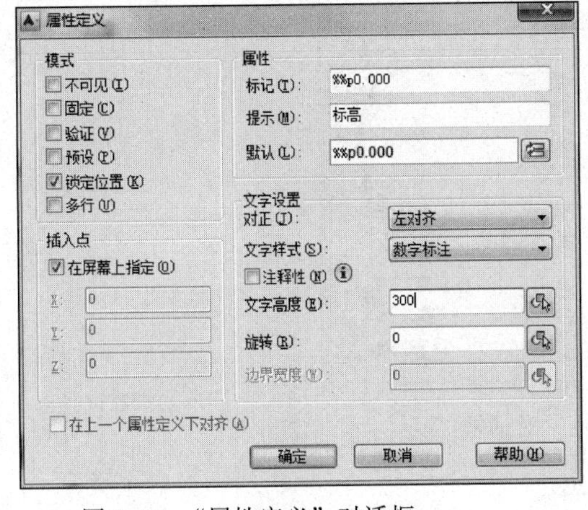

图 4-16 “属性定义”对话框

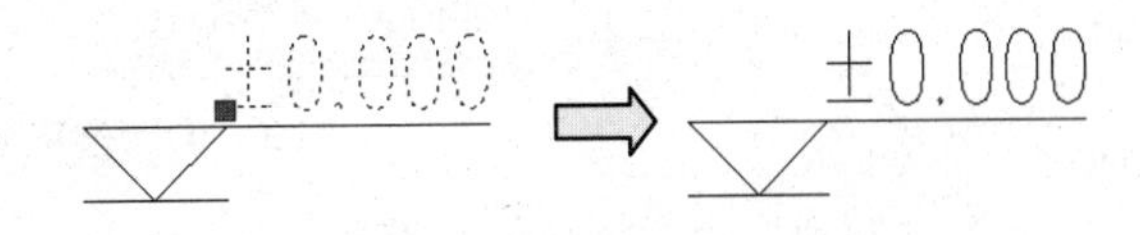

图 4-17　定义标高图块属性

3. 创建标高符号图块

AutoCAD 提供了以下两种方法来创建图块。

（1）“块”命令创建标高符号图块

“块”命令创建的图块将保存于当前的图形文件中，此时该图块只能应用到当前的图形文件，而不能应用到其他的图形文件，因此有一定的局限性。启用“块”命令有如下 3 种方法：

- 选择菜单栏中“绘图”→“块”→“创建”命令。
- 单击“绘图”工具栏中的“创建块”按钮。
- “命令行”输入：block（或 b）↙。

启用该命令后，打开“块定义”对话框，在“名称”文本框内输入“标高”。单击“选择对象”按钮 选择对象(T)，在绘图区域中选择图形和块属性定义的文字，按【Enter】键返回对话框。单击“拾取点”按钮 拾取点(K)，在绘图区域中拾取如图 4-15 所示的 *C* 点，如图 4-18 所示设置，完成后单击“确定”按钮。打开“编辑属性”对话框，如图 4-19 所示设置，单击“确定”按钮。

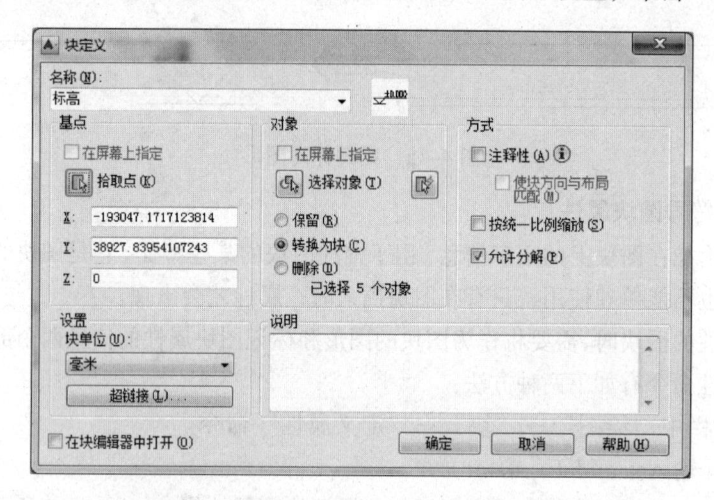

图 4-18 “块定义”对话框

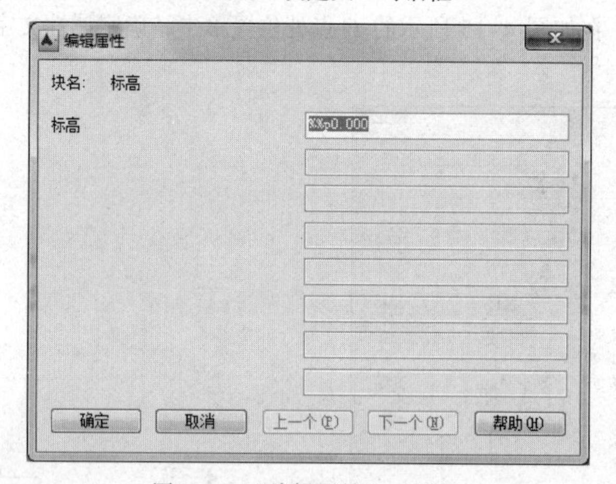

图 4-19 “编辑属性”对话框

（2）“写块”命令创建标高符号图块

“写块”命令创建的图块将以图形文件格式（*.dwg）保存到用户的计算机硬盘。在应用图块时，用户需要指定该图块的图形文件名称，此时该图块可以应用到任意图形文件中。启用“写块”命令有如下方法：

“命令行”输入：Wblock（快捷键命令 W）↙。

启动该命令后，打开“写块”对话框，在“源”的“块”下拉列表框中选择“标高”选项。在“目标”选项组中单击浏览 ... 按钮，选择保存文件路径，单击“确定”按钮，如图 4-20 所示。

4．插入标高符号图块

利用插入块命令将已创建的标高符号图块插入到当前图形中，在插入图块时，用户需要指定图块的名称、插入点、缩放比例和旋转角度等。启用插入块命令有如下 3 种方法：

- 选择菜单栏中“插入”→“块”命令。
- 单击“绘图”工具栏中的“插入块”按钮。
- “命令行”输入：insert（或 i）↙。

启动该命令后，打开“插入”对话框，设置如图 4-21 所示。

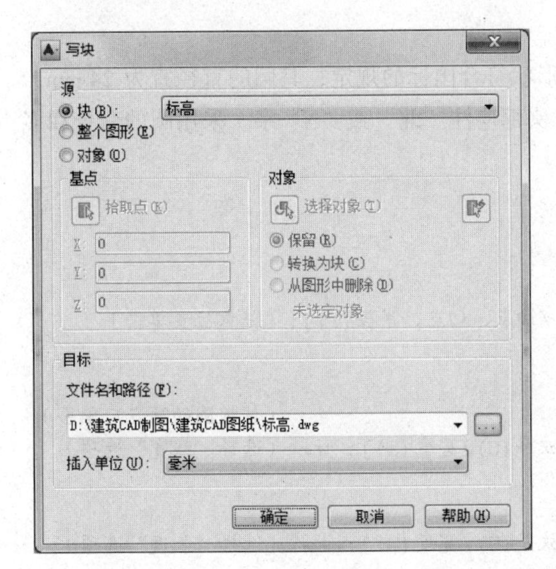

图 4-20 “写块”对话框

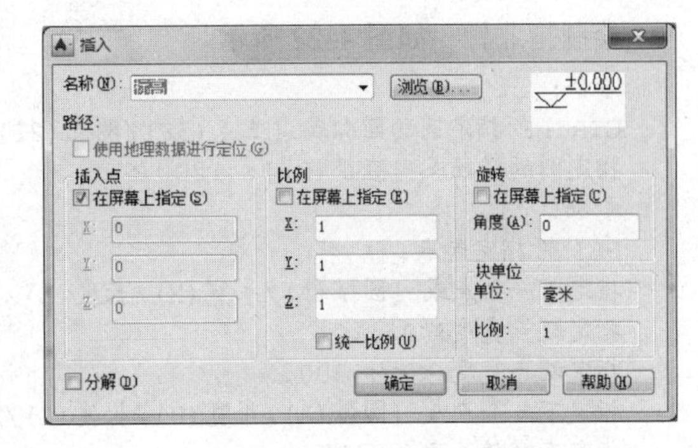

图 4-21 “插入”对话框

设置完成后，在“插入”对话框里单击“确定”按钮，命令行提示如下。

命令：i↙
INSERT 指定插入点或 [基点(B)/比例(S)/X/Y/Z/旋转(R)]: （在插入标高位置单击）
输入属性值
标高 <±0.000>: （也可以选择默认值，也可以输入，如-3.000）

4.2.4 多段线绘制指北针和箭头

1. 绘制多段线

多段线可以由等宽或不等宽的直线以及圆弧组成，AutoCAD 把多段线看成是一个单独的实体。启动多段线的命令有如下 3 种方法：

- 选择菜单栏中“绘图→多段线”命令。
- 单击“绘图”工具栏中的“多段线”按钮。
- “命令行”输入：pline（或 pl）↙。

启用该命令后，命令行提示信息如下。

命令：pl↙
PLINE 指定起点： （在绘图区域内需要绘制多段线的位置单击）
当前线宽为 10
指定下一个点或 [圆弧(A)/半宽(H)/长度(L)/放弃(U)/宽度(W)]:

命令行提示各选项的作用及含义如下。

【圆弧（A）】：将绘制直线的方式转换为绘制圆弧的方式，与绘制圆弧命令的使用方法类似。

【半宽（H）】：用于指定多段线的半宽值，将提示输入多段线的起点半宽值与终点半宽值。

【长度（L）】: 用于指定绘制的直线段的长度。在绘制时，系统将以沿着绘制上一段直线的方向接着绘制直线，如果上一个对象是圆弧，则这段直线的方向为上一段圆弧端点的切线方向。

【放弃（U）】: 用于绘制时撤销上一次的操作。

【宽度（W）】: 用于设置多段线的宽度。用户还可以通过 Fill 命令来显示和关闭多段线宽度填充。

2. 绘制指北针

指北针常用来表示建筑物的朝向。指北针的形状符合国标的规定，其圆的直径宜为 24 mm，用细实线绘制；指针尾部的宽度宜为 3 mm，指针头部应注“北”或“N”字。采用圆的命令和多段线命令来完成指北针图形的绘制。

【操作示例 4-9】

绘制指北针，如图 4-22 所示。

命令：c↙
CIRCLE 指定圆的圆心或 [三点(3P)/两点(2P)/切点、切点、半径(T)]:（任意位置单击）
指定圆的半径或 [直径(D)]: 1200↙
命令：pl↙
PLINE 指定起点:（捕捉圆的顶点后单击）
指定下一个点或 [圆弧(A)/半宽(H)/长度(L)/放弃(U)/宽度(W)]: w↙（选择“线宽”选项）
指定起点宽度 <0>:↙
指定端点宽度 <0>: 300↙
指定下一个点或 [圆弧(A)/半宽(H)/长度(L)/放弃(U)/宽度(W)]: l↙（选择“长度”选项）
指定直线的长度: 2400↙
指定下一点或 [圆弧(A)/闭合(C)/半宽(H)/长度(L)/放弃(U)/宽度(W)]:束命令）↙
命令：dt↙（输入文字 N 标注）

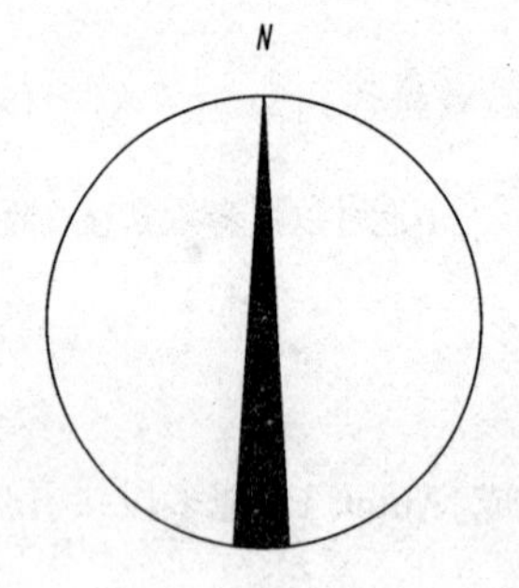

图 4-22 指北针和箭头

3. 绘制箭头

标注建筑工程图时，箭头常用来表示方向，如地面坡度、楼梯上下方向等。利用多线命令改变线条宽度来绘制箭头。

【操作示例 4-10】

绘制箭头，如图 4-22 所示。

命令：pl↙
指定起点:（单击绘图区域需要绘制箭头的某一点）
当前线宽为 0
指定下一个点或 [圆弧(A)/半宽(H)/长度(L)/放弃(U)/宽度(W)]: w↙（选择“线宽”选项）
指定起点宽度 <0>:↙

```
指定端点宽度 <0>: 100
指定下一个点或 [圆弧(A)/半宽(H)/长度(L)/放弃(U)/宽度(W)]: l↙        (选择“长度”选项)
指定直线的长度:-400↙
指定下一点或 [圆弧(A)/闭合(C)/半宽(H)/长度(L)/放弃(U)/宽度(W)]: w↙
指定起点宽度 <100>: 0↙
指定端点宽度 <0>: 0↙
指定下一点或 [圆弧(A)/闭合(C)/半宽(H)/长度(L)/放弃(U)/宽度(W)]: ↙
                                        (打开正交，在适当的长度单击结束命令)
```

4.2.5　绘制剖切符号

《图标》中规定，剖视的剖切符号应由剖切位置线及剖视方向线组成，均应以粗实线绘制。剖视的剖切符号应符合下列规定：

① 剖切位置线的长度宜为 6～10 mm；剖视方向线应垂直于剖切位置线，长度应短于剖切位置线，宜为 4～6 mm，如图 4-23 所示。绘制时剖视剖切符号不应与其他图线相接触。

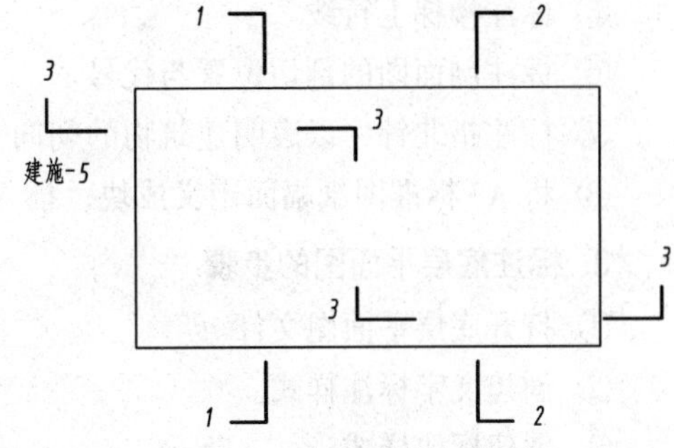

图 4-23　剖视的剖切符号

② 剖视剖切符号的编号宜采用粗阿拉伯数字，按剖切顺序由左至右、由下向上连续编排，并应注写在剖视方向线的端部；

③ 需要转折的剖切位置线，应在转角的外侧加注与该符号相同的编号。

④ 建（构）筑物剖面图的剖切符号应注在 ± 0.000 标高的平面图或首层平面图上。

⑤ 局部剖面图（不含首层）的剖切符号应注在包含剖切部位的最下面一层的平面图上。

4.3　项 目 实 施

4.3.1　标注建筑平面施工图基本要求

1. 标注建筑平面图的内容

建筑平面图的尺寸标注是其重要内容之一，必须规范标注，其线性标注分为外部尺寸和内部尺寸两大类。

外部尺寸分三道标注：第一道为外墙上门窗的大小和位置尺寸；第二道为定位轴线的间距尺寸；第三道为外墙的总尺寸。要求第一道尺寸线距最外台阶线之间的距离为 10～15 mm，三道尺寸间的间距保持一致，通常为 7～10 mm。另外还有台阶、散水等细部尺寸。

内部尺寸主要有内墙厚、内墙上门窗的定形及定位尺寸。对于标高的标注，要注明建筑物室内外地面的相对标高。

其他尺寸主要在建筑物的底层平面图中应注意指北针、建筑剖视图的剖切符号、索引符号等。

2. 标注底层平面图的要求

① 设置文字标注样式：

创建名称为“数字标注”的文字样式，字体名为“simplex.shx”，并选中大字体，选“gbcbig”

为当前大字华，宽度因子为 0.70，其他为默认值。

创建名称“仿宋”的文字样式，字体名为“仿宋”，宽度因子为 0.80，其他为默认值。

② 设置标注样式：创建一个名为“建筑标注”的标注样式，设置使用全局比例为 1∶100，与绘图比例一致。

③ 外部尺寸、内部尺寸和其他尺寸：标注三道尺寸（总尺寸、轴线尺寸、细部尺寸）及标高，首层室内标高为±0.000。

④ 标注门窗编号：

门编号：M1、M2、M3、M4、M5。

窗编号：C1、C2、C3、C4。

⑤ 标注楼梯上行线。

⑥ 标注剖面图的剖切位置与代号。

⑦ 标注指北针，以表明建筑物的朝向。

⑧ 将 A3 标准图纸幅面定义成块，插入到底层平面图中，填写标题栏。

3. 标注底层平面图的步骤

① 打开底层平面图文件。

② 创建文字标注样式。

③ 创建标注样式。

④ 尺寸标注。

⑤ 文字标注。

⑥ 完成图形并保存文件。

4.3.2 标注底层平面图

打开底层平面图文件

1. 创建文字标注样式

创建“数字标注”文字标注样式

命令：st↙

打开“文字样式”对话框，创建样式名为“数字标注”，SHX 字体为“simplex.shx”，大字体为“gbcbig.shx”， 宽度因子为 0.70，其他为默认值。

2. 创建标注样式

（1）创建样式名：建筑水平标注

命令：d↙

打开“标注样式管理器”对话框，选中样式 ISO-25 的基础上，单击“新建”按钮，在打开的“创建新标注样式”对话框中输入样式名“建筑水平标注”，单击“继续”按钮。打开“新建标注样式”对话框，各选项卡设置如下：

【线】选项卡：设置“基线间距”为 7，“超出尺寸线”为 2，“起点偏移量”为 25，其余选项默认。

【符号和箭头】选项卡：设置“箭头第一个、第二个”为建筑标记，箭头“引线”为实心闭合，“箭头大小”为 1，其余选项默认。

【文字】选项卡：设置“文字样式”为数字标注，“文字高度”为2，“从尺寸线偏移”为1，“文字对齐”选中与尺寸线对齐，其余选项默认。

【调整】选项卡：设置“调整选项”为文字始终保持在延伸线之间，“文字位置”为尺寸线上方不带引线，“标注特征比例”选中使用全局比例100，其余选项默认。

【主单位】选项卡：设置“线性标注精度”为0，“小数分隔符”为“.”，其余选项默认。

单击“确定”按钮，单击“置为当前”按钮，关闭对话框，完成设置。

（2）创建样式名：建筑垂直标注

命令：d↙

打开“标注样式管理器”对话框，选中样式“建筑水平标注”，单击“新建”按钮，在打开的“创建新标注样式”对话框中输入样式名“建筑垂直标注”，单击“继续”按钮。打开“新建标注样式”对话框，只须更改【线】选项卡：“起点偏移量”为 20，其余都是选项默认。

（3）创建样式名：建筑中间标注

命令：d↙

打开“标注样式管理器”对话框，选中样式“建筑垂直标注”，单击“新建”按钮，在打开的“创建新标注样式”对话框中输入样式名“中间标注”，单击“继续”按钮。打开“新建标注样式”对话框，只须更改【线】选项卡：“起点偏移量”为 2 和选中“固定长度的延伸线”为 2，其余都是选项默认。

（4）创建样式名：圆标注

打开“标注样式管理器”对话框，选中样式“建筑水平标注”，单击“新建”按钮，在打开的“创建新标注样式”对话框中输入样式名“圆标注”，单击“继续”按钮。打开“新建标注样式”对话框，只须更改以下3项，其余都是选项默认。

【线】选项卡：更改“起点偏移量”为 2。

【文字】选项卡：更改“文字对齐”选中水平。

【调整】选项卡：更改“文字位置”为尺寸线上方带引线。

3. 标注水平尺寸

（1）选择“建筑-轴线”图层

在“图层”工具栏的“图层控制”下拉列表框中选择“建筑-轴线”图层，置为当前图层。

（2）绘制一条尺寸参考线

根据国标规定三道尺寸标注距离要求，绘制一条尺寸线确定参考位置，如图4-24所示。

命令：l↙

从大厅门的台阶轮廓线开始捕捉绘制一条垂直向下距离为1 000，并与Ⓐ轴平行的参考线。

命令：ex↙

将绘制的参考线两端分别延伸到①轴、⑧轴。

用同样的方法在Ⓐ轴的右边绘制一条尺寸参考线。

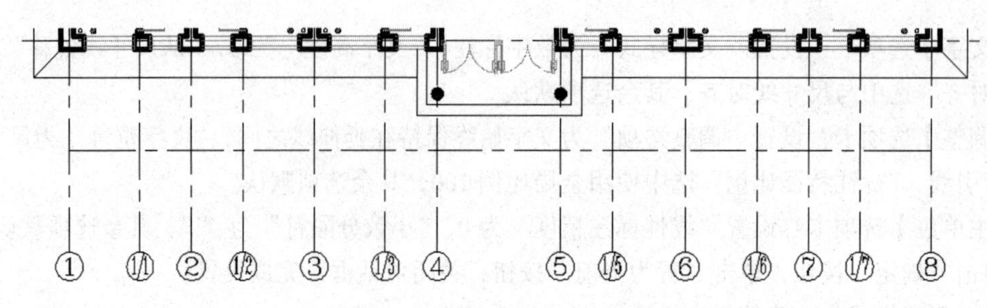

图 4-24　一条尺寸参考线

（3）选择“建筑-注释-标注”图层

在“图层”工具栏的“图层控制”下拉列表框中选择“建筑-注释-标注”图层，置为当前图层。

（4）选择“建筑水平标注”样式

在“样式”工具栏的“标注样式”下拉列表框中选择“建筑水平标注”样式，置为当前。

（5）标注①～⑧轴第一道尺寸

从左往右标注，先用线性标注命令，再用连续标注命令来完成。

命令：dli↙　（启动线性标注命令）
指定第一条延伸线原点或 <选择对象>：　（捕捉①轴与Ⓐ轴的交点单击）
指定第二条延伸线原点：　（捕捉①轴与Ⓐ轴左侧第一个窗洞的交点单击）
指定尺寸线位置或［多行文字(M)/文字(T)/角度(A)/水平(H)/垂直(V)/旋转(R)］：
（向下移动光标，捕捉①轴与参考线的交点单击）
标注文字 = 420
命令:dco↙　（选择连续标注）
指定第二条延伸线原点或［放弃(U)/选择(S)］<选择>：　（依次向右捕捉各交点单击）

（6）标注①～⑧轴第二道尺寸

先用基线标注命令（因为在尺寸标注的设置里已经对基线标注的两尺寸线间的距离设置为 7 mm），再用连续标注命令来完成。

命令：dba↙　（启动基线标注命令）
指定第二条延伸线原点或［放弃(U)/选择(S)］<选择>：
（在第二道尺寸线的最左边第一个尺寸标注上单击）
指定第二条延伸线原点或［放弃(U)/选择(S)］<选择>：
（捕捉①轴与Ⓐ轴外墙线的交点单击）
标注文字 = 250
命令:dco↙　（选择连续标注）
指定第二条延伸线原点或［放弃(U)/选择(S)］<选择>：　（依次向右捕捉各交点单击）

（7）标注①～⑧轴第四道尺寸

用基线标注命令来标注，再调整左边夹点，拖到捕捉①轴与Ⓐ轴外墙线的交点单击完成。

命令：dba↙　（启动基线标注命令）
指定第二条延伸线原点或［放弃(U)/选择(S)］<选择>：
（在第三道尺寸线的最左边第一个尺寸标注上单击）
指定第二条延伸线原点或［放弃(U)/选择(S)］<选择>：
（捕捉⑧轴与Ⓐ轴外墙线的交点单击）

完成水平标注尺寸，用夹点编辑，调整重叠在一起的尺寸文本位置，删除多余线条和参考线，如图 4-1 所示。

4. 标注垂直尺寸

（1）选择“建筑垂直标注”样式

在“样式”工具栏的“标注样式”下拉列表框中选择“建筑垂直标注”样式，置为当前。

（2）标注Ⓐ ~ Ⓔ轴第一道尺寸

从下往上标注，先用线性标注命令，再用连续标注命令来完成。

命令：dli↙　　（启动线性标注命令）
指定第一条延伸线原点或 <选择对象>：　　（捕捉⑧轴与Ⓐ轴的交点单击）
指定第二条延伸线原点：　　（捕捉⑧轴与(1/A)轴的交点单击）
指定尺寸线位置或[多行文字(M)/文字(T)/角度(A)/水平(H)/垂直(V)/旋转(R)]：
（向下移动光标，捕捉Ⓐ轴与参考线的交点单击）
标注文字 =1300
命令：dco↙　　（选择连续标注）
指定第二条延伸线原点或 [放弃(U)/选择(S)] <选择>：　　（依次向右捕捉各交点单击）

（3）标注Ⓐ ~ Ⓔ轴第二道尺寸

先用基线标注命令（因为在尺寸标注的设置里已经对基线标注的两尺寸线间的距离设置为7 mm），再用连续标注命令来完成。

命令：dba↙　　（启动基线标注命令）
指定第二条延伸线原点或 [放弃(U)/选择(S)] <选择>：
（在第一道尺寸线的最边第一个尺寸标注上单击）
指定第二条延伸线原点或 [放弃(U)/选择(S)] <选择>：
（捕捉Ⓐ轴与⑧轴外墙的交点单击）
标注文字 = 250
命令：dco↙　　（选择连续标注）
指定第二条延伸线原点或 [放弃(U)/选择(S)] <选择>：　　（依次向右捕捉各交点单击）

（4）标注Ⓐ ~ Ⓔ轴第三道尺寸

用基线标注命令来标注，再单击下边尺寸夹点，拖到捕捉Ⓐ轴与⑧轴外墙线的交点单击完成。

命令：dba↙　　（启动基线标注命令）
指定第二条延伸线原点或 [放弃(U)/选择(S)] <选择>：
（在第三道尺寸线的最左边第一个尺寸标注上单击）
指定第二条延伸线原点或 [放弃(U)/选择(S)] <选择>：
（捕捉Ⓐ轴与外墙线的交点单击）

完成垂直标注尺寸，删除多余线条和参考线，如图 4-1 所示。

5. 标注其他尺寸

（1）选择“建筑中间标注”样式

在“样式”工具栏的“标注样式”下拉列表框中选择“建筑中间标注”样式，置为当前。

（2）标注尺寸

标注内部墙线、门窗、门前台阶、圆柱等尺寸。

6. 插入标高、标注楼梯上行线

（1）创建标高

用 4.2.3 中“3. 创建标高图块”的方法来创建标高。

（2）插入标高

```
命令：i↙                                                  （启动插入图块命令）
```

打开“插入”图块对话框。在“名称”下拉列表框中选择开始定义的图块“标高”，其他选项默认，单击“确定”按钮。命令行窗口提示：

```
指定插入点或 [基点(B)/比例(S)/X/Y/Z/旋转(R)]：s↙
        （因为定义标高图块是按 1:100 绘制，在这里要改成和标注文字一样的比例）
指定 XYZ 轴的比例因子 <1>:0.7↙
指定插入点或 [基点(B)/比例(S)/X/Y/Z/旋转(R)]：                    （单击大厅地面）
输入属性值
标高 <±0.000>:↙  （按 Enter 键结束命令）
```

用同样的方法在台阶平台（-0.200）、室外地坪（-0.300）插入标高，或者双击标高打开“增加属性编辑器”对话框，更改属性值。

（3）标注楼梯上行线

用 4.2.4 中“3. 绘制箭头”的方法在楼梯上标注上行线。

7. 标注指北针和剖切符号

（1）选择“建筑-注释-文字”图层

用 4.2.4 绘制指北针的方法标注指北针。

（2）在如图 4-1 所示的位置标注剖切符号

```
命令：pl↙                                   （启动多段线命令）
指定起点：                                  （在如图 4-1 所示上面的剖切位置单击）
指定下一个点或 [圆弧(A)/半宽(H)/长度(L)/放弃(U)/宽度(W)]：w↙
指定起点宽度 <20.00>:100↙
指定端点宽度 <20.00>:100↙
指定下一个点或 [圆弧(A)/半宽(H)/长度(L)/放弃(U)/宽度(W)]：600↙
                                            （光标向上输入 600）
指定下一点或 [圆弧(A)/闭合(C)/半宽(H)/长度(L)/放弃(U)/宽度(W)]：400↙
                                            （光标向左输入 400）
指定下一点或 [圆弧(A)/闭合(C)/半宽(H)/长度(L)/放弃(U)/宽度(W)]：
```

再用镜像、偏移命令标注其他剖切标注。

8. 文本标注

（1）选择“建筑-注释-文字”图层

在“图层”工具栏的“图层控制”下拉列表框中选择“建筑-注释-文字”图层，置为当前图层。

（2）房间名称

```
命令：dt↙                                  （选择单行文本命令）
TEXT 当前文字样式：“数字标注” 文字高度：120 注释性：否
指定文字的起点或 [对正(J)/样式(S)]：         （在南面左边第 1 个房间里合适的位置单击）
指定高度 <120>:350↙
指定文字的旋转角度 <0>:↙
```

在起点位置输入文本“四人间宿舍”，然后用阵列命令，2 行 7 列，行偏移为 7 000，列偏移为 3 600，复制到北面的房间。用同样的方法输入文本“阳台”，用镜像命令复制到其他位置，再修剪多余文本。

（3）门窗编号

```
命令：dt↙                                        （选择单行文本命令）
TEXT 当前文字样式：“数字标注”　文字高度：350 注释性：否
指定文字的起点或 [对正(J)/样式(S)]：              （在南面左边第 1 个房间门中合适的位置单击）
指定高度 <350>:250↙
指定文字的旋转角度 <0>:↙
```

在起点位置输入文本“M1”，然后用阵列命令，2 行 7 列，行偏移为 900，列偏移为 3 600，复制到北面的房间门口。用同样的方法输入文本“M2 ~ M5”、“C1 ~ C4”，用镜像、复制命令调整文本位置，再删除多余文本。

（4）标注图名

```
命令：dt↙                                                    （选择单行文本命令）
TEXT 当前文字样式：“数字标注”　文字高度：250　注释性：否
指定文字的起点或 [对正(J)/样式(S)]：s↙                       （选择“样式”选项）
输入样式名或 [?] <数字标注>：仿宋↙                           （选择定义好的文字样式）
当前文字样式：“仿宋”　文字高度：500　注释性：否
指定文字的起点或 [对正(J)/样式(S)]：j↙                       （选择文本对齐方式）
输入选项 [对齐(A)/布满(F)/居中(C)/中间(M)/右对齐(R)/左上(TL)/中上(TC)/右上(TR)/左
中(ML)/正中(MC)/右中(MR)/左下(BL)/中下(BC)/右下(BR)]：bl↙     （选择“左下”对齐）
指定文字的左下点：                                           （在要标注文本位置单击）
指定高度 <500>:700↙                                          （指定文字高度）
指定文字的旋转角度 <0>:↙
```

在起点位置输入文本“底层平面图”。

用相同的方法设置字高 500，在“底层平面图”旁边输入文本“1 : 100”。

9. 插入 A3 图框

① 将图 1-1（A3 标准图纸图幅）写块保存。

② 回到该文件绘图区域，创建“建筑-注释-图框”图层，插入 A3 图块。

```
命令：i↙　（启动插入图块命令）
```

打开“插入”图块对话框，在“比例”选项组中选中“统一比例”复选框 ☑统一比例(U)，在 X: 1.1 输入 1.1，其他选项默认，单击“确定”按钮，在绘图区域给“底层平面图”插入 A3 图框，如附录 Ⅰ：图号 A-1 所示。

10. 保存文件

```
命令：save↙
```

完成以上所有底层平面图绘制，得到如附录 A 中图 A-1 所示图形，保存并退出 AntoCAD。

4.4 技能拓展

4.4.1 标注标准层平面图

打开“标准层平面图”文件，用标注“底层平面图”的方法标注，如图 4-25 所示，标注完成后，插入 A3 图块，得到如附录 A 中图 A-2 所示图形，保存并退出 AntoCAD。

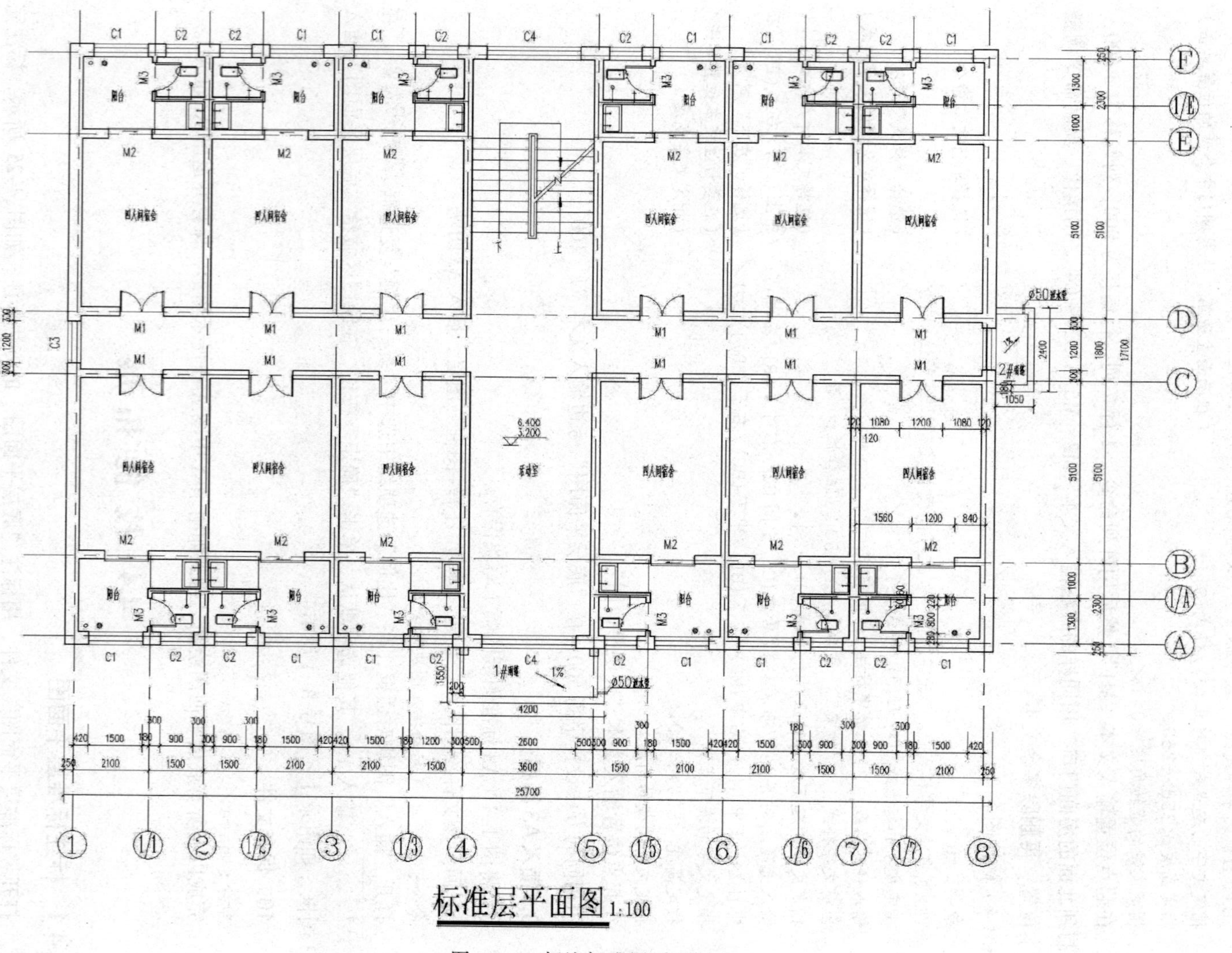

图 4-25　标注标准层平面图

4.4.2　标注顶层平面图

打开“顶层平面图”文件，用标注“标准层平面图”方法标注，如图 4-26 所示，标注完成后，插入 A3 图块，得到如附录 A 中图 A-3 所示图形，保存退出。

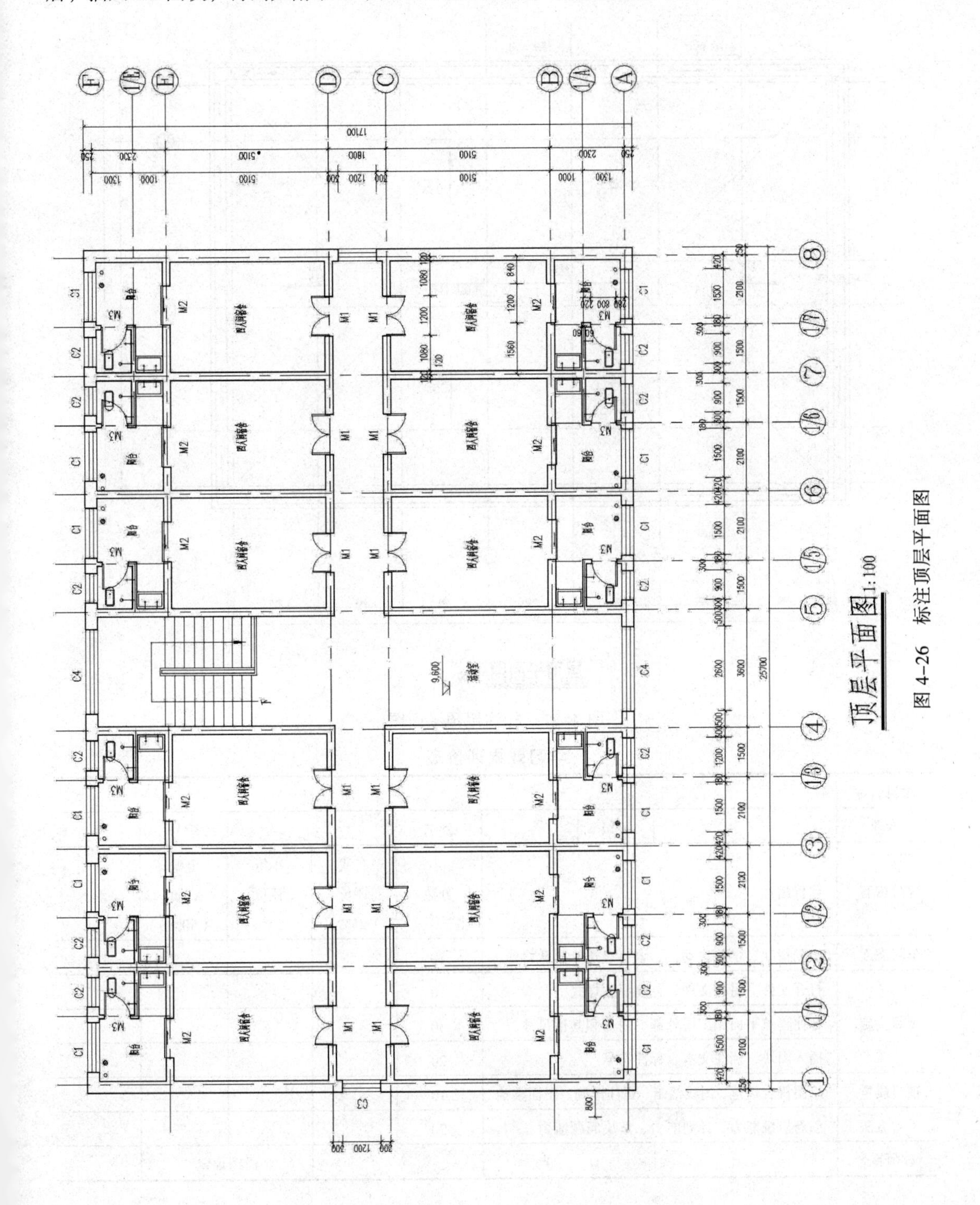

图 4-26　标注顶层平面图

4.4.3 标注屋顶平面图

打开“屋顶平面图”文件，如图 4-27 所示标注，标注完成后，插入 A3 图块，得到如附录 A 中图 A-4 所示图形，保存退出。

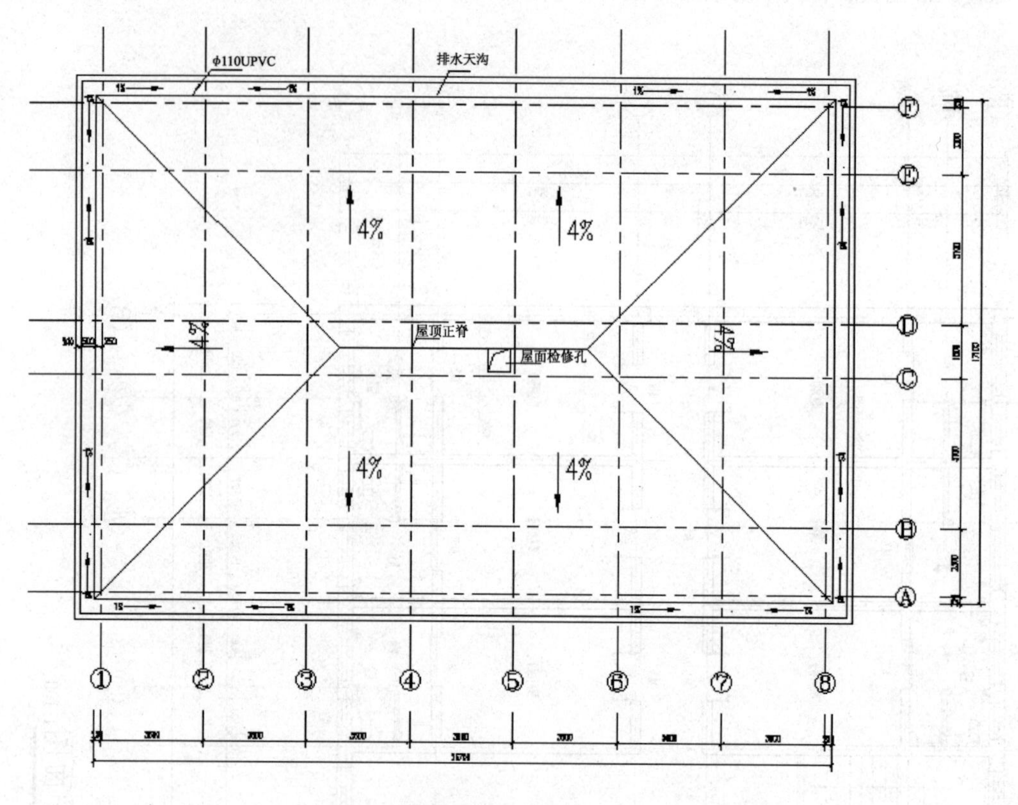

图 4-27　标注屋顶平面图

学习效果评价表

项目名称								
专业		班级		姓名			学号	
评价内容	评价指标			分数	自我评价（25%）	小组评价（25%）	老师评价（50%）	得分
学习态度	出勤情况、学习主动性、语言表达、团队协作			10				
项目实施	打开文件、另存文件、创建标注样式			10				
	标注建筑平面施工图外部、内部和其他尺寸			30				
	插入图块、标注文本、标注符号			20				
项目质量	绘图符合规范、图线清晰、标注准确、图面整洁			10				
学习方法	创新思维能力、计划能力、解决问题能力			20				
教师签名		日　　期				成绩评定		

项目五 绘制建筑立面施工图

【学习目标】

● 知识目标

1. 理解建筑立面施工图的图示方法。
2. 理解外部参照的含义，掌握外部参照的插入与编辑的方法。
3. 掌握构造线与射线的绘制方法。
4. 掌握设计中心的使用方法。
5. 掌握引线标注的创建和标注。

● 能力目标

具有建筑立面施工图的识读能力及绘图能力。

● 素质目标

培养学生从简单绘图到精准绘图的良好绘图习惯，具备建筑工程技术人员应有的科学、严谨、精准的工作作风和良好的职业道德。

【重点与难点】

● 重点

掌握绘制建筑立面施工图的基本命令和操作技巧。

● 难点

掌握外部参照插入和编辑的方法。

【学习引导】

1. 教师课堂教学指引：绘制建筑立面施工图的基本命令和操作技巧。
2. 学生自主性学习：每个学生通过实际操作反复练习加深理解，提高操作技巧。
3. 小组合作学习：通过小组自评、小组互评、教师评价，并总结绘图效果，提升绘图质量。

5.1 项目描述

建筑立面图主要表示建筑物的立面效果。绘制如图 5-1 所示的学生公寓楼立面图是建立在建筑平面图的基础上的。它的尺寸在长度或宽度方向受建筑平面图的约束，而高度方向的尺寸需根据每一层的建筑层高及建筑部件（如墙体、门窗、屋顶等）在高度方向的位置而确定。

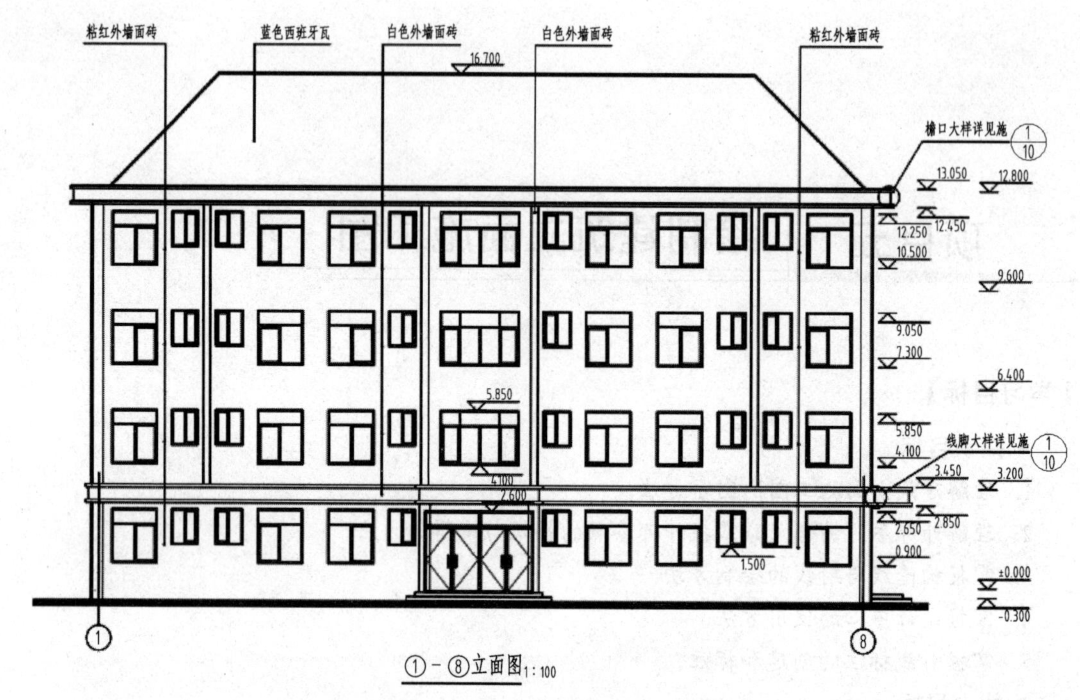

图 5-1　学生公寓楼建筑立面图

5.2 知识平台

5.2.1 建筑立面图的图示方法

建筑立面图是将建筑物平行于外墙面的投影面投射得到的正投影图。主要用来反映房屋的长度、高度、层数等外貌和外墙装修构造。其主要作用是确定门窗、檐口、雨篷、阳台等的形状和位置。通常把反映建筑物的主要出入口及反映房屋外貌主要特征的立面图称为正立面图，其余的立面图相应地称为背立面图和侧立面图。有时也可按房屋朝向称为东、南、西、北立面图。原则上东西南北每一个立面都要画出它的立面图，但是，当各侧面立面图比较简单或者有相同的立面时，可以只绘制出主要的立面图。在 AutoCAD 中绘制的建筑工程图，都有定位轴线，一般都是根据立面图两端的轴线编号来为立面图命名。

5.2.2 外部参照

AutoCAD 提供了外部参照功能。外部参照是指一个图形文件对另一个图形文件的引用，即把已有的其他图形文件链接到当前图形文件中。外部参照具有和图块相似的属性，都是在当前图形中作为单个对象显示。但它与块也有一些重要区别，将图形作为块插入时，是将块的图形数据全部插入到当前图形中，但不随原始图形的修改而更新。将图形作为外部参照插入时，当前图形就会随着原始图形的修改而自动更新。包含有外部参照的图形总是反映出每个外部参照文件最新的编辑情况，不会显著增加当前图形文件大小并且不能被分解，可以附加、覆盖、连接或更新外部参照图形。这是一种重要的共享数据的方法，也是减少重复绘图的有效手段。

1. 插入外部参照

启动插入外部参照命令有如下 3 种方法：

- 选择菜单栏中“插入”→“外部参照”命令。
- 单击“参照”工具栏中的“附着外部参照”按钮。
- “命令行”输入：xattach（或 xa）↙。

启用该命令后，打开“选择参照文件”对话框，如图 5-2 所示。选择需要使用的外部参照文件，单击“打开”按钮，打开“附着外部参照”对话框，如图 5-3 所示。

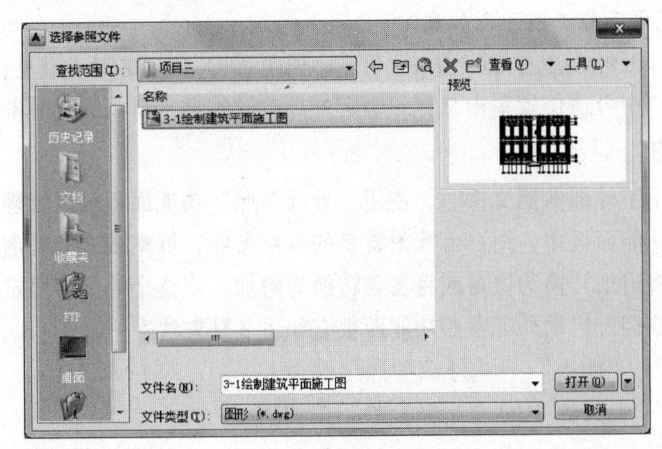

图 5-2　“选择参照文件”对话框

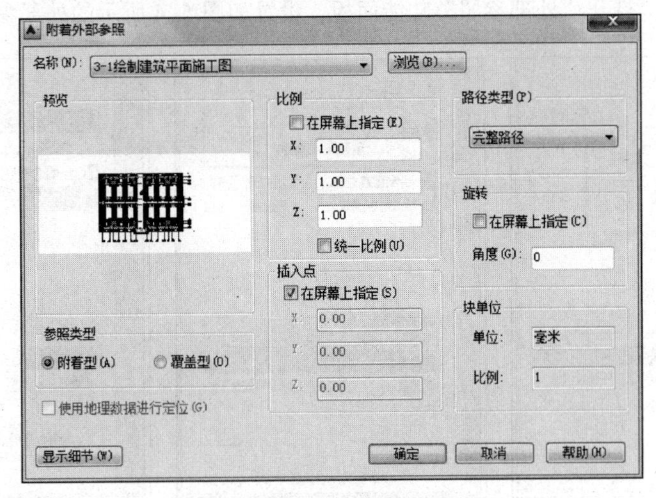

图 5-3　“附着外部参照”对话框

该对话框中选项组作用及含义如下：

【名称】：用于选择外部参照文件的名称，可直接选取。也可单击“浏览”按钮，在打开的“选择参照文件”对话框中指定。

【附着型】参照类型：可以附着包含其他参照的外部参照。用户可以附着任意多的外部参照副本，并且每个副本可拥有不同位置、缩放比例和旋转角。

【覆盖型】参照类型：当图形作为外部参照附着或覆盖到另一图形中时，不包括覆盖的外部参照。通过覆盖外部参照，无需通过附着外部参照来修改图形，便可以查看图形与其他编组中的图形的相关方式。

【路径类型】：指定外部参照的保存路径是完整路径、相对路径，还是无路径。

【插入点】：指定所选外部参照的插入点。可以直接输入 X、Y、和 Z 三个方向的坐标，也可以在屏幕上指定。

【比例】：指定在插入图形时候的外部参照比例。

【旋转】：指定插入外部参照图形时的旋转角度。

设置完成如图 5-3 所示内容，单击“确定”按钮，在命令行提示：

“3-1 绘制建筑平面施工图”已加载

指定插入点或 [比例(S)/X/Y/Z/旋转(R)/预览比例(PS)/PX/PY/PZ/预览旋转(PR)]: ↙

在绘图区域窗口中合适位置单击鼠标，确定外部参照的插入点，完成外部参照。

2.管理外部参照

当在图形中引用了外部参照文件时，使用“外部参照”功能面板可以管理当前图形中的所有外部参照图形。在功能面板中，用户可能附着新的外部参照，拆离现有的外部参照，重载和卸载现有的外部参照，将附加转换为覆盖或将覆盖转换为附加，将整个外部参照定义绑定到当前图形中和修改外部参照路径。启动外部参照功能面板有如下 3 种方法：

- 选择菜单栏中“插入”→“外部参照”命令。
- 单击“参照”工具栏中的“外部参照”按钮。
- “命令行”输入：xref（或 xr）↙。

启动该命令后，打开“外部参照”功能面板，设置如图 5-4 所示的外部参照图形。

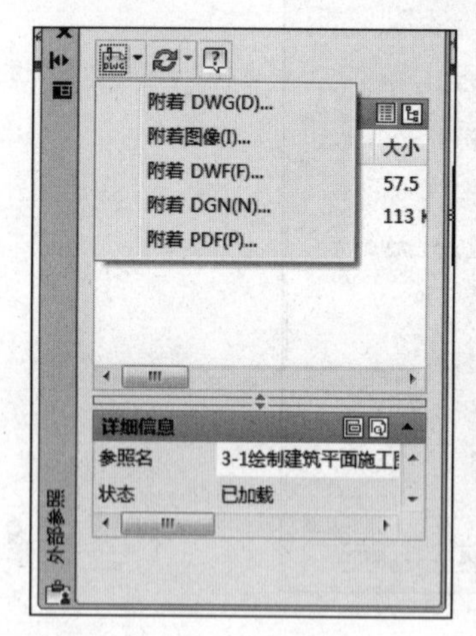

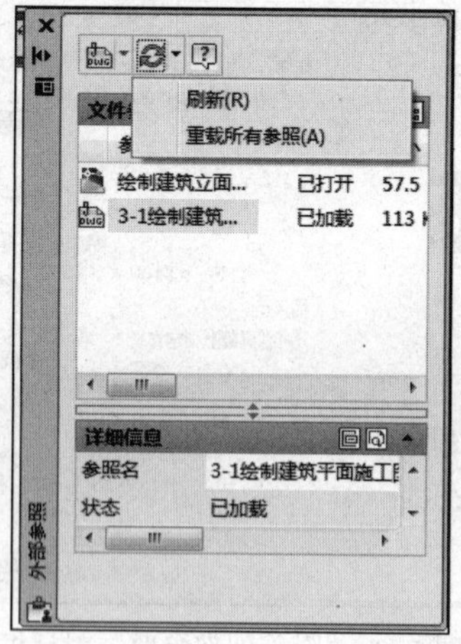

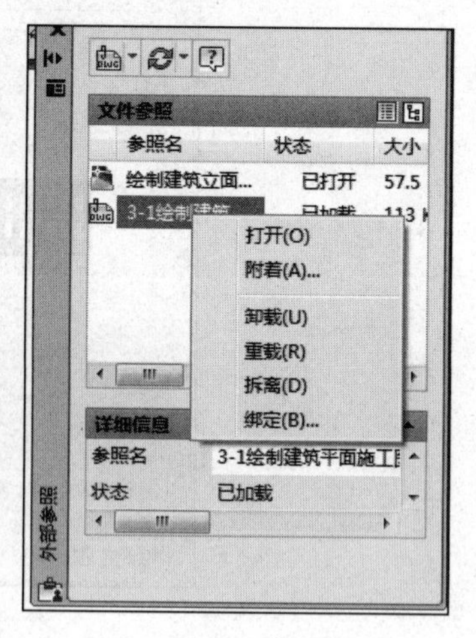

图 5-4 “外部参照”功能面板

“外部参照”功能面板作用及含义如下：

【列表图】按钮：以列表图形式查看当前图形中的外部参照，以无层次列表的形式显示附着的外部参照和它们的相关数据；可以按名称、状态、类型、文件日期、文件大小、保存路径和文件名对列表中的参照进行排序。

【树状图】按钮：将显示一个外部参照的层次结构图，在图中会显示外部参照定义之间的嵌套关系层次、外部参照的类型以及它们的状态关系。

单击按钮的下拉按钮：有“附着 DWG”、“附着图像”、“附着 DWF”、“附着 DGN”、“附着 PDF” 5 个选项可供选择，以确定加载的参照文件类型，系统默认为“附着 DWG”。

单击按钮的下拉按钮：有“刷新”、“重载所有参照”两个选项可供选择，以确定对参照的相关操作。

在文件参照区域，选择已加载的图形参照，右击，在弹出的快捷菜单中有“打开”、“附着”、“卸载”、“重载”、“拆离”、“绑定” 6 个命令，可以对图形文件进行操作。

5.2.3 利用设计中心辅助绘图

设计中心是一个直观、高效的管理工具，它允许用户方便地借鉴和使用以前完成的有关工作内容，并加载到当前的图形中来。利用设计中心，不仅可以浏览、查找、预览和管理 AutoCAD 图形、块、外部参照及光栅图像等不同的资源文件，还可以通过简单的拖放操作，将需要的图形内容插入到当前图形。启动设计中心命令有如下 3 种方法：

- 选择菜单栏中“工具”→“设计中心”命令。
- 单击“标准”工具栏中的“设计中心”按钮。
- “命令行”输入：adcenter（组合键 Ctrl+2）↙。

启动该命令后，打开“设计中心”功能面板，如图 5-5 所示。包括“文件夹”、“打开的图形”、“历史记录”选项卡。选择不同的选项卡，“设计中心”功能面板显示的内容也不相同。

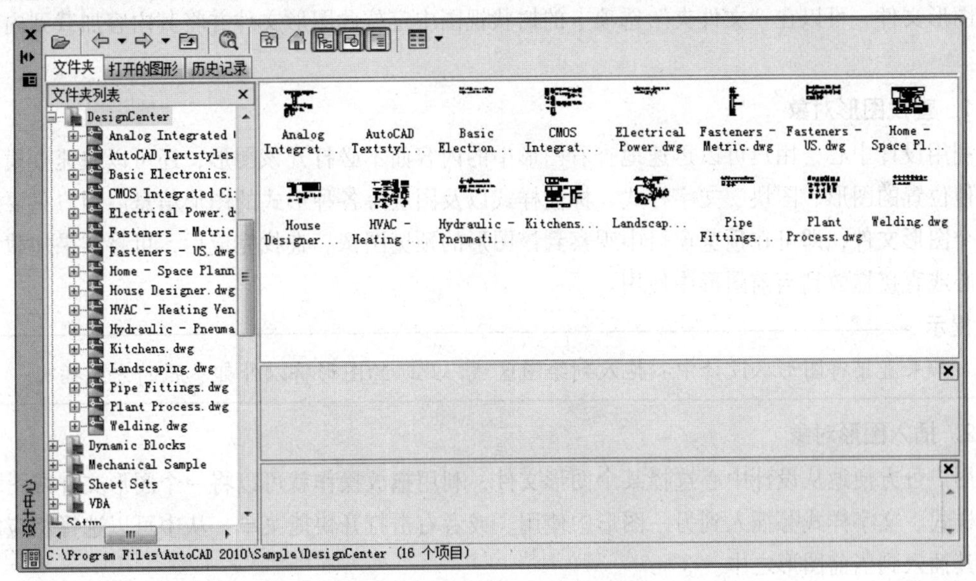

图 5-5 “设计中心”功能面板

“设计中心”功能面板中选项卡的含义如下：

【文件夹】选项卡：系统默认显示形式，如图 5-5 所示。用于显示导航图标的层次结构，包括网络和计算机，文件夹、图形和相关的支持文件。

【打开的图形】选项卡：显示在当前已打开图形的内容列表，包括图形中的块、图层、线型、文字样式、标注样式和打印样式，如图 5-6 所示。单击某个图形文件，然后单击列表中的一个定义表可以将图形文件的内容加截至内容区域中。

图 5-6 “打开的图形”选项卡

【历史记录】选项卡：用于显示最近访问过的文件，包括这些文件的完整路径。双击列表中的某个图形文件，可以在“文件夹”选项卡的树状视图中定位此图形文件并将其内容加载到内容区域中。

1．查找图形对象

利用设计中心，用户可以迅速地查看图形中的内容而不必打开该图形，还可以快速查找存储在其他位置的图形、图块、文字样式、标注样式以及图层等各种形式的图形信息。用户只要选择某一个图形文件，即可在预览窗口中观察到该图形的预览图像。查找完成后，可将结果加载到设计中心或直接拖放到当前图形中使用。

提示

如果直接将图形从设计中心拖入到绘图区域，此时的图形将以外部参照的方式插入。

2．插入图形对象

用户可方便地从设计中心选择某个图形文件，利用拖放操作就可以将一个图形文件或图块、标注样式、文字样式等插入到另一图形中使用。或者右击打开快捷菜单，从中可以选择相应的方式将其插入到当前图形之中。

5.2.4 绘制射线和构造线

1．绘制射线

射线是一端端点固定，另一端无限延长的直线，它只有起点没有终点，在建筑工程绘图中常作为辅助线使用。启动射线命令有如下两种方法：

- 选择菜单栏中“绘图→射线”命令。
- “命令行”输入：ray↙。

启用该命令后，命令行提示信息如下：

```
命令：ray↙
指定起点：                                    （在绘图区域上单击指定一点为起点）
指定通过点：                                  （在绘图区域上单击指定要通过的点为端点）
指定通过点：                                  （按【Enter】键结束命令）
```

2．绘制构造线

构造线没有起点和端点，两端可以无延伸。在建筑工程绘图中常作为辅助线使用。启动构造线命令有如下 3 种方法：

- 选择菜单栏中"绘图"→"构造线"命令。
- 单击"绘图"工具栏中的"构造线"按钮。
- "命令行"输入：xline（或 xl）↙。

启用该命令后，命令行提示信息如下：

```
命令：xl↙
XLINE 指定点或 [水平(H)/垂直(V)/角度(A)/二等分(B)/偏移(O)]：
```

命令行提示中各选项的含义如下：

【指定点】：通过指定构造线上的任意两点绘制构造线，系统默认的方法。

【水平（H）】：创建一条通过指定点且平行于 X 轴的构造线。

【垂直（V）】：创建一条通过指定点且平行于 Y 轴的构造线。

【角度（A）】：以指定的角度或参照某条已存在的直线以一定的角度创建一条构造线。

【二等分（B）】：选择该选项创建的构造线将平分指定的两条相交直线之间的夹角。

【偏移（O）】：通过另一条直线对象创建与其平行的构造线，创建此平行构造线时可以指定偏移的距离与方向，也可以通过指定的点。

技巧

【角度（A）】是构造线与坐标系水平方向上的夹角，其中角度值为正值时，绘制的构造线将逆时针旋转，否则构造线将顺时针旋转。

【操作示例 5-1】

用构造线和射线，在圆的中心点绘制辅助线，如图 5-7 所示。

```
命令：_xl↙                                                        （启动构造线命令）
Xline 指定点或 [水平(H)/垂直(V)/角度(A)/二等分(B)/偏移(O)]：h↙（选择"水平"选项）
指定通过点：                                                      （单击圆心，得到 A 线）
指定通过点：↙                                                 （按【Enter】键结束命令）
命令：↙                                     （按【Enter】键结束命令，重复上一个命令）
XLINE 指定点或 [水平(H)/垂直(V)/角度(A)/二等分(B)/偏移(O)]：v↙   （选择"垂直"选项）
指定通过点：                                                  （单击圆心，得到 B 线）
指定通过点：↙                                                 （按【Enter】键结束命令）
命令：ray↙                                                    （启动射线命令）
指定起点：                                                    （单击圆心）
指定通过点：<极轴 开>
          （打开极轴，设置增角量为 45°，移动光标，在显示 315°时单击，绘制射线 C 线）
指定通过点：                           （移动光标，在显示 225°时单击，绘制射线 D 线）
指定通过点：↙                                                 （按【Enter】键结束命令）
```

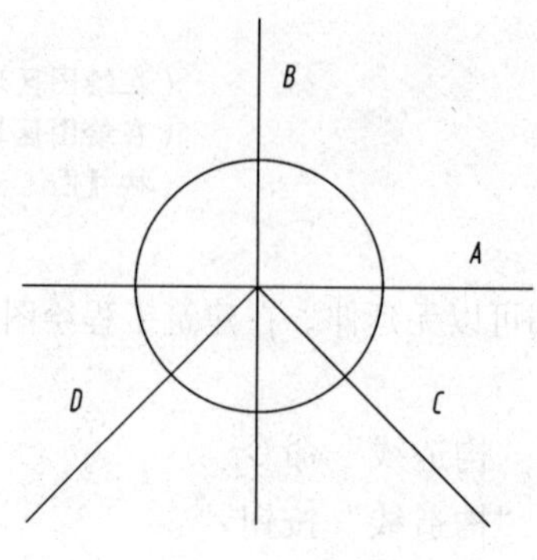

图 5-7　绘制辅助线

5.2.5　索引符号与引线标注

1.索引符号

国标规定，图样中的某一局部或构件，如需另见详图，应以索引符号索引，如图 5-8（a）所示。索引符号是由直径为 8~10 mm 的圆和水平直径组成，圆及水平直径应以细实线绘制。

索引符号应按下列规定编写：

① 索引出的详图，如与被索引的详图同在一张图纸内，应在索引符号的上半圆中用阿拉伯数字注明该详图的编号，并在下半圆中间画一段水平细实线，如图 5-8（b）所示。

② 索引出的详图，如与被索引的详图不在同一张图纸内，应在索引符号的上半圆中用阿拉伯数字注明该详图的编号，在索引符号的下半圆用阿拉伯数字注明该详图所在图纸的编号，如图 5-8（c）所示。数字较多时，可加文字标注。

③ 索引出的详图，如采用标准图，应在索引符号水平直径的延长线上加注该标准图册的编号，如图 5-8（d）所示。需要标注比例时，文字在索引符号右侧或延长线下方，与符号下对齐。

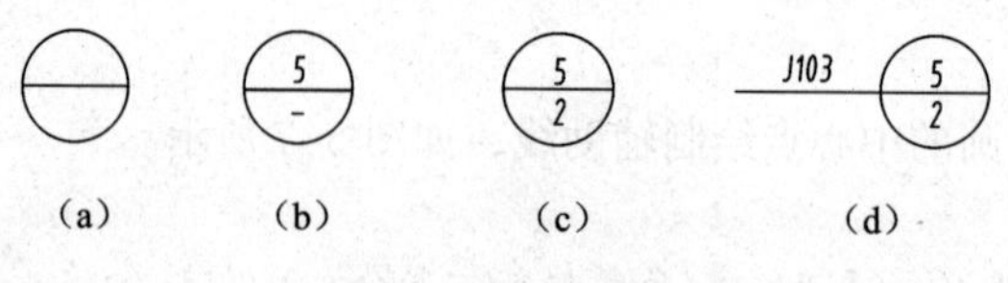

图 5-8　索引符号

2. 引线标注

引线标注是当图形较小，不便于标注时，把尺寸文本或注释说明等标注在图形的外部，并且指引线把标注对象与标注文本连接起来的一种标注方法。引线标注不测量距离，由一个箭头（在起始位置）、一条直线或一条样条曲线及一条水平线组成。

启用引线标注命令只有一种方法：“命令行”输入：qleader（或 le）↙。

```
命令:le↙
QLEADER 指定第一个引线点或 [设置(S)] <设置>:s
```

打开“引线设置”对话框，有 3 个选项卡供用户选择设置。如图 5-9（a）所示的“注释”选项卡；如图 5-9（b）所示的“引线和箭头”选项卡；如图 5-9（c）所示的“附着”选项卡。

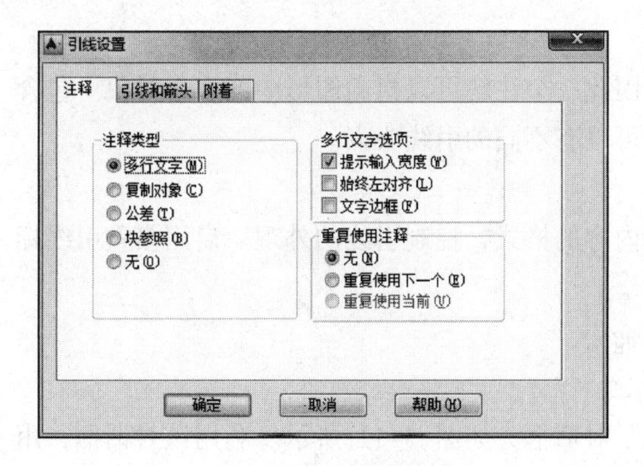

（a）“注释”选项卡

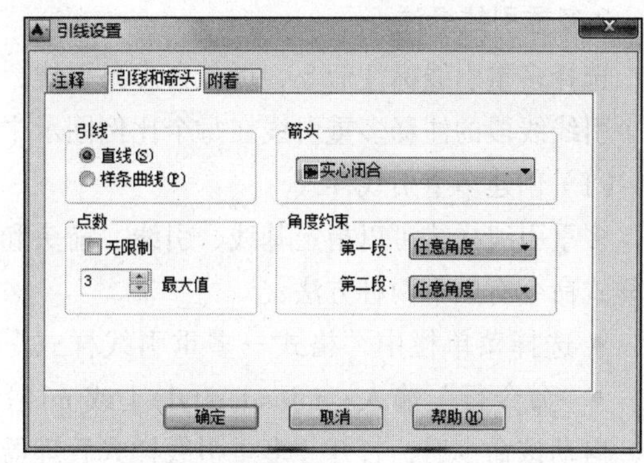

（b）“引线和箭头”选项卡

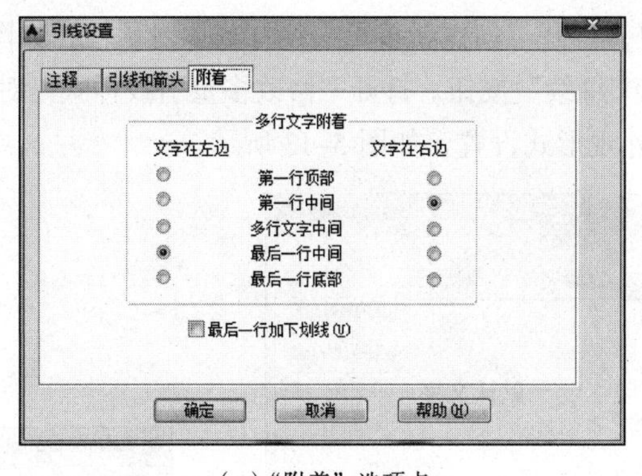

（c）“附着”选项卡

图 5-9　“引线设置”对话框

“引线设置”对话框中选项卡的含义如下：

【注释】：设置引线标注中注释文本的类型、多行文字的格式，并确定注释文本是否多次使用。

【引线和箭头】：设置引线和箭头的格式。

【附着】：设置引线和多行文本注释的附着位置。

【操作示例 5-2】

如图 5-10 所示进行引线标注。

令：le ↙	
指定第一个引线点或 [设置(S)] <设置>:	（单击点 1，选择“多行文字附着”选项）
指定下一点：	（单击点 2）
指定下一点：	（单击点 3）
指定下一点：	（按【Enter】键）
指定文字宽度 <0>：↙	（按【Enter】键不设定）
输入注释文字的第一行 <多行文字(M)>:白色外墙砖	（输入文字内容）
输入注释文字的下一行：↙	（按【Enter】键结束命令）

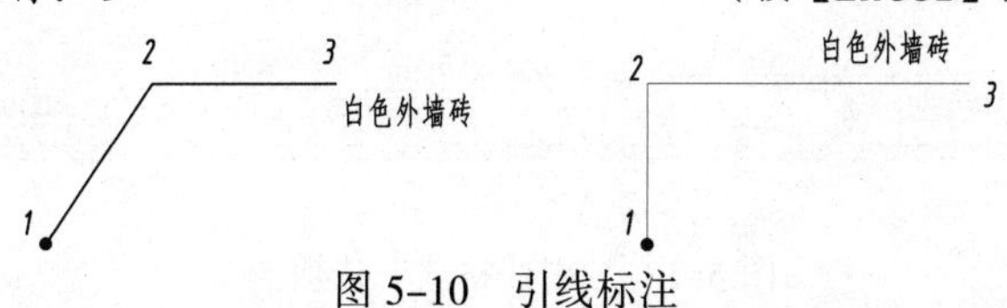

图 5-10　引线标注

3.多重引线标注

选择多重引线标注命令，可包含多条引线，因此一个注解可以指向图形中的多个对象。包含多个引线线段的注释多重引线在每个比例图示中可以有不同的引线头点。

（1）创建多重引线样式

多重引线样式可以指定基线、引线、箭头和内容的格式，控制引线的外观。启用多重引线标注样式命令有以下两种方法：

- 选择菜单栏中“格式→多重引线样式”命令。
- “命令行”输入：mleaderstyle（或 mls）↙。

启动该命令后，打开“多重引线样式管理器”对话框，如图 5-11 所示。利用该对话框，用户可以为自己选择某一个已经存在的样式或创建一个新的样式。

① 单击“新建”按钮，打开“创建新多重引线样式”对话框，如图 5-12 所示。在新样式名中输入“索引符号”，单击“继续”按钮。打开“修改多重引线样式”对话框，在“引线格式”选项卡中进行引线和箭头的外观形式设置，如图 5-13 所示。

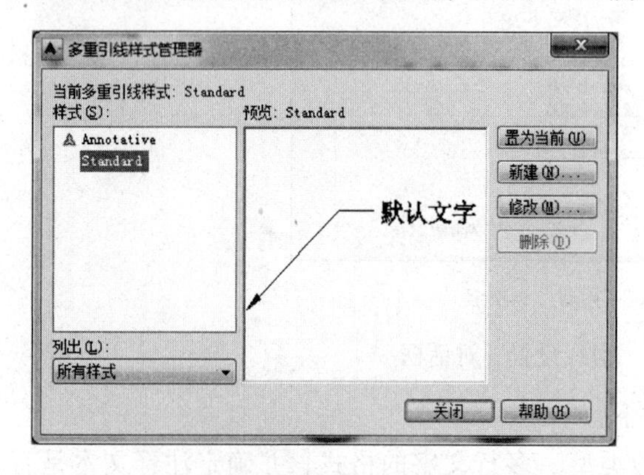

图 5-11 “多重引线样式管理器”对话框

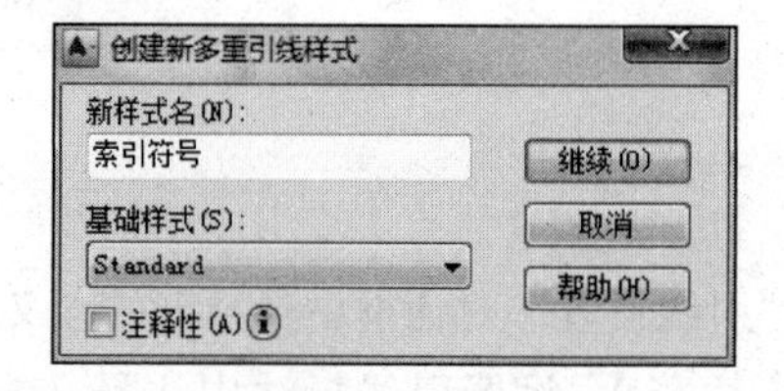

图 5-12 “创建新多重引线样式”对话框

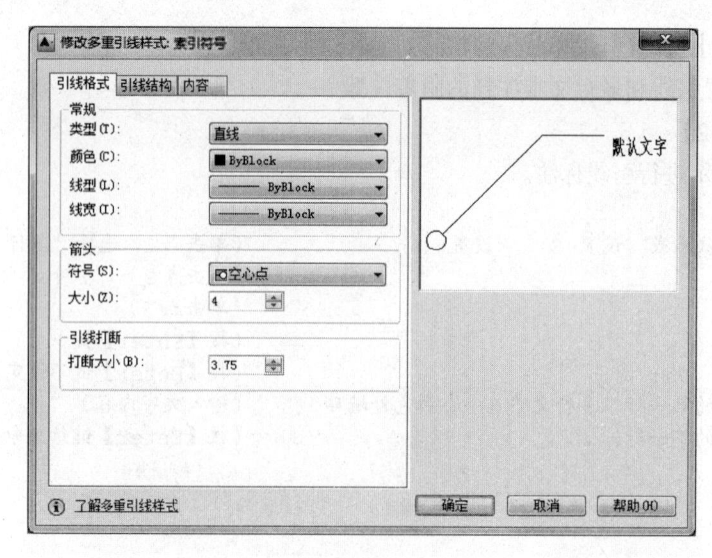

图 5-13 “引线格式”选项卡

② 选择“引线结构”选项卡，进行“约束”、“基线设置”、“比例”设置，如图 5-14 所示。

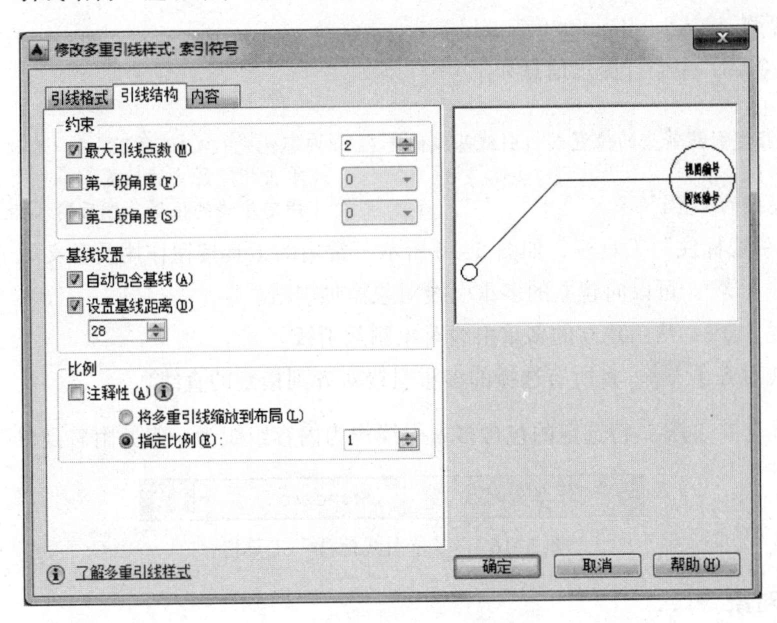

图 5-14　“引线结构”选项卡

③ 选择“内容”选项卡，在“多重引线类型”的下拉列表框中选择“块”选项，如图 5-15 所示。

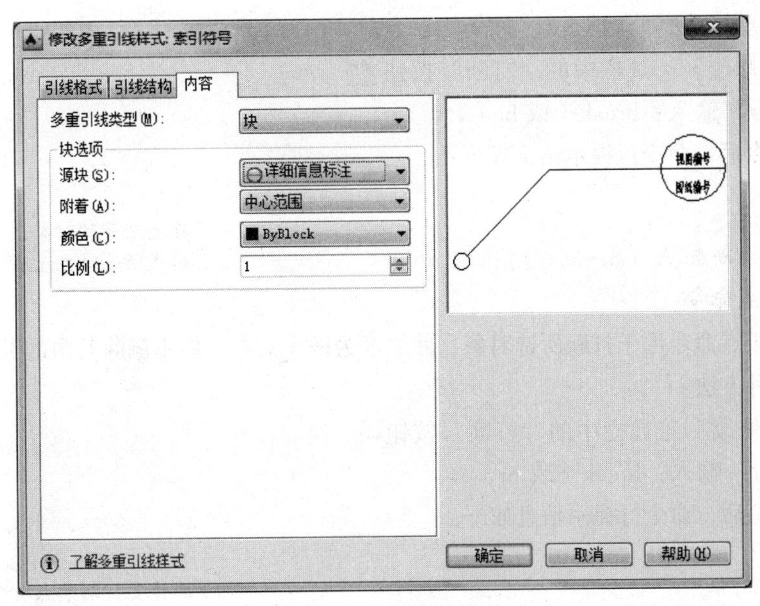

图 5-15　“内容”选项卡

④ 单击“确定”按钮，完成“索引符号”多重引线样式建立。

（2）多重引线尺寸标注

① 启动多重引线尺寸标注命令有如下两种方法：

- 选择菜单栏中“标注”→“多重引线”命令。

- 单击“多重引线标注”工具栏中的“多重引线”按钮。
- “命令行”输入：mleader（或mld）↙。

启用该命令后，命令行提示信息如下：

```
命令：mld↙
MLEADER 指定引线箭头的位置或 [引线基线优先(L)/内容优先(C)/选项(O)] <选项>:
                                                        （单击指定箭头的位置）
指定引线基线的位置：                                    （指定基线的位置，然后输入标注内容）
```

②“多重引线标注”工具栏，如图5-16所示，常用的工具按钮作用及含义如下：

【添加引线】：可以向建立的多重引线对象添加引线。

【删除引线】：从已建立的多重引线对象删除引线。

【多重引线对齐】：将所有选择的多重引线对齐到指定的直线。

【多重引线合并】：将选定的包含多重引线作为内容组织为一组并附着到单引线。

图5-16 “多重引线标注”工具栏

5.2.6 打断对象

1. 打断命令

利用打断命令可将直线、多段线、射线、样条曲线、圆、圆弧等对象分成两个对象或删除对象中的一部分。启动打断命令有如下3种方法：

- 选择菜单栏中“修改”→“打断”命令。
- 单击“修改”工具栏中的“打断”按钮。
- “命令行”输入：break（或br）↙。

启用该命令后，命令行提示信息如下：

```
命令：br↙
break 选择对象：                                  （在要断开的对象上单击）
指定第二个打断点 或 [第一点(F)]：                 （单击所选对象上断开的位置点）
```

2. 打断于点命令

利用打断于点命令用于打断所选对象，使之成为两个对象，但不删除其中的部分。启动打断命令有如下两种方法：

- 单击“修改”工具栏中的“打断”按钮。
- “命令行”输入：break（或br）↙。

启用该命令后，命令行提示信息如下：

```
命令：br↙
break 选择对象：                                  （选择要打断于点对象）
指定第二个打断点 或 [第一点(F)]:@↙               （单击所选对象上打断点的位置）
```

【操作示例5-3】

使用打断命令修改圆，使用打断于点命令修改矩形，如图5-17所示。

```
命令：br↙
break 选择对象：                                  （在圆对象上A点单击）
指定第二个打断点 或 [第一点(F)]：                 （单击圆对象上B点）
```

```
命令: br
break 选择对象:                                    (单击矩形上 A 点)
指定第二个打断点 或 [第一点(F)]: @↙
命令: br
break 选择对象:                                    (单击矩形上 B 点)
指定第二个打断点 或 [第一点(F)]: @↙
```

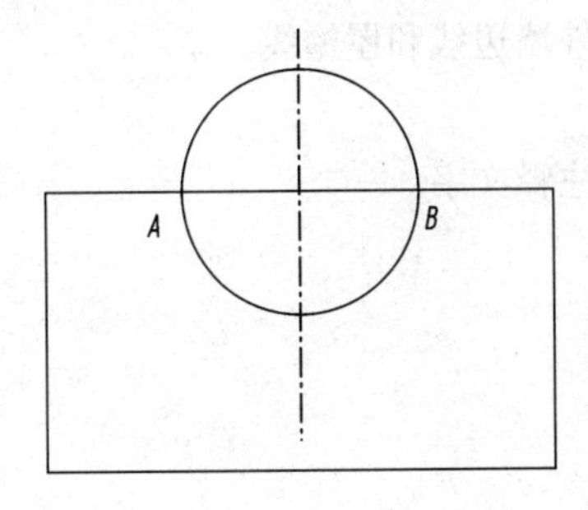

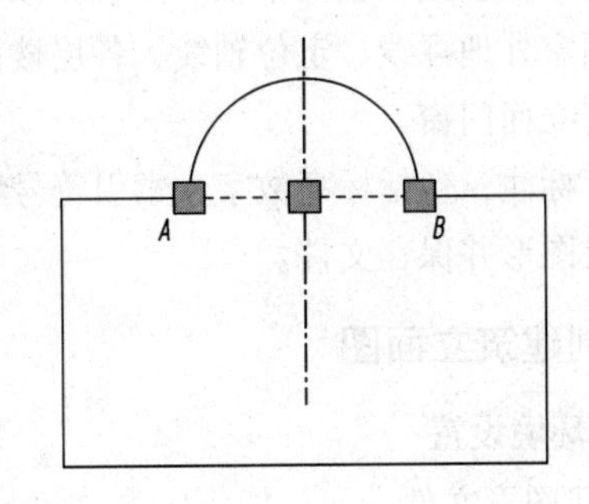

图 5-17　打断圆和打断于点矩形

提示

如果断开的对象是圆弧，第一个打断点到第二个打断点这段沿逆时针方向包含的部分被删除，从而将圆转换成圆弧。

5.3　项目实施

5.3.1　绘制建筑立面图基本要求

1. 绘制建筑立面图的内容

建筑立面图应将立面上所有看得见的细部都表现出来，但通常立面图的绘图比例较小，如门窗、阳台标杆、墙面复杂的装饰等细部往往只用图例来表示，它们的构造和做法，都应另有详略或文字说明。建筑物室内外地面、窗台、门窗、阳台、雨篷、檐口等处完成面的标高，立面图两端定位轴线及编号。因此，习惯上往往对这些细部只分别画出一两个作为代表，其他都可简化，只需画出轮廓线。

2. 建筑立面图的绘制要求

（1）立面图的命名

按照两端轴线编号来确定，图名为“①~⑧立面图”。 采用 1∶100 比例绘图。

（2）与平面图中相关内容对应

在建筑立面图的绘图过程中，应随时参照平面图中的内容来进行，如门窗、楼梯等设施在立面图中的位置都要与平面图中的位置相对应。

（3）标注尺寸

只标注立面的两端轴线及一些主要部分的标高、引线标注，通常没有线性标注。

（4）外墙面装修

有的用文字说明，有的用详图索引符号表示。

（5）线型线宽

最外轮廓线画粗实线（0.5），室外地坪线用加粗线（1.4），凹凸轮廓线如阳台、雨篷、线脚、门窗洞等都为细实线（0.3）其他为线宽默认。

3. 建筑平面图的绘图步骤

① 绘图环境设置（包括单位、图形界限、图层）。

② 绘制室外地坪线、定位轴线、各层楼面线、外墙边线和屋檐线。

③ 绘制立面门窗。

④ 尺寸标注，包括标高数字、索引符号和相关注释文字。

⑤ 完成图形并保存文件。

5.3.2 绘制建筑立面图

1. 绘图环境设置

（1）新建图形文件

命令: new↙

打开“选择样板”对话框，选择“acadiso.dwt”图形样板文件，单击“打开”按钮，完成新建图形文件。

（2）设置绘图单位

命令: un↙

在打开的“图形单位”对话框中设置长度类型为小数，精度为 0，设置单位为毫米。

（3）设置绘图界限

根据图样大小，选择比图样较大一些的范围，相当于手工绘图买好图纸后裁图纸的过程。

命令:limits↙

指定左下角点（0,0），指定右下角点（70000,50000）。

命令:z↙

输入 a↙，选择“全部”选项缩放窗口，将所设置的绘图界限全部呈现在显示器工作界面。

（4）创建图层

命令:la↙

在打开的“图层特性管理器”功能面板中创建如图 5-18 所示的图层名称及相应颜色、线型和线宽。

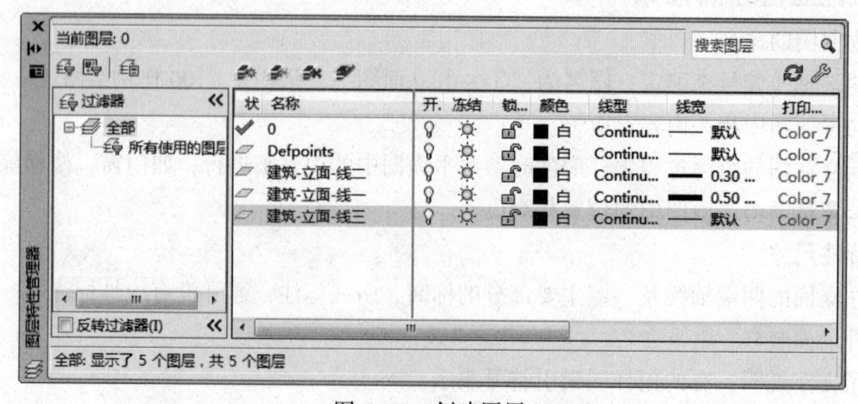

图 5-18 创建图层

（5）利用设计中心拖动其他文件的图层、文字样式、标注样式

命令:adc↙

在“设计中心”功能面板中双击建筑底层平面图中已创建的图层、文字样式和标注样式插入到当前文件中。

2. 绘制定位轴线、轴圈及编号

（1）插入建筑底层平面图作为外部参照

命令:xa↙　　（启动外部参照命令）

① 打开“选择参照文件”对话框，选取“建筑底层平面图”，单击“打开”按钮。

② 打开“附着外部参照”对话框，选项如图 5-3 所示设置，单击“确定”按钮。

③ 命令行提示。

指定插入点或 [比例(S)/X/Y/Z/旋转(R)/预览比例(PS)/PX/PY/PZ/预览旋转(PR)]:

④ 在绘图区域合适位置单击，确定外部参照的位置，完成外部参照的插入。

（2）用构造线绘制定位轴线

① 选择“建筑-轴线”图层。

② 绘制构造线。

命令: xl↙

xline 指定点或 [水平(H)/垂直(V)/角度(A)/二等分(B)/偏移(O)]:h ↙　（选择“水平”选项）

指定通过点:　（单击Ⓐ轴与①轴的交点）

命令: ↙　（按【Enter】键执行上一个命令）

xline 指定点或 [水平(H)/垂直(V)/角度(A)/二等分(B)/偏移(O)]:v ↙　（选择“垂直”选项）

指定通过点:　（依次单击①轴到⑧轴墙线位置，如图 5-19 所示）

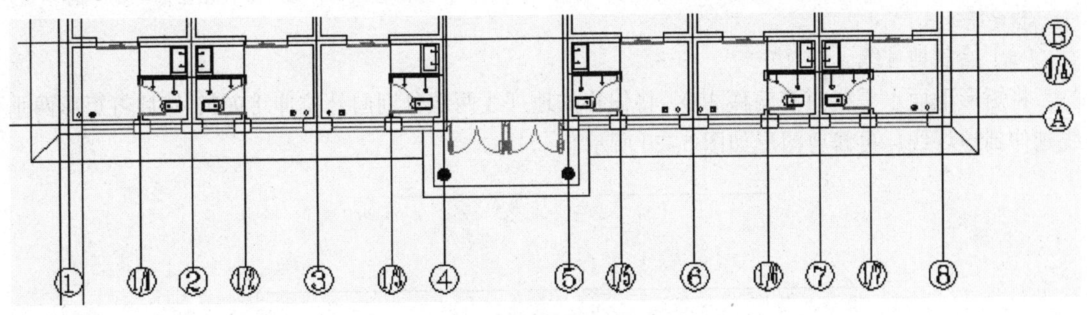

图 5-19　构造线绘制定位轴线

（3）绘制轴圈编号

① 选择“插入”→“外部参照”命令，打开“外部参照”对话框，显示当前的图形文件和插入外部参照。在“参照名”选项卡里的建筑底层平面文件上右击，在弹出的快捷菜单中选择“打开”命令。

② 在打开的“建筑底层平面图”文件中复制①轴～⑧轴、Ⓐ轴的轴圈编号，关闭图形文件。

③ 回到当前图形文件，选择“建筑-轴线-编号”图层，在合适位置粘贴①轴～⑧轴、Ⓐ轴的轴圈编号，等修剪好轴线后再移动到轴线位置。

④ 在“外部参照”对话框中“参照名”选项卡的建筑底层平面文件上右击，在弹出的快捷菜单中选择“拆离”命令，关闭“外部参照”对话框。

3. 绘制外部轮廓线和地坪线

（1）选择“建筑-立面-线一”图层

略。

（2）绘制外部轮廓线

① 选择Ⓐ轴与①轴交点的左边线，用矩形命令绘制外部轮廓线，再修剪图形如图 5-20 所示。

命令：rec↙

rectang 指定第一个角点或 [倒角(C)/标高(E)/圆角(F)/厚度(T)/宽度(W)]:
（单击Ⓐ轴与①轴左边线的交点）

指定另一个角点或 [面积(A)/尺寸(D)/旋转(R)]: @25700,16700↙

② 分解矩形，将矩形上面水平线向下偏移 3 900，然后用射线和极轴命令（设置 45°），绘制坡屋顶，再修剪图形如图 5-20 所示。

命令：x↙ （启动分解命令）

explode 选择对象：找到 1 个 （选择矩形）

选择对象：↙ （按【Enter】键结束命令）

命令：o↙ （启动偏移命令）

当前设置：删除源=否 图层=源 OFFSETGAPTYPE=0

指定偏移距离或 [通过(T)/删除(E)/图层(L)] <100>:3900↙

选择要偏移的对象，或 [退出(E)/放弃(U)] <退出>: （选择矩形上面水平线向下单击）

命令：ray↙ （启动射线命令）

指定起点： （单击坡屋顶左下面的点）

指定通过点： <极轴 开>

（打开极轴，设置增角量为 45°，移动光标，在显示 45° 时单击）

指定通过点： （单击坡屋顶右下面的点，在显示135° 时单击）

指定通过点：↙

（3）绘制地坪线

将矩形下面水平线向下偏移 300，将偏移的地坪线两端分别向外拉伸 1 900，然后将矩形两垂线延伸到地坪线，再修剪图形如图 5-20 所示。

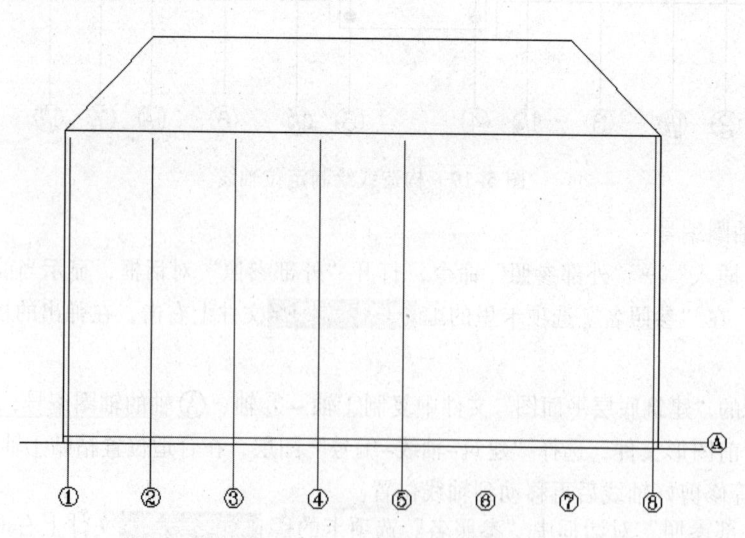

图 5-20 绘制外部轮廓线和地坪线

命令：o↙ （启动偏移命令）

当前设置：删除源=否 图层=源 OFFSETGAPTYPE=0

```
指定偏移距离或 [通过(T)/删除(E)/图层(L)] <100>:300↙
选择要偏移的对象，或 [退出(E)/放弃(U)] <退出>:          (选择矩形下面水平线向下单击)
命令：s↙                                                 (启动拉伸命令)
以交叉窗口或交叉多边形选择要拉伸的对象...
选择对象：指定对角点：找到 2 个,1 个在锁定的图层上        (左框选偏移的地坪线右端)
指定基点或 [位移(D)] <位移>:                             (指定右端点)
指定第二个点或 <使用第一个点作为位移>: 1900↙
指定基点或 [位移(D)] <位移>:                             (指定左端点)
指定第二个点或 <使用第一个点作为位移>: 1900↙
```

4. 绘制凹凸轮廓线

（1）选择“建筑-立面-线二”图层

略。

（2）绘制水平线脚和侧面雨篷

① 将Ⓐ轴向上偏移 3 200，得到Ⓑ轴，将Ⓑ轴分别向上偏移 150、250，向下偏移 250、350，如图 5-21（a）所示。

② 用直线命令捕捉如图 5-21（b）所示⊗点，向右拖动光标输入 100，得到 *C* 线，再将 *C* 线向右分别偏移 100、1 150、1 250。

③ 修剪图形如图 5-21（c）所示。

④ 选择打断点命令将线脚与墙线分开，再用镜像命令，如图 5-21（d）所示。

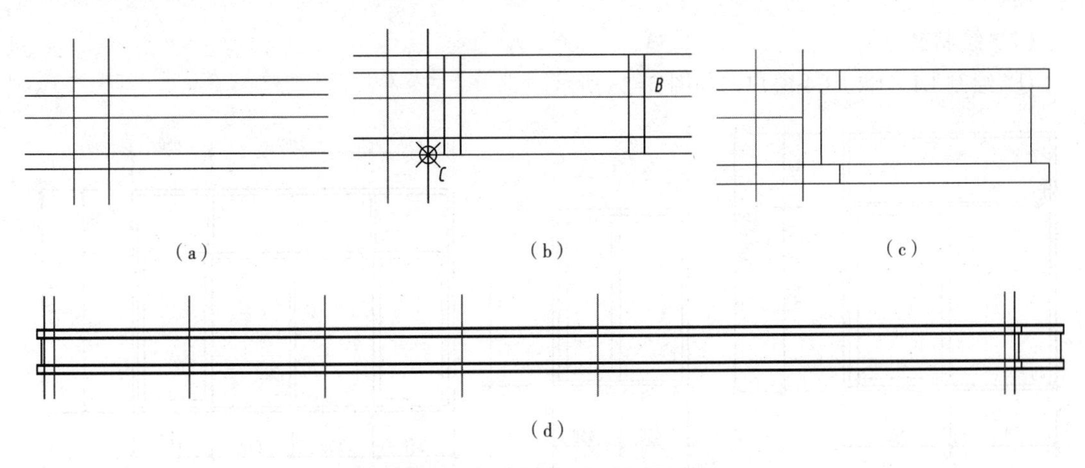

图 5-21　绘制线脚和侧面雨篷

⑤ 将绘制好的线脚复制到坡屋顶下，再将线脚两端分别向外拉伸 500，如图 5-22 所示。

（2）绘制垂直线脚与大厅门线

① 选择“打断点”命令将①轴外墙与水平线脚上交点打断，选择打断的外墙线向右偏移 370，把偏移得到的线再偏移 3 360，然后把偏移得到的线再偏移 240，得到②轴线上的垂直线脚，再通过复制和镜像命令到其他位置，如图 5-22 所示。

② 用上述相同的方法绘制大厅门线，线脚以④轴线向左分别偏移 180、300，门柱以④轴线向左右各 175，镜像图形，如图 5-22 所示。

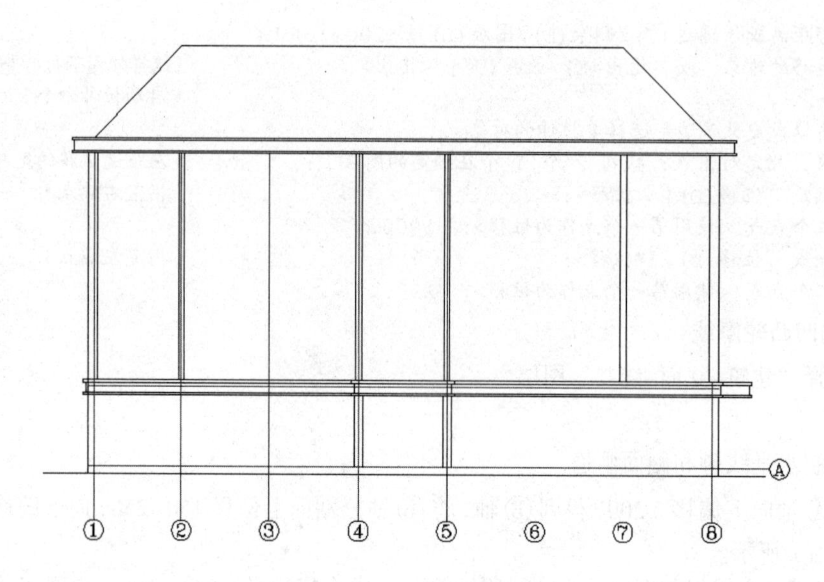

图 5-22　绘制凹凸轮廓线

5．绘制门窗

（1）选择“建筑-立面-线三”图层

略。

（2）绘制窗户

① 绘制 C1、C2、C4 窗户，如图 5-23 所示。

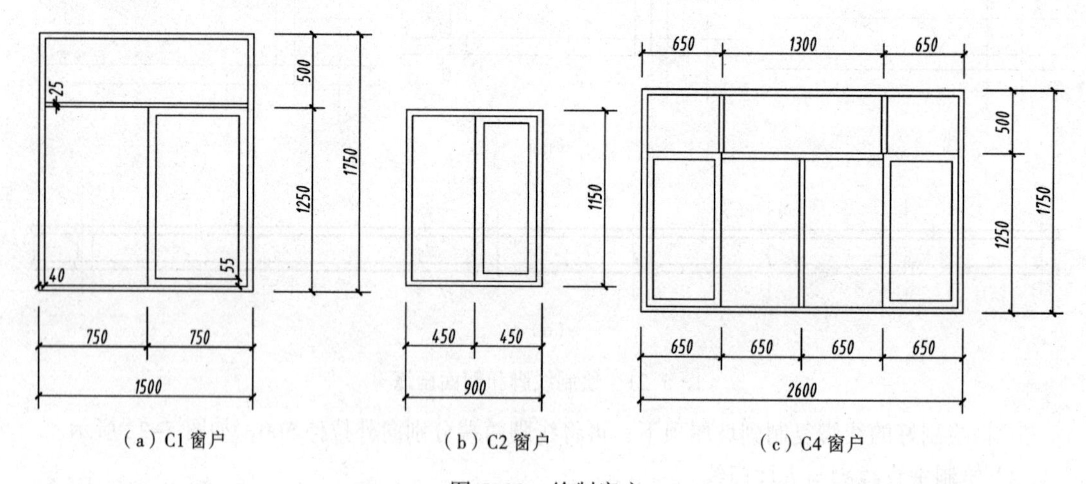

（a）C1 窗户　　（b）C2 窗户　　（c）C4 窗户

图 5-23　绘制窗户

② 将绘制完成的窗户，根据底层平面图窗户的尺寸标注，通过直线捕捉定点移动到立面图①轴到②轴之间，如图 5-24 所示。

```
命令：l↙
LINE 指定第一点：                    （单击图中的 A 点）
指定下一点或 [放弃(U)]：@670，900↙ （得到图中的 B 点）
命令：l↙
LINE 指定第一点：                    （单击图中的 A 点）
```

指定下一点或 [放弃(U)]:@2650, 1500↙（得到图中的 C 点）

③ 删除辅助线，将 C1 窗户[如图 5-23（a）]复制到 B 点，将 C2 窗户[如图 5-23（b）]复制到 C 点。再用复制、镜像得到第一层窗户。

④ 关闭其他图层，选择当前图层的第一层窗户阵列到上面三层，行数为 4 行，列数为 0 列，行间距为 3200（层高），完成图形如图 5-25 所示。

⑤ 用相同的方法把 C3[如图 5-23（b）]窗户复制到④轴与⑤轴之间，直线定位点（@500,900），阵列命令，行数为 3 行，列数为 0 列，行间距为 3200（层高），完成的图形如图 5-25 所示。

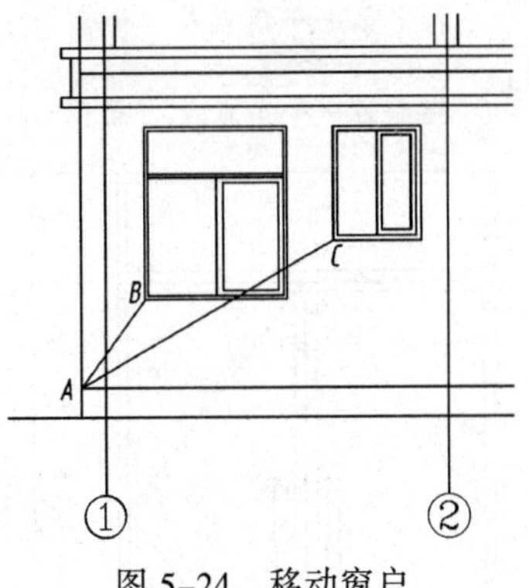

图 5-24　移动窗户

图 5-25　绘制窗户

（3）绘制大厅门

① 绘制大厅门 M5，如图 5-26 所示。

② 将绘制好的大厅门直接复制到④轴与Ⓐ轴相交的定位线上。完成图形如图 5-27 所示。

6．绘制台阶

（1）绘制大厅门前台阶

用矩形绘制台阶（宽为 300，高为 150），偏移、修剪完成后的图形如图 5-1 所示。

```
命令: l↙
指定第一个角点或 [倒角(C)/标高(E)/圆角(F)/厚度(T)/宽度(W)]: 300
                              （捕捉④轴与A轴相交点，向左拖动光标后，输入300）
指定另一个角点或 [面积(A)/尺寸(D)/旋转(R)]: @4200,-150
命令: rec
```

```
指定第一个角点或 [倒角(C)/标高(E)/圆角(F)/厚度(T)/宽度(W)]: 300
                         (捕捉上一个绘制的矩形的左下角，向左拖动光标后，输入 300)
指定另一个角点或 [面积(A)/尺寸(D)/旋转(R)]: @4800,-150
```

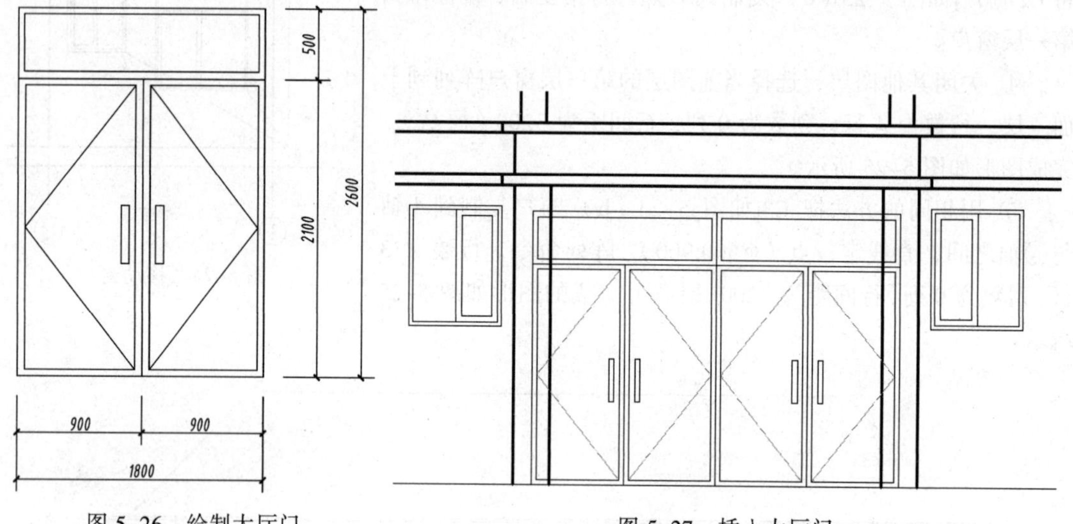

图 5-26　绘制大厅门　　　　图 5-27　插入大厅门

（2）绘制侧门台阶

用相同的方法绘制侧门台阶。

7．标高标注

（1）选择"建筑-注释-标注"图层

略。

（2）插入标高图块

命令：i↙

打开"插入"对话框，在"名称"文本框中选择定义图块"标高"，选项默认，捕捉侧门上台阶向右拖动输入 2 100 定点插入标高。

（3）复制标高

命令：co↙

全部选中标注图块，单击标高三角形下角点为基点，进行多重复制，复制距离分别为 3 200、6 400、9 600、12 800，完成标高如图 5-28 所示。

（4）更改标高数字

在标高上双击，打开"增强属性编辑器"对话框，如图 5-29 所示。在"属性"选项卡的"值"文本框中输入正确的标高，单击"确定"按钮，如图 5-30 所示。

（5）旋转标高方向

用水平镜像可以旋转标高方向，如图 5-30 中-0.300 标高所示。

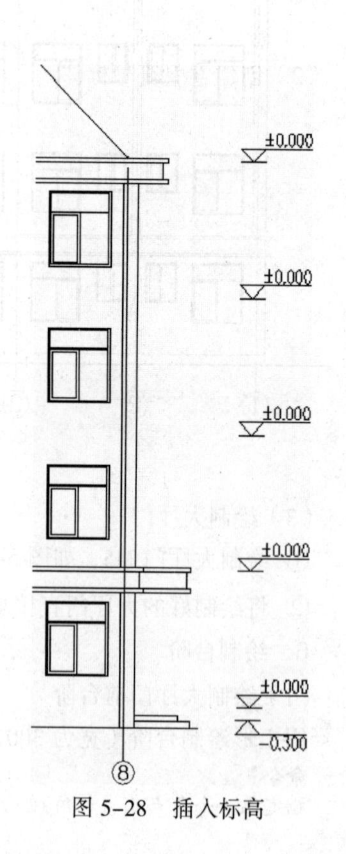

图 5-28　插入标高

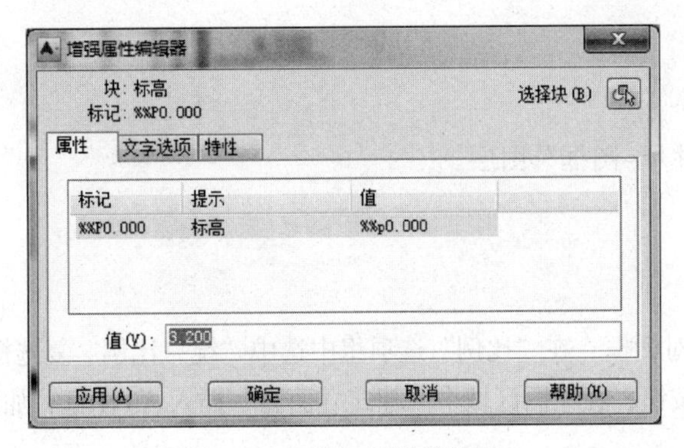

图 5–29　增强属性编辑器

（6）标注其他标高

用相同的方法插入其他标高，详见图 5–1 所示标高。

8．引线标注

（1）插入引线标注

命令：le↙

指定第一个引线点或 [设置(S)] <设置>:s↙

打开“引线设置”对话框，在“引线和箭头”选项卡里设置箭头为 ■点，点数为 5，“附着”选项卡里设置为最后一行底部。

单击要引线标注的地方进行标注，详见图 5–1 所示标注。

（2）创建索引符号标注

命令：mls↙

打开“多重引线样式管理器”对话框，按照 5–11 所示进行设置，详见图 5–1 所示地方进行标注。

（3）标注图名

选择文字样式“仿宋”，设置字高 700，标注图名为“①～⑧立面图”，设置字高 500，标注“1：100”。

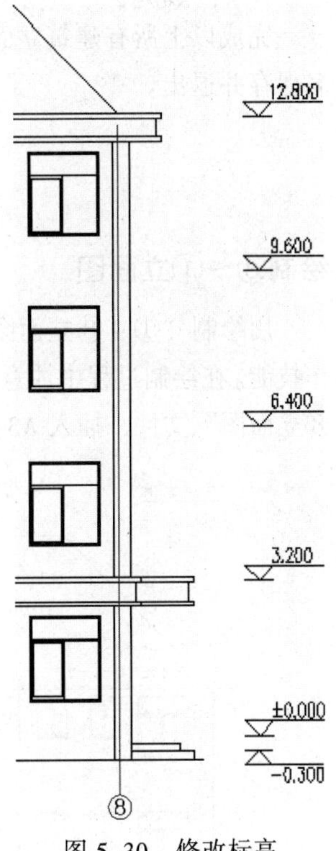

图 5–30　修改标高

9．显示线型

（1）更改地坪线

更改地坪线的宽度设置为 180。

命令：pedit↙

选择多段线或 [多条(M)]:　（单击地坪线）

选定的对象不是多段线

是否将其转换为多段线？ <Y>y↙

输入选项 [闭合(C)/合并(J)/宽度(W)/编辑顶点(E)/拟合(F)/样条曲线(S)/非曲线化(D)/线型生成(L)/反转(R)/放弃(U)]：w↙

指定所有线段的新宽度：180↙

输入选项 [闭合(C)/合并(J)/宽度(W)/编辑顶点(E)/拟合(F)/样条曲线(S)/非曲线化(D)/线型生成(L)/反转(R)/放弃(U)]：↙

（2）显示轮廓线

在状态栏中单击“线宽”按钮 +，将外轮廓线、凹凸轮廓线显示出来，详见图 5–1 所示凹凸轮廓线。

10．插入 A3 图框

（1）选择“建筑-注释-图框”图层。

略。

（2）插入 A3 图块。

命令：i↙　（启动插入图块命令）

打开“插入”图块对话框，在“比例”选项组中选中“统一比例”复选框 ☑统一比例(U)，其他选项默认，单击“确定”按钮，在绘图区域中“建筑立面图”插入 A3 图框，如附录 A 中图 A-5 所示。

11．保存文件

命令：save↙

完成以上所有建筑立面图绘制，得到如附录 A 中图 A-5 所示图形，以“建筑立面图”为文件名保存并退出。

5.4 技能拓展

绘制⑧～①立面图

用绘制“①～⑧立面图”的方法，要求绘制如图 5-31 所示图形，才能提高绘制立面图的操作技能。在绘制过程中注意侧门位置、窗户与“①～⑧立面图”不同之处，绘制完成后保存为“①～⑧立面图”文件，插入 A3 图块，得到如附录 A 中图 A-6 所示图形，保存并退出。

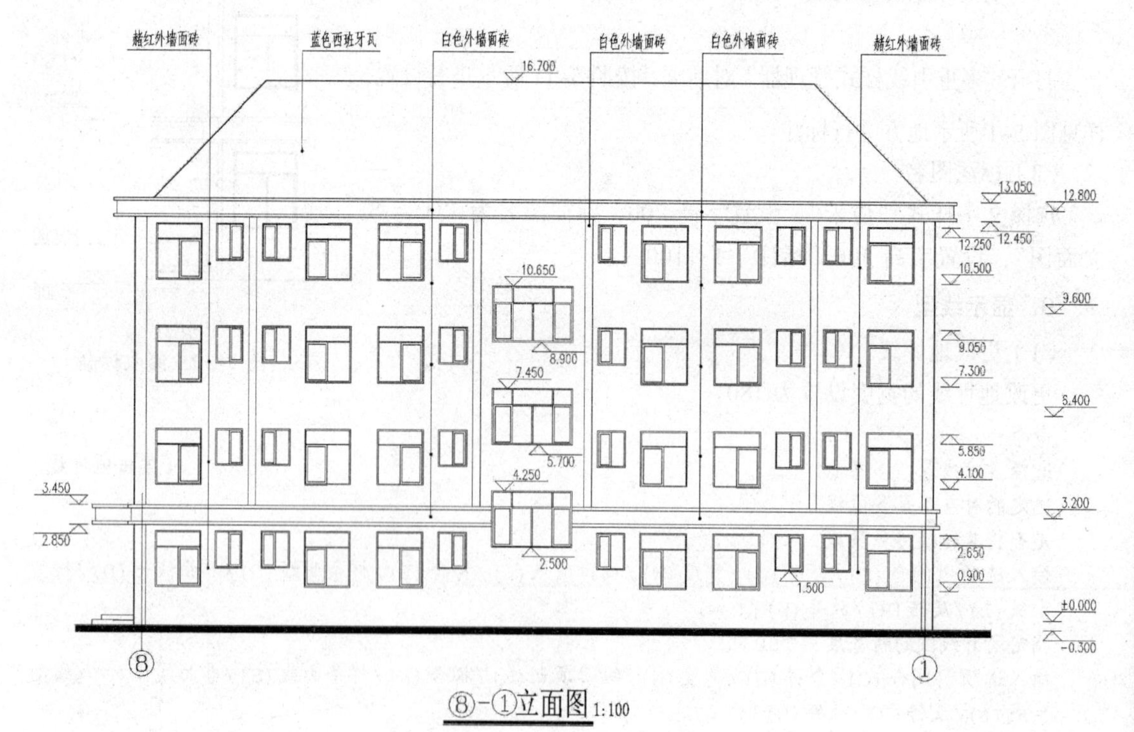

图 5-31　⑧～①立面图

学习效果评价表

<table>
<tr><td>项目名称</td><td colspan="8"></td></tr>
<tr><td>专业</td><td></td><td>班级</td><td></td><td>姓名</td><td colspan="2"></td><td>学号</td><td></td></tr>
<tr><td>评价内容</td><td colspan="3">评价指标</td><td>分数</td><td>自我
评价
（25%）</td><td>小组
评价
（25%）</td><td>老师
评价
（50%）</td><td>得分</td></tr>
<tr><td>学习态度</td><td colspan="3">出勤情况、学习主动性、语言表达、团队协作</td><td>10</td><td></td><td></td><td></td><td></td></tr>
<tr><td rowspan="3">项目实施</td><td colspan="3">绘图环境设置、用外部参照和设计中心辅助绘图</td><td>15</td><td></td><td></td><td></td><td></td></tr>
<tr><td colspan="3">绘制外轮廓线、凹凸轮廓线、绘制门窗</td><td>35</td><td></td><td></td><td></td><td></td></tr>
<tr><td colspan="3">标注标高、引线标注</td><td>10</td><td></td><td></td><td></td><td></td></tr>
<tr><td>项目质量</td><td colspan="3">绘图符合规范、图线清晰、标注准确、图面整洁</td><td>10</td><td></td><td></td><td></td><td></td></tr>
<tr><td>学习方法</td><td colspan="3">创新思维能力、计划能力、解决问题能力</td><td>20</td><td></td><td></td><td></td><td></td></tr>
<tr><td>教师签名</td><td></td><td colspan="2">日　期</td><td colspan="2"></td><td colspan="2">成绩评定</td><td></td></tr>
</table>

项目六　绘制建筑剖面施工图

【学习目标】

● 知识目标

1. 理解建筑剖面施工图的图示方法。
2. 理解图案填充的含义，掌握图案填充的编辑和修改方法。
3. 掌握创建二维填充的方法。
4. 掌握编辑图形对象属性。

● 能力目标

具有建筑剖面施工图的识读能力及绘图能力。

● 素质目标

培养学生从简单绘图到精准绘图的良好绘图习惯，具备建筑工程技术人员应有的科学、严谨、精准的工作作风和良好的职业道德。

【重点与难点】

● 重点

掌握绘制建筑剖面施工图的基本命令和操作技巧。

● 难点

掌握图案填充和编辑的方法。

【学习引导】

1. 教师课堂教学指引：绘制建筑剖面施工图的基本命令和操作技巧。
2. 学生自主性学习：每个学生通过实际操作反复练习加深理解，提高操作技巧。
3. 小组合作学习：通过小组自评、小组互评、教师评价，并总结绘图效果，提升绘图质量。

6.1　项目描述

建筑剖面图是根据房屋的具体情况和施工实际需要决定的。剖切面一般横向，即平行于侧面。其位置应选择在能反映房屋内部构造比较复杂与典型的部位，并应通过门窗洞的位置。若为多层房屋，应选择在楼梯间或层高不同、层数不同的部件。剖面图的图名应与平面上所标注剖切符号的编号一致，如1–1剖面图、2–2剖面图。绘制如图6–1所示的建筑剖面图是平、立面图相互配合的不可缺少的重要图样之一。

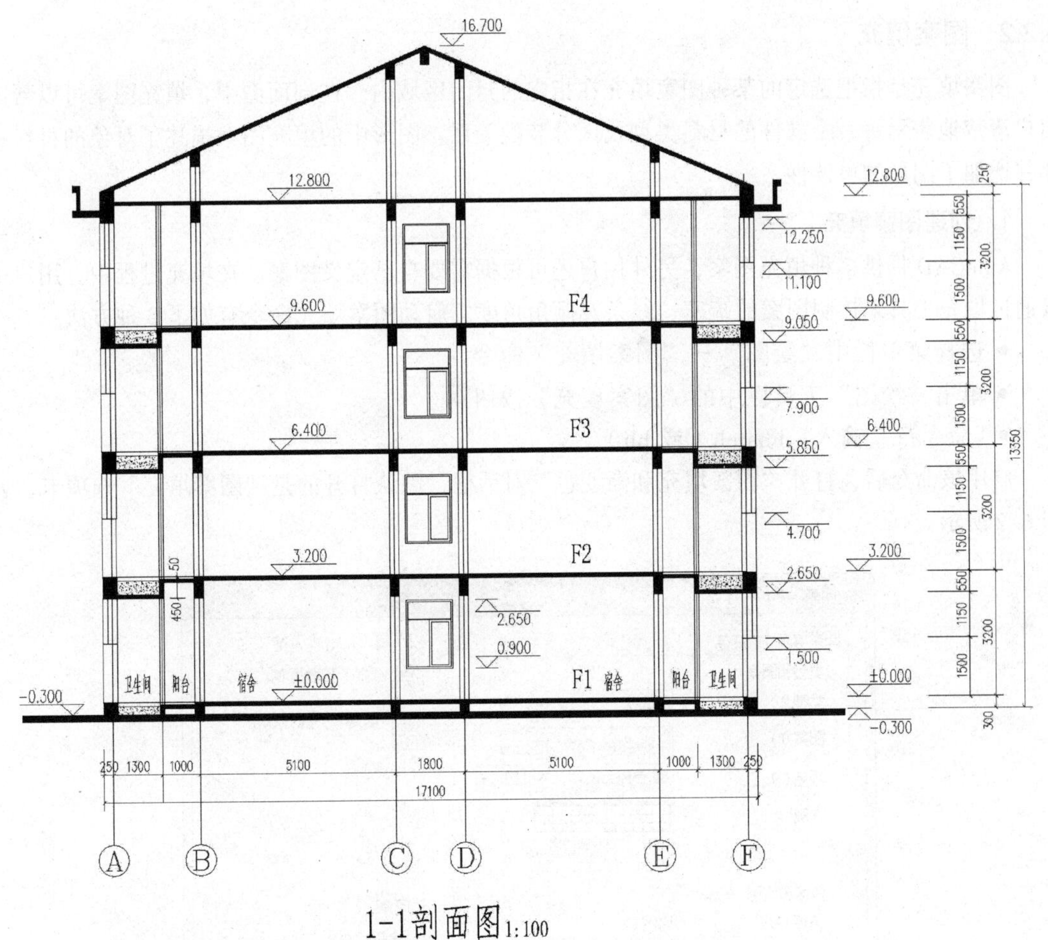

图 6-1 学生公寓楼建筑剖面图

6.2 知 识 平 台

6.2.1 建筑剖面图的图示方法

建筑剖面图是用一个或多个垂直于外墙轴线的铅垂剖切面将房屋剖开，向某一方向作正投影即得到剖面图。剖面图用以表示房屋内部的结构或构造方式，如屋面（楼、地面）形式、分层情况、材料、做法、高度尺寸及各部位的联系等。它与平、立面图互相配合用于计算工程量，指导各层楼板和层面施工、门窗安装和内部装修等。

建筑物被剖切到的各构配件：室内外地面（包括台阶、明沟及散水等）、楼面层（包括吊天棚）、屋顶层（包括隔热通风层、防水层及吊天棚）；内外墙及其门窗（包括过梁、防潮层、女儿墙及压顶）；各种承重梁和连系梁、楼梯梯段及楼梯平台、雨篷、阳台以及剖切到的孔道、水箱等的位置，形状及其图例。一般不画出地面以下的基础。

建筑物未被剖切到的各构配件：未剖切到的可见部分，如看到墙面及其凹凸轮廓、梁、柱、阳能、雨篷、门、窗、踢脚、勒脚、台阶（包括平台踏步）、雨水管，以及看到的楼梯段（包括栏杆、扶手）和各种装饰等的位置和形状。

6.2.2　图案填充

图案填充是指把选定的某种图案填充在指定的封闭区域内。在剖面图中，填充图案可以帮助用户清楚地表示每一个部件的材料类型及区分装配关系。图形中的填充图案描述了对象的材料特性并增加了图形的可读性。

1. 创建图案填充

AutoCAD 提供多种填充图案，另外用户还可根据需要自己定义图案。在填充过程中，用户可以通过填充工具来控制图案的疏密、线条及倾角角度。启动图案填充命令有如下 3 种方法：

- 选择菜单栏中“绘图”→“图案填充”命令。
- 单击“绘图”工具栏中的“图案填充”按钮。
- “命令行”输入：bhatch（或 bh）↙。

启用该命令后，打开“图案填充和渐变色”对话框，默认打开的是“图案填充”选项卡，如图 6-2 所示。

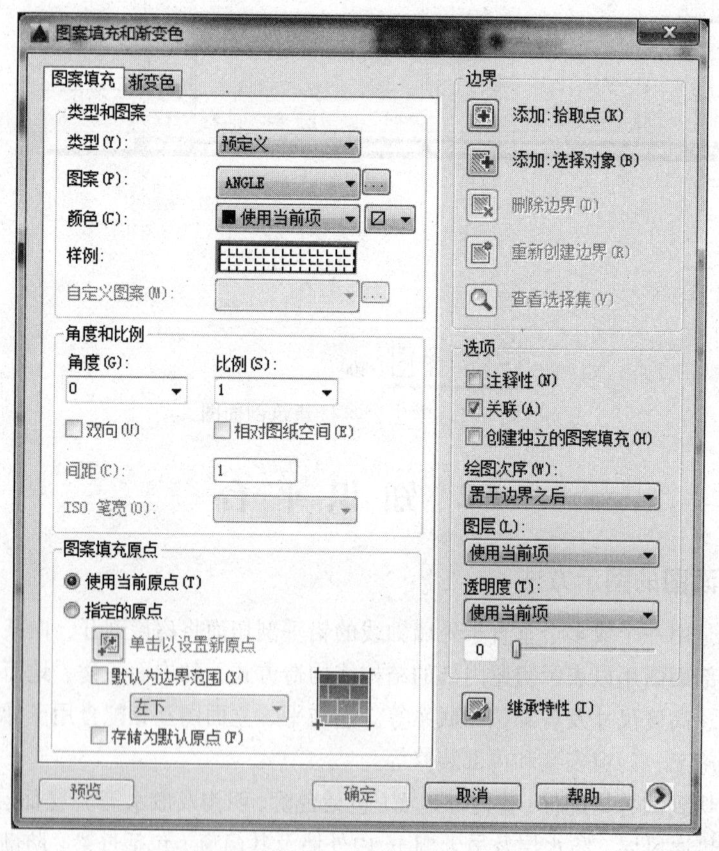

图 6-2　“图案填充和渐变色”对话框

2. 设置图案样式

打开“图案填充”选项卡，选中“类型和图案”选项组中可以用来选择图案填充的样式。在“图案”下拉列表框中选择图案的样式，所选择的样式将在其下的“样例”显示框中显示出来。单击“图案”下拉列表按钮，打开“填充图案选项板”对话框，如图 6-3

所示，其中列出了所有预定义图案的预览图案。

该对话框的 4 个选项卡作用及含义如下：

【ANSI】：AutoCAD 附带的全部 ANSI 填充图案，如图 6-3 所示。

【ISO】：AutoCAD 附带的全部 ISO 填充图案。

【其他预定义】：用于显示除了 ANSI 和 ISO 外，AutoCAD 附带的所有其他样式的填充图案，如图 6-4 所示。

【自定义】：用于显示所有已添加的自定义图案。在已经添加到 AutoCAD 搜索的自定义文件.pat 中定义的所有填充图案。

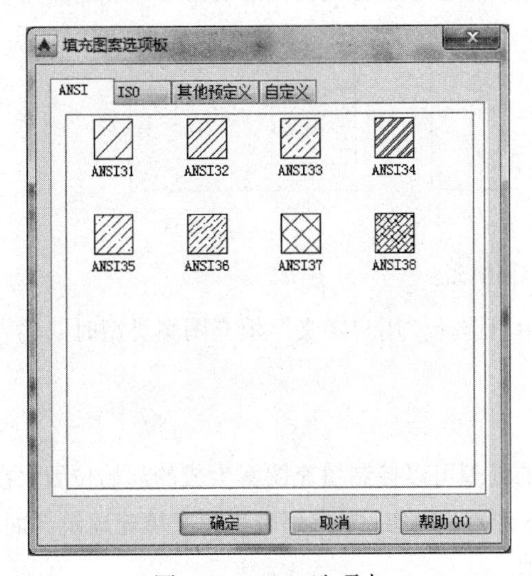

图 6-3　ANSI 选项卡

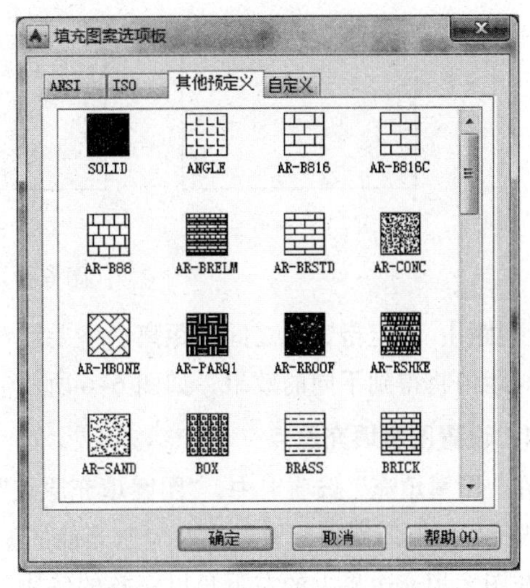

图 6-4　“其他预定义”选项卡

3. 设置图案的角度和比例

在“图案填充”选项卡中，“角度和比例”选项组主要控制填充的疏密程度和倾斜程度。

【角度】：确定图案填充时的旋转角度。每种图案的旋转角度都从“0”开始，用户可以在下拉列表中直接选择所需角度，或者直接输入角度值。设置不同的角度值得到的填充效果如图 6-5 所示。

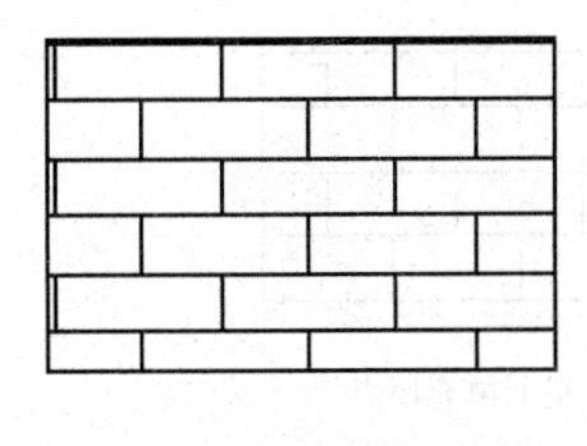

（a）角度为 0°

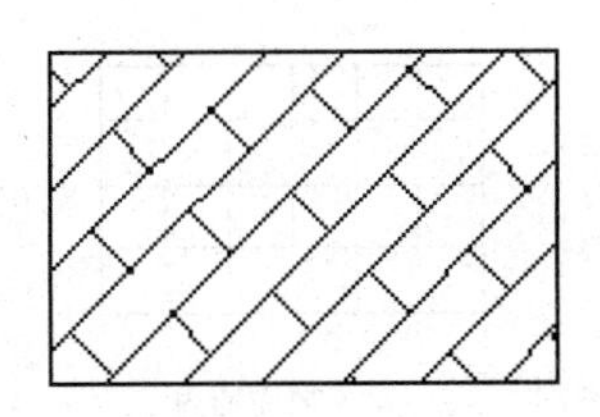

（b）角度为 45°

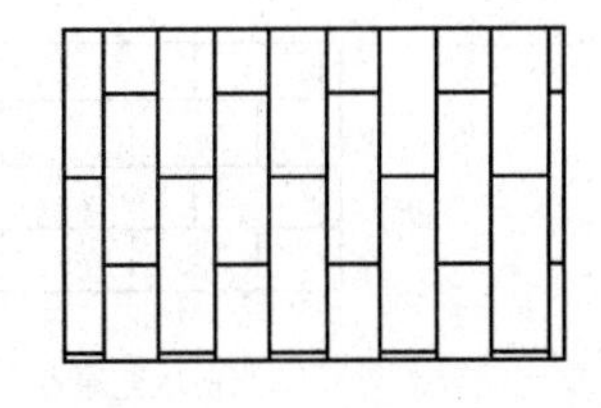

（c）角度为 90°

图 6-5　不同角度值填充效果

【双向】：确定用户临时定义的线是相互平行还是相互垂直。主要控制当填充图案选择“用户定义”时，采用的当前线型的线条布置是单向还是双向，设置双向填充效果如图 6-6 所示。

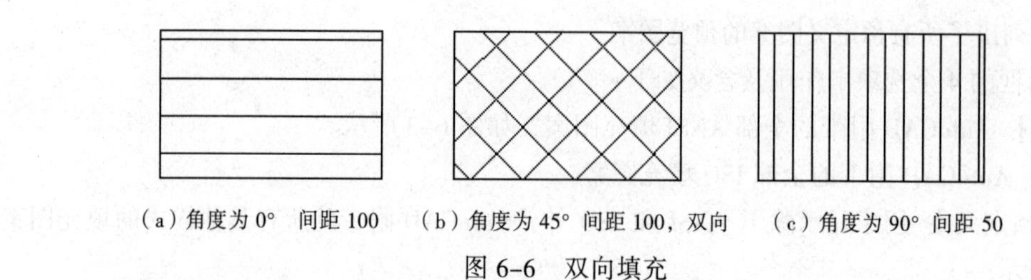

（a）角度为 0°　间距 100　（b）角度为 45°　间距 100，双向　（c）角度为 90°　间距 50

图 6-6　双向填充

【比例】：确定填充图案的比例值。每种图样的比例值都从 1 开始，用户可以在下拉列表中直接选择所需比例，或者直接输入比例值来放大和缩小图案填充。设置不同比例的填充效果如图 6-7 所示。

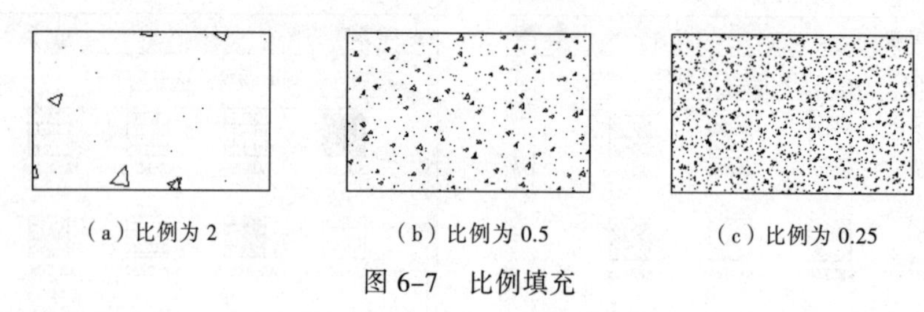

（a）比例为 2　（b）比例为 0.5　（c）比例为 0.25

图 6-7　比例填充

【间距】：确定指定线之间的距离。主要针对用户选择“用户定义”填充图案类型时，输入不同的间距值将得到不同的效果，如图 6-6 所示。

4．设置图案填充原点

在“图案填充”选项卡中，“图案填充原点”的处理可以控制填充图案生成的起始位置。在默认情况下，所有图案填充原点都对应于当前的 UCS 原点。例如，如果用砖块图案填充建筑剖面图，需要与图案填充边界上的左下角以完整的砖块开始。

【使用当前原点】：默认情况下，原点设置为（0,0）。

【指定的原点】：指定新的图案填充原点。单击此选项可以选择以下选项。

- 单击以设置新原点：直接单击按钮，用光标拾取新的图案填充原点。
- 默认为边界范围：基于图案填充的矩形范围计算机出新原点，要以选择该范围的 4 个角点及其中心，即左上、左下、右上、右下、和正中，如图 6-8 所示。
- 存储为默认原点：将新图案填充原点的值存储在系统变量中，保存当前选择为默认原点。

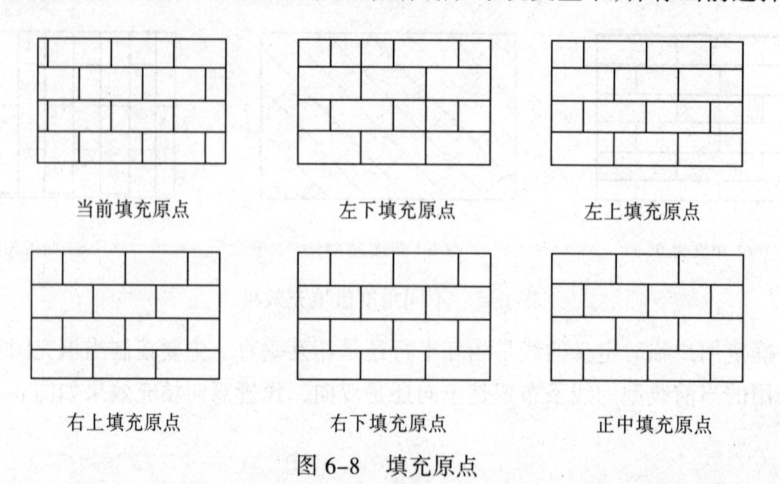

当前填充原点　左下填充原点　左上填充原点

右上填充原点　右下填充原点　正中填充原点

图 6-8　填充原点

5. 控制孤岛

在“图案填充”选项卡中，单击“更多选项”按钮，展开其他选项，可以控制孤岛的样式，如图 6-9 所示。“孤岛检测”是指最外层边界内的封闭区域对象将被检测是否为孤岛。

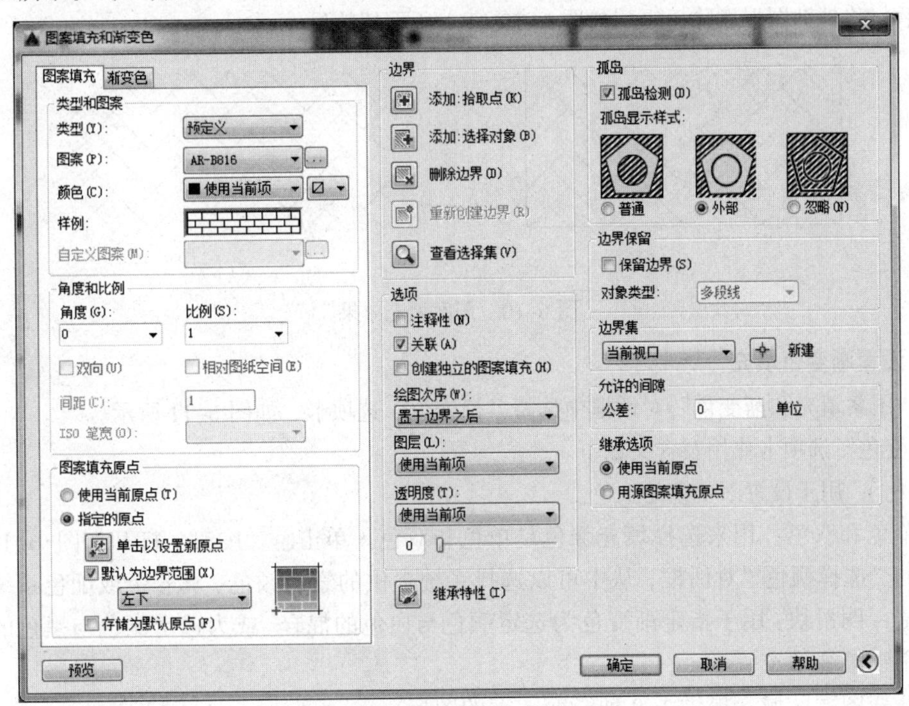

图 6-9　其他选项组

孤岛显示样式的选项卡作用及含义如下：

【普通】：从最外层边界向内填充，对第一个内部岛形区域进行填充，间距一个图形区域，再向下一个检测到的区域进行填充，如此反复交替进行。

【外部】：从最外层的边界向内部填充，只对第一个检测到的区域进行填充，而区域内部保留空白。

【忽略】：从最外层边界开始，忽略所有内部的对象，对整个区域进行填充。

【操作示例 6-1】

（1）有边界的矩形填充，如图 6-10（a）所示。

命令：h↙

打开“图案填充和渐变色”对话框，选择图案 AR-HBONE，设置比例为 5，单击添加“拾取点”按钮，回到绘图区域

```
拾取内部点或 [选择对象(S)/删除边界(B)]:                    (单击矩形图 6-10（a）内部)
正在选择所有可见对象...
正在分析所选数据...
正在分析内部孤岛...
拾取内部点或 [选择对象(S)/删除边界(B)] ↙（按【Space】健回到“图案填充和渐变色”对话框）
```

在该对话框内单击“预览”按钮，切换到绘图窗口，观察填充区域填充效果是否符合要求，如果不符合要求，按【Space】健，返回图案填充对话框，修改好后单击“确定”按钮，完成有边界的矩形填充，如图 6-10（a）所示。

（2）无边界的矩形填充，如图6-10（b）所示。

不封闭的矩形区域不能进行图案填充，在建筑工程图中，如绘制墙身地基图下面则没有边界的填充。用户可以先绘制一个封闭的辅助图形区域，按上述有边界的矩形填充方法进行图案填充，填充完后，将辅助图形删除，得到如图6-10（b）所示的效果。

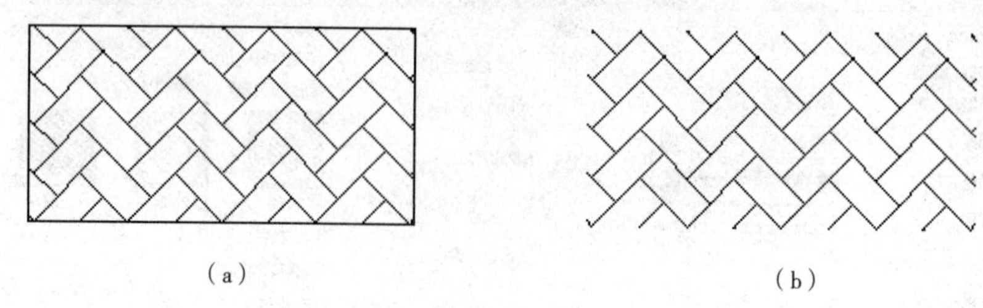

（a）　　　　（b）

图6-10　图案填充效果

6．设置渐变色填充

在“图案填充和渐变色”对话框中选择“渐变色”选项卡，如图6-11所示。

“渐变色”选项卡作用及含义如下。

【颜色】：用于设置渐变色的颜色。

- 单色和双色：用来选择填充颜色是单色和双色。单击[...]按钮，打开如图6-12所示的“选择颜色“对话框，从中可以选择系统提供的索引颜色、真彩色或配色系统颜色。
- 暗~明滑块：用于指定渐变色为选定颜色与白色的混合，或为选定颜色与黑色的混合，用于渐变填充。
- 渐变图案区域：提供了9种渐变图案的图标。

【方向】：用于指定渐变色的角度以及其是否对称。

- 居中：用于控制颜色渐变居中。
- 角度：用于控制颜色渐变的方向。

其余的选项的功能和操作均与图案填充一样。

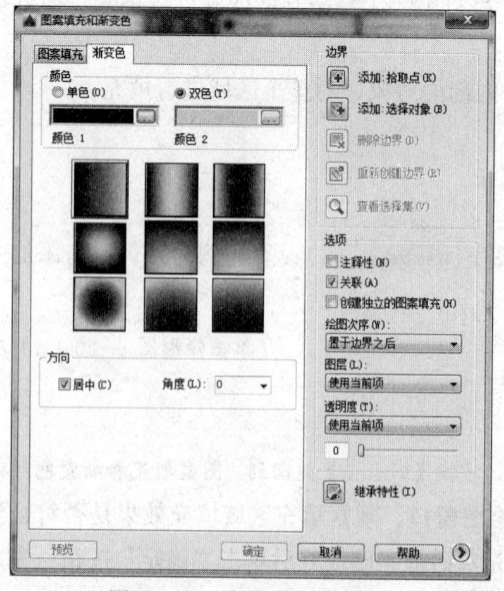

图6-11　“渐变色”选项卡

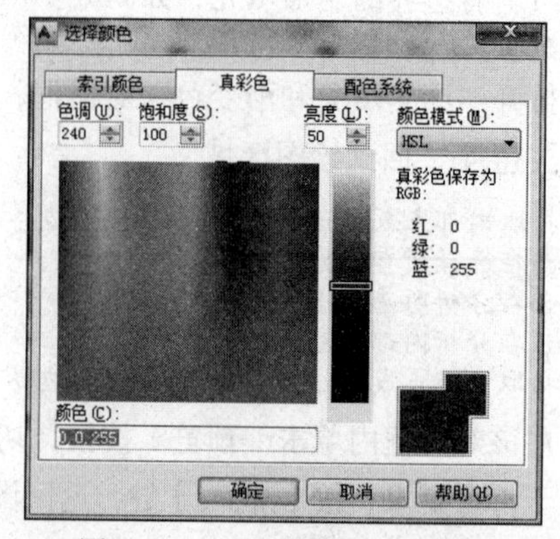

图6-12　“选择颜色”对话框

7. 编辑图案填充

AutoCAD 提供了编辑填充命令重新设置填充图案。启动编辑图案命令有如下 3 种方法：

- 选择菜单栏中“修改”→“对象”→“图案填充”命令。
- 单击“修改Ⅱ”工具栏中的“编辑图案填充”按钮。
- “命令行”输入：hatchedit（或 he）↙。

启动该命令后，打开“图案填充编辑”对话框，与图 6-2 所示的“图案填充和渐变色”对话框相同。对于需要编辑的填充图案，切忌使用分解命令，否则会增加图形文件的容量，使得编辑操作变得不可执行。

技巧

在需要编辑的图案填充对象上双击，也可以打开“图案填充编辑”对话框。

6.2.3　修剪边界

对于建立的图案填充，可以对其形状进行随时调整，此时可以利用图案的方式进行。具体的操作过程：首先进行图案填充，然后绘制需要的几何图形，最后采用“修改”工具栏中修剪命令进行修剪即可。

【操作示例 6-2】

绘制一个图案填充效果的圆，如图 6-13（a）所示，然后绘制一个矩形，如图 6-13（b）所示，采用该矩形对图案填充进行修剪，完成图形如图 6-13（c）所示。

```
命令: tr↙
当前设置:投影=UCS, 边=延伸
选择剪切边..
选择对象或 <全部选择>:  找到 1 个                                    (选择矩形)
选择对象: ↙
选择要修剪的对象, 或按住 Shift 键选择要延伸的对象, 或
[栏选(F)/窗交(C)/投影(P)/边(E)/删除(R)/放弃(U)]:指定对角点:   (框选去掉图案填充部分)
选择要修剪的对象, 或按住 Shift 键选择要延伸的对象, 或
[栏选(F)/窗交(C)/投影(P)/边(E)/删除(R)/放弃(U)]: ↙
```

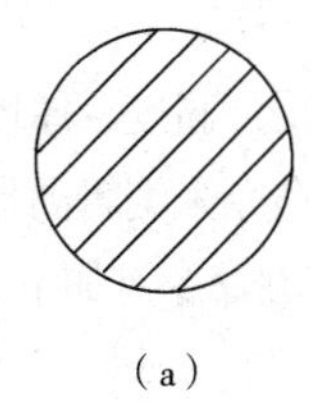

（a）

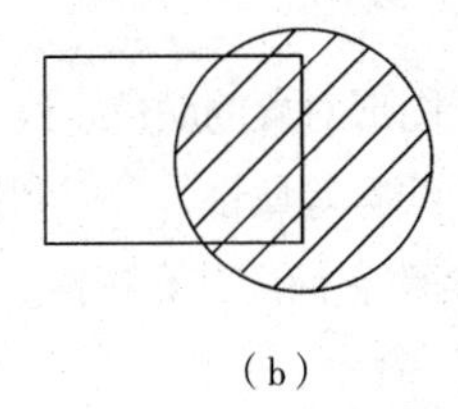

（b）

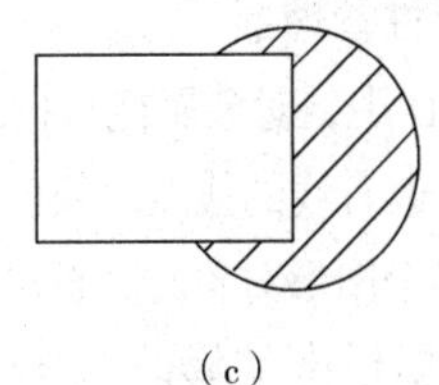

（c）

图 6-13　图案填充修剪效果

6.2.4　创建二维填充

二维填充命令用于生成填充多边形，启动该命令后，系统提示用户指定多边形的顶点（3 个点或 4 个点），完成后将自动填充多边形。启动二维填充命令有如下 3 种方法：

- 选择菜单栏中“绘图”→“曲面”→“二维填充”命令。
- 单击“曲面”工具栏中的“二维填充”按钮。
- “命令行”输入：solid（或 so）↙。

【操作示例 6-3】

（1）用二维填充命令绘制如图 6-14（a）所示图形。

```
命令: so↙                                   （启动二维填充命令）
SOLID 指定第一点:                            （单击确定 A 点）
指定第二点:                                  （单击确定 B 点）
指定第三点:                                  （单击确定 C 点）
指定第四点或 <退出>:↙
指定第三点: ↙
```

（2）用二维填充命令绘制如图 6-14（b）所示图形

```
命令: so↙                                   （启动二维填充命令）
SOLID 指定第一点:                            （单击确定 A 点）
指定第二点:                                  （单击确定 B 点）
指定第三点:                                  （单击确定 C 点）
指定第四点或 <退出>:                          （单击确定 D 点）
指定第三点: ↙
```

（3）用二维填充命令绘制如图 6-14（c）所示图形。

```
命令: so↙                                   （启动二维填充命令）
SOLID 指定第一点:                            （单击确定 A 点）
指定第二点:                                  （单击确定 B 点）
指定第三点:                                  （单击确定 C 点）
指定第四点或 <退出>:                          （单击确定 D 点）
指定第三点: ↙
```

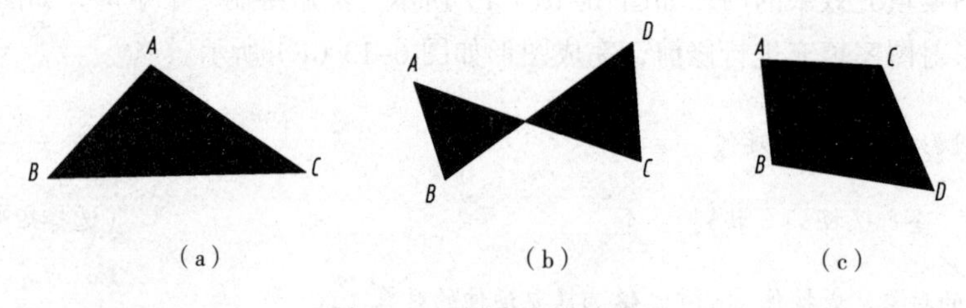

图 6-14　创建二维填充

6.2.5　编辑图形对象属性

1. 对象特性管理器

在 AutoCAD 中，对象属性是指系统赋予图形对象的颜色、线型、图层、高度、厚度和文字样式等特性。如一次修改直线的线型、颜色、图层、线宽等属性，可以利用特性命令来编辑图形对象的各项属性。当选择很多个图形对象时，也可以一次修改它们的共有特性。启动特性命令有如下 3 种方法：

- 选择菜单栏中“修改”→“特性”命令。
- 单击“标准”工具栏中的“特性”按钮。
- “命令行”输入：properties（组合键【Ctrl+1】）↙。

启动该命令后，找开“特性”功能面板，该功能面板是图形对象的主要浏览和修改编辑的工作区域，如图 6-15 所示。“特性”功能面板中显示几种通用属性，包括颜色、图层、线型、线型比例、打印样式、线宽、超链接。选择某一特性后，在“特性”功能面板的底部将给出相应的文字说明。“特性”功能面板的选项和按钮的作用与含义如下：

无选择 下拉列表框：显示图形当前状态，表示没有选中图形对象，窗口显示整个图纸的特性和当前设置。如当选择圆形时，该下拉列表框显示 圆 ，当选择 3 个圆形时，该下拉列表

框显示 圆(3) ，窗口就列出这些对象的共有特性和当前设置。

【切换 PICKADD 系统变量值】按钮：用于修改 PICKADD 系统变量的值，设置是否可以选择多个对象进行编辑。其中“+”代表“特性”窗口将一次显示所选择全部对象的属性。“1”代表“特性”窗口一次只显示一个对象的属性。

【选择对象】按钮：用于切换至绘图窗口，可以选择其他对象。

【快速选择】按钮：用于打开“快速选择”对话框，用户可以按照分类快速选择图形对象，也可以同时选择特定层上的所有的图形对象，如图 6–16 所示。

在“特性”功能面板内双击对象的特性栏，如 常规 ，可以显示和关闭该特性所有可能的值.

图 6–15　“特性”功能面板

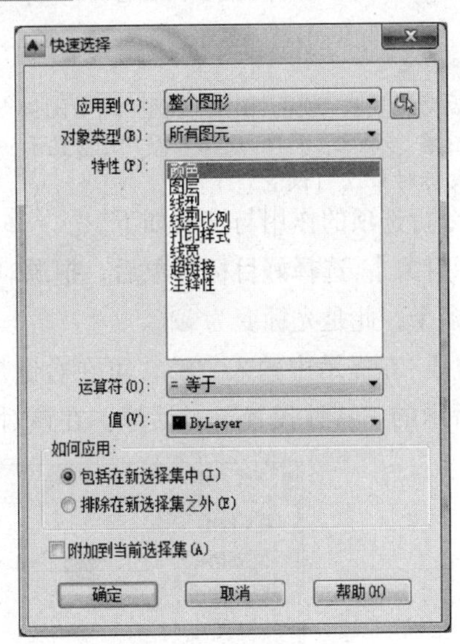

图 6–16　“快速选择”对话框

2. 修改图形对象属性

“特性”功能面板会列出选定对象的特性的当前设置，用户可以通过指定功能面板新值修改所选对象的特性。打开“特性”功能面板就可以在绘图的过程中，进行图形对象特性修改操作。

【操作示例 6-4】

将圆形的线型比例放大为 2，线宽为 0.3，半径为 200，如图 6–17 所示。

① 选择要进行修改对象属性的圆形。

② 单击“标准”工具栏中的“特性”按钮，打开“特性”功能面板，如图 6–15 所示。

③ 在“常规”特性栏中，单击“线型比例”选项中右侧数值框中设置比例因子为 2。

④ 在“线宽”选项中右侧数值框中设置线宽为 0.3。

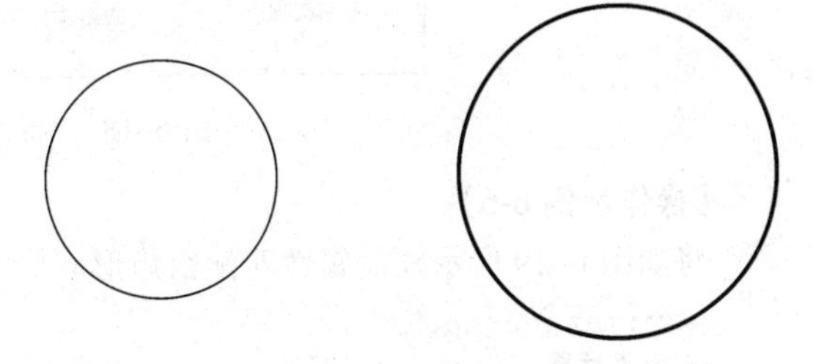

图 6–17　修改圆形对象属性

⑤ 在“半径”选项中右侧数值框中设置半径为 200，按【Enter】键，确定绘图区域中的圆形立即更新。

⑥ 按【Esc】键，完成图形对象属性修改。

3. 匹配图形对象属性

“特性匹配”命令是一个非常有用的编辑工具，利用此命令可以将一个对象的全部或部分对象特征复制给其他对象，也可以复制特殊特性。特性来源对象称为源对象，要赋予特性的对象称为目标对象。启动特性匹配命令有如下 3 种方法：

- 选择菜单栏中“修改”→“特性匹配”命令。
- 选择“标准”工具栏中的“特性匹配”按钮。
- “命令行”输入：matchrop↙。

启用该命令后，命令行提示信息如下。

命令：matchprop↙
选择源对象：　　　　　　　　　　　　　　　　　　（选择要图形匹配的源对象）
当前活动设置：颜色 图层 线型 线型比例 线宽 厚度 打印样式 标注 文字
填充图案 多段线 视口 表格材质 阴影显示 多重引线
选择目标对象或 [设置(S)]：

该命令行选项的作用与含义如下。

【目标对象】：选择好目标对象后，把源对象的特性复制给目标对象，目标对象可以是一个，也可以是多个，此是光标变为。

【设置】：在提示中输入“S”，可在右键快捷菜单中选择“设置”命令，AutoCAD 将打开如图 6-18 所示的“特性设置”对话框。在该对话框中，可以设置需要复制的对象特性。

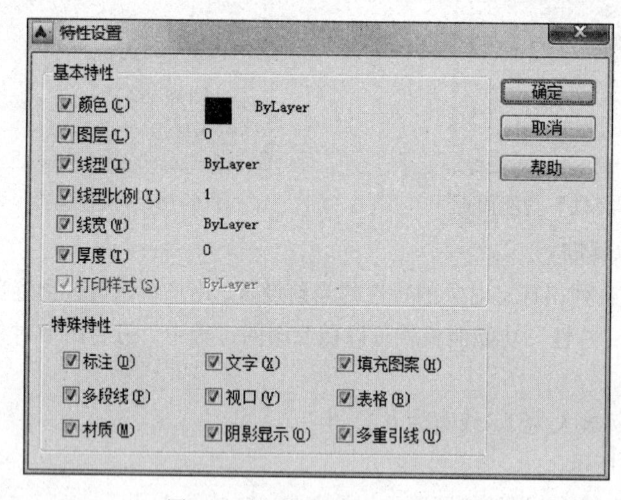

图 6-18　“特性设置”对话框

【操作示例 6-5】

将如图 6-19 所示线段属性匹配给矩形。

命令:matchprop↙
选择源对象：　　　　　　　　　　　　　　　　　　（选择线段图形）
当前活动设置：颜色 图层 线型 线型比例 线宽 厚度 打印样式 标注 文字
填充图案 多段线 视口 表格材质 阴影显示 多重引线
选择目标对象或 [设置(S)]：s↙　　　　　　　　　　（选择矩形图形）
选择目标对象或 [设置(S)]：↙　　　　　　　　　　（按【Enter】键结束命令）

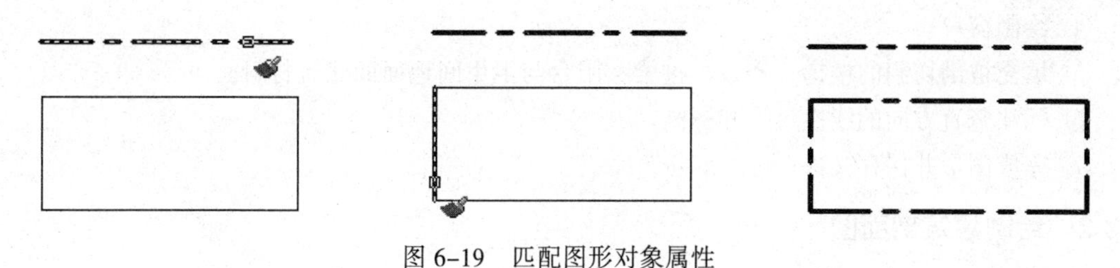

图 6-19　匹配图形对象属性

6.3　项 目 实 施

6.3.1　绘制建筑剖面图基本要求

1. 绘制建筑剖面图的内容

结合底层平面图，对应剖面图与平面图的相互关系，建立建筑内部的空间概念。绘制建筑剖面图的内容包括剖切到的屋面、楼面、墙体、梁等的轮廓及材料做法；建筑物内部分层情况以及竖向、水平方向的分隔，即使没被剖切到，但在剖视方向可以看到的建筑物构配件；屋顶的形式及排水坡度；标高及必须标注的局部尺寸和文字注释。

2. 建筑剖面图的绘制要求

（1）剖面图的命名

剖面图的图名应于底层平面图上所标注剖切符号的编号一致，例如 1–1 剖面图、2–2 剖面图等，采用 1 : 100 比例绘图。

（2）与平面图、立面图中相关内容对应

建筑的平立剖面图相当于物体的三视图，在建筑剖面图中绘制墙体、楼面板、梁柱、门窗、楼梯等构配件时，应随时参照平面图、立面图中的内容确定各相应构配件的位置及具体的大小尺寸。

（3）绘制配件

绘制建筑物被剖切到的各构配件。

绘制建筑物未被剖切到的各构配件。

（4）标注尺寸

竖直方向的线性尺寸和标高。

主要门窗洞口的高度、隔断、平台等高度的线性尺寸。

标高应包含底层地面标高，各层楼面、楼梯平台、屋面板、屋面檐口、室外地面等。

（5）线型、线宽

建筑剖面图中的实线中有粗细两种。被剖切到的墙、柱等构配件用粗实线（0.3）绘制，其他可见构配件用细实线绘制，为默认线宽。

3. 建筑剖面图的绘图步骤

① 绘图环境设置（包括单位、图形界限、图层）。

② 绘制定位轴线、轴圈及编号。

③ 绘制墙体、楼板、屋顶和地坪线。

④ 绘制窗户。

⑤ 填充被剖切到的楼梯、楼板、过梁、阳台与卫生间地面的建筑材料。

⑥ 标注竖直方向的线性尺寸和标高。

⑦ 完成图形并保存文件。

6.3.2 绘制建筑剖面图

1. 绘图环境设置

（1）新建图形文件

命令：new↙

打开“选择样板”对话框，选择“acadiso.dwt”图形样板文件，单击“打开”按钮，完成新建图形文件。

（2）设置绘图单位

命令：un↙

在打开的“图形单位”对话框中设置长度类型为小数，精度为 0，设置单位为毫米。

（3）设置绘图界限

根据图样大小，选择比图样较大一些的范围，相当于手工绘图买好图纸后裁图纸的过程。

命令:limits↙

指定左下角点（0,0），指定右下角点（70000,50000）。

命令:z↙

输入 a↙，选择“全部”选项缩放窗口，将所设置的绘图界限设全部呈现在显示器工作界面。

（4）创建图层

命令:la↙

在打开的“图层特性管理器”功能面板中创建如图 6-20 所示的图层名称及相应颜色、线型和线宽。

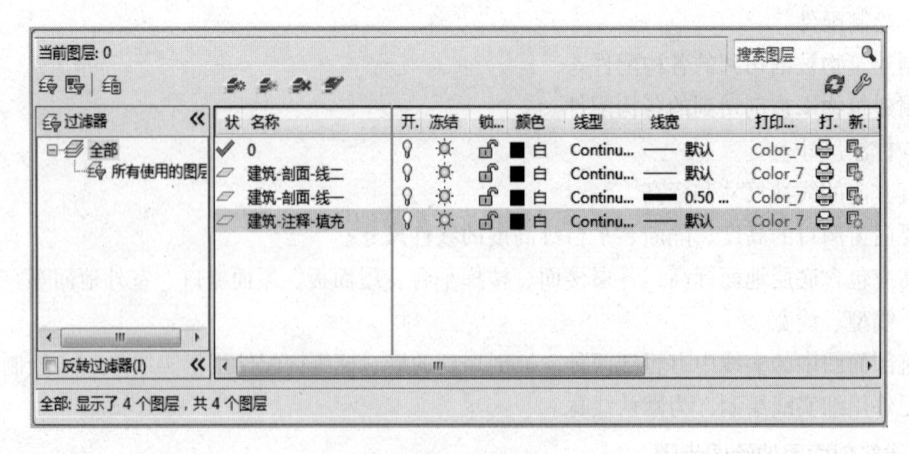

图 6-20　创建图层

（5）利用设计中心拖动其他文件的图层、文字样式、标注样式

命令:adc↙

在“设计中心”功能面板中双击建筑底层平面图中已创建的图层、文字样式和标注样式插入

到当前文件中。

2. 绘制定位轴线、轴圈及编号

（1）插入建筑底层平面图作为外部参照

命令:xa↙　（启动外部参照命令）

① 打开“选择参照文件”对话框，选取“建筑底层平面图”，单击“打开”按钮，在“附着外部参照”对话框中设置旋转为 90°。

② 打开“附着外部参照”对话框，选项默认设置，单击“确定”按钮。

③ 命令行提示。

指定插入点或 [比例(S)/X/Y/Z/旋转(R)/预览比例(PS)/PX/PY/PZ/预览旋转(PR)]:

④ 在绘图区域合适位置单击，确定外部参照的位置，完成外部参照的插入。

⑤ 用相同的方法插入“①-⑧立面图”，如图 6-21 所示。

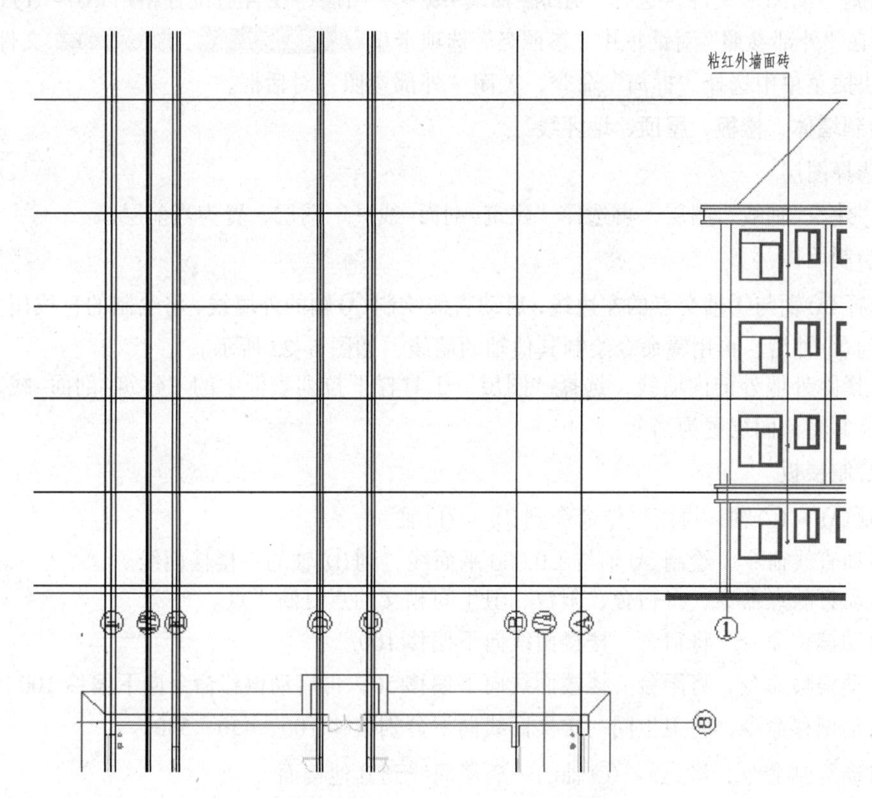

图 6-21　构造线绘制定位轴线

提示

如果插入外部参照，在绘图区域内没有看见，请启动 Zoom 命令，选择【全部（A）】来显示外部参照，运用移动命令来调整外部参照的位置。

（2）用构造线绘制定位轴线

① 选择“建筑-轴线”图层

② 绘制构造线:

```
命令：xl↙
xline 指定点或 [水平(H)/垂直(V)/角度(A)/二等分(B)/偏移(O)]:h ↙   （选择“水平”选项）
指定通过点：                              （依次单击地坪线、±0.000~16700 标高、C1 窗洞）
命令：↙                                   （按【Enter】键执行上一个命令）
xline 指定点或 [水平(H)/垂直(V)/角度(A)/二等分(B)/偏移(O)]:v ↙   （选择“垂直”选项）
指定通过点：                              （依次单击Ⓐ轴到Ⓕ轴上的交点，如图 6-21 所示）
```

（3）绘制轴圈编号

① 选择“插入”→“外部参照”命令，打开“外部参照”对话框，显示当前的图形文件和插入外部参照。在“参照名”选项卡里的 建筑底层平面 文件上右击，在弹出的快捷菜单中选择“打开”命令。

② 在打开的“建筑底层平面图”文件中复制Ⓐ~Ⓕ轴的轴圈编号，关闭图形文件。

③ 回到当前图形文件，选择“建筑-轴线-编号”图层，在合适位置粘贴Ⓐ~Ⓕ的轴圈编号，分别在“外部参照”对话框中“参照名”选项卡里 建筑底层平面 、 ①-⑧立面图 文件上右击，在弹出的快捷菜单中选择“拆离”命令，关闭“外部参照”对话框。

3．绘制墙体、楼板、屋顶、地坪线

（1）选择图层

锁定“建筑-轴线”图层，再选择“建筑-剖面-线一”图层，置为当前层。

（2）绘制墙体

① 选择Ⓐ轴与①轴交点的左边线，启动直线绘制Ⓐ轴的外墙线，将绘制的直线用复制命令分别复制到Ⓒ轴后，再用镜命令绘制其他轴的墙线，如图 6-22 所示。

② 选择除外墙外的内墙线，选择“图层”工具栏下拉列表框中的“建筑-剖面-线二”选项转换图层，并将该图层置为当前。

（3）绘制楼板

先绘制Ⓐ~Ⓒ轴，再用镜像命令到Ⓓ~Ⓕ轴。

① 启动直线命令，绘制Ⓐ轴与±0.000 平面线，到Ⓓ轴的一楼楼面线。

② 启动打断点命令，将宿舍、阳台、卫生间相交的点打断于点。

③ 启动偏移命令，将宿舍一楼楼面线向下偏移 100。

④ 启动偏移命令，将阳台一楼楼面线向下偏移 50，再启动偏移命令向下偏移 100。

⑤ 启动偏移命令，将卫生间一楼楼面线向下分别偏移 100、450、550。

⑥ 启动复制命令，将Ⓐ~Ⓒ轴的一楼楼面线到其他楼面。

⑦ 启动镜像命令，将Ⓐ~Ⓒ轴的一楼楼面线镜像到Ⓓ~Ⓕ轴。

⑧ 修剪图形，得到如图 6-22 所示图形。

> **提示**
>
> 在Ⓒ轴到Ⓓ轴之间绘制一条辅助线，取中点的位置打断于点，删除辅助线和多余线段，便于后面的图形镜像。

（4）绘制屋顶

① 启动直线命令，绘制Ⓐ~Ⓕ轴的屋面线。

② 启动偏移命令，将屋面线、坡屋面线分别向上偏移 250，向下偏移 100。

③ 从偏移 250 的直线Ⓐ轴、Ⓕ轴两端连接到屋脊，形成坡屋项，向下偏移 100。

④ 修剪图形，得到如图 6-22 所示图形。

（5）绘制地坪线

启动直线命令，绘制地坪线，如图 6-22 所示。

（6）绘制檐口

绘制剖面图檐口如图 6-23 所示。

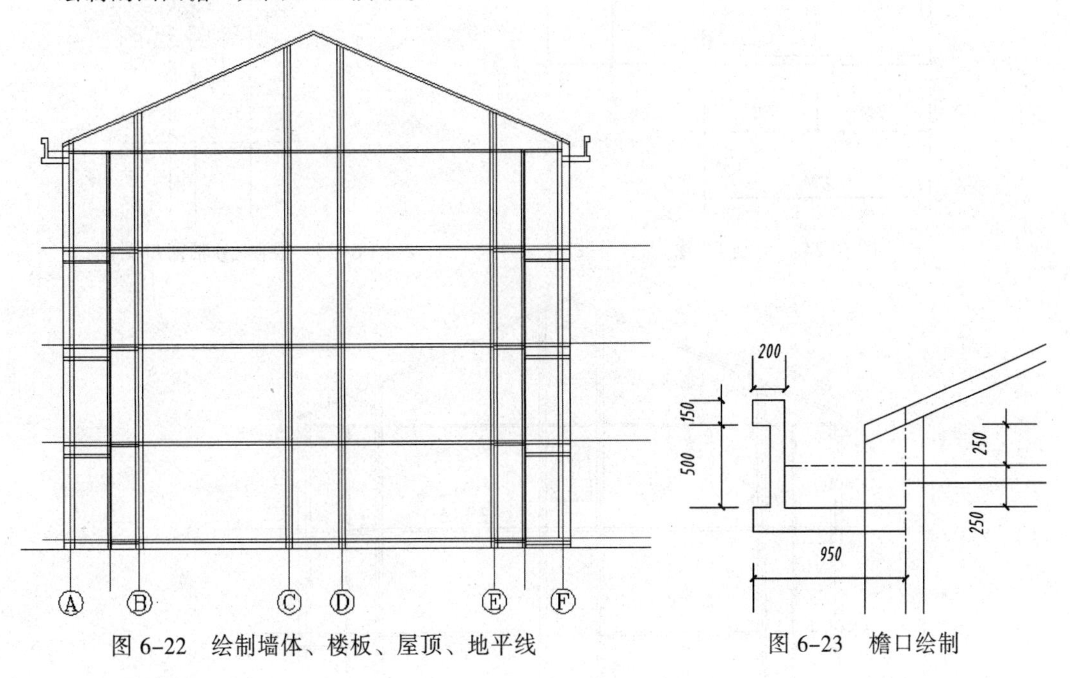

图 6-22　绘制墙体、楼板、屋顶、地平线

图 6-23　檐口绘制

4．绘制窗户

（1）选择图层

选择“建筑-门窗”图层。

（2）绘制 C3 窗户

① 绘制如图 6-24 所示的 C3 窗户。

② 启动直线命令，单击Ⓒ轴与①轴线交点，相对长度（@300,900），将绘制好的窗户移到此点上。

③ 启动阵列命令，框选 C3 窗户，矩形阵列 4 行 1 列，列偏移为 0，行偏移为 3 200，如图 6-26 所示。

（3）绘制Ⓐ轴、Ⓕ轴窗户

① 启动矩形命令，分别捕捉Ⓐ轴外墙上中间辅助线两点单击，再将矩形分解，用偏移命令分别将矩形的两条垂直线向里面偏移 120，如图 6-25 所示。

② 启动阵列命令，框选Ⓐ轴图例窗户，矩形阵列 4 行 2 列，行偏移为 3 200，列偏移为 16 730，如图 6-26 所示。

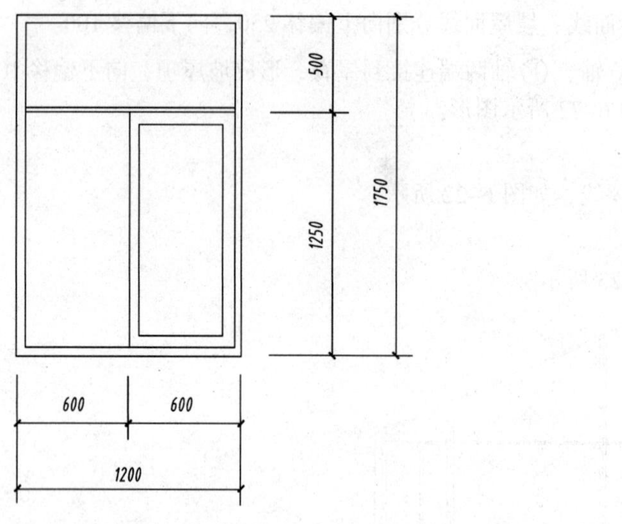

图 6-24　绘制 C3 窗户

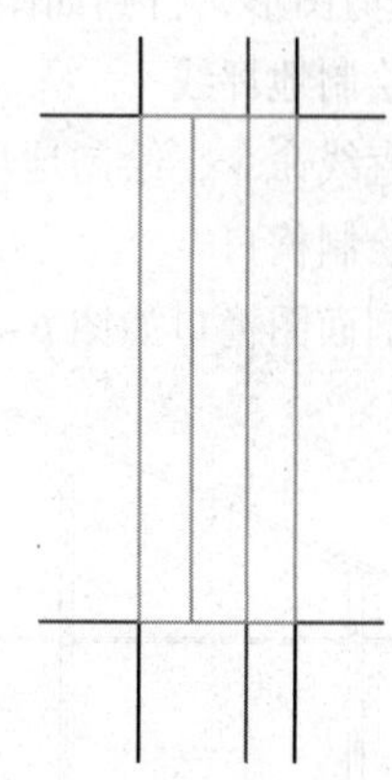

图 6-25　绘制Ⓐ轴窗户图例

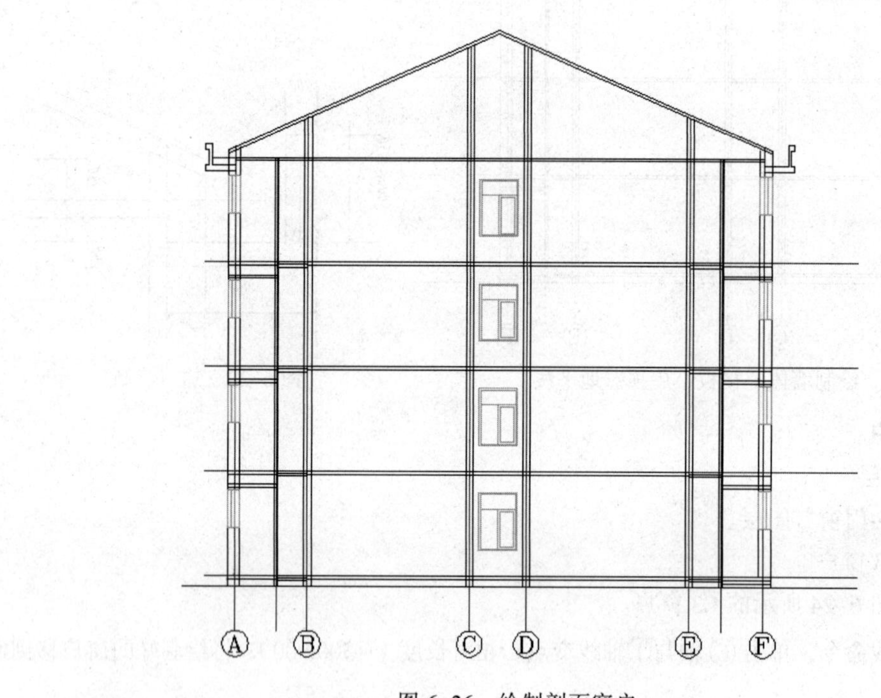

图 6-26　绘制剖面窗户

5．填充楼板、梁、卫生间地面建筑材料

（1）选择图层

选择“建筑-注释-填充”图层，将图层颜色改为索引颜色“8”。

（2）填充楼板、梁

① 修剪如图 6-27 所示的填充区域。

② 启动填充命令：

命令:h↙　　（启动图案填充命令）

打开“图案填充编辑”对话框，单击“图案”按钮 ，打开“填充图案选项板”对话框，在“其他预定义”选项卡里选择 SOLID 图案，单击“确定”按钮。返回“图案填充编辑”对话框，单击“拾取”按钮 ，切换到绘图区域。命令行提示信息如下。

```
拾取或按 Esc 键返回到对话框或 <单击右键接受图案填充>:↙
拾取内部点或 [选择对象(S)/删除边界(B)]:
```

用光标单击需要填充的区域，按【Space】键结束选择，返回“图案填充编辑”对话框，单击“预览”按钮，查看填充正确后，右击接受图案填充，如图 6-27 所示。

（3）填充卫生间地面

命令:h↙　　（启动图案填充命令）

打开“图案填充编辑”对话框，单击“图案”按钮 ，打开“填充图案选项板”对话框，在“其他预定义”选项卡里选择 AR-CONC 图案，比例为 1，进行填充，如图 6-27 所示。

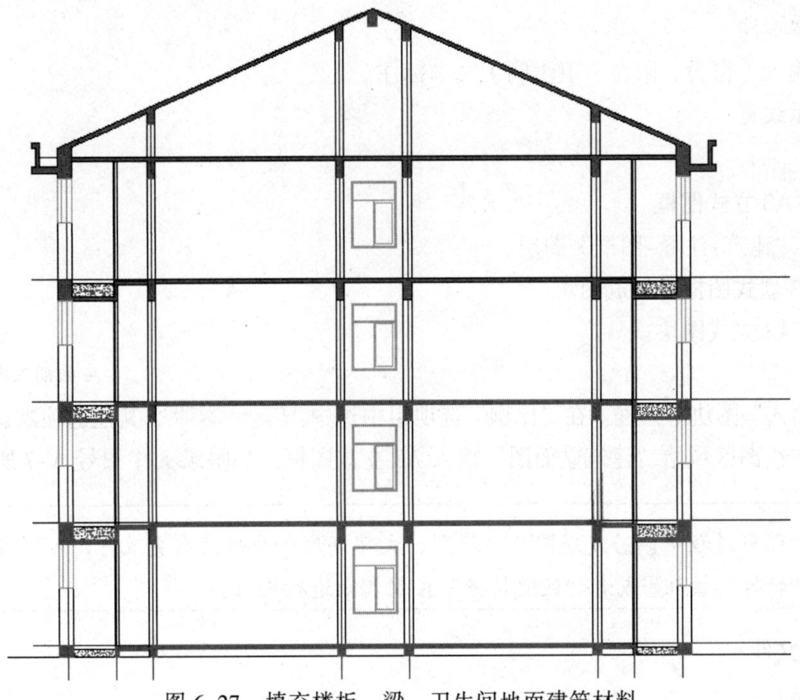

图 6-27　填充楼板、梁、卫生间地面建筑材料

提示

在小部分图形填充一种颜色时，也可以用创建二维填充的 4 个点来填充。

6. 标注尺寸

（1）选择图层

选择“建筑-注释-标注”图层。

（2）插入标高符号图块

① 插入块命令：

命令：i↙

打开“插入”对话框，在“名称”文本框中选择定义图块“标高”，选项默认，在一层楼面线插入标高符号。

② 复制标高符号：

命令：co↙

全部选中标高符号图块，单击标高符号三角形下角点为基点，进行多重复制，复制距离分别为 3 200、6 400、9 600、12 800。

③ 更改标高数字：在标高符号上双击，打开“增强属性编辑器”对话框，在“属性/值”文本框中输入正确的标高值，单击“确定”按钮。

④ 用相同的方法插入如图 6-1 所示标注其他标高符号。

（3）标注尺寸

用三道尺寸线的方法，进行水平和垂直标注，如图 6-1 所示。将设计中心插入的“建筑水平标注”、“建筑垂直标注“、”“建筑中间标注”，分别修改“线”选项卡中“起点偏移量”的值。

（4）文本标注

在房间输入（宿舍、阳台、卫生间）文本标注。

（5）显示线宽

略。

7．插入 A3 立式图框

① 选择“建筑-注释-图框”图层。

② 将 A3 立式图框定义成图块。

③ 插入 A3 立式图块：

命令：i↙　　　　（启动插入图块命令）

打开“插入”图块对话框。在“比例”选项组中选中 ☑统一比例(U)，其他选项默认，单击“确定”按钮，在绘图区域给“建筑立面图”插入 A3 立式图框。如附录 A 中图号 A-7 所示。

> **提示**
>
> 在绘制图形过程中，若发现图层、线型、文字高度等属性没有更改时，可以在标准工具栏中单击“特性”按钮或者“匹配特性”按钮来进行修改。

8．保存文件

命令：save↙

完成以上所有建筑立面图绘制，得到如附录 A：图 A-7 所示图形，以“建筑立面图”为文件名保存并退出。

6.4 技能拓展

绘制 2-2 剖面图

用绘制“1-1 剖面图”的方法，要求绘制如图 6-28 所示图形，才能提高绘制剖面图的操作技能。在绘制过程中注意剖切位置与“1-1 剖面图”不同之处，绘制完成后保存为“2-2 剖面图”文件，插入 A3 立式图块，得到如附录 A 中图 A-8 所示图形，保存并退出。

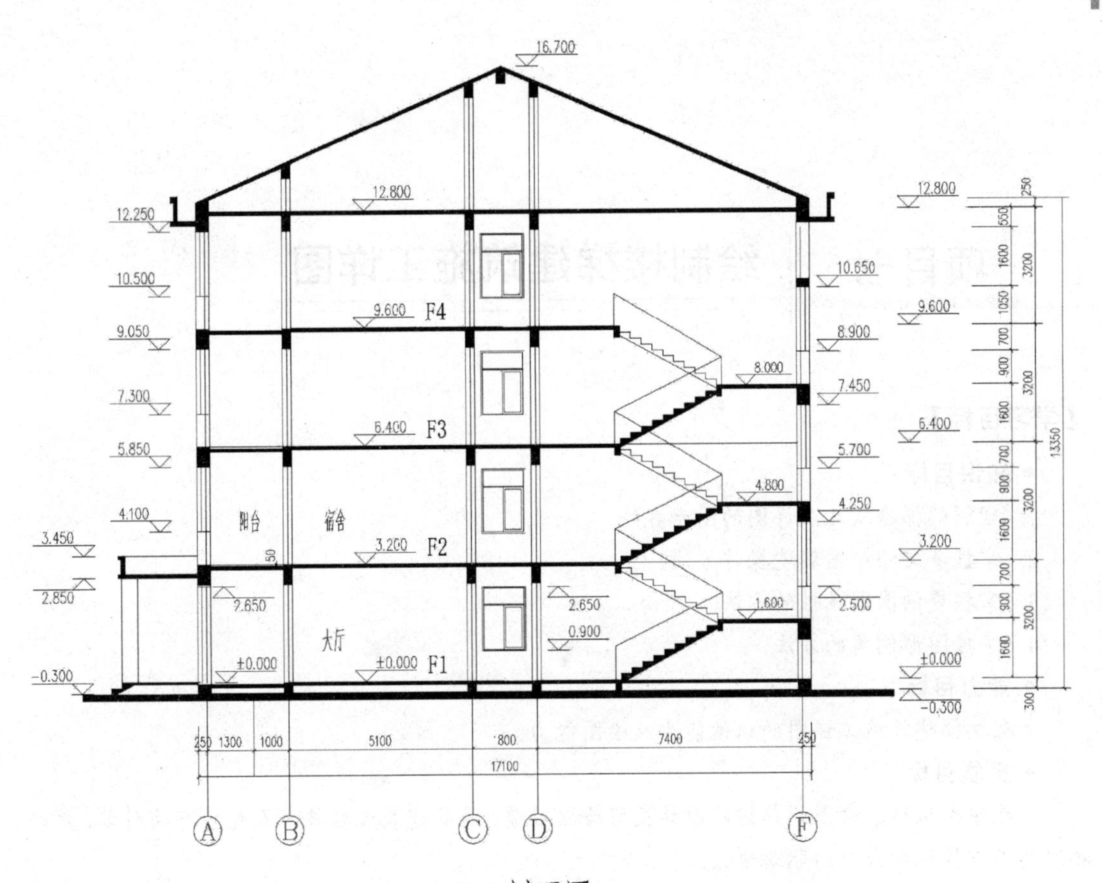

2-2剖面图 1:100

图 6-28　2-2 剖面图

学习效果评价表

项目名称							
专　业		班　级		姓　名		学　号	
评价内容	评价指标		分数	自我评价（25%）	小组评价（25%）	老师评价（50%）	得分
学习态度	出勤情况、学习主动性、语言表达、团队协作		10				
项目实施	绘图环境设置、用设计中心和外部参照辅助绘图		10				
	绘制墙体、楼板、屋顶、门窗、填充		40				
	标注标高、引线标注		10				
项目质量	绘图符合规范、图线清晰、标注准确、图面整洁		10				
学习方法	创新思维能力、计划能力、解决问题能力		20				
教师签名		日　期			成绩评定		

项目七　绘制楼梯建筑施工详图

【学习目标】

● 知识目标

1. 理解楼梯建筑施工详图的图示方法。
2. 掌握多文档绘图环境操作方法。
3. 掌握查询图形属性的方法。
4. 掌握图形倒角的方法。

● 能力目标

具有楼梯建筑施工详图的识读能力及绘图能力。

● 素质目标

培养学生从精准绘图到熟练绘图的良好绘图习惯，具备建筑工程技术人员应有的科学、严谨、精准的工作作风和良好的职业道德。

【重点与难点】

● 重点

掌握绘制楼梯建筑施工详图的基本命令和操作技巧。

● 难点

掌握查询图形属性的方法。

【学习引导】

1. 教师课堂教学指引：绘制楼梯建筑施工详图的基本命令和操作技巧。
2. 学生自主性学习：每个学生通过实际操作反复练习加深理解，提高操作技巧。
3. 小组合作学习：通过小组自评、小组互评、教师评价，并总结绘图效果，提升绘图质量。

7.1　项 目 描 述

建筑平面图、建筑立面图和建筑剖面图三图配合虽然表达了房屋的全貌，但由于所用的比例较小，房屋上的一些细部构造不能清楚地表示出来，因此还需要绘制建筑详图，如图 7-1 所示的楼梯建筑施工详图，包括了楼梯平面图、楼梯剖面图以及踏步和栏杆节点详图。

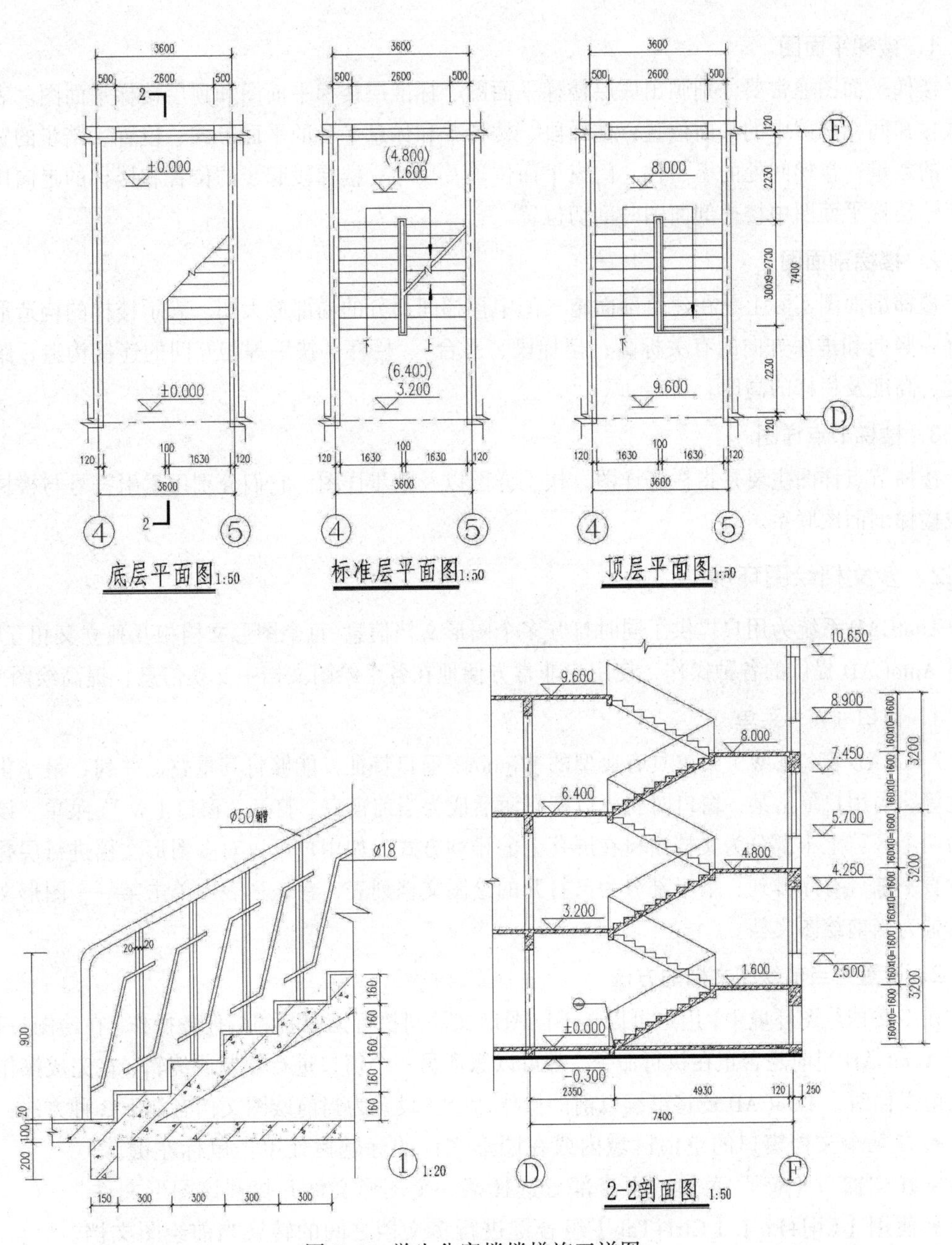

图 7-1　学生公寓楼楼梯施工详图

7.2　知 识 平 台

7.2.1　楼梯建筑施工详图的图示方法

楼梯详图主要表示楼梯的类型和结构形式。楼梯是由楼梯段、休息平台、栏杆和扶手组成。楼梯详图主要表示楼梯的类型、结构形式、各部位的尺寸及装修做法等，是楼梯施工放样的主要依据。

楼梯的建筑施工详图一般有楼梯平面图、楼梯剖面图以及踏步和栏杆节点详图。

1．楼梯平面图

楼梯平面图通常要分别画出底层楼梯平面图、标准层楼梯平面图和顶层楼梯平面图。表示楼梯或楼梯间在房屋中的平面位置；楼梯段、楼梯井和休息平台的平面形式、位置、踏步的宽度和踏步的数量；楼梯间处的墙、柱、门窗平面位置及尺寸；楼梯段起步的位置和楼梯的走向用箭头表示；楼梯平面图中楼梯剖面图时剖切位置。

2．楼梯剖面图

楼梯剖面图实际上是在建筑剖面施工图中楼梯间部分的局部放大图。表示楼梯的构造形式；楼梯在竖向和进深方向的有关标高；楼梯段、平台 、栏杆、扶手等相互间的连接构造；踏步的宽度、高度及栏杆的高度。

3．楼梯节点详图

楼梯节点详图主要是指栏杆详图、扶手详图以及踏步详图。它们分别用索引符号与楼梯平面图或楼梯剖面图联系。

7.2.2 多文档绘图环境

AuotCAD 系统为用户提供了同时打开多个图形文档信息，每个图形文档相互独立又相互联系，通过 AutoCAD 提供的各种操作，使用户非常方便地在各个绘图文档中交换信息，提高绘图效率。

1．窗口（W）菜单

AutoCAD 窗口（W）菜单具有典型的 Windows 窗口特征，能够将其重叠、并列、最小化和最大化等，当用户单击某一窗口时就可以把它激活成为当前窗口。打开“窗口（W）”菜单，该菜单分为两个区：上半部分为文档窗口在屏幕上的排列方式，如用户可以对多图形文档进行层叠、水平垂直平铺、有序排列；下半部分为已打开的绘图文档列表，在该列表中单击某一个图形文件即可设置为当前绘图文档。

2．设置为当前绘图文档的方法

在多文档绘图环境中，用户可以在不同图形文件间执行无中断的多任务操作。在绘图过程中，无论 AutoCAD 当前是否正在执行命令，都可以激活另一个窗口进行绘制或编辑，在完成操作并返回当前文档时，AutoCAD 还将继续以前的操作命令。设置为当前绘图文档有如下 3 种方法：

- 在某个文档窗口的空白区域内或在图形文件的标题栏处单击鼠标左键。
- 在“窗口（W）”菜单的下半部分选择某一个图形文件并打开该图形文件。
- 使用【Ctrl+F6】、【Ctrl+Tab】组合键进行多文档之间的转换当前绘图文档。

3．多文档图形文件的复制与粘贴

（1）按组合键复制与粘贴图形

AutoCAD 具有剪切、复制、粘贴等功能，可以快捷地在各个图形文件间复制、移动对象。全选对象：【Ctrl+A】组合键，复制对象：【Ctrl+C】组合键，粘贴：【Ctrl+V】组合键。

（2）鼠标拖动复制与粘贴图形

用户可以直接选择图形实体，然后按住鼠标左键，将它拖放到其他图形中去使用。

（3）“编辑”菜单复制与粘贴图形

考虑到复制的对象需要在其他的图形中准确定位，还可以在复制对象的同时指定基准点，这

样在执行粘贴操作时就可根据基准点将图形复制到正确的位置。

选择菜单栏中“编辑”→“带基点复制”命令（快捷键【Ctrl+Shift+C】)。

命令行提示信息如下：

```
命令：copybase↙
指定基点：                                  （单击要复制的图形的端点或圆心）
选择对象：                                  （框选要复制的对象）
```

可以将一个或多个图形文件复制到剪贴板上：选择菜单栏中“编辑”→“粘贴”命令。

命令行提示信息如下：

```
命令：_pasteclip↙
指定插入点：                                （在需要粘贴图形的位置单击）
```

将复制到剪贴板上带基点的图形文件粘贴到当前打开的图形文件中。

7.2.3 查询图形属性

查询命令可以方便地了解系统的运行状态、图形对象的数据信息，例如绘制建筑工程图要计算两点间的距离、图形的面积、点的坐标等。选择菜单栏中“工具”→“查询”命令，选择相应的查询命令。

1. 查询距离

AutoCAD 提供了查询两点之间或多段线的距离命令，常与对象捕捉功能配合使用。可以非常直观和方便地测量点与点之间图形对象的长度，以及线与 *XY* 轴的夹角。启动查询距离命令有如下 3 种方法：

- 选择菜单栏中“工具”→“查询”→“距离”命令。
- 单击“绘图”工具栏中的“距离”按钮。
- “命令行”输入：dist（或 di）↙。

【操作示例 7-1】

查询 *AB* 线段、*CD* 多段线的长度，如图 7-2 所示。

```
命令：di↙
DIST 指定第一点：                           （按【F3】键打开捕捉，捕捉 B 点）
指定第二个点或 [多个点(M)]：                （捕捉 A 点）
距离 = 320，XY 平面中的倾角 = 331，  与 XY 平面的夹角 = 0
X 增量 = 279，  Y 增量 = -157，   Z 增量 = 0
```

以上查询距离的数据选项含义如下。

【距离】：两点之间的距离。

【XY 平面中的倾角】：两点之间连线与 *X* 轴的正方向的夹角。

【与 XY 平面的夹角】：该直线与 *XY* 平面的夹角。

【X/Y/Z 增量】：两点在 *X*/*Y*/*Z* 轴方向的坐标增加值。

```
命令：di↙
DIST
指定第一点：                                （捕捉 C 点）
指定第二个点或 [多个点(M)]：                （捕捉 D 点）
距离 = 24705，XY 平面中的倾角 = 0，  与 XY 平面的夹角 = 0
X 增量 = 24705，  Y 增量 = 0，   Z 增量 = 0
```

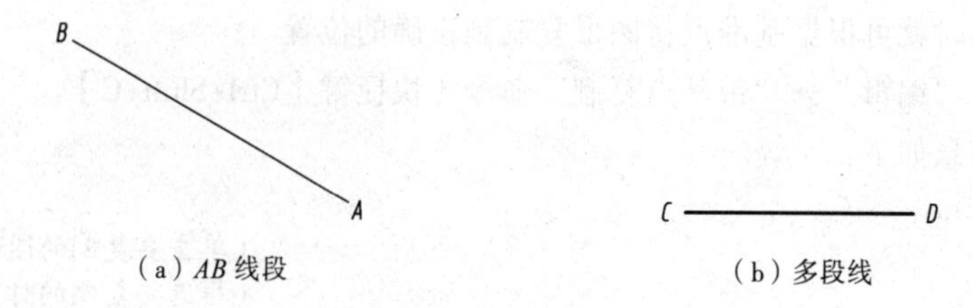

（a）AB 线段　　（b）多段线

图 7–2　查询线段长度

2．查询面积

AutoCAD 提供了查询面积的命令，用户可以查询圆、椭圆、矩形、多边形、多段线和面域等图形对象指定的周长与面积，以对其进行加、减运算。启动查询面积命令有如下 3 种方法：

- 选择菜单栏中“工具”→“查询”→“面积”命令。
- 单击“绘图”工具栏中的“面积”按钮。
- “命令行”输入：area↙。

启用该命令后，命令行提示如下：

命令：area↙
指定第一个角点或［对象(O)/增加面积(A)/减少面积(S)］<对象(O)>：

命令行各选项作用及含义如下：

【指定第一个角点】：输入若干点后，AutoCAD 将计算出由这些点封闭多边形的面积。

【对象】：计算由指定对象所围成区域的面积和周长。

【增加面积】：对面积进行加法运算，即把新图形面积加入到总面积中去。

【减少面积】：对面积时行减法运算，即把所选实体的面积从总面积中减去。

【操作示例 7-2】

（1）查询如图 7–3（a）所示圆形的面积。

命令:area↙
指定第一个角点或［对象(O)/增加面积(A)/减少面积(S)］<对象(O)>：o↙
（选择“对象”选项）
选择对象：　（单击选择圆）
面积 = 65261，圆周长 = 906

（2）查询如图 7–3（b）所示矩形的面积。

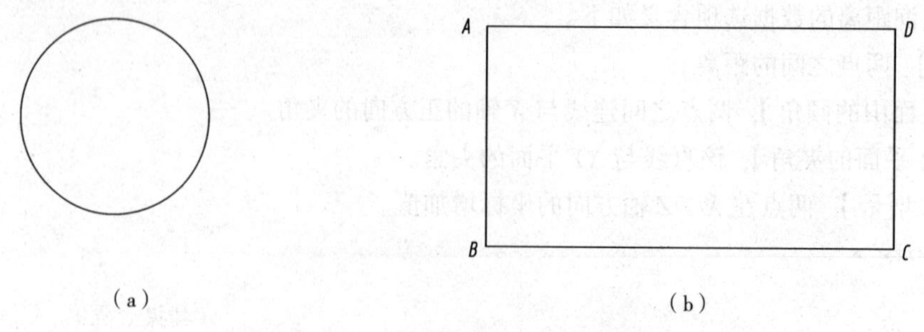

（a）　（b）

图 7–3　查询圆形和矩形的面积

命令：area↙
指定第一个角点或［对象(O)/增加面积(A)/减少面积(S)］<对象(O)>：　（捕捉 A 点）
指定下一个点或［圆弧(A)/长度(L)/放弃(U)］：　（捕捉 B 点）
指定下一个点或［圆弧(A)/长度(L)/放弃(U)］：　（捕捉 C 点）

指定下一个点或 [圆弧(A)/长度(L)/放弃(U)/总计(T)] <总计>: （捕捉 *D* 点）
指定下一个点或 [圆弧(A)/长度(L)/放弃(U)/总计(T)] <总计>:↙
面积 = 199712，周长 = 1876

提示

如果用户在选取交点 *A*、*B*、*C* 之后，直接按【Enter】键，则查询到的信息是三角形 *ABC* 的面积与周长。

（3）查询如图 7-4 所示矩形和圆形相加的面积。

命令: area↙
指定第一个角点或 [对象(O)/增加面积(A)/减少面积(S)] <对象(O)>: a↙
（选择“增加面积”选项）
指定第一个角点或 [对象(O)/减少面积(S)]: o↙ （选择“对象”选项）
（“加”模式）选择对象: （选择矩形对象）
面积 = 387247，周长 = 2501 （系统测量矩形面积与周长）
总面积 = 387247 （显示选择对象的总面积）
（“加”模式）选择对象: （选择圆对象）
面积 = 166215，圆周长 = 1445 （系统测量圆面积与周长）
总面积 = 553461 （显示选择对象相加的总面积）
指定第一个角点或 [对象(O)/减少面积(S)]: ↙

（4）查询如图 7-4 所示矩形和圆形相减的面积。

命令: area↙
定第一个角点或 [对象(O)/增加面积(A)/减少面积(S)] <对象(O)>: a↙
（选择“增加面积”选项）
指定第一个角点或 [对象(O)/减少面积(S)]: o↙ （选择“对象”选项）
（“加”模式）选择对象: （选择矩形对象）
面积 = 387247，周长 = 2501 （系统测量矩形面积与周长）
总面积 = 387247
（“加”模式）选择对象: （按【Enter】键）
指定第一个角点或 [对象(O)/减少面积(S)]: s↙ （选择“减少面积”选项）
指定第一个角点或 [对象(O)/增加面积(A)]: o↙ （选择“对象”选项）
（“减”模式）选择对象: （选择圆对象）
面积 = 166215，圆周长 = 1445 （系统测量圆形面积与周长）
总面积 = 221032 （显示选择对象相减的总面积）
指定第一个角点或 [对象(O)/增加面积(A)]: ↙

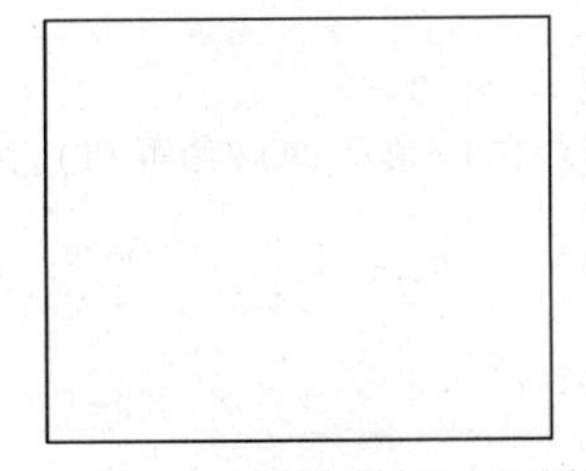
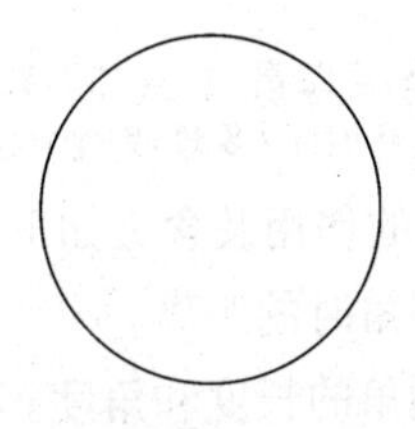

图 7-4　查询矩形和圆形相加、相差的面积

3. 查询点坐标

AutoCAD 提供了查询点坐标的命令，用户在绘图过程中，可以随时查询点坐标位置，即 *X*、*Y*、*Z* 坐标值。启动查询点坐标命令有如下 3 种方法：

- 选择菜单栏中“工具”→“查询”→“点坐标”命令。

- 单击“绘图”工具栏中的“点坐标”按钮。
- “命令行”输入：id。

【操作示例 7-3】

（1）查询如图 7–5 所示矩形 *A* 点和圆形圆心坐标位置。

```
命令：id↙
指定点：                                                 （捕捉矩形 A 点）
X = 23891     Y = 11428     Z = 0                        （显示该点在当前坐标系下的坐标值）
命令：↙
ID 指定点：                                              （捕捉圆形圆心点）
 X = 24964     Y = 11155     Z = 0                       （显示圆心在当前坐标系下的坐标值）
命令：id↙
```

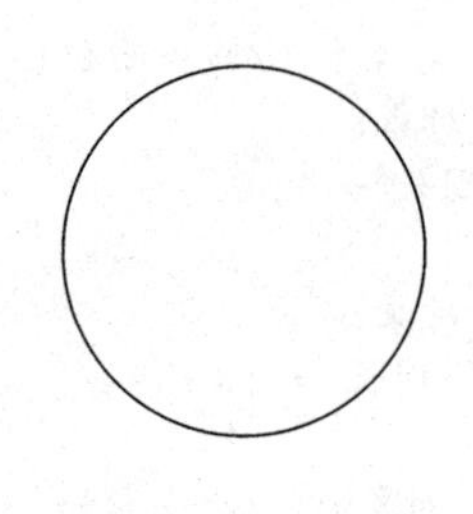

图 7–5　查询矩形和圆心点坐标

7.2.4　图形对象的倒角

倒角操作包括倒圆角和倒棱角。该功能使成一定角度连接的线在拐角处平滑过度，倒圆角是利用指定半径的圆弧光滑地连接两个对象，倒棱角是利用一条斜线连接两个对象。

1．倒棱角

利用倒角命令可以对任意两条相交的线段或多段线绘制出指定倾斜的倒角，启动倒棱角命令有如下 3 种方法：

- 选择菜单栏中“修改”→“倒角”命令。
- 单击“修改”工具栏中的“倒角”按钮。
- “命令行”输入：chamfer（或 cha）↙。

启用该命令后，命令行提示信息如下：

```
命令：cha↙
（“修剪”模式）当前倒角距离 1 = 0，距离 2 = 0
选择第一条直线或 [放弃(U)/多段线(P)/距离(D)/角度(A)/修剪(T)/方式(E)/多个(M)]：
```

命令行提示主要选项的作用及含义如下：

【距离（D）】：设置倒角时的距离。

【角度（A）】：设置倒角的长度和角度。

【修剪（T）】：确定倒角后是否保留原拐角边。选择“修剪（T）”选项，表示倒角后对倒角边进行修剪；选择“不修剪（N）”选项，表示不进行修剪。

【操作示例 7-4】

（1）用倒角命令给矩形进行水平距离为 200，垂直距离为 500 的倒角，如图 7–6 所示。

```
命令：cha↙
（“修剪”模式）当前倒角距离 1 = 0，距离 2 = 0
```

选择第一条直线或 [放弃(U)/多段线(P)/距离(D)/角度(A)/修剪(T)/方式(E)/多个(M)]: d↙
指定第一个倒角距离 <0>: 200↙
指定第二个倒角距离 <200>: 500↙
选择第一条直线或 [放弃(U)/多段线(P)/距离(D)/角度(A)/修剪(T)/方式(E)/多个(M)]:
（在矩形上水平线上单击）
选择第二条直线，或按住 Shift 键选择要应用角点的直线:　（在矩形左垂直线上单击）

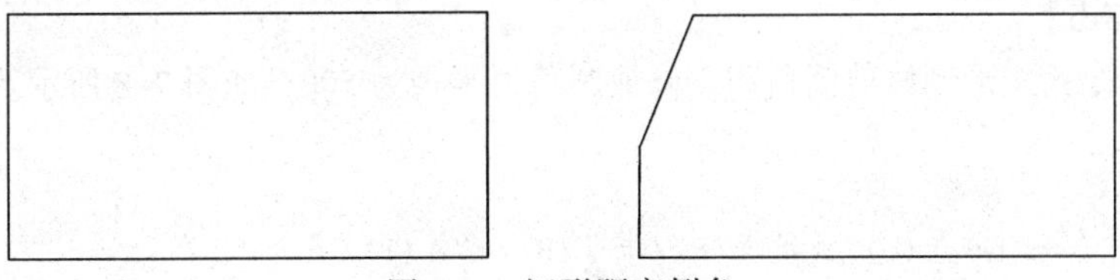

图 7-6　矩形距离倒角

（2）用倒角命令给矩形倒角，水平距离为 500，倒角角度为 45° 的斜角，如图 7-7 所示。

命令: cha↙
（“修剪”模式）当前倒角距离 1 = 200，距离 2 = 500
选择第一条直线或 [放弃(U)/多段线(P)/距离(D)/角度(A)/修剪(T)/方式(E)/多个(M)]: a↙
指定第一条直线的倒角长度 <0>: 500↙
指定第一条直线的倒角角度 <0>: 45↙
选择第一条直线或 [放弃(U)/多段线(P)/距离(D)/角度(A)/修剪(T)/方式(E)/多个(M)]:
（在矩形上水平线上单击）
选择第二条直线，或按住 Shift 键选择要应用角点的直线:　（在矩形左垂直线上单击）

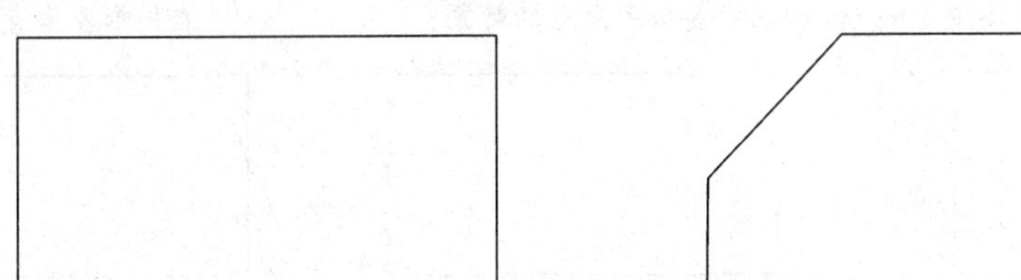

图 7-7　矩形角度倒角

2. 倒圆角

利用倒圆角命令，可以将两个线性对象用圆弧连接起来。该功能的对象主要包括直线、圆弧、椭圆弧、多段线、射线、构造线和样条曲线。启动倒圆角命令有如下 3 种方法：

- 选择菜单栏中“修改”→“圆角”命令。
- 单击“修改”工具栏中的“圆角”按钮。
- “命令行”输入：fillet（或 f）↙。

启用该命令后，命令行提示信息如下：

命令: f↙
FILLET
当前设置: 模式 = 修剪，半径 = 0
选择第一个对象或 [放弃(U)/多段线(P)/半径(R)/修剪(T)/多个(M)]:

命令行提示主要选项的作用及含义如下：

【半径（R）】：确定要倒圆角的半径。

【修剪（T）】：确定倒圆角后是否保留原拐角边，选择“修剪（T）”选项，表示倒圆角后对倒圆角边进行修剪；选择“不修剪（N）”选项，表示不进行修剪。

【多个（M）】: 在不结束命令的情况下对多个对象进行操作。

技巧

按住【Shift】键并选择两条直线，可以快速创建零距离倒角或零半径圆角。

【操作示例 7-5】

用倒圆角命令给矩形倒修剪圆角和不修剪圆角，半径为 500，如图 7-8 所示。

```
命令：f↙
当前设置：模式 = 修剪，半径 = 0
选择第一个对象或 [放弃(U)/多段线(P)/半径(R)/修剪(T)/多个(M)]: r↙
指定圆角半径 <0>: 500↙
选择第一个对象或 [放弃(U)/多段线(P)/半径(R)/修剪(T)/多个(M)]:
                                                    （在矩形上水平线上单击）
选择第二个对象，或按住 Shift 键选择要应用角点的对象：  （在矩形左垂直线上单击）
命令：↙
FILLET
当前设置：模式 = 修剪，半径 = 500
选择第一个对象或 [放弃(U)/多段线(P)/半径(R)/修剪(T)/多个(M)]: t↙
输入修剪模式选项 [修剪(T)/不修剪(N)] <修剪>: n↙
选择第一个对象或 [放弃(U)/多段线(P)/半径(R)/修剪(T)/多个(M)]:
                                                    （在矩形上水平线上单击）
选择第二个对象，或按住 Shift 键选择要应用角点的对象：  （在矩形左垂直线上单击）
```

（a）矩形

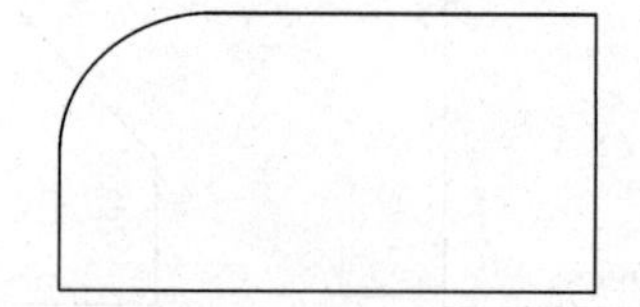

（b）倒圆角修剪

（c）倒圆角不修剪

图 7-8　矩形倒圆角修剪与不修剪

7.2.5　调整图形形状大小

1. 缩放图形

缩放图形是按照指定的比例系数，在选定的基点位置对图形对象进行放大或缩小的操作。此命令不仅适合于整个图形的大小改变，而且适合于一个比较复杂的图形中单个图形的改变。启动缩放命令有如下 3 种方法：

- 选择菜单栏中“修改”→“缩放”命令。
- 单击“修改”工具栏中的“缩放”按钮。
- “命令行”输入：scale（sc）↙。

【操作示例 7-6】

将如图 7-9 所示图形缩放 0.5。

```
命令：sc↙
选择对象：                                （框选窗户图形）
选择对象：                                （右键确认选择）
```

```
指定基点：                                    （在点的位置单击，确定缩放基点）
指定比例因子或 [复制(C)/参照(R)] <1>:0 .5↙      （缩放倍数）
```

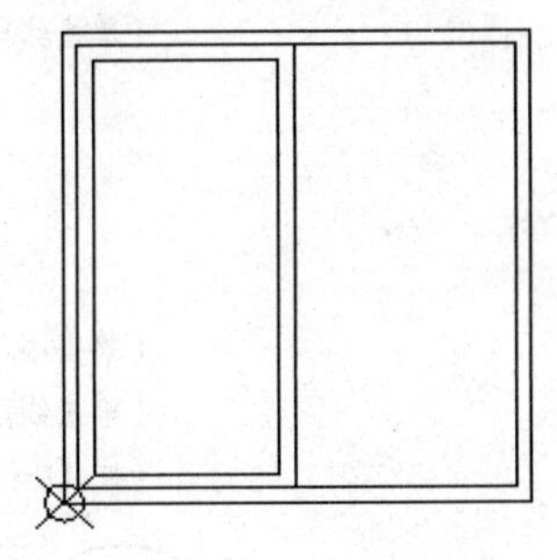
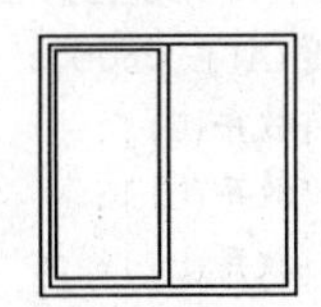

图 7-9　缩放图形

命令行提示中各主要选项的含义如下：

【复制（C）】：在缩放图形对象的同时，保留原图形对象。

【参照（R）】：当用户输入参考长度和新长度，系统会把新长度和参考长度作为比例因子进行缩放。

提示

当输入的比例因子大于 1 时，图形放大；当比例因子小于 1 时，图形缩小，比例因子不允许为负值或 0。

2. 拉长图形

拉长命令可延伸或缩短非闭合的直线、圆弧、非闭合多段线、椭圆弧和非闭合样条曲线的长度，也可以改变圆弧的角度。启动拉长命令有如下两种方法：

- 选择菜单栏中“修改”→“拉长”命令。
- “命令行”输入：lengthen（或 len）↙。

启用该命令后，命令行提示信息如下：

```
命令：len↙
选择对象或 [增量(DE)/百分数(P)/全部(T)/动态(DY)]：
```

命令行提示各选项的作用及含义如下：

【对象】：用于查看所选对象的长度，系统的默认选项。

【增量（DE）】：通过指定的增量修改对象的长度，该增量是从距离选择点最近的端点处开始测量。另外，还可以修改圆弧的角度，增量为正值则增长对象；反之则减短对象。

【百分数（P）】：通过指定对象总长的百分数改变对象长度。

【全部（T）】：通过输入新的总长度来设置选定对象的长度；也可以按照指定的总角度设置选定圆弧的包含角。

【动态（DY）】：通过动态拖动模式改变对象的长度。

【操作示例 7-7】

拉长线段 *AB*、*AC* 的长度为 500，线段 *BA*、*CA* 的长度为-500，如图 7-10 所示。

```
命令：len↙
选择对象或 [增量(DE)/百分数(P)/全部(T)/动态(DY)]：de↙         （选择“增量”选项）
```

```
输入长度增量或 [角度(A)] <100>:500↙                      (输入长度增量值)
选择要修改的对象或 [放弃(U)]:                             (单击线段AB的A点)
选择要修改的对象或 [放弃(U)]:                             (单击线段AC的A点)
选择要修改的对象或 [放弃(U)]: ↙
命令: ↙
选择对象或 [增量(DE)/百分数(P)/全部(T)/动态(DY)]: de↙
输入长度增量或 [角度(A)] <500>: -500↙
选择要修改的对象或 [放弃(U)]:                             (单击线段BA的B点)
选择要修改的对象或 [放弃(U)]:                             (单击线段CA的C点)
选择要修改的对象或 [放弃(U)]: ↙                           (按【Enter】键结束命令)
```

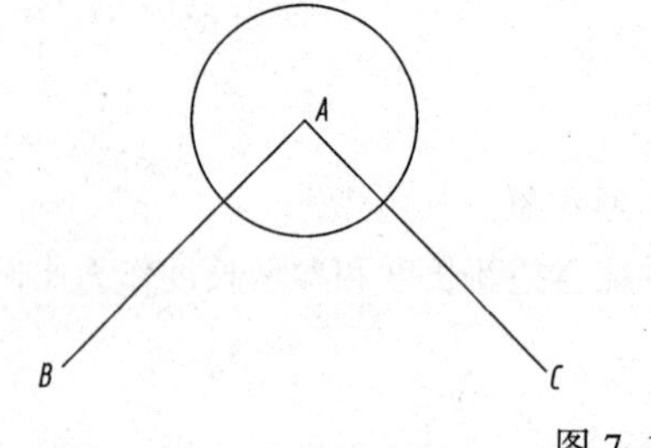

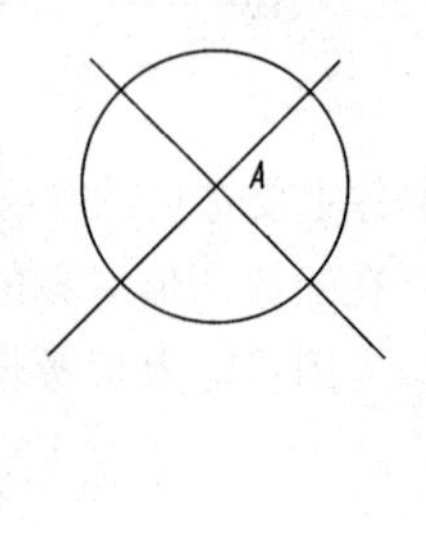

图 7-10　拉长线段

7.2.6　绘制点

点在图形绘制过程中可直接作为节点使用，或作为其他绘图对象的参考点使用，主要起到标注功能。

1．设置点样式

在绘制建筑工程图中，点是很有用的基本对象。系统默认的点样式容易被其他线条遮盖，可设置点的形状和大小，突出显示点的具体位置。启动点样式命令有如下两种方法：

- 选择菜单栏中“格式”→“点样式”命令。
- “命令行”输入：ddptype↙。

启用该命令后，打开“点样式”对话框，如图 7-11 所示。AutoCAD 提供了 20 种点样式图标以及当前在使用的点样式，用户可以根据需要选择。在“点大小”列表框中可以设置点在绘制时的大小。点的大小可以相对于屏幕设置，即点的大小随着显示窗口的变化而变化。也可以按绝对绘图单位来设置。设置完成后，单击“确定”按钮，关闭“点样式”对话框。

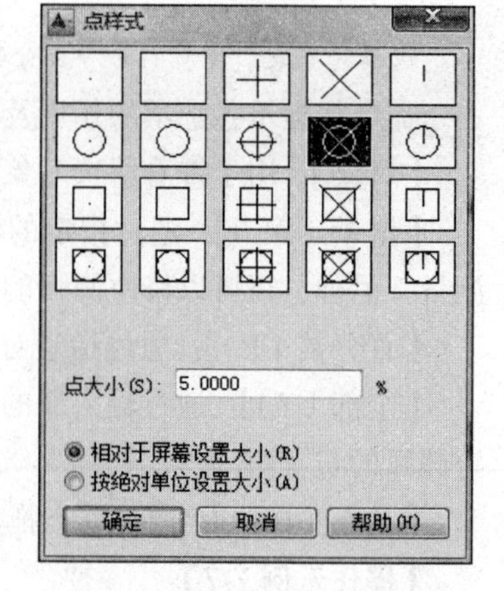

图 7-11　“点样式“对话框

2．绘制点

AutoCAD 提供了 4 种绘制点对象的方式，分别是单点、多点、定数等分和定距等分。

（1）绘制单点

单点命令只能绘制一个点，如果再绘制其他点，需要重新启动绘制点命令。启动单点命令有如下两种方法：

- 选择菜单栏中“绘图”→“点”→“单点”命令。

● “命令行”输入：point（或 po）↙。

启用该命令后，在绘图区域指定一个点，绘制一个点。

（2）绘制多点

多点命令能够连续绘制多个点。启动多点命令有如下两种方法：

● 选择菜单栏中“绘图→点→多点”命令。

● 单击“绘图”工具栏中的“点”按钮 ▫。

启用该命令后，在绘图区域指定第一点，连续指定其他点，可用【Esc】键结束该命令。

（3）定数等分

定数等分是在一个图形对象上按指定的数目绘制多个点，利用定数等分命令每次只能在一个对象上绘制等分点。启动定数等分命令有如下两种方法：

● 选择菜单栏中“绘图”→“点”→“定数等分”命令。

● “命令行”输入：divide（或 div）↙。

【操作示例 7-8】

将如图 7-12 所示的圆形定数等分为 4 等分。

```
命令：div↙
DIVIDE 选择要定数等分的对象：                    （在圆形对象上单击）
输入线段数目或 [块(B)]：4↙                      （输入等分数目）
```

（4）定距等分

定距等分是在一个图形对象上按指定的间距绘制多个点，利用定距绘制的等分点作为绘图的辅助点。启动定距等分命令有如下两种方法：

● 选择菜单栏中“绘图”→“点”→“定距等分”命令。

● “命令行”输入：measure↙。

【操作示例 7-9】

将如图 7-13 所示的直线定距等分为 300 间距。

```
命令：div
DIVIDE 选择要定数等分的对象：
命令：measure↙
选择要定距等分的对象：                          （在直线对象上单击）
指定线段长度或 [块(B)]：300↙                    （输入等分长度）
```

如果线段长度不能够恰好等分，则最后一段线段的长度与段长度不等，短于要求长度。

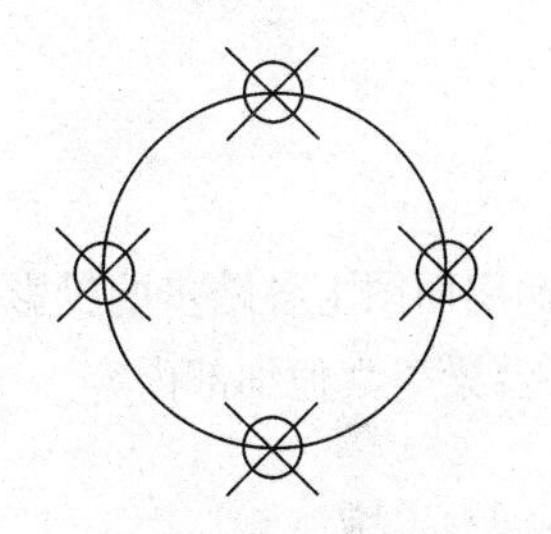

图 7-12　定数等分圆形

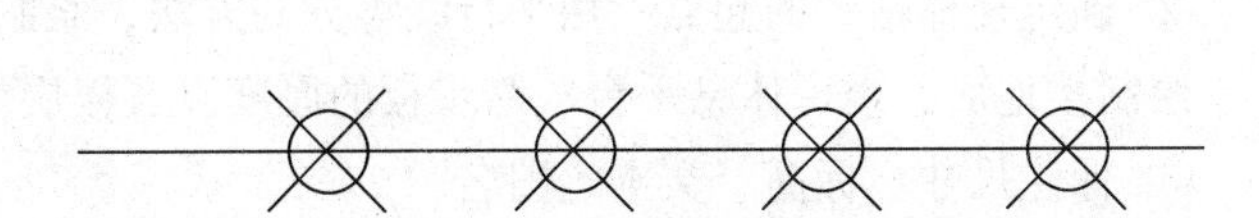

图 7-13　定距等分直线

7.3 项目实施

7.3.1 绘制楼梯详图基本要求

1. 绘制楼梯详图的内容

楼梯详图的内容由楼梯平面图、楼梯剖面图和楼梯节点详图 3 部分构成。

（1）绘制楼梯平面图的内容

楼梯详图比例通常为 1∶50。包含楼梯底层平面图、标准层平面图和顶层平面图。底层平面图是从第一个平台下方剖切，将第一跑楼梯段断开（用 45° 的折断线表示），只画半跑楼梯，用箭头表示上的方向。楼梯标准层平面图是从中间层房间窗台上方剖切，既画出向上部分梯段，还要画出由该层下行的部分梯段，以及休息平台。楼梯顶层平面图是从顶层房间窗台上剖切的，没有剖切到楼梯段，应画出完整的两跑楼梯段，以及中间休息平台，并在梯口处标注上下箭头。

（2）绘制楼梯剖面图的内容

楼梯剖面图是用假想的铅直剖切平面通过各层的一个梯段和门窗洞口将楼梯垂直剖切，向另一未到的梯段方向投射，所作的剖面图。楼梯剖面图主要表达楼梯踏步、平台的构造、栏杆的形状以及相关尺寸，比例一般为 1∶50。

（3）绘制楼梯节点详图的内容

楼梯节点详图主要是楼梯栏杆、踏步、扶手的做法，如采用标准图集，则直接引注标准图集代号，如采用的形式特殊可以用不小于 1∶10 的比例详细表示其形状、大小、所采用的建筑材料以及具体做法。

2. 楼梯详图的绘制要求

楼梯详图在图面布置时，尽量将这些图布置在一张图纸上，且平面图在左、剖面图在右。几个楼梯平面图应按照所在层次从下向上或从左向右排列，定位轴线对齐。

（1）楼梯平面图的绘制要求

① 根据建筑平面图楼梯间的开间、进深尺寸，绘制楼梯门定位轴线、墙身以及楼梯段、楼梯平台的投影位置。

② 用平行线等分楼梯段，绘制各踏面的投影。

③ 绘制出栏杆、楼梯折断线、门窗等细部内容，标出尺寸、标高和楼梯剖切符号。

④ 标注图名、比例、说明文字。

（2）楼梯剖面图的绘制要求

① 绘制定位轴线及各楼面、休息平台、墙身线。

② 确定楼梯踏步的起点，用平行线等分的方法，绘制出楼梯剖面图上各踏步的投影。

绘制楼地面、楼梯休息平台、踏步板的厚度以及楼层梁、平台梁等其他细部内容。

③ 标注尺寸、标高、文本、图名。

（3）楼梯节点详图的绘制要求

① 绘制栏杆中的 $\phi18$ 圆钢。

② 绘制扶手采用 $\phi50$ 无缝钢管。

③ 绘制楼梯踏步的踏面宽 300 mm，踏面高 150 mm。

3. 楼梯详图的绘图步骤

① 绘图环境设置（包括单位、图形界限、图层）

② 绘制楼梯平面图

③ 绘制楼梯剖面图

④ 绘制楼梯节点详图

⑤ 检查图形标注图名

⑥ 完成图形并保存文件。

7.3.2 绘制楼梯详图

绘制楼梯详图过程，是从精准绘图到熟练绘图的提升，切实提高 AutoCAD 的操作能力和绘图技巧。在前面已经讲过的具体操作，这里不再详述。

1. 绘图环境设置

（1）新建图形文件

```
命令：new↙，以文件名为“楼梯详图” 保存。
```

（2）设置绘图单位

```
命令：un↙
```

（3）设置绘图界限

```
命令:limits↙
命令:z↙，将所设置的绘图界限设全部呈现在显示器工作界面。
```

（4）利用“设计中心”功能面板拖动其他文件的图层、文字样式、标注样式

```
命令:adc↙
```

在“设计中心”功能面板中将建筑底层平面图和①～⑧剖面图中已创建的图层、文字样式和标注样式插入到当前文件中。

2. 绘制楼梯平面图

（1）复制和粘贴底层平面图楼梯间

① 打开已经完成的底层平面图、标准层平面图、顶层平面图文件。

② 采用 AutoCAD 多文档图形文件的复制与粘贴方法。

③ 选择菜单栏“编辑”→“带基点复制”命令，将底层平面图用带基点复制到剪贴板上。

④ 选择菜单栏“编辑”→“粘贴”命令，指定插入点到楼梯详图中合适的位置。

（2）修剪楼梯间图形

① 在楼梯间图形上定义两条对角辅助线，绘制一个矩形，如图 7-14 所示。

```
命令:l↙
指定第一点:                                                  (单击图中上面点的位置)
指定下一点或 [放弃(U)]: @-280,600↙
命令: ↙
指定第一点:                                                  (单击图中下面点的位置)
指定下一点或 [放弃(U)]: @-280,600↙
命令: rec↙
指定第一个角点或 [倒角(C)/标高(E)/圆角(F)/厚度(T)/宽度(W)]: (单击上一条辅助线)
指定另一个角点或 [面积(A)/尺寸(D)/旋转(R)]:                  (单击下一条辅助线)
```

② 启动修剪命令，修剪如图 7-15 所示图形。

```
命令: tr↙
当前设置:投影=UCS, 边=延伸
选择剪切边...
选择对象或 <全部选择>:  找到 1 个                                    (单击选择矩形)
选择对象: ↙                                                 (按【Enter】键确认选择)
选择要修剪的对象, 或按住 Shift 键选择要延伸的对象, 或
[栏选(F)/窗交(C)/投影(P)/边(E)/删除(R)/放弃(U)]: r ↙                  (选择"删除"选项)
选择要删除的对象:                          (框选不要的图形, 修剪完成后, 按【Enter】键)
```

用修剪命令后，还没有修剪的图形对象，用删除命令删除。

③ 将“建筑-墙”线宽改为 0.3。

提示

在修剪墙体时，如果修剪不了，需要将多线分解，再修剪。

（3）绘制折断线

启动直线命令，绘制墙体折断线，如图 7-15 所示，将折断线定义成块。

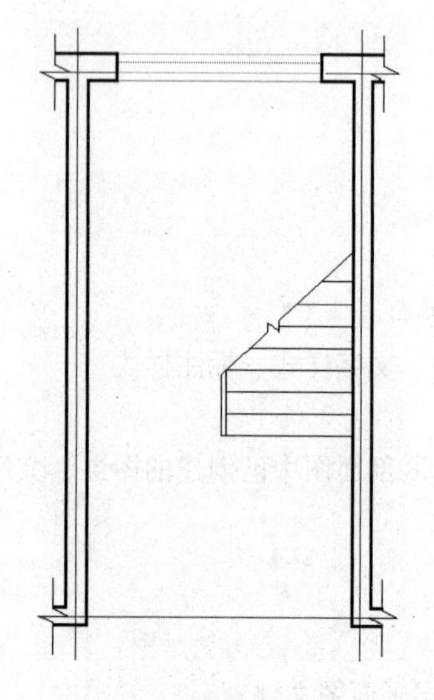

图 7-14　绘制矩形

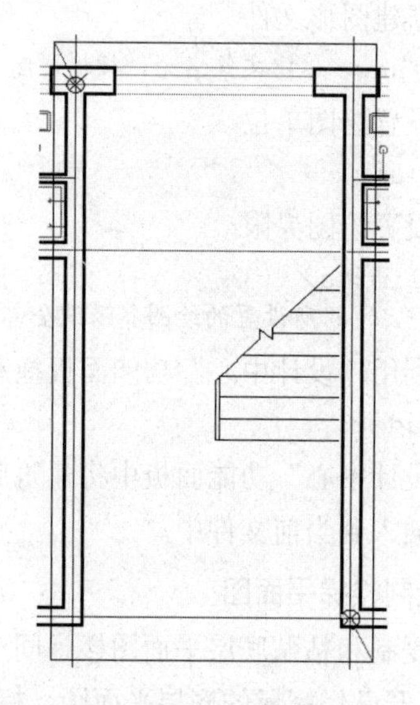

图 7-15　修剪后楼梯间

（4）绘制轴圈及编号

① 复制底层平面图的④、⑤轴线圈，粘贴到楼梯详图中。

② 更改轴线圈编号，如图 7-16（a）所示。

（5）标注尺寸

① 选择“建筑-注释-标注”图层。

② 修改建筑水平标注样式中起点偏移量的值标注水平尺寸。

③ 插入标高图块。

④ 绘制剖切符号。

⑤ 标注图名：底层平面图 1∶100，文字高度分别为 500、300，如图 7-16（a）所示。

（6）复制图形

将修剪后的楼梯间在同一水平位置向右复制两个，如图 7-16（a）所示。

（7）插入标准层平面图、顶层平面图楼梯

① 在复制的两个楼梯间楼梯第一个踏面与⑤轴交点位置插入一个辅助点。

② 修剪复制的两个楼梯间楼梯。

③ 分别复制标准层平面图、顶层平面图楼梯。

④ 分别将标准层平面图、顶层平面图楼梯粘贴到辅助点的位置，如图 7-16 所示。

（8）修改标注尺寸

① 标注轴圈编号。

② 修改建筑垂直标注样式中起点偏移量的值标注垂直尺寸。

将中间 2700 更改为 300 × 9=2700。

```
命令：ed↙
DDEDIT 选择注释对象或 [放弃(U)]：                    (单击 2700 文字，更改为 300 × 9=2700)
```

在“文字格式”工具栏中单击“确定”按钮。

> **提示**
>
> 更改标注中的文字，也可以双击标注文字，打开“图形特性管理器”在“文字”选项栏的 文字替代 里直接输入要列改的文字。

③ 修改标高。

④ 修改图名。

结果如图 7-16 所示。

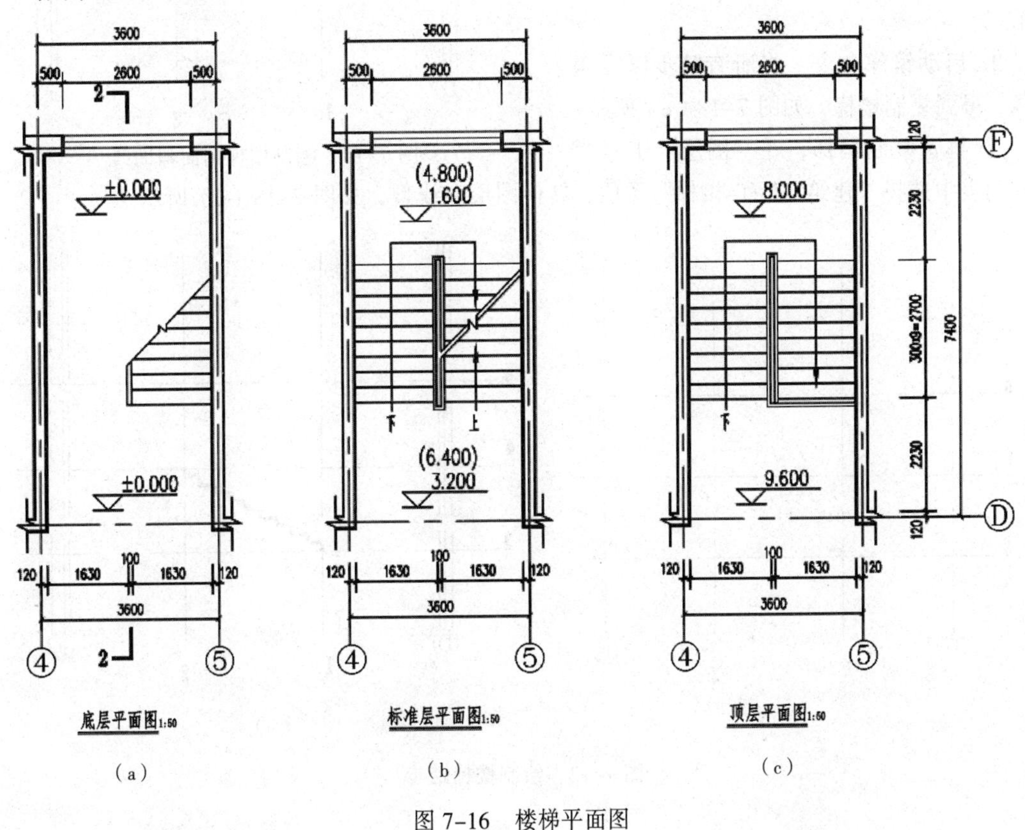

（a）　（b）　（c）

图 7-16　楼梯平面图

3. 绘制楼梯剖面图

（1）绘制定位轴线及各楼面、休息平台、墙身线

① 从楼梯平面图Ⓓ轴到Ⓕ轴之间的距离是 7 400，来绘制两条垂直定位轴线，Ⓓ轴是内墙 240，Ⓕ轴是外墙 370，来绘制墙身线。

② 从楼梯平面图中垂直尺寸标注 2 350，来绘制台阶起步线 1，从垂直尺寸标注 2 700，来绘制平台线 2。

③ 从楼梯平面图标高 ± 0.00，来绘制水平线楼面线 3。

④ 从楼梯平面图标高 1 600，来绘制休息平台 4。

⑤ 从楼梯平面图标高 3 200，来绘制二层楼面线 5。

选择“建筑–轴线”图层，因一层至四层楼梯段相同，在此只详细绘制一层辅助线，如图 7–17 所示。其余复制即可。

（2）绘制踏步

① 选择“建筑–剖面–线一”图层。

② 启动直线命令，打开正交，捕捉线 1 和线 3 的交点单击，向上 160，再向右 300，如图 7–18（a）所示。

③ 启动复制命令，捕捉端点单击，将上一步绘制的踏步连续复制上去，如图 7–18（b）所示。

④ 启动镜像命令，将所有踏步以线 4 镜像，得到复制楼梯，如图 7–18（c）所示。

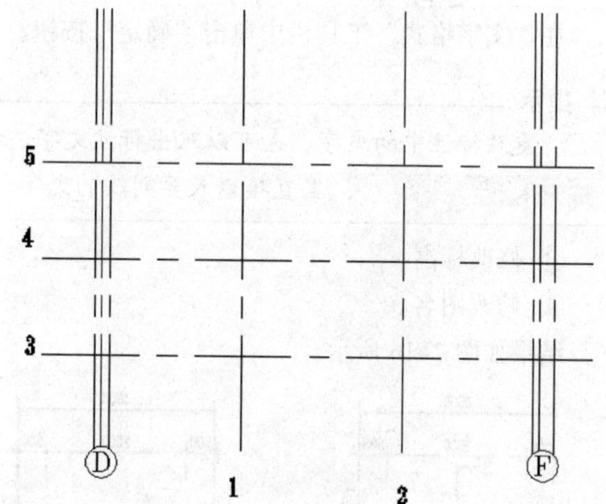

图 7–17　绘制楼梯剖面辅助线

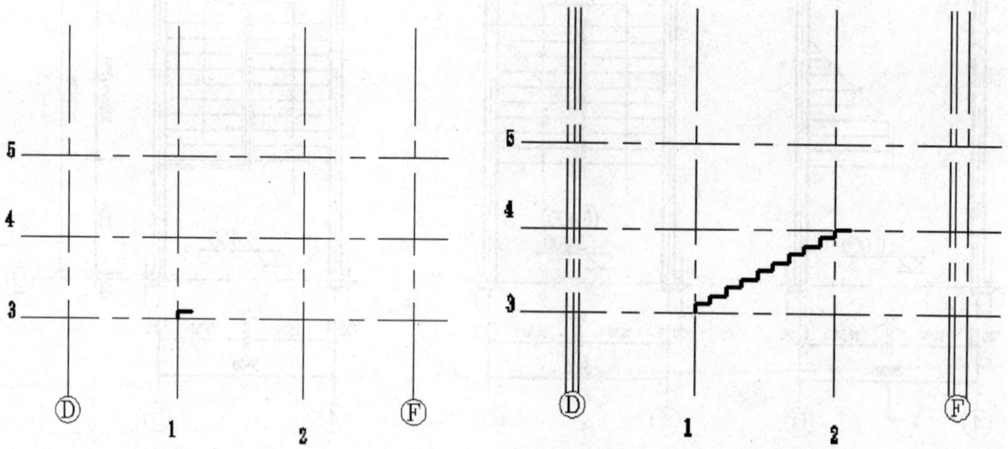

⑤ 框选复制楼梯，在“图层”工具栏下拉列表中选择“建筑–楼面–楼梯”图层，转换图层和线型，如图 7–18（d）所示。

（a）

（b）

图 7–18　绘制楼梯踏步

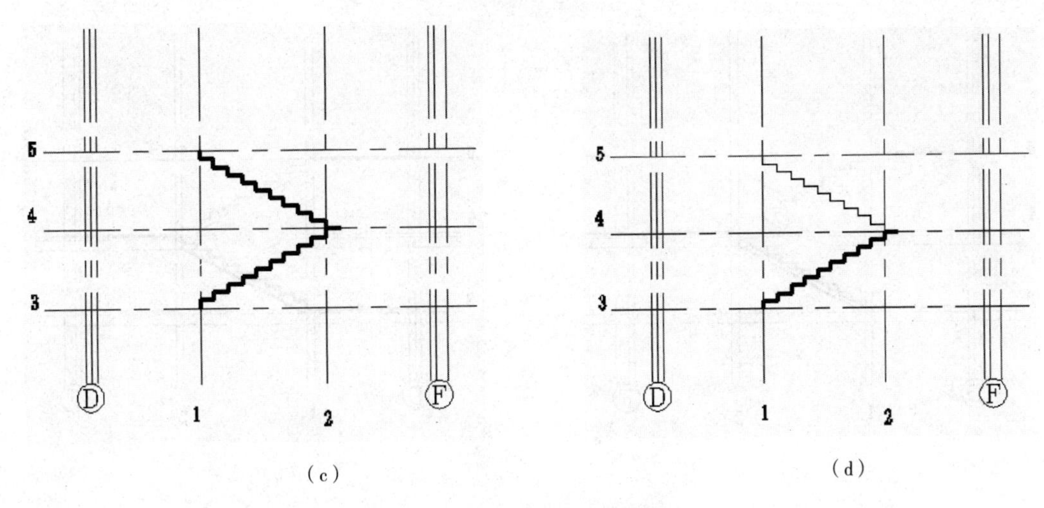

图 7-18　绘制楼梯踏步（续）

（3）绘制其他细部

① 启动复制命令，将线 3 分别向下复制 100、300，形成地面厚度及地梁高度。

② 启动复制命令，将线 4 分别向下复制 100、300，形成平台板厚度及平台梁高度。

③ 启动偏移命令，将线 2 向右偏移 150，将线 1 向左偏移 150，形成地梁、平台梁的宽度，如图 7-19（a）所示。

④ 启动直线命令，绘制一层、二层地面线。启动延伸命令，将线 4 上踏面向右延伸到外墙线，形成 1 600 平台，如图 7-19（b）所示。

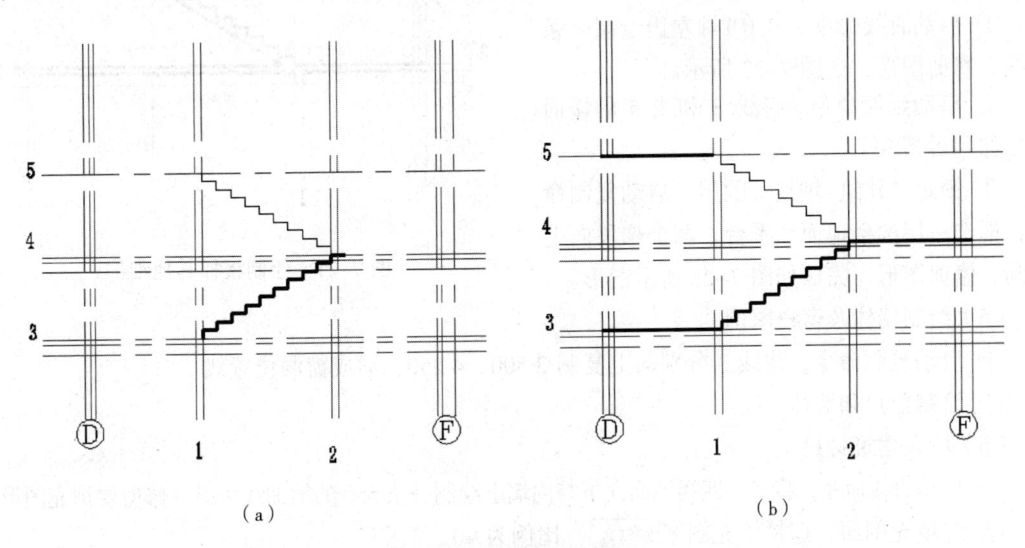

图 7-19　绘制楼梯踏步

⑤ 启动直线命令，绘制一条斜线，再将绘制的斜线向右下偏移 100，形成踏板底线，如图 7-20（a）所示。

⑥ 删除中间的斜线，用同样的方法完成第二梯段的踏板底线，并更改底线图层，如图 7-20（b）所示。

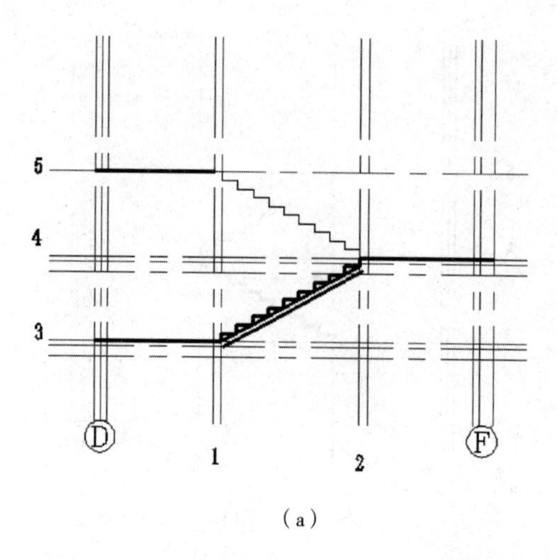

（a）

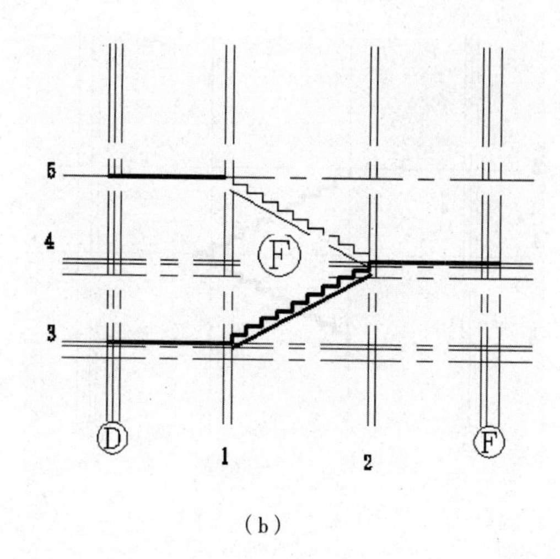

（b）

图 7-20　绘制踏板底线

⑦ 在对象捕捉里设置只选择“交点”捕捉选项，去掉其他选项。启动直线命令，依次连接各交点，如图 7-20 所示。

⑧ 将线 3 和线 1 楼地梁的交点处打断于点，复制到线 5，得到第二层楼地梁。修剪图形，如图 7-21 所示。

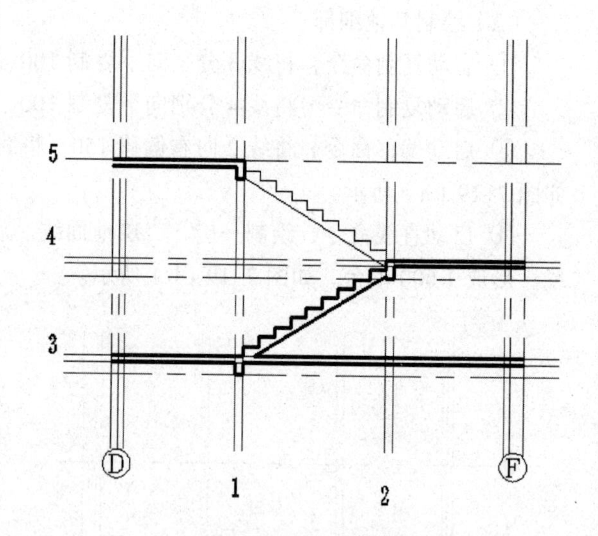

图 7-21　绘制楼梯其他细部

（4）绘制其他楼层楼面及平台

① 启动直线命令，在 Ⓓ 轴左边绘制一条直线，修剪图形，如图 7-22 所示。

② 启动延伸命令，将线 3 和线 5 的楼面梁延伸到折断线上。

③ 锁定“建筑-轴线”图层，启动复制命令，框选一层的楼地面、平台、两个梯段向上复制，修剪图形，完成如图 7-23 所示图形。

（5）绘制墙体及窗户图例

① 启动复制命令，将线 3 分别向上复制 2 500、4 250，形成窗洞位置线。

② 绘制窗户和墙体。

（6）填充建筑材料

① 启动直线命令，将二、四楼地面向下与内墙上绘制一条 550 的辅助线为梁。修剪要填充图形。

② 先填充剖面，选择填充图案 ANSI31，比例为 40。

③ 再填充钢筋混凝土材料，选择填充图案 AR-CONC，比例为 1。

（7）插入折断符号

在图 7-23 所示的上边缘和左边缘插入折断符号。

（8）标注

标注标高符号和尺寸，如图 7-24 所示。

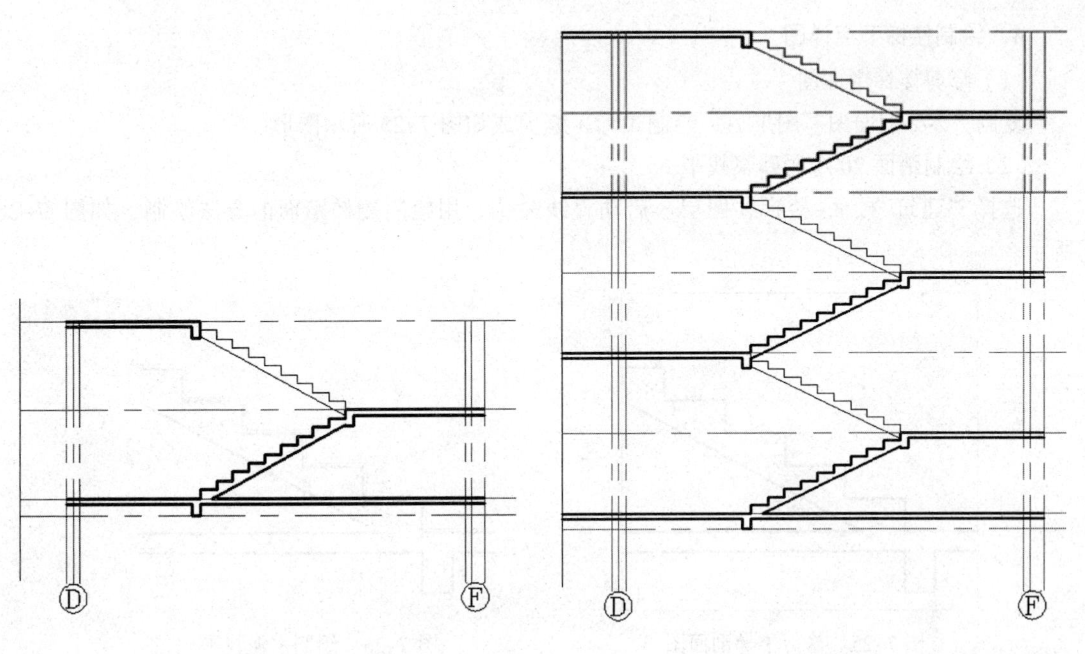

图 7-22　修剪楼梯图形

图 7-23　复制楼梯图形

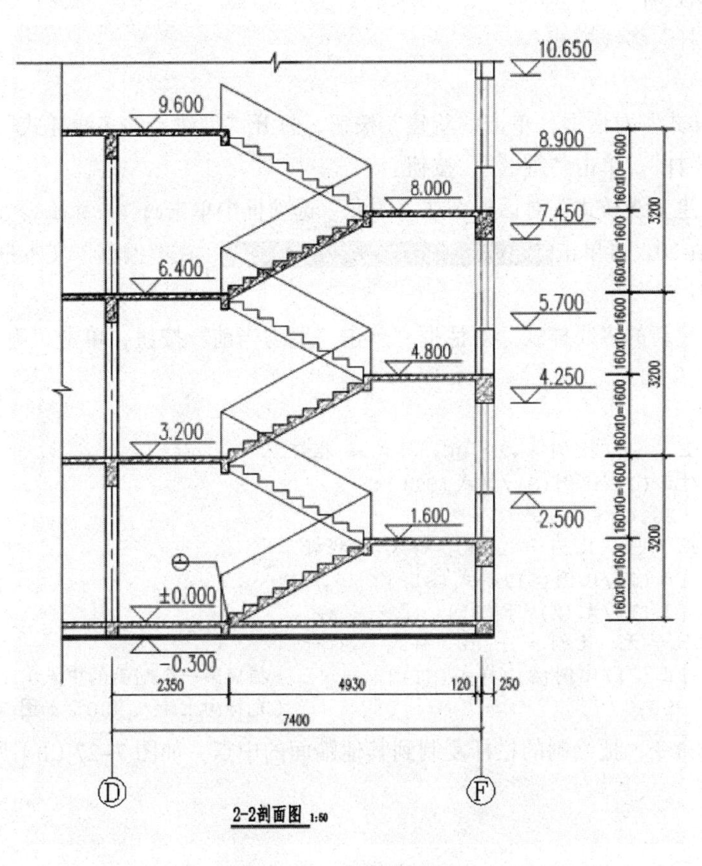

图 7-24　楼梯剖面图

4．绘制楼梯节点详图

（1）修剪楼梯剖面图

复制“2-2 剖面图”图形后，绘制矩形，修剪成如图 7-25 所示图形。

（2）绘制踏面 20 水泥砂浆找平

选择“建筑-楼面-楼梯”图层。启动直线命令，用绘制楼梯踏面的方法绘制，如图 7-26 所示。

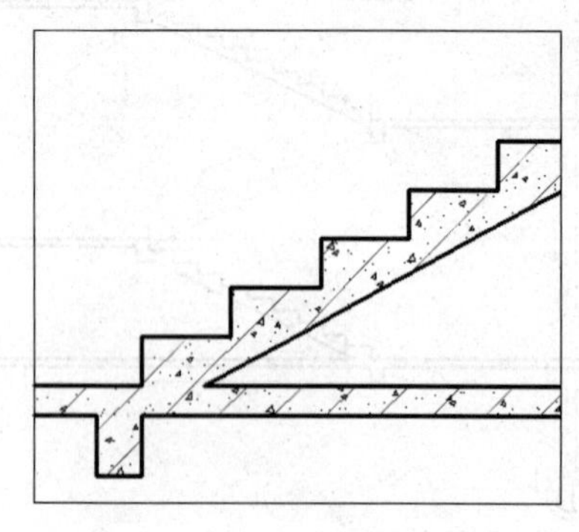

图 7-25　修剪楼梯剖面图

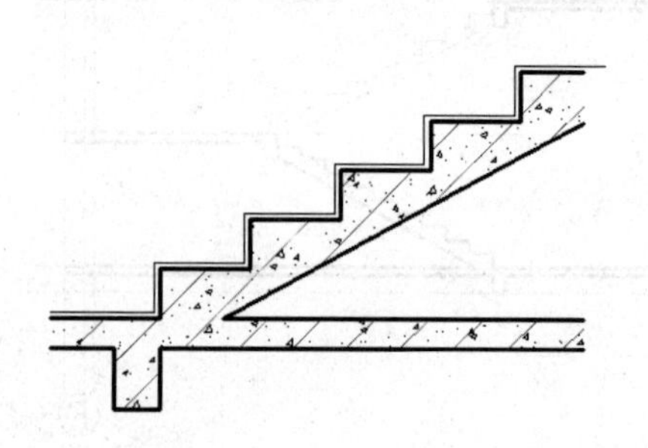

图 7-26　绘制水泥找平

（3）绘制楼梯栏杆

① 创建“栏杆”多线样式：

命令：Mlstyle↙

打开“多线样式”对话框，单击“新建”按钮，打开“创建新的多线样式”对话框，输入新的多线样式名“栏杆”。单击“继续” 按钮。

② 打开“新建多线样式”对话框，在“图元”选项框中单击 0.5 BYLAYER ByLayer ，在“偏移”文本框中输入数值 20。再单击 -0.5 BYLAYER ByLayer ，在“偏移”文本框中输入数值-20。单击“确定”按钮。

③ 返回“创建新的多线样式”对话框，单击“置为当前”按钮，单击“确定”按钮。

④ 绘制栏杆：

```
命令:ml↙
当前设置: 对正 = 上, 比例 = 20.00, 样式 = 栏杆
指定起点或 [对正(J)/比例(S)/样式(ST)]:  s↙
输入多线比例 <20.00>:  1↙
当前设置: 对正 = 上, 比例 = 1.00, 样式 = 栏杆
指定起点或 [对正(J)/比例(S)/样式(ST)]:  j↙
输入对正类型 [上(T)/无(Z)/下(B)] <上>:  z↙
当前设置: 对正 = 无, 比例 = 1.00, 样式 = 栏杆
指定起点或 [对正(J)/比例(S)/样式(ST)]:          (捕捉第一个踏面的中点)
指定下一点:  900↙                              (光标向上输入 900, 如图 7-27 (a) 所示)
```

⑤ 启动复制命令，把绘制的栏杆复制到其他踏面的中点，如图 7-27（b）所示。

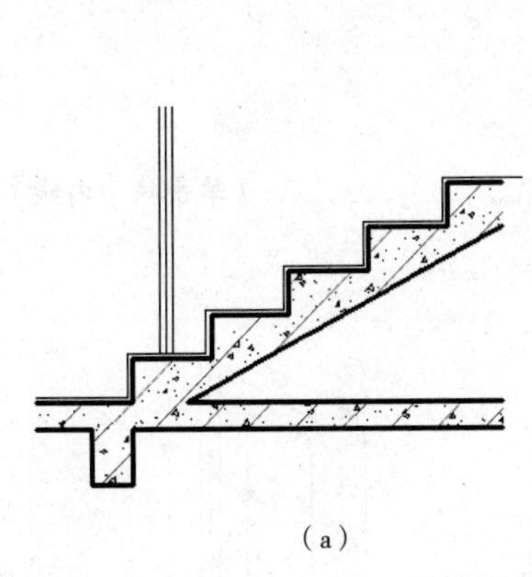
(a)

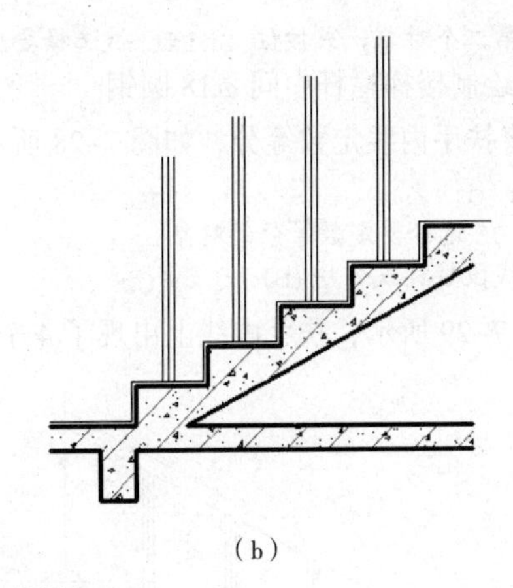
(b)

图 7-27　绘制楼梯栏杆

（4）绘制楼梯扶手

① 测量“2-2 剖面图”扶手与第一个踏面距离：

```
命令：di↙
DIST 指定第一点：                              （指定第一个踏面与地面线的交点）
指定第二个点或 [多个点(M)]：                    （指定扶手与地面线的垂足）
距离 = 150，XY 平面中的倾角 = 180，  与 XY 平面的夹角 = 0
X 增量 = -150，   Y 增量 = 0，    Z 增量 = 0
```

得到距离为 150。

② 绘制如图 7-28 所示的折断线。

③ 创建“扶手”多线样式：

```
命令：mlstyle↙
```

同创建“栏杆”多线样式相同，只要把在“图元”列表框中单击 0.5 BYLAYER ByLayer，在“偏移”文本框中输入数值 25。再单击 -0.5 BYLAYER ByLayer，在“偏移”文本框中输入数值-25。删除中间的“0”图元，单击“确定”按钮，并置为当前。

（5）绘制多线

```
命令：ml↙
```

捕捉端点移动光标输入 150，向上 900，向右捕捉定点。分解多线后延伸、修剪图形如图 7-28 所示。

（6）扶手倒圆角

```
命令:fillet↙
当前设置：模式 = 不修剪，半径 = 0
选择第一个对象或 [放弃(U)/多段线(P)/半径(R)/修剪(T)/多个(M)]：r↙
指定圆角半径 <0>：100↙
选择第一个对象或 [放弃(U)/多段线(P)/半径(R)/修剪(T)/多个(M)]：t↙
输入修剪模式选项 [修剪(T)/不修剪(N)] <不修剪>：t↙
选择第一个对象或 [放弃(U)/多段线(P)/半径(R)/修剪(T)/多个(M)]：
                                                （单击扶手内的第一条线）
选择第二个对象，或按住 Shift 键选择要应用角点的对象：  （单击扶手内和第二条线）
命令：↙
FILLET 当前设置：模式 = 修剪，半径 = 100
选择第一个对象或 [放弃(U)/多段线(P)/半径(R)/修剪(T)/多个(M)]：
                                                （单击扶手外的第一条线）
```

选择第二个对象，或按住 Shift 键选择要应用角点的对象：　　　　（单击扶手外的第二条线）

（7）绘制楼梯栏杆中间 ϕ18 圆钢

① 将扶手内线定数等分，如图 7–28 所示。

命令：div↙
DIVIDE 选择要定数等分的对象：　　　　（单击扶手内线）
输入线段数目或 [块(B)]： 5↙

如图 7–29 所示，扶手内线上出现了 4 个点。

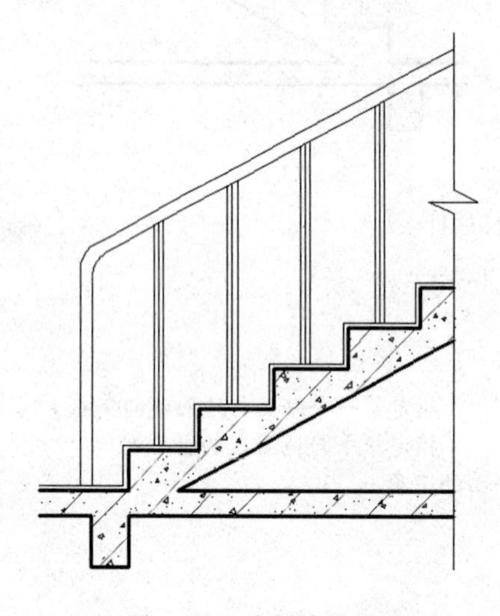

图 7–28　绘制楼梯扶手

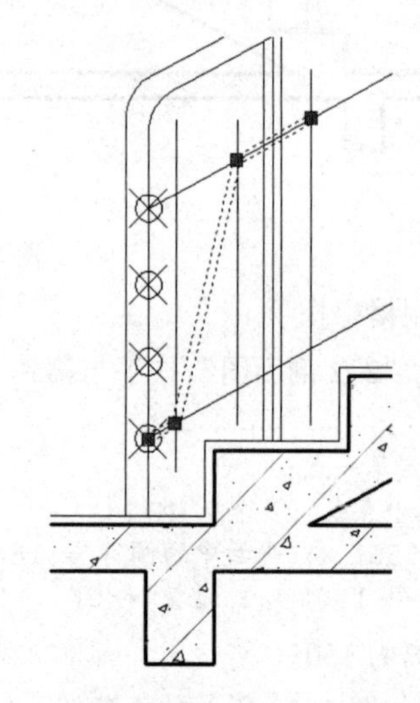

图 7–29　绘制一根 ϕ18 圆钢

② 启动直线命令，绘制如图 7–29 所示两根水平直线。

③ 将扶手内线向右分别复制 60、195、360。得到如图 7–29 所示的垂直辅助线。

④ 创建 ϕ18 圆钢多线样式，单击如图 7–29 所示的 4 个点的位置。

⑤ 再将扶手外线向右偏移 60 辅助线，将多线分解，把下面的两根多线延伸到辅助线上，修剪图形，再复制 ϕ18 圆钢到相应的位置后修剪如图 7–30 所示图形。

（8）标注尺寸

① 放大节点详图：如果将出图的比例以 1∶100 为基准，节点详图 1∶20 就要放大 5 倍。

命令：div↙
DIVIDE 选择要定数等分的对象：　　　　（单击扶手内线）
输入线段数目或 [块(B)]： 5↙
命令：sc↙
选择对象：　　　　（框选节点详图）
选择对象：↙　　　　（按【Enter】键确认选择）
指定基点：　　　　（确定缩放的起点）
指定比例因子或 [复制(C)/参照(R)] <1>:5↙　　　　（选择比实际尺寸放大 5 倍）

② 创建标注样式：在标注样式“建筑水平标注”基础上创建“建筑水平标注 20”标注样式。因节点详图大 5 倍，即图形的尺寸也被扩大 5 倍，为保证标注时的尺寸正确，将“主单位”选项的“测量单位”比例因子设置为扩大倍数的倒数即 0.2。

③ 在标注样式“建筑垂直标注”基础上创建“建筑垂直标注 20”标注样式。同样将“主单

位”选项卡的“测量单位”比例因子设置为 0.2。

④ 标注尺寸，如图 7-31 所示。

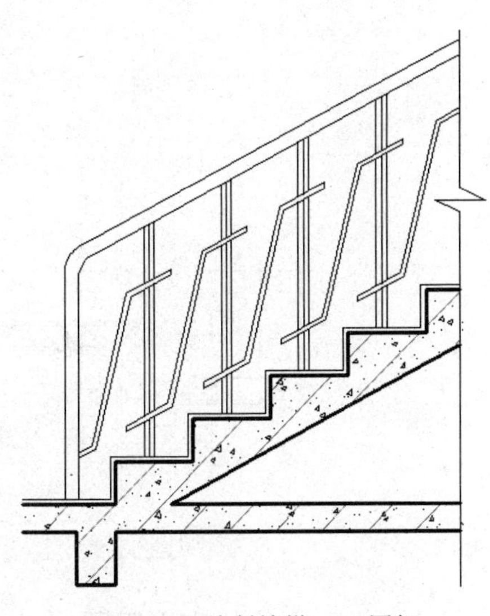

图 7-30　绘制楼梯 ϕ18 圆钢

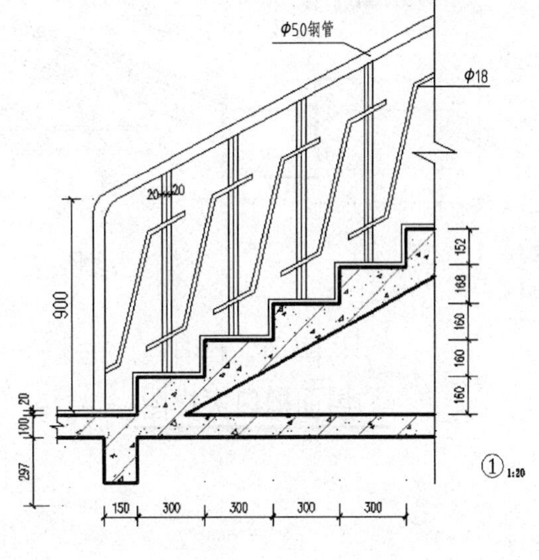

图 7-31　标注节点详图

5. 插入 A3 图框

① 选择“建筑-注释-图框”图层。

② 插入 A3 图块：

命令：i↙　　（启动插入图块命令）

打开“插入图块”对话框。在“比例”选项组中选中“统一比例”复选框 ☑统一比例(U)，其他选项默认，单击“确定”按钮，在绘图区域给“建筑立面图”插入 A3 图框。如附录 A 中图 A-9 所示。

6. 保存文件

命令：save↙

完成以上所有楼梯详图绘制，得到如附录 A 中图 A-9 所示图形，以“楼梯详图”为文件名保存并退出。

7.4 技能拓展

绘制大样图

绘制“1-1 剖面图”中的索引详图，如图 7-32 所示。绘制完成后保存为“大样图”文件，插入 A3 图块，得到如附录 A 中图 A-10 所示图形，保存并退出。

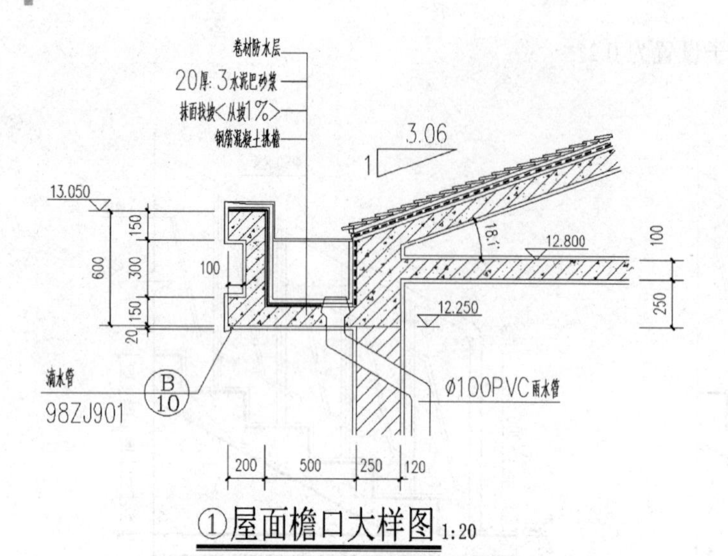

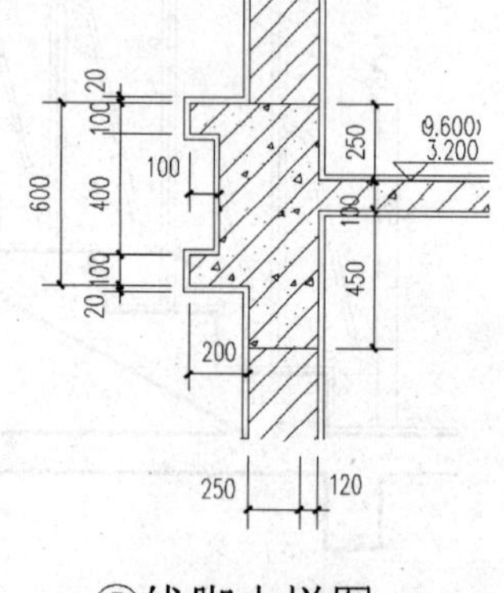

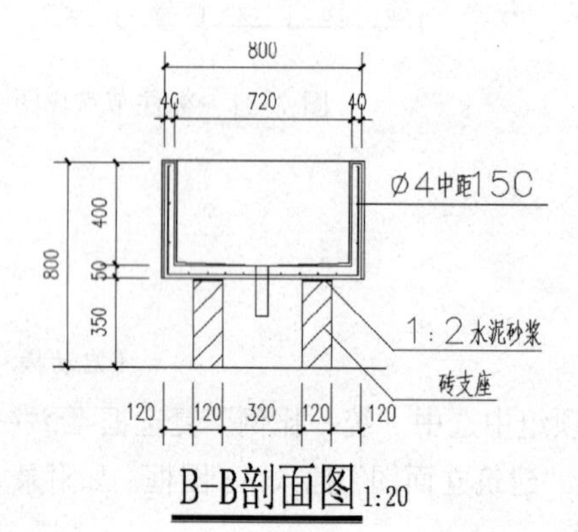

图 7-32　大样图

学习效果评价表

项目名称							
专业		班级		姓名		学号	
评价内容	评价指标		分数	自我评价（25%）	小组评价（25%）	老师评价（50%）	得分
学习态度	出勤情况、学习主动性、语言表达、团队协作		10				
项目实施	绘图环境设置、用设计中心辅助绘图		10				
	绘制墙楼梯平面、楼梯剖面图、节点详图		40				
	标注标高、引线标注		10				
项目质量	绘图符合规范、图线清晰、标注准确、图面整洁		10				
学习方法	创新思维能力、计划能力、解决问题能力		20				
教师签名		日　期			成绩评定		

项目八　学生公寓楼三维建模

【学习目标】

● 知识目标

1. 理解三维坐标系的含义，掌握用户坐标系的建立方法。

2. 掌握三维对象的观察与显示。

3. 掌握三维实体的创建。

4. 掌握三维实体的编辑。

● 能力目标

具有构建三维实体模型的能力。

● 素质目标

培养学生连贯性绘制建筑工程图的良好绘图习惯，具备建筑工程技术人员应有的科学、严谨、精准的工作作风和良好的职业道德。

【重点与难点】

● 重点

掌握绘制构建三维实体模型的基本命令和操作技巧。

● 难点

掌握三维实体模型的创建与编辑。

【学习引导】

1. 教师课堂教学指引：学生公寓楼三维建模的基本命令和操作技巧。

2. 学生自主性学习：每个学生通过实际操作反复练习加深理解，提高操作技巧。

3. 小组合作学习：通过小组自评、小组互评、教师评价，并总结绘图效果，提升绘图质量。

8.1　项目描述

以绘制的学生公寓楼“①～⑧立面图”为例，通过三维绘图的知识，掌握三维绘图必要的环境设置方法，通过系统内设 UCS 及三维观察点，构建如图 8-1 所示的学生公寓楼模型，掌握 AutoCAD 的基本建模方法在建筑建模中的应用。

图 8-1　学生公寓楼三维建模

8.2　知 识 平 台

8.2.1　三维坐标系

在三维空间中，图形的位置和大小均是用三维坐标来表示的。三维坐标就是平时所说的 *XYZ* 空间概念。在 AutoCAD 中，三维坐标定义为世界坐标系和用户坐标系。

1. 世界坐标系（WCS）

世界坐标系就是用 *X*、*Y* 和 *Z* 这 3 个正交方向的坐标值来确定精确位置的坐标系，其输入方式为以逗号分开的 *X*、*Y* 和 *Z* 值，如“5,4,2”。世界坐标系的图标如图 8-2（a）所示。其 *X* 轴正向向右，*Y* 轴正向向上，*Z* 轴正向由绘图区域指向操作者，坐标原点位于绘图区域左下角。当用户从三维空间观察世界坐标系时，其图标如图 8-2（b）所示。

2. 用户坐标系（UCS）

AutoCAD 允许用户使用 UCS 命令来定义用户自己的专用坐标系，在默认状态下，UCS 与 WCS 重合，如图 8-3（a）所示，用户可以定义 UCS 到三维空间的任意位置绘图，如图 8-3（b）所示。在 UCS 中，原点有 *X*、*Y*、*Z* 轴的方向都可移动或旋转，每一个 UCS 都可以有不同的原点，也可以将 UCS 定义到不同的位置，但 3 轴之间依然相互垂直，用户可以在绘制图形时随时切换坐标系统到自定义的 UCS 中，这样用户就可以把一个较复杂的三维图形变成了一个简单的二维问题来处理了。

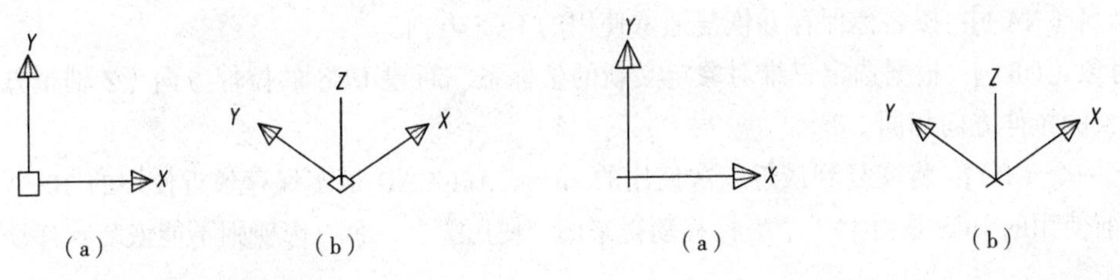

图 8-2　世界坐标系图标　　　　图 8-3　用户坐标系图标

3. WCS 与 UCS 坐标区别

WCS 与 UCS 的工作方法是一样的，所不同的是两者的坐标图标的显示有明显的区别。WCS 的坐标原点是一小矩形，如图 8-2 所示。而 UCS 的坐标原点没有矩形，如图 8-3 所示。

4. 新建用户坐标系

通过指定新坐标系的原点可以创建一个新的用户坐标系。用户输入新坐标系原点的坐标值后，系统会将当前坐标系的原点变为新坐标值所确定的点，但 *X* 轴、*Y* 轴和 *Z* 轴的方向不变。启动新建用户坐标系命令有如下 3 种方法：

- 选择菜单栏中“工具”→“新建 UCS”→“原点”命令。
- 单击 UCS 工具栏中的“UCS 管理用户坐标系”按钮。
- “命令行”输入：ucs

（1）UCS 工具栏

利用 UCS 工具栏用户可以自定义用户坐标系，如图 8-4 所示。

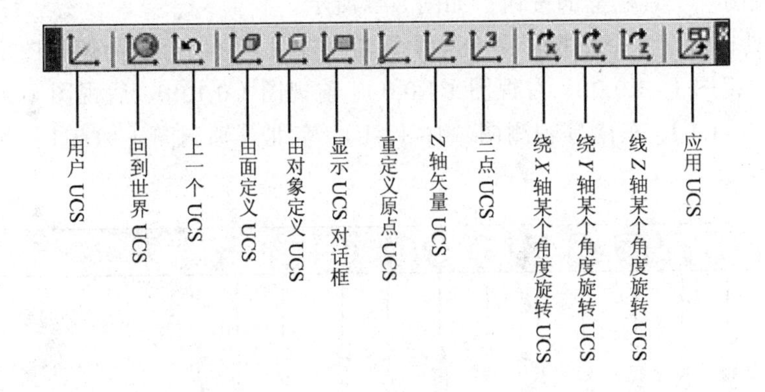

图 8-4　UCS 工具栏

（2）使用自定义 UCS 命令

命令：ucs↙

当前 UCS 名称：*世界*　　　　（提示当前的坐标系形式）

指定 UCS 的原点或 [面(F)/命名(NA)/对象(OB)/上一个(P)/视图(V)/世界(W)/X/Y/Z/Z 轴(ZA)] <世界>:

命令行各选项的作用及含义如下：

【面（F）】：用于与三维实体的选定面对齐。要选择一个面，请在此面的边界内或面的边上单击，被选中的面将亮显，UCS 的 *X* 轴交与找到的第一个面上的最近的边对齐。

【命名（NA）】：按名称保存并恢复通常使用的 UCS 方向。

【对象（OB）】：根据选定三维对象定义新的坐标系。新建 UCS 的拉伸方向（*Z* 轴正方向）与选定对象的拉伸方向相同。

【上一个（P）】：将恢复到最近一次使用的 UCS。AutoCAD 最多保存最近使用的 10 个 UCS。如果当前使用的 UCS 是由上一个坐标移动得来的，使用“上一个”选项则不能恢复到移动前的坐标系。

【视图（V）】：以垂直于观察方向（平行于绘图区域）的平面与 *XY* 平面，建立新的坐标系。UCS 原点保持不变。

【世界（W）】：将当前用户坐标系设置为世界坐标系。WCS 是所有用户坐标系的基准，不能被重新定义。

【X/Y/Z】：用于绕指定轴旋转当前 UCS。

【Z 轴（ZA）】：用指定的 Z 轴半轴定义 UCS。

8.2.2 三维对象的观察与显示

1. 标准视图观察

在图形的绘制过程中，AutoCAD 提供了 10 个标准视点，允许用户在三维空间任何视点来查看所绘图形，也可以从各种不同的角度来查看所绘三维图形的外观，以便加强对复杂立体图的了解。启动三维视点观察命令有如下两种方法：

- 选择菜单栏中“视图”→“三维视图”子菜单下提供的菜单命令。
- 单击“视图”工具栏上的按钮，如图 8-5 所示。

“视图”工具栏包括 6 个正投影图和 4 个等轴测视图。它们分别为俯视图（0,0,1）、仰视图（0,0,−1）、左视图（−1,0,0）、右视图（1,0,0）、前视图（0,1,0）、后视图（0,−1,0）以及西南等轴测图（−1,−1,1）、东南等轴测图（1,−1,−1）、东北等轴测图（−1,1,1）、西北等轴测图（1,1,1）。

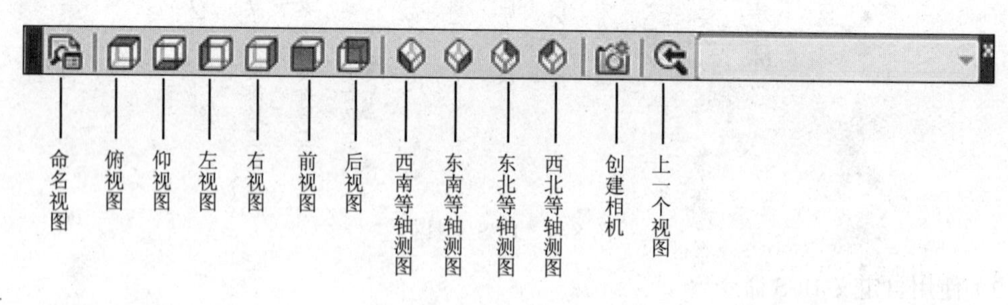

图 8-5 “视图”工具栏

【操作示例 8-1】

当前视图显示了一个正方体的三维图，在“视图”工具栏中单击“俯视图”图标，则在当前视图中将显示正方体的俯视图，如图 8-6 所示。

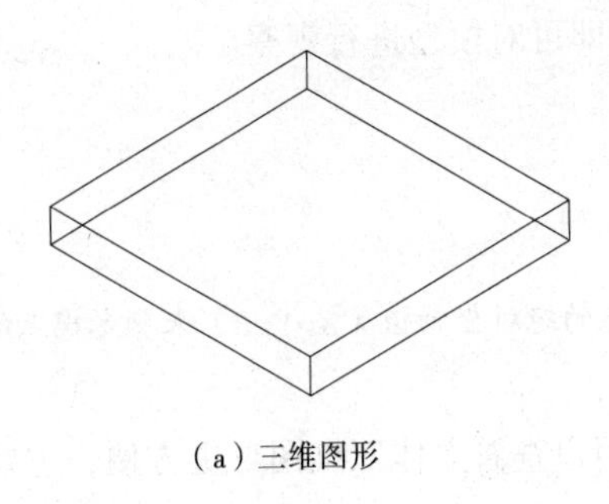

（a）三维图形

（b）俯视二维图形

图 8-6　三维图转换成俯视图

2. 设置视点

用户可以自定义视点，从任意位置查看模型。在模型空间中，可以通过启用“视点预置”或“视点”命令来设置视点。启动视点有如下两种方法：

- 选择菜单栏中“视图”→“三维视图”→“视点预置（或视点）”命令。
- “命令行”输入：vpoint↙。

（1）利用“视点设置”命令设置视点

① 选择“视图”→“三维视图”→“视点预设”命令，打开“视点预设”对话框，如图 8-7 所示。

② 设置视点位置，在“视点预置”对话框中有两个刻度盘，左边刻度盘用来设置视线在 *XY* 平面内的投影与 *X* 轴的夹角，用户可以直接在“*X* 轴”数值中输入该值。右边刻度盘用来设置视线与 *XY* 面的夹角，同理用户也可以直接在“*XY* 平面”数值框中输入该值。

③ 参数设置完成后，单击“确定”按钮即可对模型进行观察。

（2）利用“视点”命令设置视点

① 选择“视图”→“三维视图”→“视点”命令，模型空间会自动显示罗盘和三轴架，如图 8-8 所示。

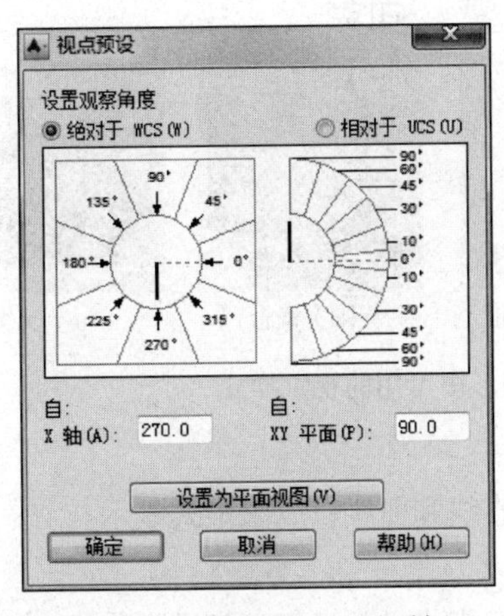

图 8-7　“视点预设”对话框

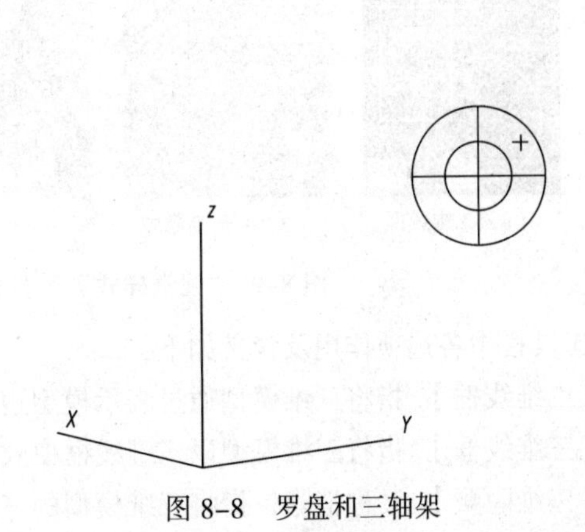

图 8-8　罗盘和三轴架

② 移动光标，当光标落于坐标轴的不同位置时，三轴架将以不同状态显示。此时三轴架的显示直接反映了三维坐标轴的状态。

③ 当三轴架的状态达到所要求的效果后，单击即可对模型进行观察。

（3）利用 Vpoint 命令选择视点

```
命令：vpoint↙
当前视图方向： VIEWDIR=2.4152,1.2567,2.8774
指定视点或 [旋转(R)] <显示指南针和三轴架>:
                    （通过直接输入视点的绝对坐标值（X,Y,Z）来确定视点的位置）
```

3. 三维动态观察器

AutoCAD 提供的三维动态观察器查看功能，让用户查看立体三维图形更方便，主要的功能在“三维动态观察”工具栏中。

【受约束的动态观察】：沿 XY 平面或 Z 轴约束三维动态观察。按住左键移动鼠标，如果水平拖动光标，模型将平行于世界坐标系（WCS）的 XY 平面移动。如果垂直拖动光标，模型将沿 Z 轴移动。

【自动动态观察】：不参照平面，在任意方向上进行动态观察。沿 XY 平面和 Z 轴进行动态观察时，视点不受约束。如果用户坐标系（UCS）图标为开，则表示当前 UCS 的着色三维 UCS 图标显示在三维动态观察视图中。在启动命令之前可以查看整个图形，或者选择一个或多个对象。

【连续动态观察】：连续地进行动态观察。在要使连续动态观察移动的方向上单击并拖动，然后释放鼠标按钮，轴道沿该方向继续移动。为光标移动设置的速度决定了对象的旋转速度。

4. 三维对象着色视觉样式

创建三维模型时，为了正确进行识别和编辑操作三维图形，AutoCAD 着色消隐视觉样式命令有如下 3 种：

- 选择菜单栏中“视图”→“视觉样式”子菜单下提供的菜单命令。
- 单击“视觉样式”工具栏上的按钮，如图 8-9 所示。
- “命令行”输入：vscurrent↙。

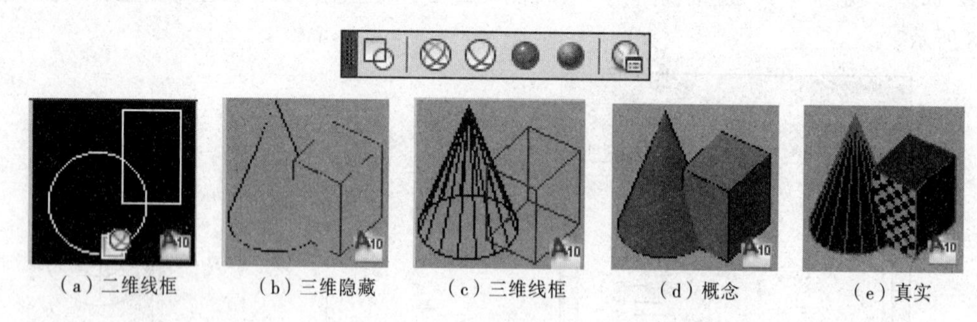

（a）二维线框　（b）三维隐藏　（c）三维线框　（d）概念　（e）真实

图 8-9 “视觉样式”工具栏和图形中可用的视觉样式

工具栏中各选项作用及含义如下：

【二维线框】：指将三维模型通过表示模型边界的直线和曲线以二维形式显示。

【三维线框】：指将三维模型以三维线框模式显示。

【三维隐藏】：又称消隐，指将三维模型的三维线框模式显示，但不显示隐藏线。

【真实】：指将模型实现着色，并显示出三维线框。

【概念】：指将三维模型以概念形式显示。

提示

可以直接执行 hide（或 hi）命令（或菜单“视图→“消隐”命令）执行消隐操作。

8.2.3　三维实体的创建

在 AutoCAD 系统中，用户可以直接生成基本三维实体，也可以通过拉伸、旋转、切割等命令创建三维实体。启动三维实体创建命令有如下两种方法：

- 选择菜单栏中“绘图”→“建模”命令。
- 单击“建模”工具栏上的按钮，如图 8-10 所示。

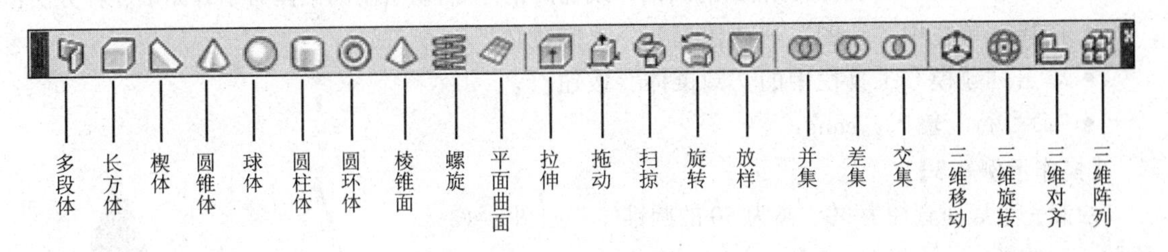

图 8-10　“建模“工具栏

1. 绘制长方体

默认状态下，长方体的底面总是与当前的用户坐标系的 *XY* 平面平行。启动绘制长方体命令有如下 3 种方法：

- 选择菜单栏中“绘图”→“建模”→“长方体”命令。
- 单击“建模”工具栏中的“长方体”按钮。
- “命令行”输入：box↙。

【操作示例 8-2】

绘制一个 300×200×100 的长方体，如图 8-11 所示。

```
命令：box↙
指定第一个角点或 [中心(C)]: 0,0,0↙            （输入长方体底面中心点的坐标）
指定其他角点或 [立方体(C)/长度(L)]: l↙       （根据长方体的长、宽和高创建长方体）
指定长度:300↙
指定宽度:200↙
指定高度或 [两点(2P)]:100↙
```

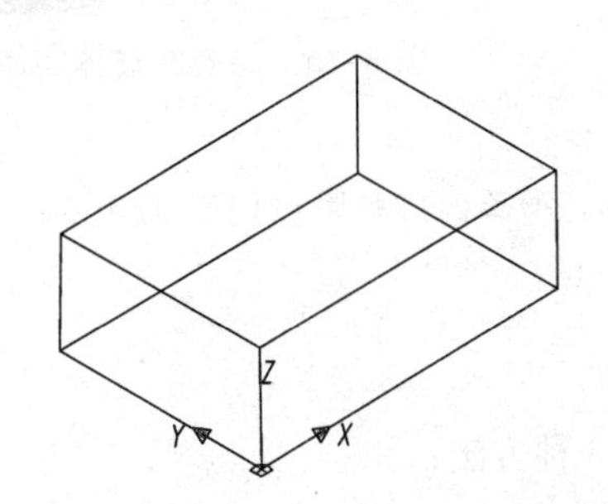

图 8-11　绘制长方体实体模型

2. 绘制楔体

用于创建矩形楔体表面。启动绘制楔体命令有如下 3 种方法：

- 选择菜单栏中“绘图”→“建模”→“楔体”命令。
- 单击“建模”工具栏中的“楔体”按钮。
- “命令行”输入：wedge↙。

使用该命令绘制楔体表面与绘制长方体表面很相似，这里就不再详述。

3. 绘制圆锥体

用于创建一个以圆或椭圆为底面的圆锥体或椭圆锥体。启动绘制圆锥体命令有如下 3 种方法：

- 选择菜单栏中“绘图”→“建模”→“圆锥体”命令。
- 单击“建模”工具栏中的“圆锥体”按钮。
- “命令行”输入：cone↙。

【操作示例 8-3】

绘制一个底面直径为 30、高为 50 的圆锥体，如图 8-12 所示。

```
命令：cone↙
指定底面的中心点或 [三点(3P)/两点(2P)/切点、切点、半径(T)/椭圆(E)]: 0,0,0↙
（输入圆锥体底面中心点的坐标）
指定底面半径或 [直径(D)]: 15↙
指定高度或 [两点(2P)/轴端点(A)/顶面半径(T)] <100>: 50↙
```

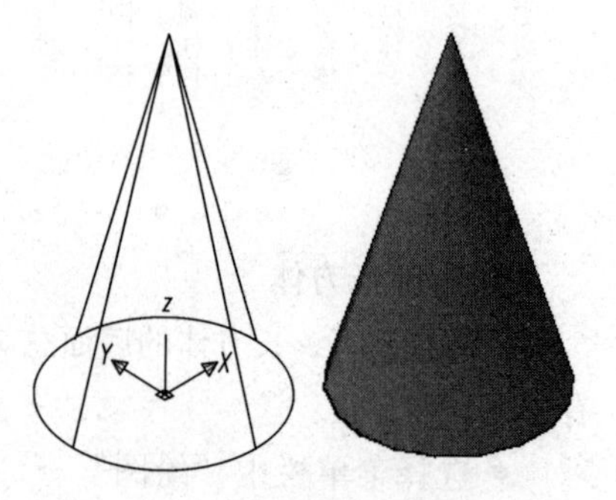

图 8-12　绘制圆锥体实体模型

4. 绘制圆柱体

用于创建一个以圆或椭圆为底面和顶面的圆柱体或椭圆柱体。启动绘制圆柱体命令有如下 3 种方法。

- 选择菜单栏中“绘图→建模→圆柱体”命令。
- 单击“建模”工具栏中的“圆柱体”按钮。
- “命令行”输入：cylinder↙。

【操作示例 8-4】

绘制一个直径为 20，高为 15 的圆柱体，如图 8-13 所示。

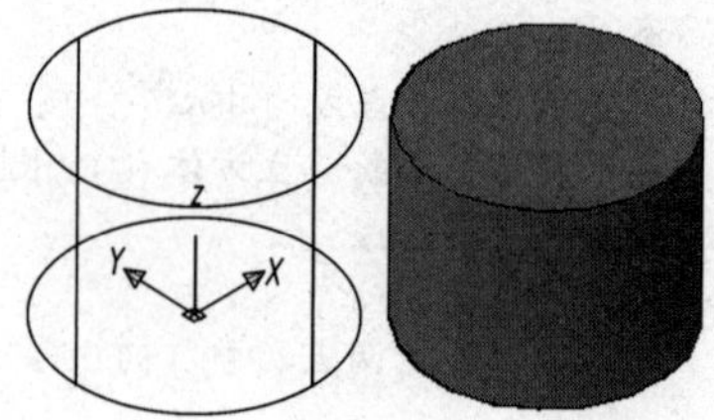

图 8-13　绘制圆柱体实体模型

```
命令：cylinder↙
指定底面的中心点或 [三点(3P)/两点(2P)/切点、切点、半径(T)/椭圆(E)]: 0,0,0↙
指定底面半径或 [直径(D)] <15>: 10↙
指定高度或 [两点(2P)/轴端点(A)] <50>: 15↙
```

5. 绘制球体

用于创建一个圆球实体。启动绘制球体命令有如下 3 种方法：

- 选择菜单栏中“绘图”→“建模”→“球体”命令。
- 单击“建模”工具栏中的“球体”按钮。
- “命令行”输入：sphere↙。

【操作示例 8-5】

绘制一个半径为 100 的球体，如图 8-14 所示。

```
命令:sphere↙
指定中心点或 [三点(3P)/两点(2P)/切点、切点、半径(T)]: 0,0,0↙
指定半径或 [直径(D)] <10>: 100↙
```

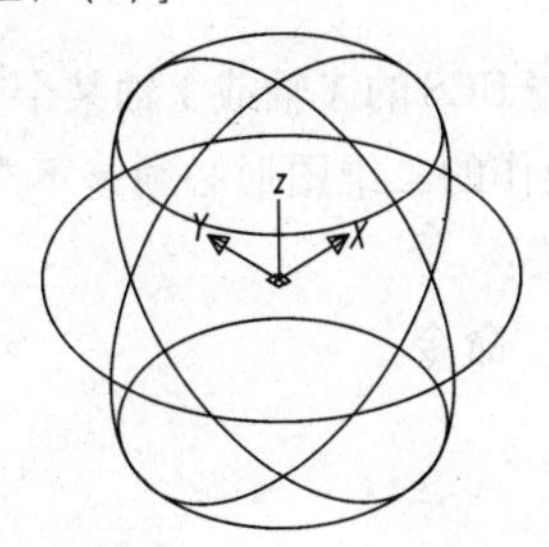

图 8-14　绘制球体实体模型

8.2.4　利用二维图形创建三维实体模型

1. 拉伸实体

利用拉伸命令可以对所选的符合条件的二维对象（多段线、圆、椭圆、样条曲线和面域）沿 *Z* 轴方向拉伸（增加厚度）创建成三维实体，还可以沿某一路径（可以是开放的或封闭的）或指定的高度值和斜角来拉伸对象。启动拉伸命令有以下 3 种方法：

- 选择菜单栏中“绘图”→“建模”→“拉伸”命令。
- 单击“建模”工具栏中的“拉伸”按钮。
- “命令行”输入：extrude（或 ext）↙。

提示

利用直线、圆弧等命令绘制的一般闭合图形则不能直接进行拉伸，此时用户需要将其定义为面域后才能拉伸。

【操作示例 8-6】

通过拉伸命令将如图 8-15 所示的二维正六边形绘制成三维实体。

```
命令: ext↙
EXTRUDE 当前线框密度:  ISOLINES=4
选择要拉伸的对象:                                  (选择正六边形)
选择要拉伸的对象: ↙                               (按【Enter】键确认选择)
指定拉伸的高度或 [方向(D)/路径(P)/倾斜角(T)] <20>: 100
```

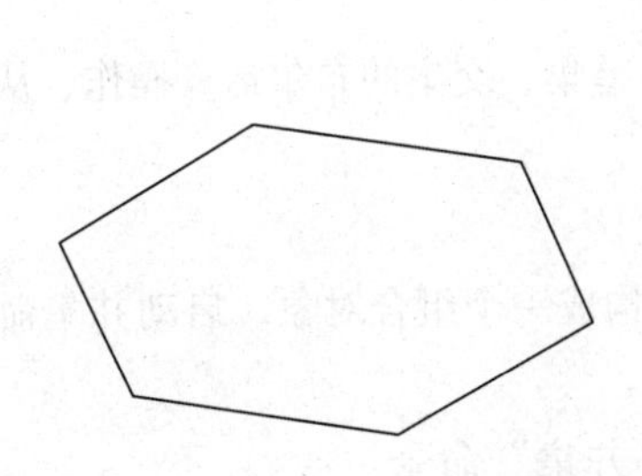
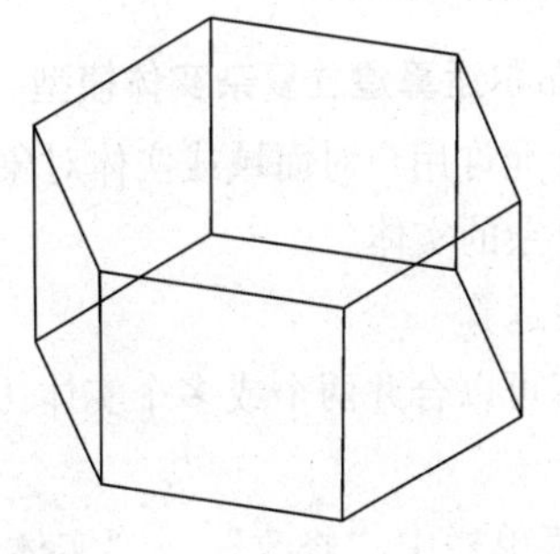

图 8-15　拉伸实体模型

技巧

打开“特性”功能面板，其中“厚度”选项是让用户修改二维对象的高度，使二维对象转换为三维对象。但获得的对象不是实体模型而是表面模型。

2. 旋转实体

利用旋转命令可以对所选的符合条件的二维对象绕 UCS 的 *X* 轴或 *Y* 轴某个直线对象旋转一定的角度来创建三维实体。与拉伸命令一样，进行旋转操作的二维图形必须是不交叉的多段线、圆、椭圆或面域等封闭对象。启动旋转命令有以下 3 种方法：

- 选择菜单栏中“绘图”→“建模”→“旋转”命令。
- 单击“建模”工具栏中的“旋转”按钮。
- “命令行”输入：revolve（或 rev）↙。

【操作示例 8-7】

通过旋转命令将如图 8-16 所示矩形旋转成圆柱体。

① 单击“视图”工具栏中的“前视”按钮。

② 用矩形命令绘制如图 8-16 左边矩形。

③ 单击“视图”工具栏中的“东南等轴测”按钮。

```
命令:rev↙
当前线框密度:  ISOLINES=4
选择要旋转的对象:                                              (选择矩形)
选择要旋转的对象:                                              (按【Enter】键确认选择)
指定轴起点或根据以下选项之一定义轴 [对象(O)/X/Y/Z]:               (单击直线下端点)
指定轴端点:                                                    (单击直线上端点)
指定旋转角度或 [起点角度(ST)] <360>:↙                           (选择默认 360° 旋转)
```

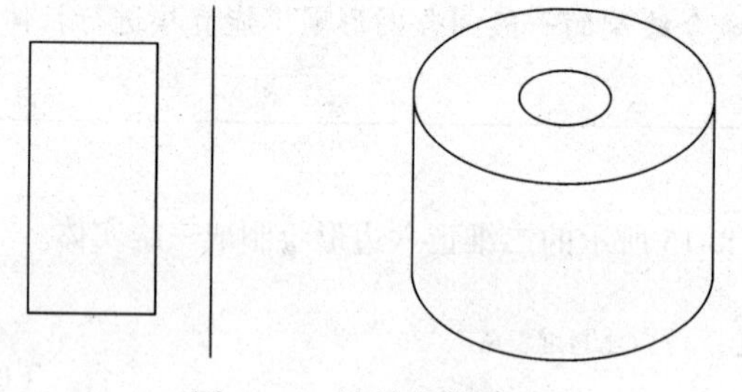

图 8-16 旋转实体模型

8.2.5 三维实体的编辑

1. 利用布尔运算建立复杂实体模型

AutoCAD 允许用户对面域或实体对象进行并集、差集、交集的布尔运算操作，从而可以组合生成一些较复杂的实体。

（1）并集运算

并集运算可以合并两个或多个实体（或面域），构成一个组合对象。启动并集命令有以下 3 种方法：

- 选择菜单栏中“修改”→“实体编辑”→“并集”命令。

- 单击“实体编辑”工具栏中的“并集”按钮。
- “命令行”输入：union（或 uni）↙。

【操作示例 8-8】

将如图 8-17（a）所示的长方体和圆柱体合并为如图 8-17（b）所示三维实体。

```
命令：union↙
选择对象：                                        （选择长方体）
选择对象：                                        （选择圆柱体）
选择对象：↙
```

（2）差集运算

差集运算可以删除两个实体间的重叠的公共部分，启动差集命令有以下 3 种方法：

- 选择菜单栏中“修改”→“实体编辑”→“差集”命令。
- 单击“实体编辑”工具栏中的“差集”按钮。
- “命令行”输入：subtract↙。

【操作示例 8-9】

将如图 8-17（a）所示的长方体减去圆柱体，形成差集如图 8-17（c）所示三维实体。

```
命令：su↙
选择要从中减去的实体、曲面和面域...
选择对象：                                        （选择长方体）
选择对象：↙                                      （按【Enter】键）
选择要减去的实体、曲面和面域...
选择对象：                                        （选择圆柱体）
选择对象：↙
```

（3）交集运算

交集运算可以用两个或多个重叠实体的公共部分创建组合实体，启动交集命令有以下 3 种方法：

- 选择菜单栏中“修改”→“实体编辑”→“交集”命令。
- 单击“实体编辑”工具栏中的“交集”按钮。
- “命令行”输入：intersect（或 in）↙。

【操作示例 8-10】

使如图 8-17（a）所示的长方体和圆柱体相交，形成交集如图 8-17（d）所示三维实体。

```
命令：in↙
选择对象：                                        （选择长方体）
选择对象：                                        （选择圆柱体）
选择对象：
```

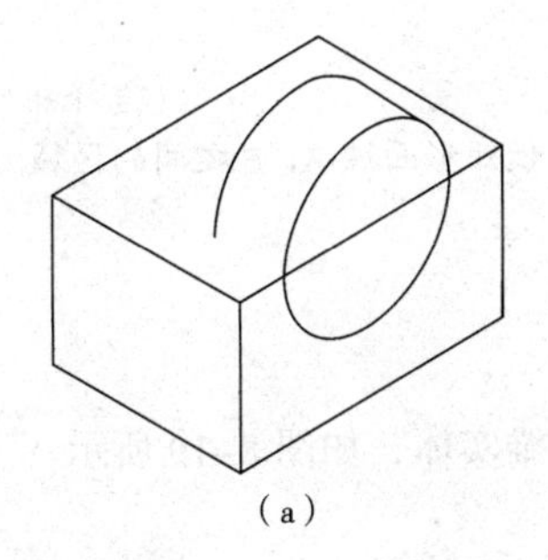

（a）

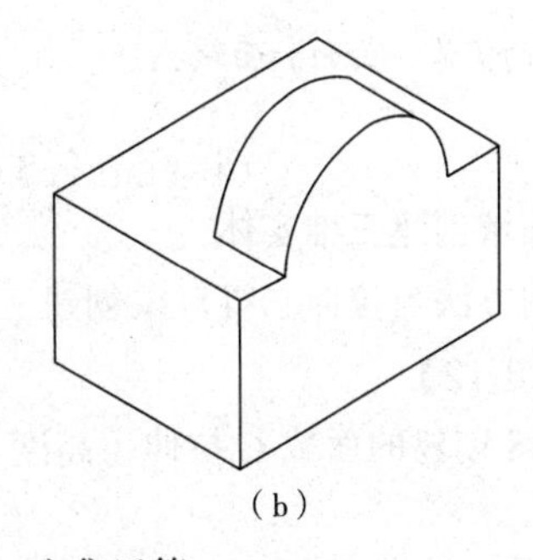

（b）

图 8-17　并集、差集、交集运算

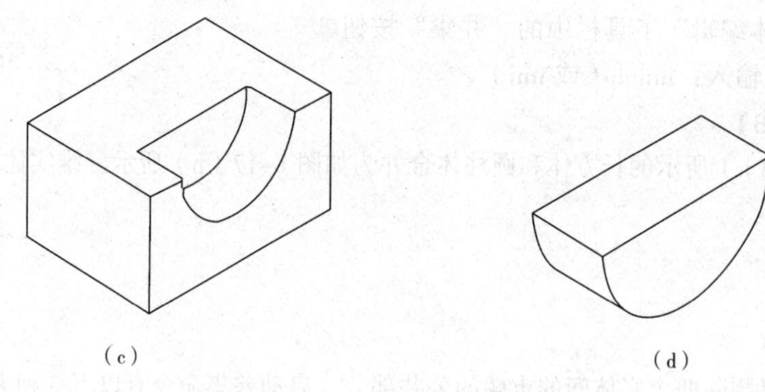

图 8-17　并集、差集、交集运算（续）

2. 利用面域建立复杂实体模型

（1）创建面域

面域是使用形成闭合环的对象创建的二维闭合区域。环可以是直线、多段线、圆、圆弧、椭圆、椭圆弧和样条曲线的组合。但是组成环的对象必须闭合或通过与其他对象共享端点而形成闭合的区域。启动面域命令有如下 3 种方法：

- 选择菜单栏中“绘图”→“面域”命令。
- 单击“绘图”工具栏中的“面域”按钮。
- “命令行”输入：region（或 reg）↙。

【操作示例 8-11】

将如图 8-18 所示的矩形 *A* 与矩形 *B* 围成的区域创建为面域。

```
命令：reg↙
选择对象：                                              （选择矩形 B 的边）
选择对象：找到 1 个
选择对象：                                              （选择矩形 A 的边）
选择对象：找到 1 个，总计 2 个
选择对象：                                              （按【Enter】键）
已提取 2 个环。
已创建 2 个面域。
命令：su↙                                               （启动布尔差集运算命令）
SUBTRACT 选择要从中减去的实体、曲面和面域...
选择对象：                                              （选择矩形 A 的边）
选择对象：                                              （按【Enter】键）
选择要减去的实体、曲面和面域...
选择对象：                                              （选择矩形 B 的边）
选择对象：          （按【Enter】键结束命令，使矩形面域 A、B 之间的区域 C 变成一个面域）
```

（2）拉伸面域创建三维实体

拉伸面域的方法与拉伸二维对象创建三维实体相同。

【操作示例 8-12】

将如图 8-18 创建的面域 *C* 拉伸（高度 20）成为三维实体，如图 8-19 所示。

```
命令：ext↙
当前线框密度： ISOLINES=4
选择要拉伸的对象：                                      （选择矩形面域 C）
```

```
选择要拉伸的对象:                                          (按【Enter】键)
指定拉伸的高度或 [方向(D)/路径(P)/倾斜角(T)] <50>: 20        (输入拉伸高度)
```

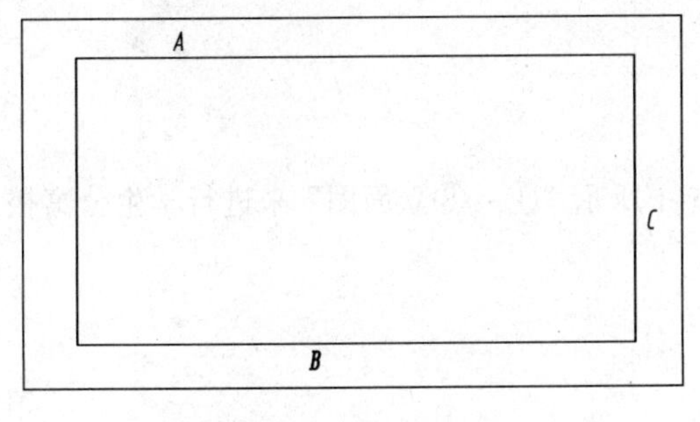

图 8-18　创建面域

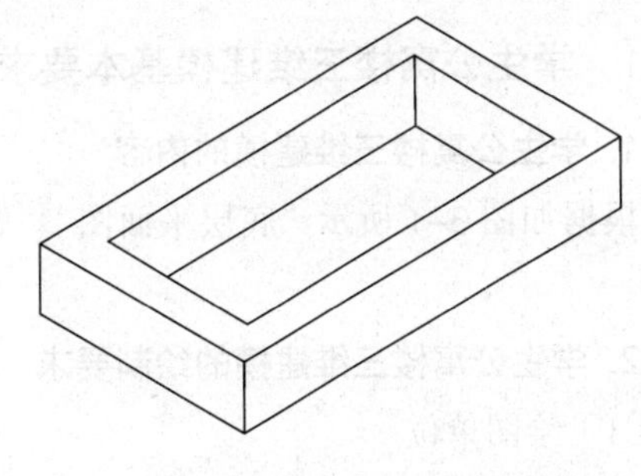
图 8-19　拉伸面域创建三维实体

3. 三维实体阵列

三维阵列命令可阵列三维实体，在操作过程中，用户需要输入阵列的列数、行数和层数。其中，列数、行数和层数分别是指实体在 X、Y、Z 方向的数目。此外，根据实体的阵列特点，可分为矩形阵列和环形阵列。启动三维阵列命令有如下 3 种方法。

- 选择菜单栏中“修改”→“三维操作”→“三维阵列”命令。
- 单击“建模”工具栏中的“三维阵列”按钮。
- “命令行”输入：3darray↙。

启动该命令后，根据命令行提示信息进行相关设置操作。

4. 三维实体镜像

三维镜像命令可以在三维空间中将指定对象相对于某一平面镜像。启动三维镜像命令有如下两种方法：

- 选择菜单栏中“修改”→“三维操作”→“三维镜像”命令。
- “命令行”输入：mirror3d↙。

执行该命令并选择需要进行镜像的对象，命令行提示信息如下：

```
指定镜像平面 (三点) 的第一个点或[对象(O)/最近的(L)/Z 轴(Z)/视图(V)/XY 平面(XY)/YZ
平面(YZ)/ZX 平面(ZX)/三点(3)] <三点>:
```

默认情况下，可以通过指定 3 点确定镜像面。

5. 三维实体对齐

三维对齐命令是指通过移动、旋转一个实体使其与另一个实体对齐。在三维对齐的操作过程中，最关键的是选择合适的源点与目标点，其中，源点是在被移动、旋转的对象上选择；目标点是在相对不动，作为放置参照的对象上选择。启动三维对齐命令有如下 3 种方法：

- 选择菜单栏中“修改”→“三维操作”→“三维对齐”命令。
- 单击“建模”工具栏中的“三维对齐”按钮。
- “命令行”输入：align↙。

启动该命令后，根据命令行提示信息进行相关设置操作。

8.3 项目实施

8.3.1 学生公寓楼三维建模基本要求

1. 学生公寓楼三维建模的内容

根据如图3-1所示“底层平面图”、如图5-1所示“①~⑧立面图”来进行学生公寓楼三维建模。

2. 学生公寓楼三维建模的绘制要求

（1）绘图单位

常为十进制，小数点后显示0位，以毫米为单位。

（2）绘图界限

设置绘图界限50 000×30 000，采用1∶100比例绘图。

（3）创建图层

创建图层并设置相应的颜色。

（4）墙体、门窗、细部等建模

要随时参照平面图、立面图中的内容确定墙体、门窗、细部等的位置及具体的大小尺寸。

3. 学生公寓楼三维建模的绘图步骤

① 创建绘图环境。

② 创建墙体模型。

③ 创建门窗洞口。

④ 创建窗格及玻璃。

⑤ 创建线脚和雨篷台阶。

⑥ 创建四坡屋面。

⑦ 完成建模并保存文件。

8.3.2 学生公寓楼三维建模

1. 设置绘图环境

（1）新建图形文件

命令:new↙

打开“选择样板”对话框，选择“acadiso.dwt”图形样板文件，单击“打开”按钮，完成新建图形文件。

（2）设置绘图单位

命令: un↙

在打开的“图形单位”对话框中，设置长度类型为小数，精度为0，设置单位为毫米。

（3）设置绘图界限

根据图样大小，选择比图样较大一些的范围，相当于手工绘图买好图纸后裁图纸的过程。

命令:limits↙

指定左下角点（0,0），指定右下角点（50000,30000）。

命令:z↙

输入 a↙，选择“全部”选项缩放窗口，将所设置的绘图界限设全部呈现在显示器工作界面。

（4）创建图层

命令:la↙

打开的“图层特性管理器”功能面板，如图 8-20 所示。

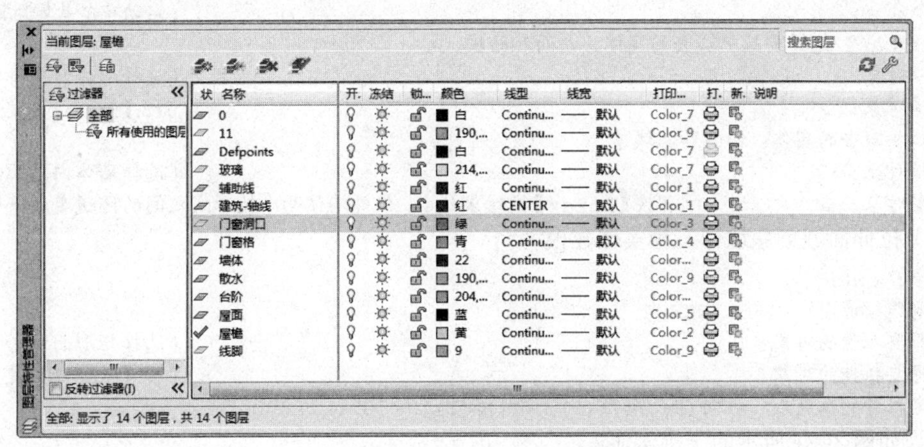

图 8-20　创建三维建模图层

（5）保存文件

将文件以“学生公寓楼三维建模”保存。

2. 创建墙体模型

（1）绘制辅助线

① 选择“辅助线”图层。

② 单击视图工具栏中“俯视”按钮。

③ 插入建筑底层平面图作为外部参照

命令:xa↙　　（启动外部参照命令）

④ 打开“选择参照文件”对话框，选择“建筑底层平面图”，单击“打开”按钮。

⑤ 打开“附着外部参照”对话框，选项默认设置，单击“确定”按钮。

⑥ 在绘图区域合适位置单击，确定外部参照的位置，完成外部参照的插入。

（2）外墙建模

① 选择“墙体”图层。

② 绘制外墙体轮廓线：启动矩形命令，绘制墙体内、外轮廓线。

③ 单击“视图”工具栏“西南等轴测”按钮，转换视图将视点设置为西南等轴测。

④ 卸载外部参照。

命令:xr↙

打开“外部参照”对话框，在“建筑底层平面图”上右击，在弹出的快捷菜单中选择“卸载”命令。

⑤ 创建外墙面域：

命令: reg↙

选择对象:　　（选择墙体内轮廓线边）

选择对象：找到 1 个
选择对象：（选择墙体外轮廓线边）
选择对象：找到 1 个，总计 2 个
选择对象：（按【Enter】键）
已提取 2 个环。
已创建 2 个面域。
命令：su↙（启动布尔差集运算命令）
SUBTRACT 选择要从中减去的实体、曲面和面域...
选择对象：（选择墙体外轮廓线边）
选择对象：↙（按【Enter】键）
选择要减去的实体、曲面和面域...
选择对象：（选择墙体内轮廓线边）
选择对象：↙（按【Enter】键结束命令，使外墙体两个轮廓线之间的区域变成一个面域）

（3）拉伸面域创建墙体三维实体建模

命令：ext↙
当前线框密度：ISOLINES=4
选择要拉伸的对象：（选择矩形面域 C）
选择要拉伸的对象：（按【Enter】键）
指定拉伸的高度或 [方向(D)/路径(P)/倾斜角(T)] <50>：12800↙

得到如图 8-21 所示的三维实体。

（4）视觉样式处理

单击“视觉样式”工具栏中的“三维隐藏视觉样式”按钮，得到如图 8-22 所示的三维实体。

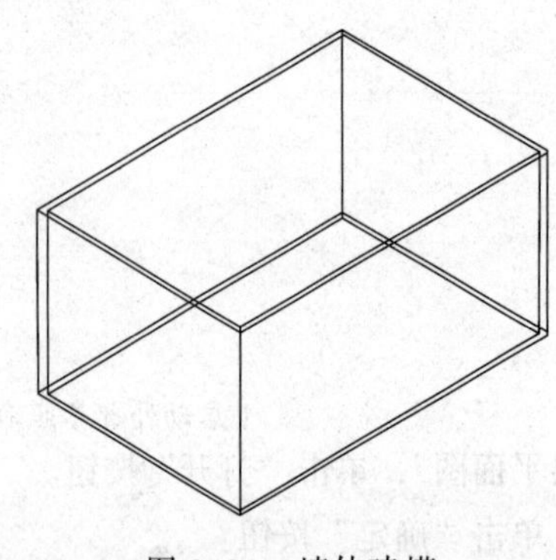

图 8-21　墙体建模

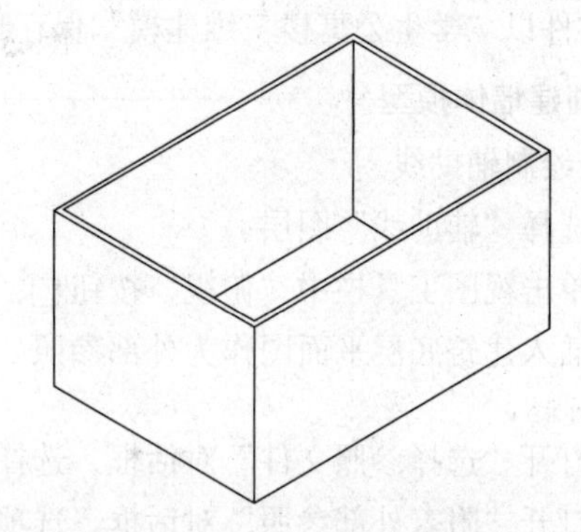

图 8-22　墙体三维隐藏视觉样式

3. 创建门窗洞口

（1）外部参照附着

① 单击“视图”工具栏中的“俯视”按钮。

② 附着外部参照。

命令:xr↙

打开“外部参照”对话框，在“建筑底层平面图”上右击，在弹出的快捷菜单中选择“附着”命令。

③ 关闭墙体图层。

（2）绘制 C1 窗洞口

① 选择“门窗洞口”图层：

② 绘制 C1 窗洞口：启动矩形命令，捕捉 C1 窗洞位置线与内外墙体轮廓位置线的交点，得

到如图 8-23 所示矩形。

③ 启动拉伸命令，拉伸矩形高度 1 750，将视图转换为“西南等轴测”视图，得到如图 8-24 所示三维实体。单击“视觉样式”工具栏中的“三维隐藏视觉样式”按钮。

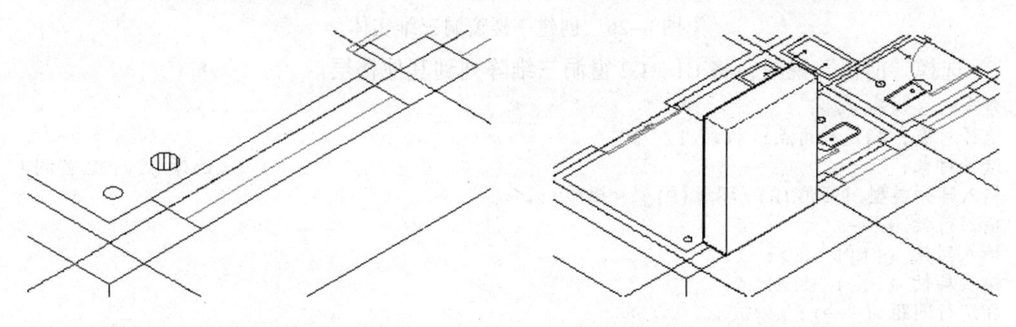

图 8-23　创建 C1 窗洞　　　　图 8-24　创建 C1 窗洞三维实体

（3）移动 C1 窗洞

将视图转换到“前视”视图。

```
命令：m↙
选择对象：                                        （选择 C1 窗洞）
选择对象：↙
指定基点或 [位移(D)] <位移>:                      （指定窗洞左下角端点）
指定第二个点或 <使用第一个点作为位移>：<正交 开> 900↙
```

得到如图 8-25 所示三维实体。

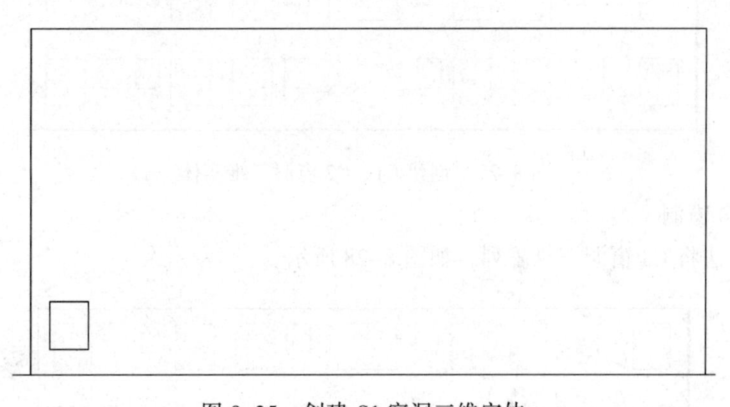

图 8-25　创建 C1 窗洞三维实体

（4）创建 C2 窗洞

用同样的方法创建 C2 窗洞拉伸高度 1 150，向上移动 1 500。

（5）创建 C4 窗洞

用同样的方法创建 C4 窗洞，捕捉 C4 窗洞，绘制矩形，将它移动到与 C1、C2 墙体上。拉伸高度 1 750，向上移动 4 100。

（6）阵列 C1、C2 窗洞到其他楼层

① 选择“俯视”视图，将 C1、C2 窗洞移动到一层相应的位置，如图 8-26 所示。

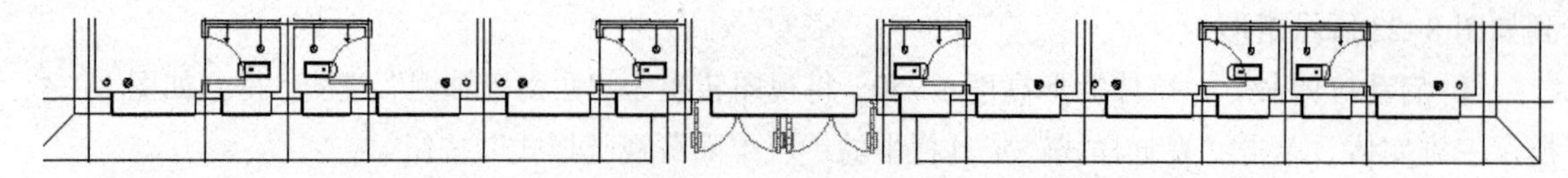

图 8-26　创建一楼窗洞三维实体

② 选择“前视”视图，将 C1、C2 窗洞三维阵列到其他楼层。

```
命令: 3darray↙
选择对象: 指定对角点: 找到 12 个
选择对象:                                              (选择 C1、C2 窗洞)
输入阵列类型 [矩形(R)/环形(P)] <矩形>:↙
输入行数 (---) <1>: 4↙
输入列数 (|||) <1>: 1↙
输入层数 (...) <1>: 4↙
指定行间距 (---): 3200↙
指定列间距 (...): 1↙
指定层间距 (...): 1↙
```

显示“墙体”图层，得到如图 8-27 所示三绘实体。

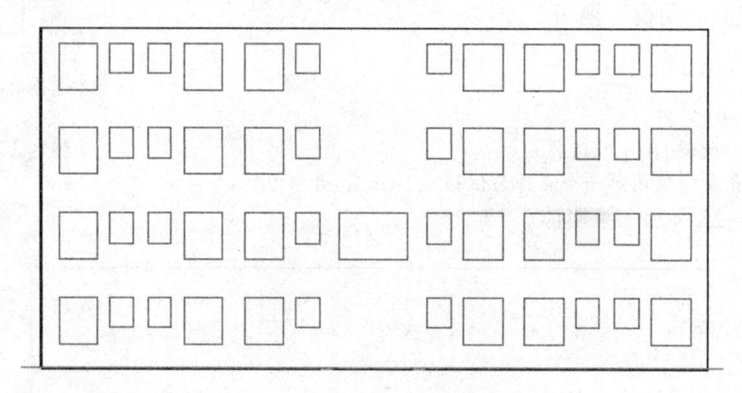

图 8-27　创建 C1、C2 窗洞三维实体

（7）创建 C4 窗洞

用同样的方法将 C4 窗洞三维阵列，如图 8-28 所示。

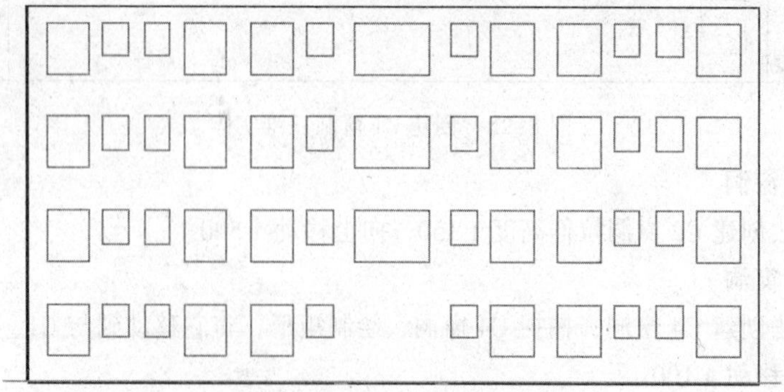

图 8-28　创建 C4 窗洞三维实体

（8）开窗洞口

① 差集命令：

```
命令: su↙
```

```
选择要从中减去的实体、曲面和面域...
选择对象:                                        (选择墙体)
选择对象: ↙                                      (按【Enter】键)
选择要减去的实体、曲面和面域...
选择对象:                                        (选择窗洞实体)
选择对象: ↙
```

差集命令后，得到如图 8-29 所示三维实体。

② 单击“视图”工具栏中的“西南等轴测”按钮，转换视图。

③ 单击“视觉样式”工具栏中的“真实视觉样式”按钮，看到三维实体模型如图 8-29 所示。

（9）开侧面窗洞口和门洞口

用同样的方法打开侧面窗洞口和门洞口，得到如图 8-30 所示三维实体。

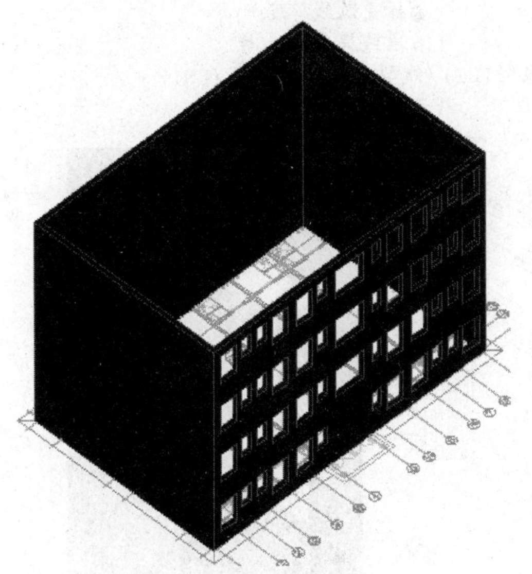

图 8-29　正立面开窗洞口

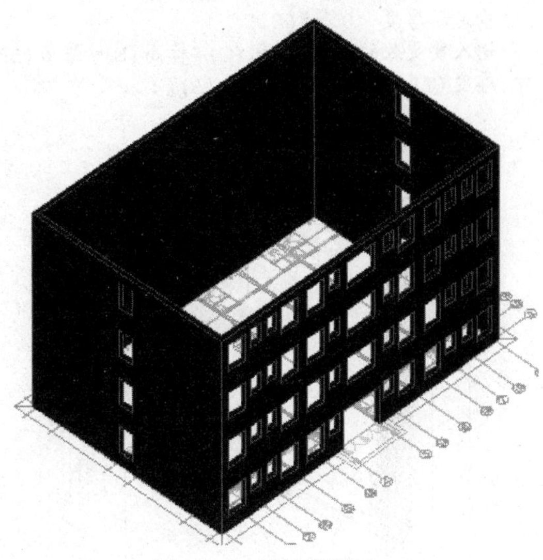

图 8-30　开门窗洞口

① 左侧的 C3 窗洞拉伸 1 750，向上移动 900。

② 大厅的 M5 门洞拉伸 2 600。

③ 右侧的 C3 窗洞拉伸 1 750，向上移动 4 100。

④ 右侧的 M4 门洞拉伸 2 650。

4. 创建门窗格及玻璃

（1）绘制 C1 窗格辅助线

① 单击“视图”工具栏中的“西南等轴测”按钮，转换视图。

② 单击“视觉样式”工具栏中的“三维线框视觉样式”按钮。

③ 图层转换成“门窗格及玻璃”图层。

④ 启动直线命令，捕捉中点绘制如图 8-31（a）所示的辅助线。

⑤ 启动偏移命令，将上边的直线向下复制 500，将左边的直线向右复制 750，如图 8-31（a）所示。

（2）绘制 C1 窗格线

```
命令: pl↙
PLINE 指定起点:                                  (单击 A 点)
指定下一个点或 [圆弧(A)/半宽(H)/长度(L)/放弃(U)/宽度(W)]:w↙
```

指定起点宽度:100↙
指定终点宽度:100↙
指定下一点或 [圆弧(A)/闭合(C)/半宽(H)/长度(L)/放弃(U)/宽度(W)]:
（分别捕捉窗洞其他三个点，输入 C 闭合）

同样的方法绘制中间的窗格线，如图 8-31（b）所示。

（3）将窗格线转换成窗格

命令: change↙ （启动修改属性命令）
选择对象: （选择所有窗格线）
选择对象: 找到 1 个，总计 3 个
选择对象: （按【Enter】键确认）
指定修改点或 [特性(P)]: p↙ （选择修改特性）
输入要更改的特性 [颜色(C)/标高(E)/图层(LA)/线型(LT)/线型比例(S)/线宽(LW)/厚度(T)/材质(M)/注释性(A)]: t↙ （选择更改线厚度）
指定新厚度 <0>: 60↙ （多段线厚度为 60）
输入要更改的特性[颜色(C)/标高(E)/图层(LA)/线型(LT)/线型比例(S)/线宽(LW)/厚度(T)/材质(M)/注释性(A)]: ↙ （删除辅助线，如图 8-31（c）所示）

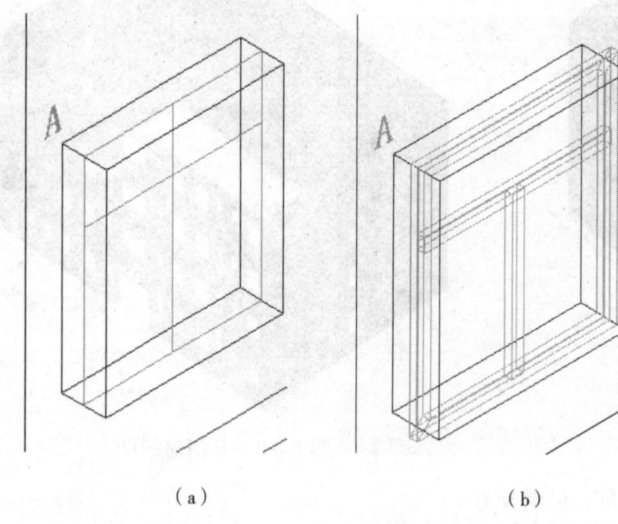

（a） （b）

（c）

图 8-31 创建窗格

（4）用相同方法创建其他窗格及门分格

① C2 窗格线垂直辅助线向右复制 450。

② C4 窗格线水平辅助线向下复制 500，垂直辅助线向右复制 3 条 650。

③ 左右侧面窗格线水平辅助线向下复制 500，垂直辅助线向右复制 600。

④ 右侧门分格辅助线水平向下复制 550，垂直向右复制 600。

⑤ 大厅门分格辅助线水平向下复制 550，垂直向右复制 3 条 900。

（5）创建门窗玻璃

① 单击“视图”工具栏中的“俯视”按钮，转换视图。

② 单击“视觉样式”工具栏中的“三维线框视觉样式”按钮。

③ 图层转换成“玻璃”图层。关闭“墙体”图层。

④ 在窗洞中间绘制一条线宽为 10（玻璃厚度）的多段线，如图 8-32 所示。

⑤ 启动修改属性命令 Change，将多段线的厚度改为窗户玻璃高度 C1=1 750，C2=1 150，

C3=1 175，C4=1 750；M4=2 650，M5=2 600。

⑥ 再用复制、移动和阵列命令将门窗玻璃调整合适的位置。

⑦ 单击“视觉样式”工具栏中的“真实视觉样式”按钮，如图 8-33 所示。

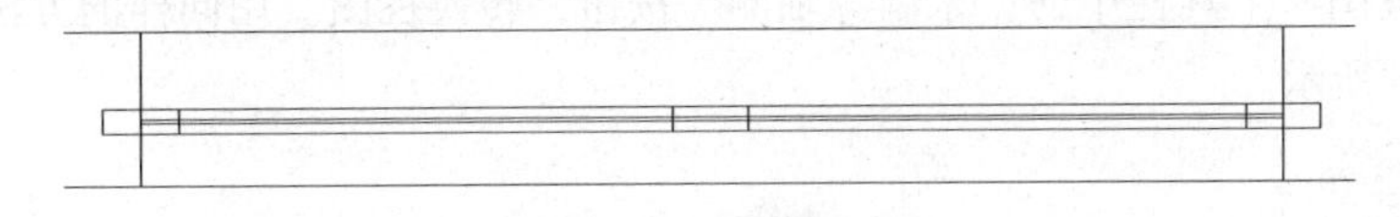

图 8-32　绘制玻璃线

图 8-33　创建门窗玻璃

5. 创建室外台阶

① 打开“外部参照”附着。

② 单击“视图”工具栏中的“俯视”按钮，转换视图，选择“台阶”图层。

③ 在台阶的位置绘制两个矩形，如图 8-34 所示，都向上拉伸 150。

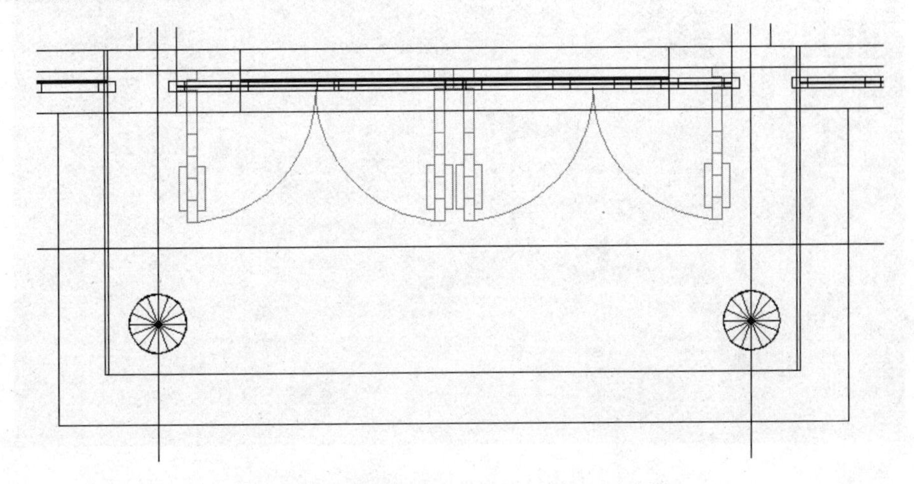

图 8-34　创建台阶、圆柱、雨篷三维实体

④ 在台阶上绘制两个圆 ϕ350，拉伸 2 850。

⑤ 用矩形绘制散水，拉伸-150。

⑥ 将台阶向上复制 2 850 得到雨篷，如图 8-35 所示。

⑦ 单击“视图”工具栏中的“东南等轴测”按钮，转换视图。用同样的方法绘制左侧门的台阶，如图 8-35 所示。

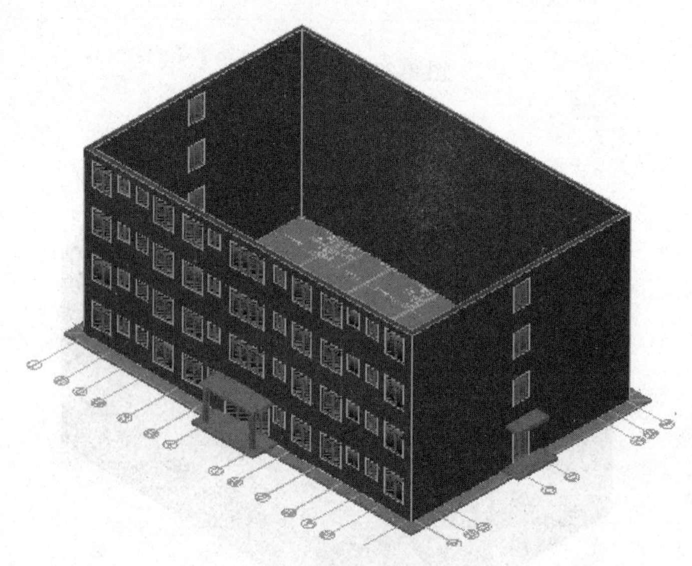

图 8-35　室外台阶建模

6. 创建线脚

① 单击“视图”工具栏中的“前视”按钮，转换视图。

② 选择“线脚”图层，锁定“墙体”图层。

③ 根据立面图的尺寸在墙面上作出辅助线，用 Box 命令，绘制如图 8-36 所示的墙身线脚三维实体。

图 8-36　创建墙身线脚

7. 四坡屋面建模

（1）创建屋面模型的辅助线

① 关闭除屋面和辅助层之外的所有层，并设辅助线层为当前层。捕捉绘制外墙线轮廓为屋檐。将“外部参照”拆离。

② 沿 4 个端点以 45° 方向绘斜脊的水平投影线，如图 8-37 所示。

③ 将 UCS 设为“前视”方式，再单击“视图”工具栏中的“东南等轴测”按钮。

④ 启动直线命令，从图中 8-38 中的 *A* 点出发，绘制一条（@0,6000,0）的竖直辅助线。

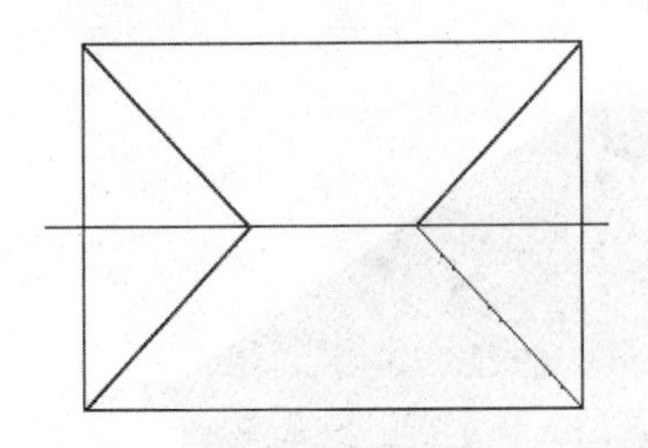

图 8-37　绘斜脊的水平投影线

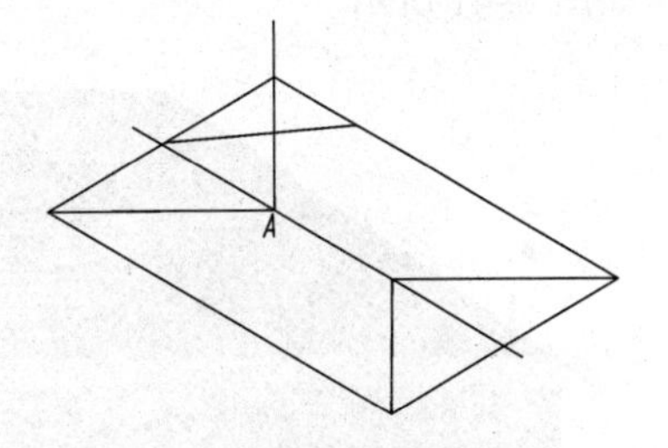

图 8-38　屋面正脊与斜脊的相交点

⑤ 启动直线命令，在屋檐辅助线的短边一侧，从中点以 30° 方向绘线，与垂直方向的辅助线相交（此交点即为屋面正脊与斜脊的相交点）得到如图 8-39 所示图形。

⑥ 单击“视图”工具栏中的“前视”按钮，将如图 8-39 所示 *A* 点与相交点之间的线段镜像，再回到“东南等轴测”视图，启动直线命令，绘出 4 根斜脊与一根正脊，删除多余线段，得到如图 8-40 所示的屋面三维实体的辅助线。

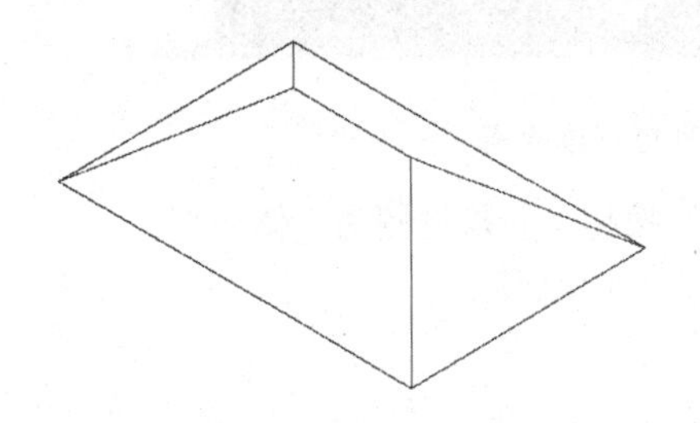

图 8-39　绘斜脊的水平投影线

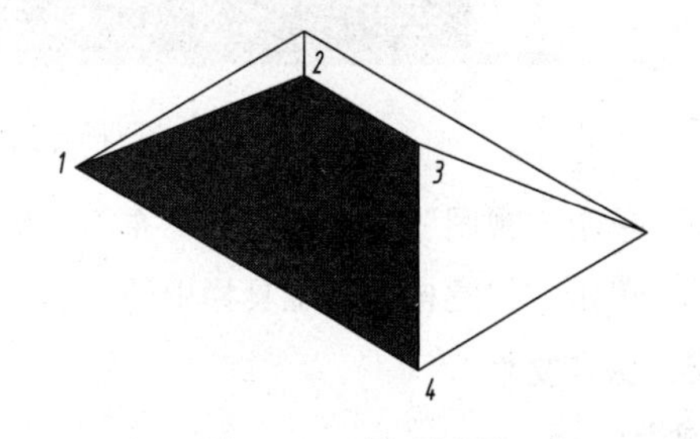

图 8-40　创建屋面

（2）创建屋面

① 选择“屋面”图层。

② 创建三维面，如图 8-40 所示。

```
命令: 3dface↙                                    （启动创建三维面命令）
指定第一点或 [不可见(I)]:  <对象捕捉 开>           （单击图中第 1 点）
指定第二点或 [不可见(I)]:                          （单击图中第 2 点）
指定第三点或 [不可见(I)] <退出>:                   （单击图中第 3 点）
指定第四点或 [不可见(I)] <创建三侧面>:             （单击图中第 4 点）
指定第三点或 [不可见(I)] <退出>:↙
```

③ 启动 3dface，将屋面的三个面创建三维面。

④ 单击“视觉样式”工具栏“真实视觉样式”按钮●。

（3）创建屋檐

① 选择“屋檐”设为当前层。

② 启动长方体命令：单击“视图”工具栏中的“俯视”按钮，启动长方体命令，通过交点捕捉，绘制屋檐，高度为-200。

③ 启动编组命令（Group），将屋面及屋檐编成组。

④ 打开所有图层，单击视图工具栏“前视”按钮，发现屋面及屋檐都在平面辅助线上。

⑤ 启动移动命令，通过端点捕捉，打开正交，确定基点，输入 12 800，将屋面及屋檐移至墙体正上方，如图 8-41 所示。

图 8-41　完成学生公寓楼三维建模

⑥ 单击“视图”工具栏中的“东南等轴测按钮”按钮，转换视图为立体模型。

⑦ 单击“视觉样式”工具栏中的“真实视觉样式”按钮。

8. 保存文件

命令：save↙

完成以上所有学生公寓楼三维建模绘制，检查后保存退出。

8.4　技 能 拓 展

创建建筑三维实体模型

根据建筑平面图、立面图、剖面图和学生公寓楼三维建模的学习，要求通过理论知识学习，结合建筑 CAD 制图实践技能的操作，观察自己住的宿舍、上课的教室等，进行简单三维建模，不仅帮助学生理解建筑物空间立体几何关系，更为建筑工程类的学生掌握建筑 CAD 三维建模进一步理解学生房屋建筑结构。

学习效果评价表

<table>
<tr><td>项目名称</td><td colspan="8"></td></tr>
<tr><td>专业</td><td></td><td>班级</td><td></td><td>姓名</td><td colspan="2"></td><td>学号</td><td></td></tr>
<tr><td>评价内容</td><td colspan="3">评价指标</td><td>分数</td><td>自我评价（25%）</td><td>小组评价（25%）</td><td>老师评价（50%）</td><td>得分</td></tr>
<tr><td>学习态度</td><td colspan="3">出勤情况、学习主动性、语言表达、团队协作</td><td>10</td><td></td><td></td><td></td><td></td></tr>
<tr><td rowspan="3">项目实施</td><td colspan="3">创建绘图环境</td><td>5</td><td></td><td></td><td></td><td></td></tr>
<tr><td colspan="3">创建墙体模型、创建门窗洞口、门窗格及玻璃</td><td>35</td><td></td><td></td><td></td><td></td></tr>
<tr><td colspan="3">创建线脚和雨篷台阶、创建四坡屋面</td><td>20</td><td></td><td></td><td></td><td></td></tr>
<tr><td>项目质量</td><td colspan="3">绘图符合规范、图线清晰、标注准确、图面整洁</td><td>10</td><td></td><td></td><td></td><td></td></tr>
<tr><td>学习方法</td><td colspan="3">创新思维能力、计划能力、解决问题能力</td><td>20</td><td></td><td></td><td></td><td></td></tr>
<tr><td>教师签名</td><td></td><td colspan="2">日　期</td><td colspan="2"></td><td colspan="2">成绩评定</td><td></td></tr>
</table>

项目九　建筑图形打印输出

【学习目标】

- 知识目标

理解管理打印样式表的作用。

掌握打印页面设置的方法。

掌握图形打印输出方法和技巧。

- 能力目标

具有打印输出 AutoCAD 图形的操作能力及打印技巧。

- 素质目标

培养学生从绘图到打印输出图形的良好绘图习惯，具备建筑工程技术人员应有的科学、严谨、精准的工作作风和良好的职业道德。

【重点与难点】

- 重点

掌握打印输出 AutoCAD 图形的基本命令和技巧。

- 难点

打印页面设置和图形打印。

【学习引导】

1. 教师课堂教学指引：打印输出 AutoCAD 图形的操作能力及打印技巧。

2. 学生自主性学习：每个学生通过实际操作反复练习加深理解，提高操作技巧。

3. 小组合作学习：通过小组自评、小组互评、教师评价，并总结绘图效果，提升绘图质量。

9.1　项 目 描 述

使用 AutoCAD 绘制完成建筑图形以后，图纸需要参与建筑施工，为了与其他建筑设计人员进行交流沟通，就需要将绘制好的图纸打印出来。通过对附录 A 中图 A-1 底层平面图进行打印输出。掌握 AutoCAD 的打印功能。

9.2 知识平台

9.2.1　管理打印样式表

AutoCAD 提供了打印样式管理器，用于管理用户创建的各种打印样式表。用户可以利用打印样式来改变输出图形对象的打印效果。打印样式包括颜色、抖动、灰度、笔的分配、淡显、线宽、线条端点样式、线条样式和填充样式等，将打印样式组织起来就形成了打印样式表。启动打印样式管理器命令有如下两种方法：

- 选择菜单栏中“文件”→“打印样式管理器”命令。
- “命令行”输入：STYLESMANAGER↙。

启用该命令后，AutoCAD 显示打印样式（Plot Styles）管理器窗口，如图 9-1 所示。

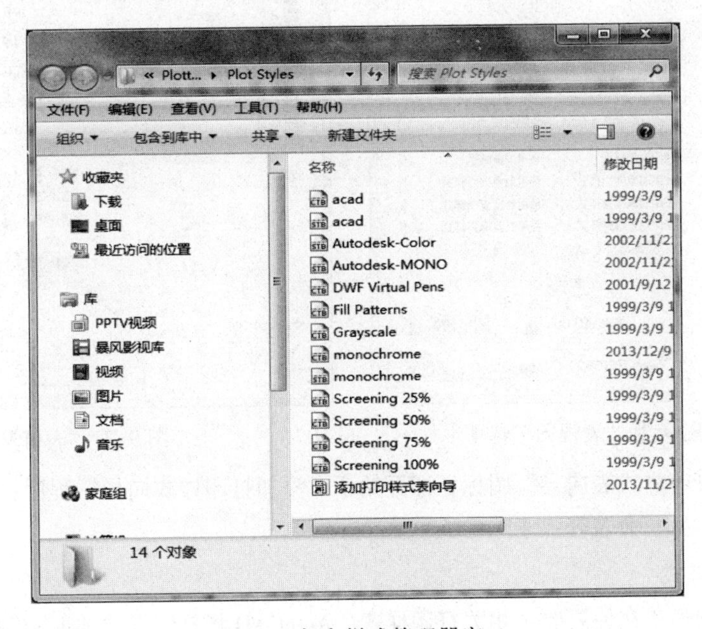

图 9-1　打印样式管理器窗口

1. 打印样式类型

打印样式的类型有两种：颜色相关打印样式和命名打印样式。

（1）颜色相关打印样式

默认情况下，AutoCAD 2016 使用颜色相关打印样式表。颜色相关打印样式是基于对象颜色的，每一种颜色有一种对应设置。用户不能随意地添加、删除或重命名颜色相关的打印样式。使用颜色相关的打印样式时，用户通过调整与某一颜色相对应的颜色相关打印样式，即可控制在当前图形中所有使用该颜色的图形对象的打印效果。AutoCAD 将颜色相关的打印样式表保存在扩展名为.ctb 的文件中。

（2）命名打印样式

命名打印样式的使用与对象的颜色是无关的。用户要将任何打印样式赋给一个对象，而不必去管对象的颜色。AutoCAD 将命名打印样式保存在扩展名为.ctb 的文件中。

2. 编辑打印样式表

在打印样式管理器窗口，双击“acad.ctb”打印样式文件，即可打开“打印样式表编辑器”对话框。在该对话框中，共3个选项卡：

【基本】主要列出了关于表的基本信息。

【表视图】和【表格视图】：主要是提供了两种修改打印样式设置的方法，如图9–2和图9–3所示。如果打印样式数量少，则使用“表视图”显得比较方便。

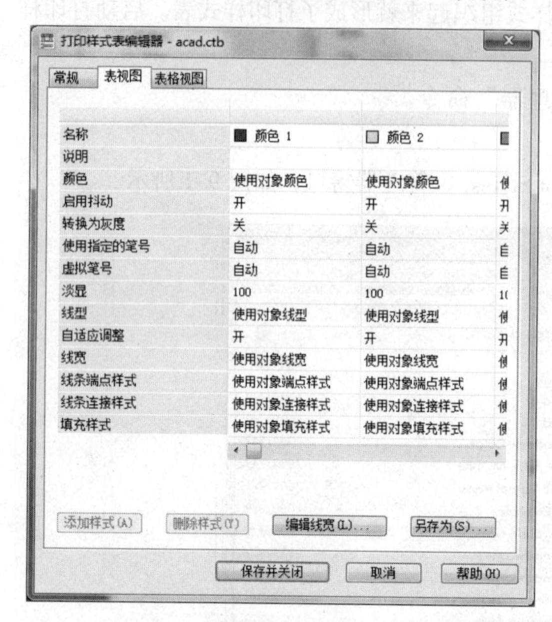

图9–2 “表视图”选项卡

图9–3 “表格视图”选项卡

双击“添加打印样式表向导”图标，即开始了“添加打印样式向导”程序，用户可以依次为新打印样式选择类型、命名等。

3. 应用打印样式

如果当前的图形正在使用颜色相关打印样式，AutoCAD将打印样式映射到对象的颜色特性。此时，在附着到图形的样式表中，用户可以通过修改对象的颜色来修改对象的样式，或者使用打印样式编辑来修改其中的颜色相关打印样的图形。如果当前图形正在使用命名打印样式，用户可以修改对象和图层的打印样式。

技巧

（1）如果要将同样颜色的线条打印出不同的宽度，必须创建并采用命名打印样式。

（2）如果要将图形中所有显示为相同颜色的对象都以同一种打印方式打印，必须创建或采用缺省的颜色相关打印样式。如想要把图打印成黑白两色，可以直接选择系统的颜色相关打印样式：monochrome.stb。

9.2.2 打印页面设置

AutoCAD 2016允许用户为每个图形指定不同的页面设置，这样用户就可以使用不同一个图形输出不同的图纸而用于不同的目的。启动页面设置命令有如下两种方法：

● 选择菜单栏中“文件”→“页面设置管理器”命令。

●“命令行”输入：pagesetup↙。

启用该命令后，打开“页面设置管理器”对话框，如图 9–4 所示。

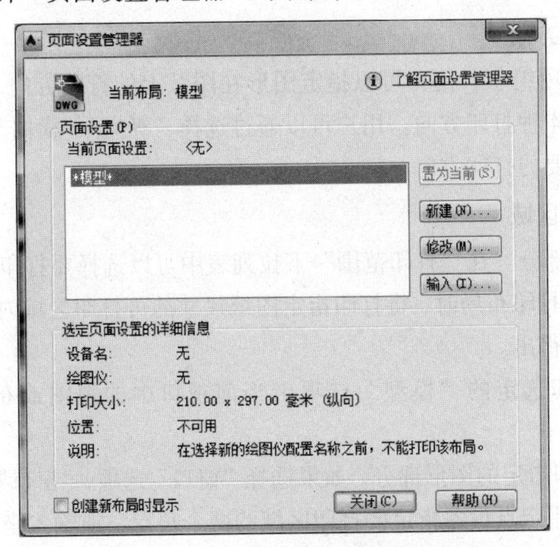

图 9–4 “页面设置管理器“对话框

在该对话框中“当前布局”中显示当前进行页面设置的布局名称，并在“当前页面设置”列表框中显示所有已命名并被保存过的页面设置。用户可以在其中选择一个已命名的页面设置，然后进行修改完成页面设置，也可以添加新的页面设置。

1. 设置布局

在“页面设置管理器”对话框中单击“修改”按钮，可以打开“页面设置-模型”对话框，如图 9–5 所示。

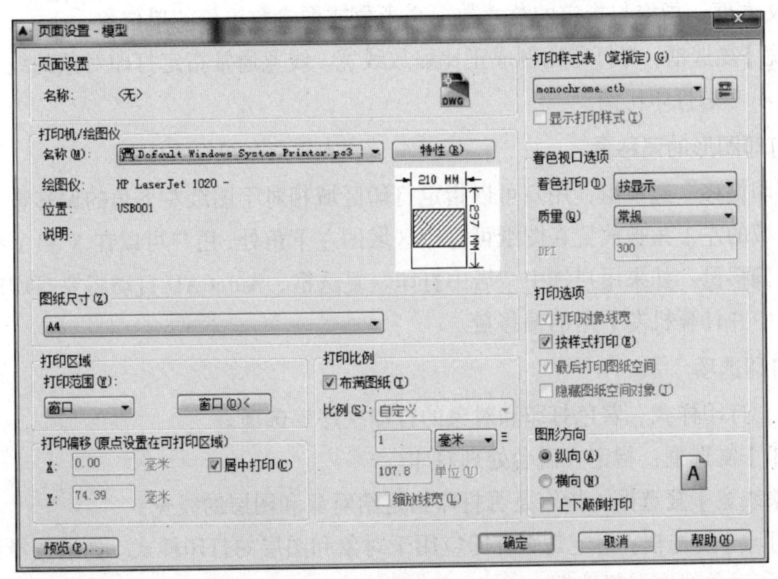

图 9–5 “页面设置–模型”对话框

在“图纸尺寸”选项组的“图纸尺寸”下拉列表框中列出了当前使用的打印设置所支持的图纸类型，用户可根据需要进行选择。选择图纸后，AutoCAD在“打印区域”选项组中显示图纸的可打印有效区域。

2. 设置图形的打印方向

在“图形方向”选项组中，用户可以指定图形在图纸上的打印方向。AutoCAD支持0°、90°、180°、270°共4种打印方向。用户可以通过选择“纵向”“横向”和“上下颠倒打印”3个选项的组合来获得需要的打印方向。

3. 指定图形的打印区域

指定要打印的图形部分。在“打印范围”下拉列表中可以选择要打印的图形区域。

【图形界限】选项：打印布局时，将打印指定图纸尺寸的可打印区域内的所有内容，其原点从布局中的（0,0）点计算得出。

【显示】选项：打印选定的“模型”选项卡当前视口中的视图或布局中的当前图纸空间视图。

【窗口】:选项：打印指定的图形部分。如果选择“窗口”选项，“窗口”按钮将成为可用按钮。单击“窗口”按钮以使用定点设备指定要打印区域的两个角点，或输入坐标值。

4. 设置打印比例

控制图形单位与打印单位之间的相对尺寸。打印布局时，默认缩放比例设置为1：1，从“模型”选项卡打印时，默认设置为“布满图纸”。

【布满图纸】复选框：缩放打印图形以布满所选图纸尺寸，并在“比例”“单位”文本框中显示自定义的缩放比例因子。

【比例】下拉列表框：定义打印的精确比例。“自定义”可定义用户定义的比例。可以通过输入图形单位数等价的英寸（或毫米）数来创建自定义比例。

【单位】文本框：指定与指定的英寸数、毫米数或像素数等价的单位数。

【缩放线宽】复选框：与打印比例成正比缩放线宽。线宽通常指定打印对象的线宽度并按线宽尺寸打印，而不考虑打印比例。

5. 设置打印图形的偏移量

根据“打印偏移”选项组，用户可以指定打印区域相对于图纸左下角的偏移量。在一个布局中指定打印区域的左下角被放置在图纸可打印区域的左下角处，用户可以在X和Y编辑框中指定一个正或负的偏移量。如果用户选中“居中打印”复选框，AutoCAD自动将要打印的图形区域旋转在图纸的正中并计算机左下角的偏移量。

6. 设置打印选项

指定线宽、打印样式、着色打印和对象的打印次序等选项。

【后台打印】复选框：指定在后台处理打印。

【打印对象线宽】复选框：指定是否打印指定给对象和图层的线宽。

【按样式打印】复选框：指定是否打印应用于对象和图层的打印样式。如果选择该选项，也将自动选择“打印对象线宽”复选框。

【操作示例 9-1】

新建“A3 横式图纸”的页面设置。

① 选择菜单栏中“文件”→“页面设置管理器”命令，打开如图 9-4 所示的“页面设置管理器”对话框。单击“新建”按钮，打开“新建页面设置”对话框，如图 9-6 所示。在“基础样式”列表框中选择“模型”选项作为基础样式，单击“确定”按钮。打开如图 9-7 所示的“页面设置”对话框，进行新建“A3 横式图纸”的页面设置。

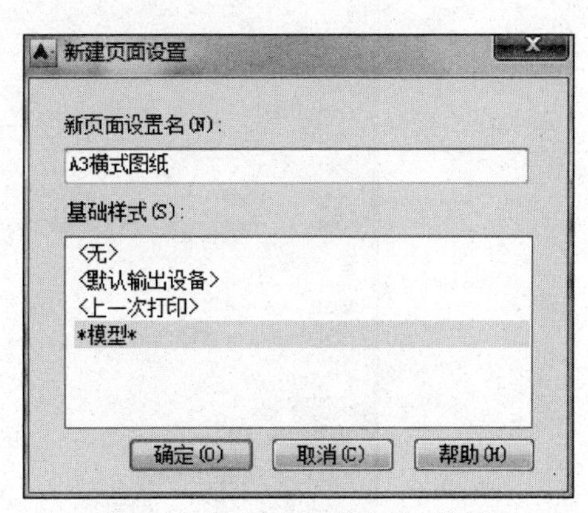

图 9-6　“新建页面设置”对话框

② 在页面设置名称框里显示：A3 横式图纸。

③ 在打印区域里选择打印机型号（选自己电脑使用的打印机）。

④ 选择图纸尺寸：ISO A4 (210.00 x 297.00 毫米)

⑤ 在“打印区域”里“打印范围”的显示改为“窗口”。

⑥ 这时就返回图纸界面，用鼠标（在捕捉开启的情况），单击图纸边框的左上角（注意：绘制的图形必须先设定一个矩形边框），然后拉到右下角，返回页面设置。

⑦ 将图形方向设置为横向。

⑧ 设置“打印比例”一栏的比例数字（设置比例 1∶100）。

⑨ 取消选中“布满图纸”复选框，将原来的比例数字改为接近原来的比例数字的整数。

⑩ 预览合适后单击“确定”按钮。

9.2.3　打印输出

1.打印预览

打印预览命令可以对要打印的图形进行预览，这样用户可以在屏幕上事先观察到打印后的效果。启动打印预览命令有如下 3 种方法：

- 选择菜单栏中“文件”→“打印预览”命令。
- 单击“标准”工具栏中的“打印预览”按钮。
- “命令行”输入：preview↙。

启动该命令后，AutoCAD 将根据当前的打印设置生成所在工作空间的打印预览图形，此时，光标变为实时缩放状态的光标，用户可以对预览图形进行实时缩放来观察图形。使用快捷菜单，用户可以对预览图形进行缩放和平移。按【Esc】键或【Enter】键结束预览命令，返回到图形状态。

2.打印图形

使用打印命令，用户可以对设置好的图形进行打印。启动打印命令有如下 3 种方法：

- 选择菜单栏中“文件”→“打印”命令。
- 单击“标准”工具栏中的“打印”按钮。
- “命令行”输入：plot↙。

启动该命令后，AutoCAD 将显示“打印-模型”对话框，如图 9-7 所示。该对话框与“页面设置”对话框基本相同，只是多了打印选项和特殊的选项。

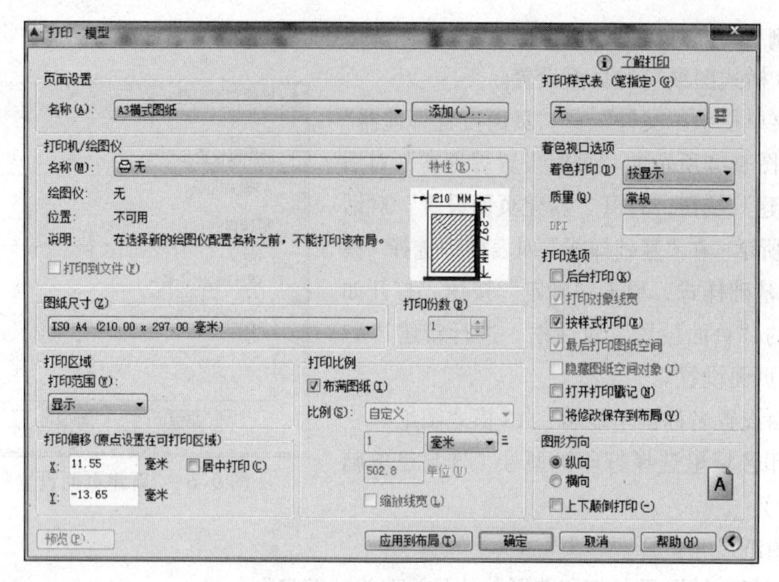

图 9-7 “打印-模型”对话框

（1）配置打印机

在“打印机/绘图仪”选项组中，可以为当前布局设置打印机的有关配置。在“名称”下拉列表框中列出了当前系统和 AutoCAD 中已经安装的打印机，用户可以根据需要选择打印机。如果要编辑或修改打印机配置，单击“特性”按钮打开打印机配置编辑器修改。

（2）设置打印样式

在“打印样式表（笔指定）”选项组中，用户可以指定当前布局要使用的打印样式。在“名称”下拉列表框中，AutoCAD 列出了当前所有可用的打印样式表。用户可根据需要进行选择。如果用户要对打印样式表进行编辑。可单击“编辑”按钮打开打印样式管理器进行编辑。

（3）着色打印增强

在“着色视口选项”中，可以打印着色三维图像或渲染三维图像，还可以使用不同的着色选项和渲染选项设置多个视口。指定着色和渲染视口的打印方式，并确定其分辨率大小和 DPI 值。其中包括“着色打印”、“质量”、“DPI” 3 项内容。

【着色打印】：指定视图的打印方式。各选项作用及含义如下：

按显示：按对象在屏幕上的显示打印。

线框：在线框中打印对象，不考虑其在屏幕上的显示方式。

消隐：打印对象时消除隐藏线，不考虑其在屏幕上的显示方式。

渲染：按渲染的方式打印对象，不考虑其在屏幕上的显示方式。

【质量】：指定着色和渲染和视口的打印分辨率。在其选项框下拉菜单按钮中有草稿、预览、常规、演示、最高和自定义选项，其作用及含义如下：

草稿：将渲染和着色模型空间视图设置为线框打印。

预览：将渲染和着色模型空间视图的打印分辨率设置为当前设备分辨率的四分之一，DPI 最大值为 150。

常规：将渲染和着色模型空间视图的打印分辨率设置为当前设备分辨率的二分之一，DPI 最大值为 300。

演示:将渲染和着色模型空间视图的打印分辨率设置为当前设备的分辨率,DPI 最大值为 600。

最高:将渲染和着色模型空间视图的打印分辨率设置为当前设备分辨率,无最大值。

自定义:将渲染和着色模型空间视图的打印分辨率设置为 DPI 框中用户指定的分辨率,最大可为当前设备的分辨率。

【DPI】:指定渲染和着色视图每英寸的点数,最大可为当前打印设备分辨率的最大值。

9.2.4 AutoCAD 图形输出技巧

1. 在模型空间中输出非 1∶1 图形

在模型空间中设计绘制完图形后,依据所需出图的图纸尺寸计算出绘图比例,用 Scale 比例缩放命令将所绘图形按绘图比例整体缩放。在"文件"菜单中选择"打印"命令,AutoCAD 打开"打印"对话框,在"打印设置"选项卡中,设置图纸尺寸、打印范围、图纸方向,在"打印比例"选项组中,将比例设为 1∶1,单击"确定"按钮输出图形。这种方法的缺点是当图形进行缩放时,所标注的尺寸值也会跟着相应的变化,在出图前还须对尺寸标注样式中的线性比例进行调整,很不方便。在模型空间中设计绘制完图形后,依据所需出图的图纸尺寸计算出绘图比例。在"文件"菜单中选择"打印"命令,AutoCAD 打开"打印"对话框,在"打印设置"选项卡中,设置图纸尺寸、打印范围、图纸方向,在"打印比例"选项组中,选择"自定义"选项,将比例设置成计算好的绘图比例(如 1∶10 或 2∶1 等等);或者选择"按图纸空间缩放"选项,绘图比例将自动设置成最佳比例,以适应所选择的图纸尺寸,最后单击"确定"按钮输出图形。这种方法优点是使用实际的尺寸,这样方便于以后的修改和管理,在打印图形时,可以指定精确比例。

2. 在图纸空间中输出非 1∶1 图形

虽然可以直接在模型空间选择"打印"命令打印图形,但是在很多情况下,可能希望对图形进行适当处理后再输出。例如,在一张图纸中输出图形的多个视图、添加标题块等,此时就要用到图纸空间。图纸空间是一种工具,它完全模拟图纸页面,用于在绘图之前或之后安排图形的输出布局。

在模型空间中设计绘制完图形后,创建布局并在布局中进行页面设置,在"打印设备"选项卡中,选定打印设备和打印样式表,在"布局设置"选项卡中,设置图纸尺寸、打印范围、图纸方向,在"打印比例"选项组中,将比例设为 1∶1。在图纸空间创建浮动视口,利用对象特性设置视口的标准比例(如 1∶10 或 2∶1 等等),每个视口中都有自己独立的视口标准比例,这样就可以在一张图纸上用不同的比例因子生成许多视口,从而不必复制该几何图形或对其缩放便可使用相同的几何图形。做好所有的设置后,选择"打印"命令按 1∶1 的比例打印输出图形。

9.3 项 目 实 施

打印输出底层平面图

1. 设置页面

选择"文件"→"页面设置"命令,打开如图 9-5 所示"页面设置管理器"对话框,完成如"A3 横式图纸"页面样式"设置。

2. 打印

① 按【Ctrl+P】组合键，打开“打印”对话框。

② 打印设备选择虚拟打印机 PublishToWeb JPG pc3，在打开的对话框中选择“使用默认图纸尺寸”，单位是像素；选择“使用自定义图纸尺寸”自定义图纸的单位是毫米。

③ 选择好打印机后，点击右边的“特性”进入“打印机配置编辑器”中的“设备和文档设置”。在这里进行如下设置：

- 选择“图形”→“自定义特性”命令，单击“自定义特性”按钮，选择背景色为“白色”。
- 选择“自定义图纸尺寸”，单击“添加”按钮。
- 选择“创建新图纸”，单击“下一步”按钮。
- 自己定义想要的像素大小：4200×2970（A3）。单击“下一步”按钮；取一个自定义图纸的名称，单击“下一步”按钮； 单击“完成”按钮后再单击“确定”按钮，退出“打印机配置编辑器”对话框。

④ 在“图纸尺寸”中选择刚才自己定义的图纸。

⑤ 在“打印区域”中打印范围为“窗口”。回到绘图区域，框选“底层平面图”单击鼠标返回“打印”对话框。

⑥ 在“打印偏移”选项组中选中“居中打印”复选框。

⑦ 单击“预览”按钮，观看输出图形效果。

⑧ 单击“确定”按钮，打印机设置好后，即可输出。

9.4 技能拓展

打印附录 A 中所有图形

要求从图 A-1 打印到图 A-10，并装订成册。

学习效果评价表

项目名称								
专业		班级		姓名			学号	
评价内容	评价指标			分数	自我评价（25%）	小组评价（25%）	老师评价（50%）	得分
学习态度	出勤情况、学习主动性、语言表达、团队协作			10				
项目实施	管理打印样式			10				
	打印页面设置、打印输出			20				
	底层平面图打印设置与输出			30				
项目质量	绘图符合规范、图线清晰、标注准确、图面整洁			10				
学习方法	创新思维能力、计划能力、解决问题能力			20				
教师签名		日　期				成绩评定		

附录A 某学生公寓楼部分施工图

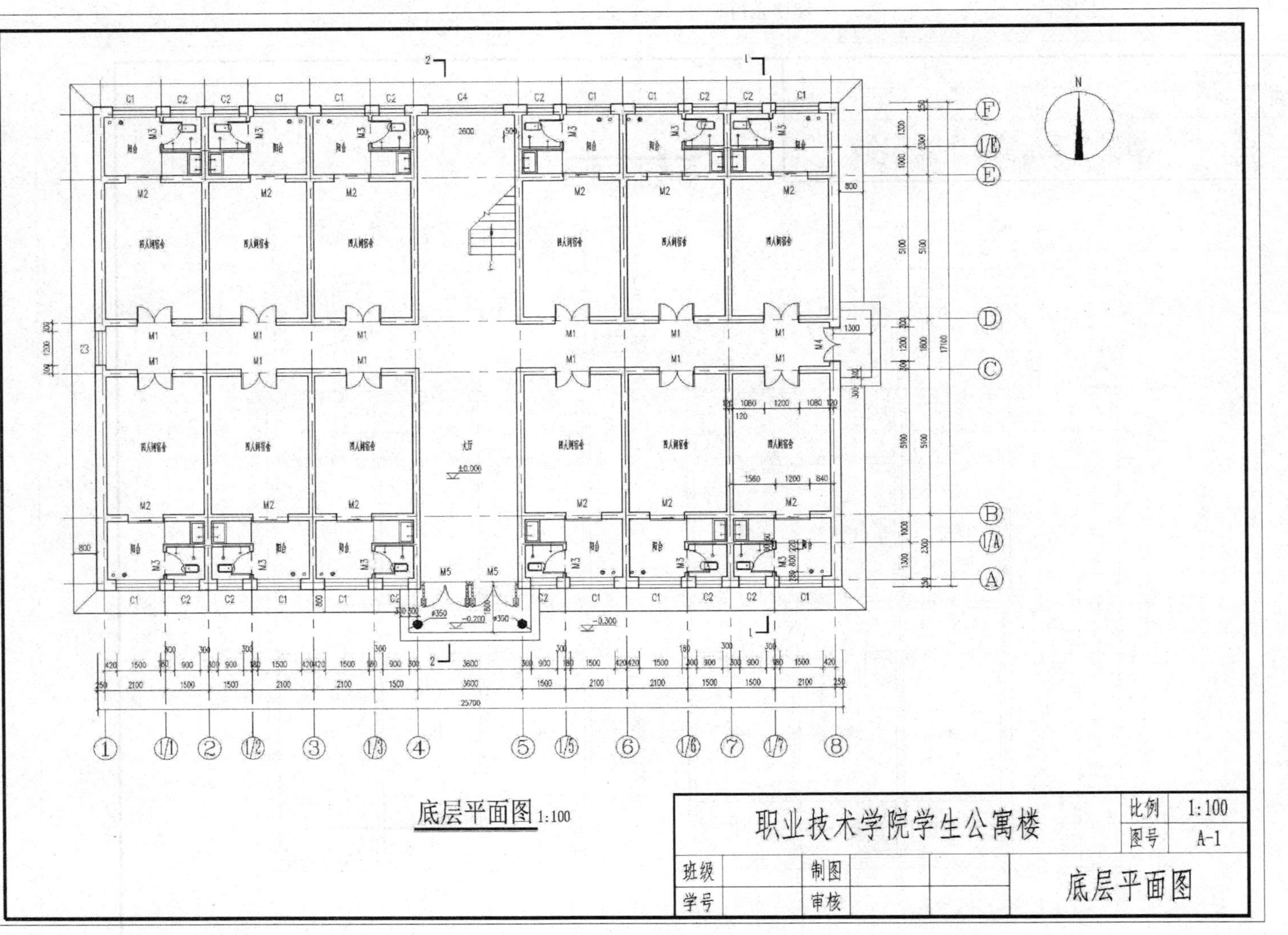

图 A-1 底层平面图

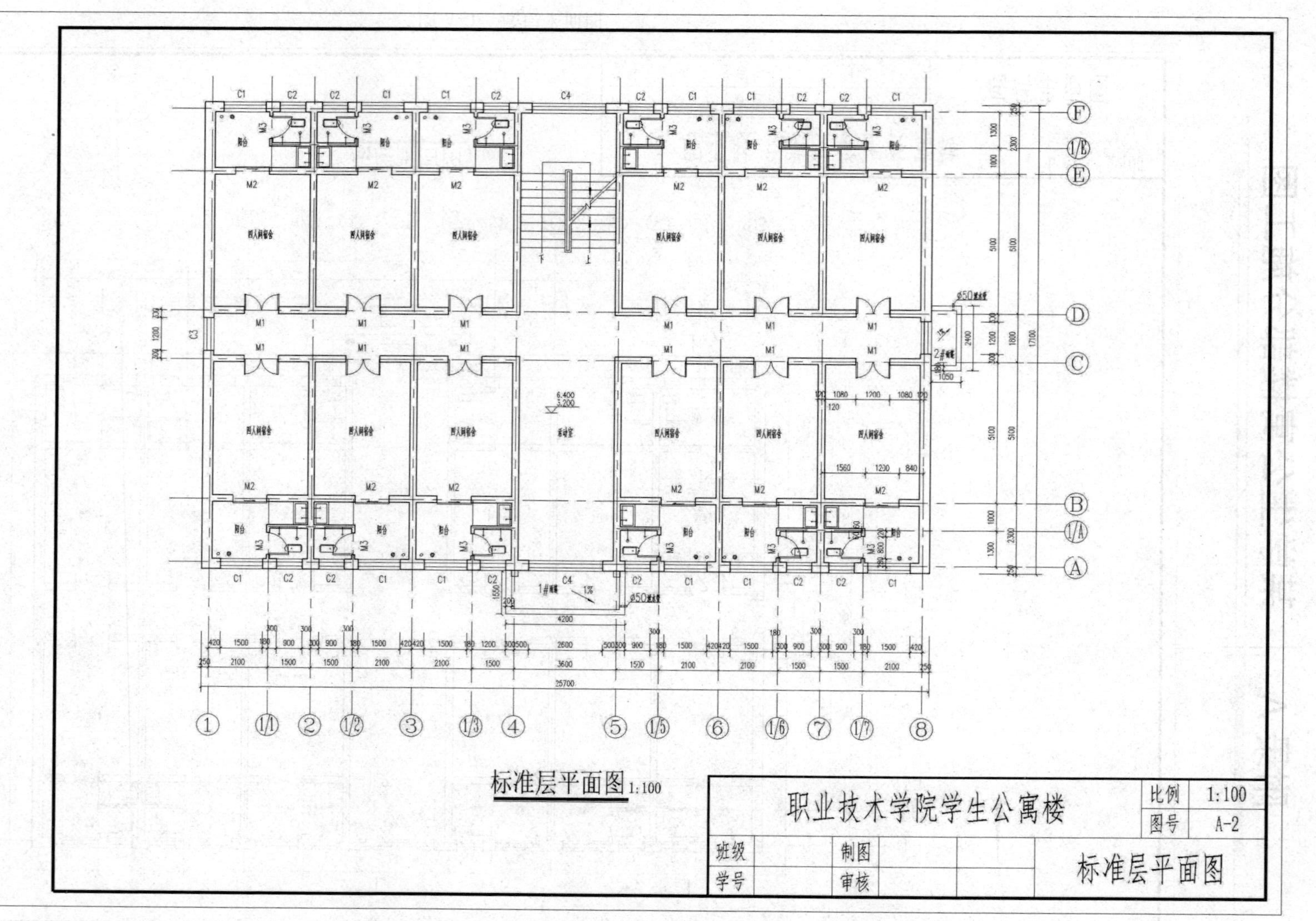

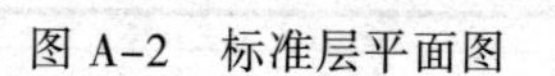
图 A-2 标准层平面图

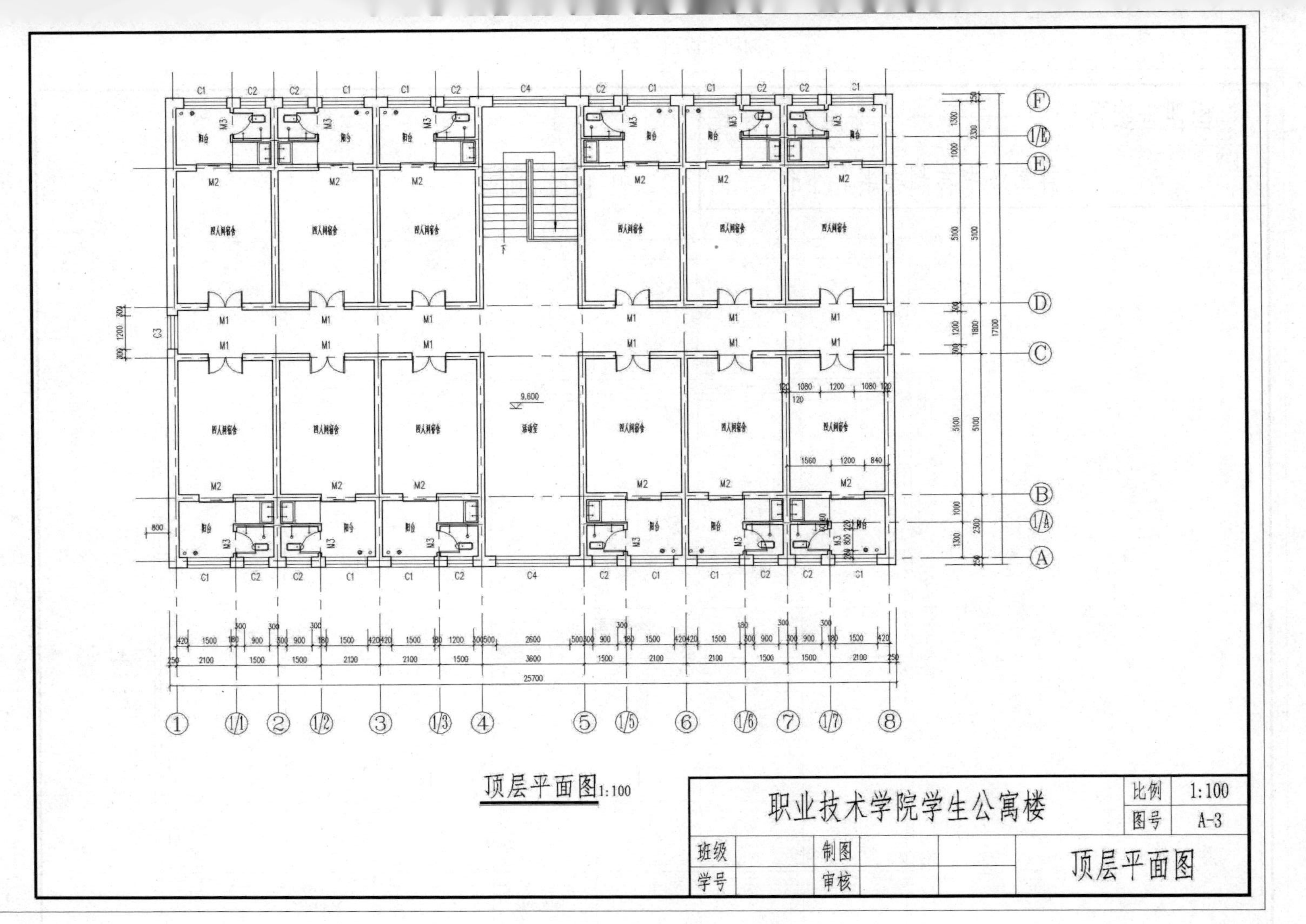

图 A-3　顶层平面图

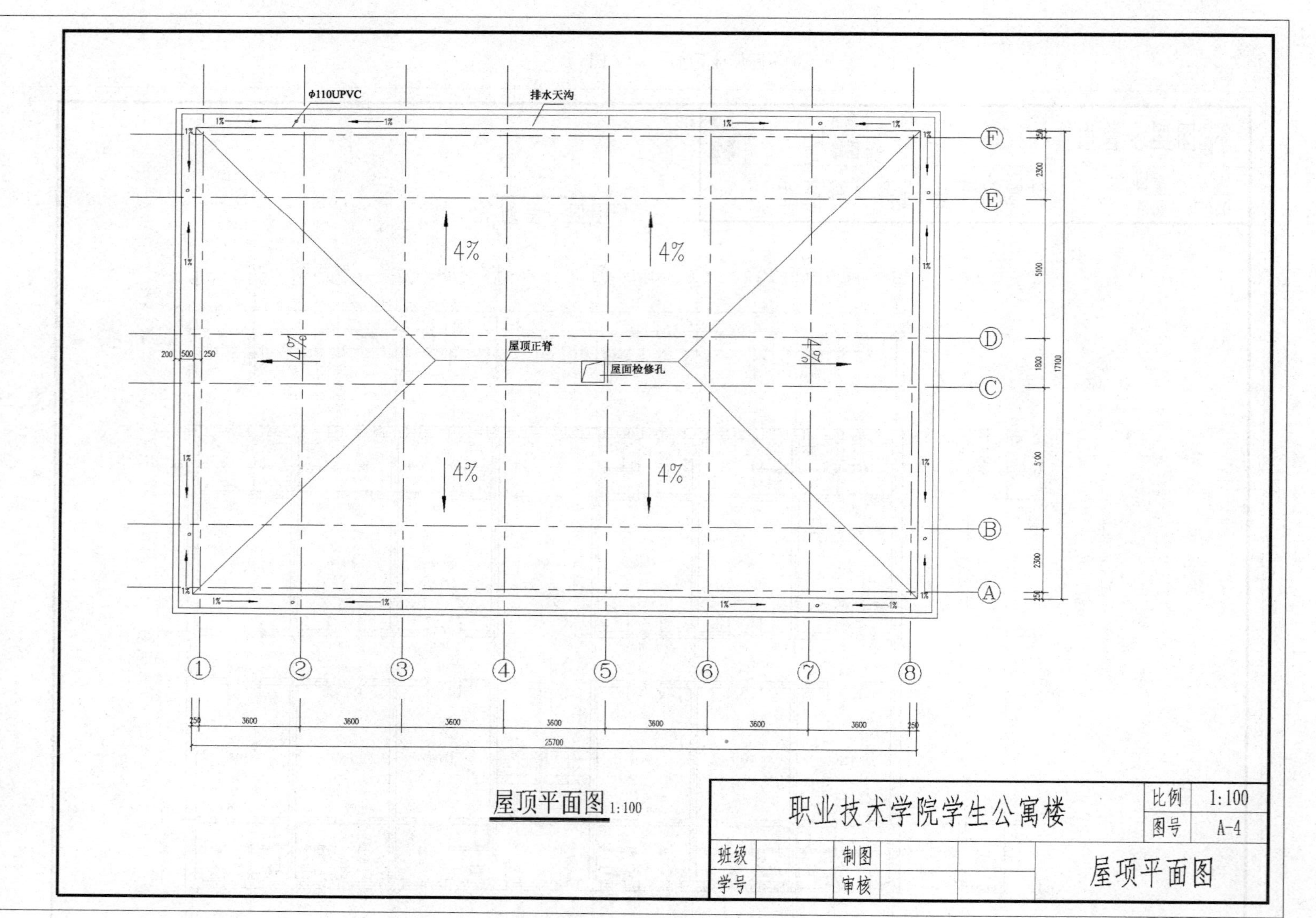
φ110UPVC
排水天沟
屋顶正脊
屋面检修孔
4%
1%
屋顶平面图 1:100
职业技术学院学生公寓楼
比例 1:100
图号 A-4
班级
学号
制图
审核
屋顶平面图
25700
17100

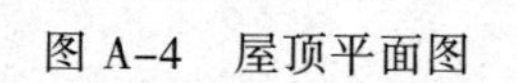
图 A-4　屋顶平面图

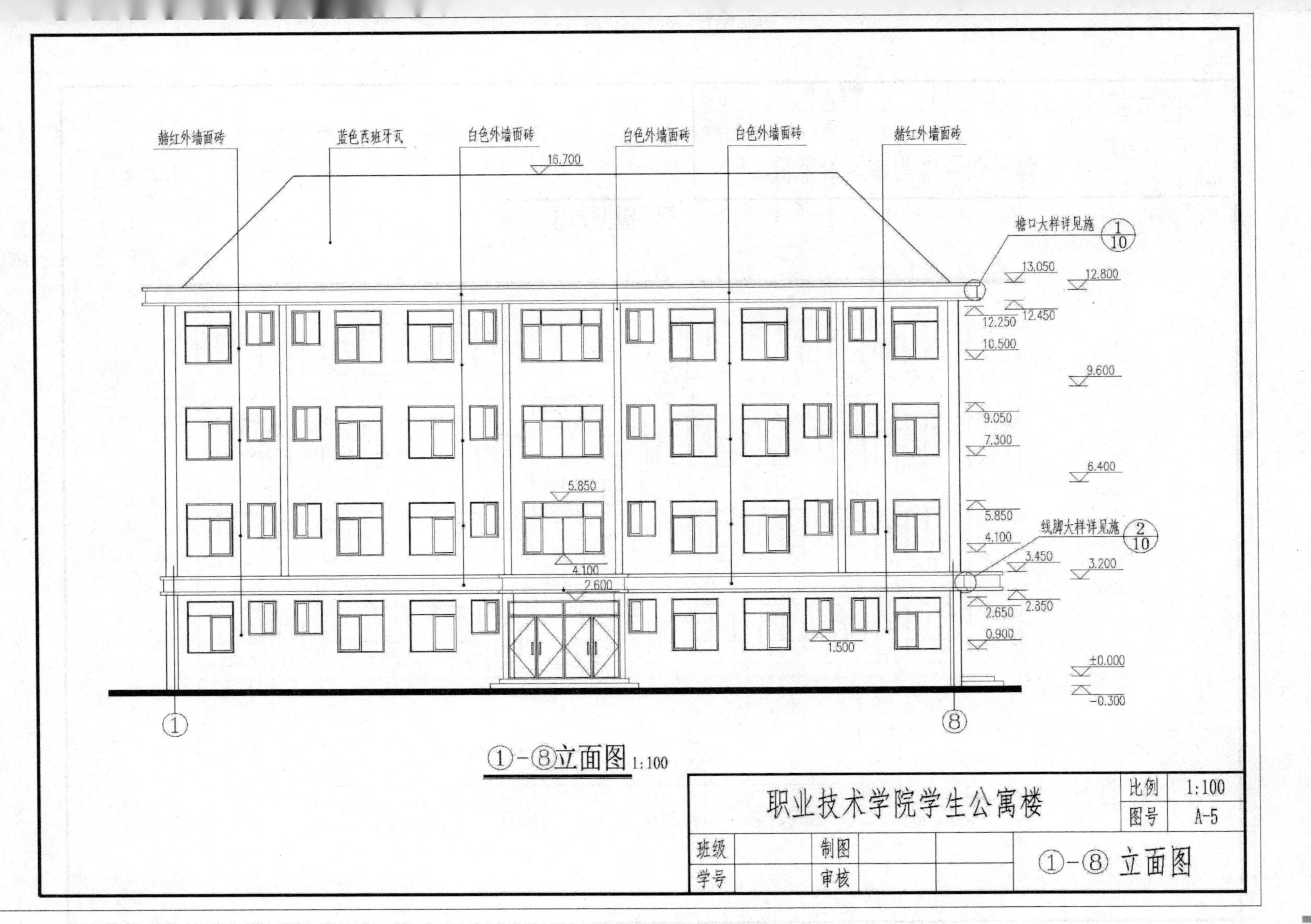
赭红外墙面砖
蓝色西班牙瓦
白色外墙面砖
白色外墙面砖
白色外墙面砖
赭红外墙面砖
16.700
檐口大样详见施 1/10
13.050
12.800
12.450
12.250
10.500
9.600
9.050
7.300
6.400
5.850
5.850
线脚大样详见施 2/10
4.100
4.100
3.450
3.200
2.600
2.650
2.350
0.900
1.500
±0.000
-0.300
①
⑧
①-⑧立面图 1:100
职业技术学院学生公寓楼
比例 1:100
图号 A-5
班级
学号
制图
审核
①-⑧ 立面图

图 A-5 ①~⑧立面图

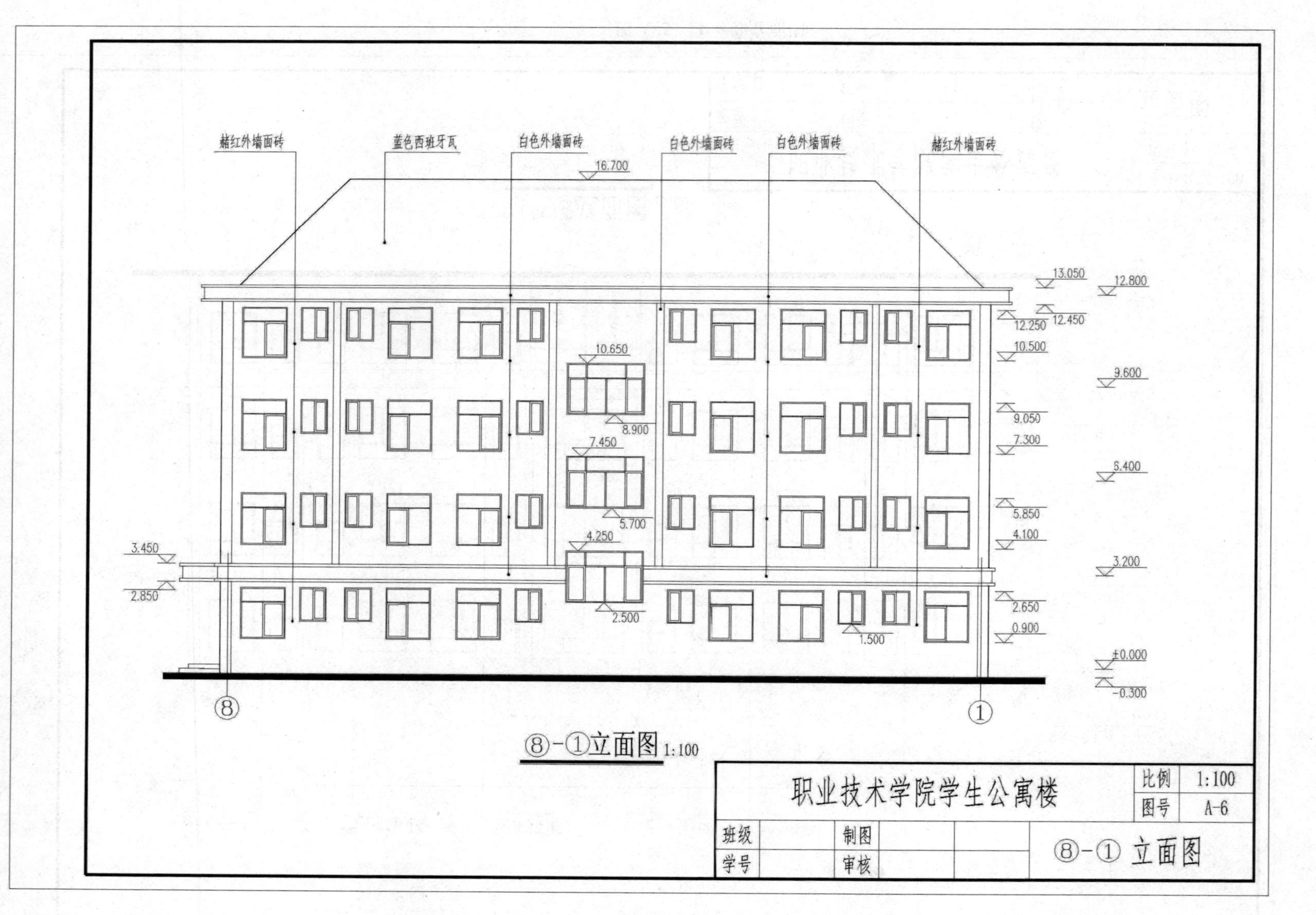
赭红外墙面砖
蓝色西班牙瓦
白色外墙面砖
白色外墙面砖
白色外墙面砖
赭红外墙面砖
16.700
13.050
12.800
12.450
12.250
10.650
10.500
9.600
9.050
8.900
7.450
7.300
6.400
5.850
5.700
4.250
4.100
3.450
3.200
2.850
2.650
2.500
1.500
0.900
±0.000
-0.300
⑧-①立面图 1:100
职业技术学院学生公寓楼
比例 1:100
图号 A-6
班级
学号
制图
审核
⑧-① 立面图

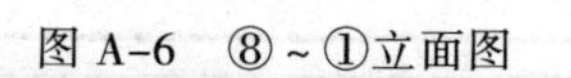
图 A-6 ⑧～①立面图

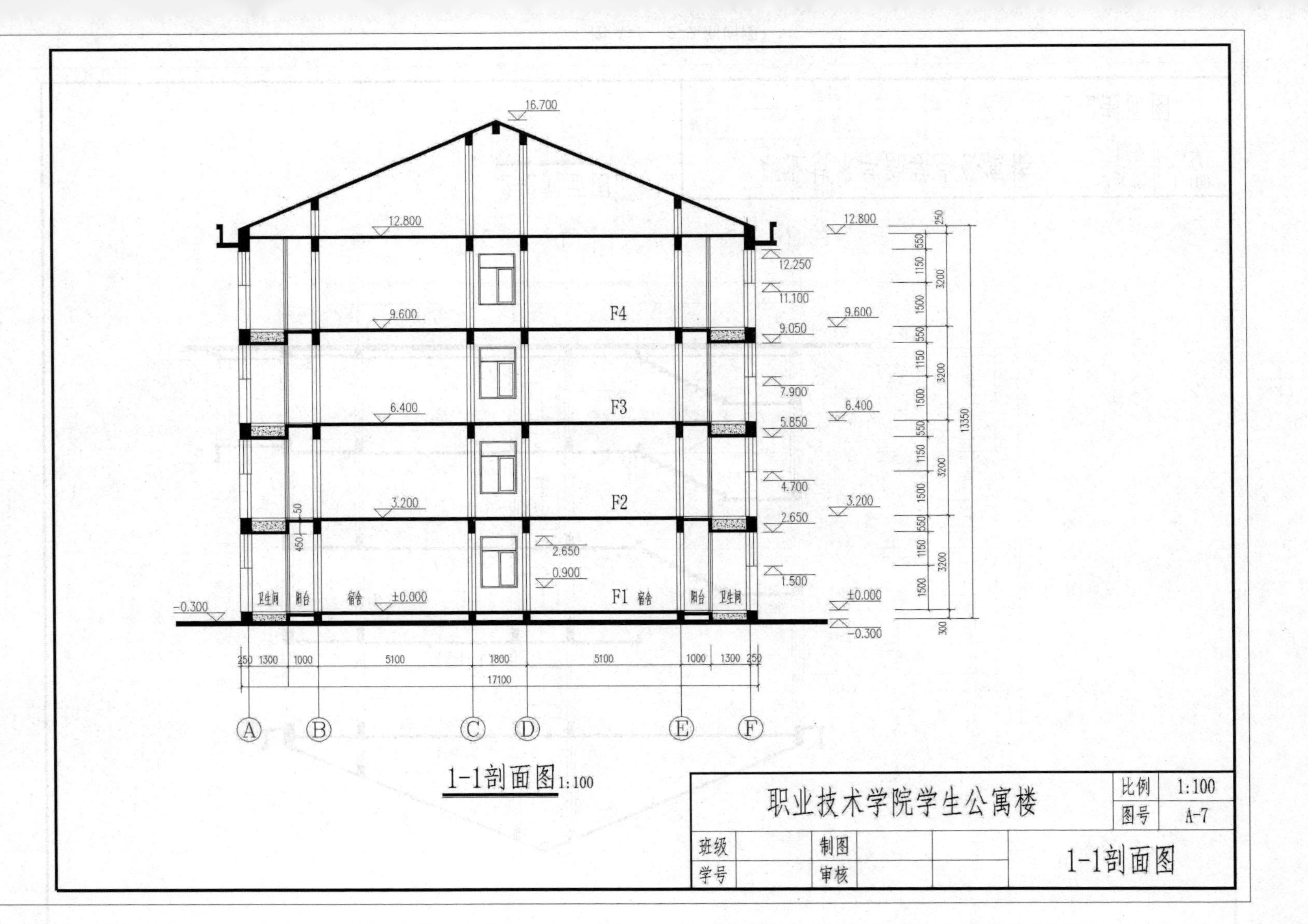
16.700
12.800
12.250
11.100
F4
9.600
9.050
7.900
F3
6.400
5.850
4.700
F2
3.200
2.650
2.650
0.900
1.500
F1
卫生间
阳台
宿舍
±0.000
-0.300
250 1300 1000 5100 1800 5100 1000 1300 250
17100
13350
A
B
C
D
E
F
1-1剖面图 1:100
职业技术学院学生公寓楼
比例
1:100
图号
A-7
班级
学号
制图
审核
1-1剖面图

图 A-7　1-1 剖面图

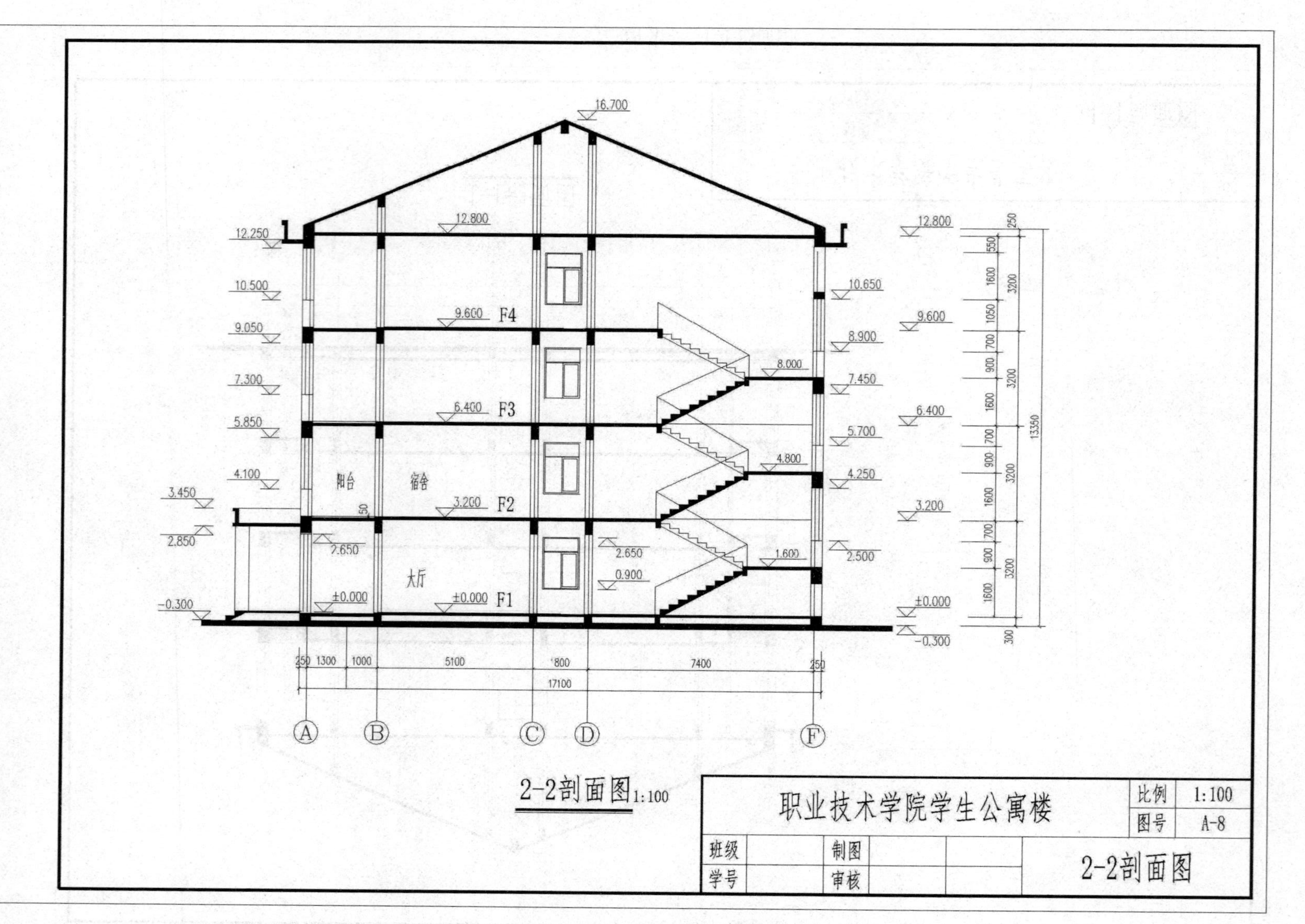
16.700
12.800
12.250
10.500
9.050
7.300
5.850
4.100
3.450
2.850
-0.300
9.600 F4
6.400 F3
3.200 F2
±0.000 F1
阳台
宿舍
大厅
2.650
±0.000
0.900
8.000
4.800
1.600
10.650
8.900
7.450
5.700
4.250
2.500
12.800
9.600
6.400
3.200
±0.000
-0.300
250
1300
1000
5100
800
7400
17100
13350
A
B
C
D
F
2-2剖面图1:100
职业技术学院学生公寓楼
比例 1:100
图号 A-8
班级
学号
制图
审核
2-2剖面图

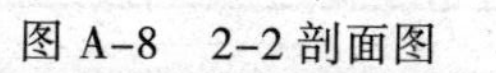
图 A-8　2-2 剖面图

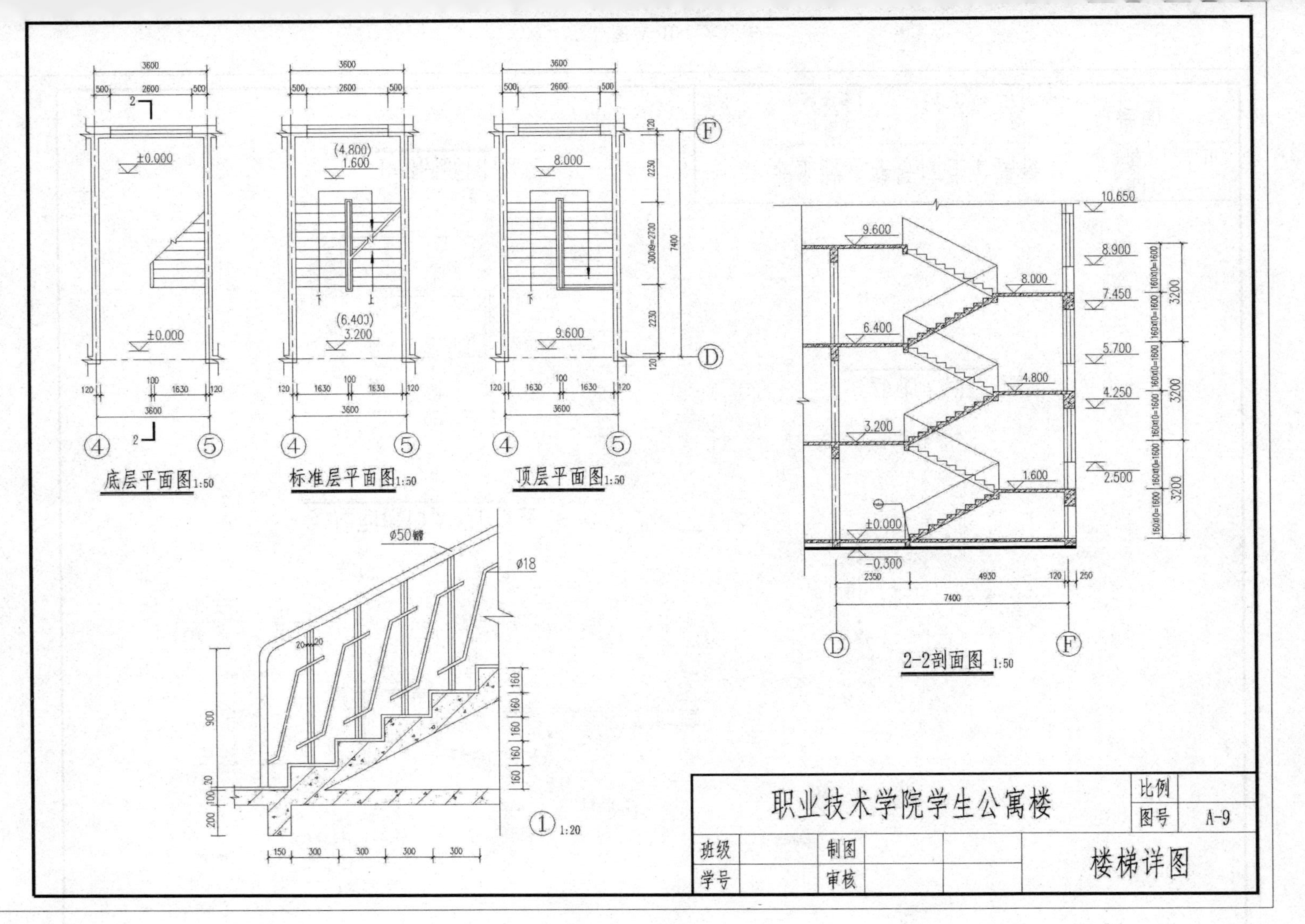
底层平面图 1:50
标准层平面图 1:50
顶层平面图 1:50
2-2剖面图 1:50
① 1:20
φ50管
φ18
职业技术学院学生公寓楼
比例
图号
A-9
班级
学号
制图
审核
楼梯详图
±0.000
(4.800)
1.600
(6.400)
3.200
8.000
9.600
10.650
8.900
7.450
5.700
4.800
4.250
2.500
6.400
-0.300
3600
2600
500
1630
100
120
2230
300×9=2730
7400
2350
4930
250
160×10=1600
3200
900
20
200
150
300
160

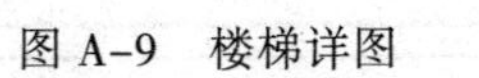
图 A-9 楼梯详图

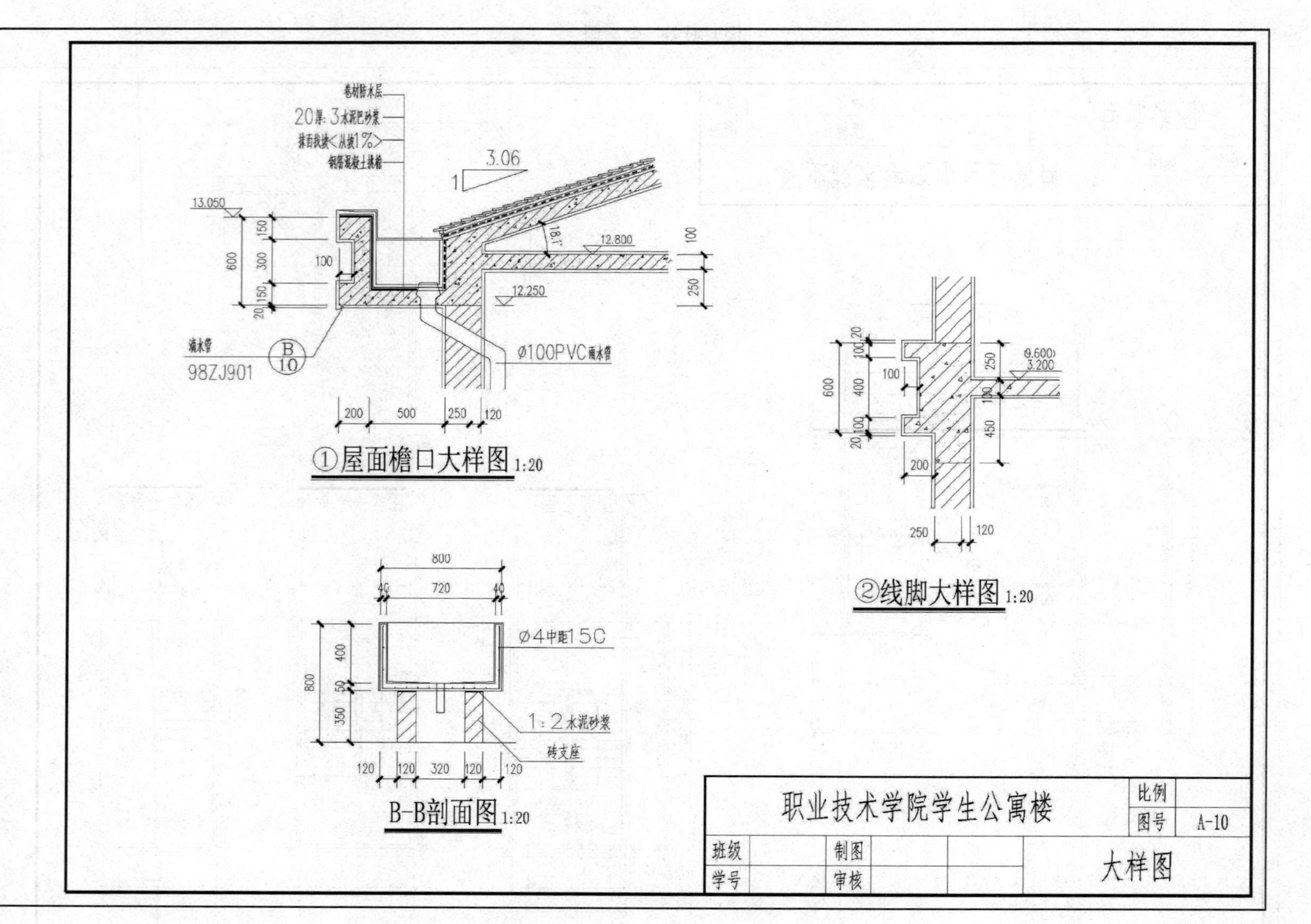
卷材防水层
20厚1:3水泥砂浆
找坡（坡1%）
钢筋混凝土挑檐
3.06
1
13.050
18.1°
12.800
12.250
滴水管
98ZJ901
B
10
Ø100PVC雨水管
①屋面檐口大样图 1:20
(9.600)
3.200
②线脚大样图 1:20
Ø4中距150
1:2水泥砂浆
砖支座
B-B剖面图 1:20
职业技术学院学生公寓楼
比例
图号
A-10
班级
学号
制图
审核
大样图

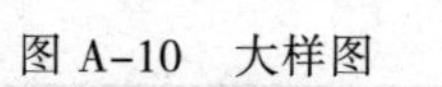
图 A-10 大样图

附录 B　AutoCAD 常用命令表

序　号	图　标	命　令	快 捷 键	命 令 说 明
1		NEW	Ctrl+N	新建图形文件
2		OPEN	Ctrl+O	打开图形文件
3		SAVE	Ctrl+S	保存图形文件
4		PLOT	Ctrl+P	打印图形文件
5		UNDO	Ctrl+Z,U	撤销上一步操作
6		MREDO	Ctrl+Y	恢复上一步操作
7		PAN	P	视图平移
8		ZOOM	Z	视图缩放
9		UNITS	UN	设置单位
10		LIMITS	UN	设置单位
11		LINE	L	绘制直线
12		RAY		绘制射线
13		XLINE	XL	绘制构造线
14		MLSTYLE		设置多线样式
15		MLINE	ML	绘制多线
16		MLEDIT		编辑多线
17		PLINE	PL	绘制多段线
18		PEDIT	PE	编辑多段线
19		POLYGON	POL	绘制正多边形
20		RECTANG	REC	绘制矩形
21		ARC	A	绘制圆弧
22		CIRCLE	C	绘制圆

续表

序　号	图　标	命　令	快 捷 键	命 令 说 明
23		DONUT	DO	绘制圆环
24		SPLINE	SPL	绘制样条曲线
25		ELLIPSE	EL	绘制椭圆
26		INSERT	I	插入图块
27		BLOCK	B	创建图块
28		WBLICK	W	保存图块
29		ATTDEF	ATT	定义图块属性
30		BATTMAN		编辑图块属性
31		DDPTYPE		设置点样式
32		POINT	PO	绘制点
33		DIVIDE	DIV	定数等分
34		MEASURE	ME	定距等分
35		BHATCH	H	图案填充
36		HATCHEDIT	HE	编辑图案填充
37		REGION	REG	创建面域
38		STYLE	ST	设置文字样式
39	A	MTEXT	MT	多行文本
40	AI	DTEXT	DT	单行文本
41		DDEDIT	ED	编辑文字
42		ERASE	E	删除实体
43		COPY	CO	复制实体
44		MIRROR	MI	镜像实体
45		OFFSET	O	偏移实体
46		ARRAY	AR	图形阵列
47		MOVE	M	移动实体
48		ROTATE	RO	旋转实体
49		SCALE	SC	比例缩放实体
50		STRECTCH	S	拉伸实体
51		LENGTHEN	LEN	拉长线段

续表

序　号	图　标	命　令	快 捷 键	命 令 说 明
52		TRIM	TR	修剪实体
53		EXTEND	EX	延伸实体
54		BREAK	BR	打断线断
55		JOIN	J	合并线断
56		CHAMFAR	CHA	倒直角
57		FILLET	F	倒圆角
58		EXTEND	X	分解炸开实体
59		ALIGN	AL	对齐实体
60		LAYER	LA	图层控制
61		COLOR	COL	设置颜色
62		LINETYPE	LT	设置线型
63		LTSCALE	LTS	设置线型比例
64		LWEIGHT	LW	设置线宽
65		DIMSTYLE	D	设置标注样式
66		DIMEDIT	DED	编辑标注样式
67		DIMLINEAR	DLI	线性标注
68		DIMALIGNED	DAL	对齐标注
69		DIMRADIUS	DRA	半径标注
70		DIMDIAMETER	DDL	直径标注
71		DIMBASELINE	DBA	基线标注
72		DIMCONTINUE	DCO	连续标注
73		QLEADER	LE	引线标注
74		MLEADER	MLE	多重引线标注
75		MLEADEREDIT		编辑多重引线标注
76		PROPERTIES	CH	特性管理编辑器
77		ADCENTER	ADC	设计中心
78		XATTACH	XA	DWG 参照
79		XREF	XR	外部参照
80		DIST	DI	查询距离

续表

序　号	图　标	命　令	快 捷 键	命令说明
81		AREA	AA	查询面积
82		3DFACE	3F	创建三维面
83		BOX	BOX	创建三维长方体
84		SPHERES		创建三维球体
85		CYLINDER	CYL	创建三维圆柱体
86		EXTRUDE	EXT	拉伸二维图形为三维图形
87		3DMOVE		三维移动
88		3DROTATE		三维旋转
89		3DALIGN		三维对齐
90		3DARRAY	3A	三维阵列
91		UNION	UNI	并集
92		SUBTRACT	SU	差集
93		INTESECT	IN	交集
94		MATCHPROP	MA	特性匹配
95		PURGE	PU	清理
96		LIST	LI	显示图形数据信息
97			Z+空格+空格	实时缩放
98			Z+E	显示全图
99			Z+P	返回上一视图
100		HELP	F1	帮助
101			F2	文本窗口
102		OSNAP	F3	对像捕捉
103		GRID	F7	栅格
104		ORTHO	F8	正交
105		Ctrl+U	F10	极轴

参 考 文 献

[1] 中华人民共和国国家标准 GB/T 50001—2010 房屋建筑制图统一标准[S]. 北京: 中国计划出版社，2011.

[2] 中华人民共和国国家标准 GB/T 50104—2010 建筑制图统一标准[S]. 北京：中国计划出版社，2011.

[3] 中华人民共和国国家标准 GB/T 18112-2000 房屋建筑 CAD 制图统一规则[S]. 北京: 中国计划出版社，2011.

[4] 张梅，陈艳华. AutoCAD 2008 中文版基础与实例教程[M]. 北京: 清华大学出版社，2008.

[5] 杨斌. AutoCAD2008 中文版室内设计实例教程[M]. 北京: 人民邮电出版社，2008.

[6] 魏明. 建筑构造与识图[M]. 北京: 机械工业出版社，2008.

[7] 邓美荣，巩宁平，陕晋军. 建筑 CAD2008 中文版[M]. 北京: 机械工业出版社，2009.

[8] 邓兴龙. AutoCAD2010 实例教程[M]. 广州: 华南理工大学出版社，2009.

[9] 石亚勇，李永生. AutoCAD 建筑设计与绘图案例教程[M]. 北京: 中国水利水电出版社，2011.

[10] 王万德，张莺，刘晓光. 土木工程 CAD[M]. 西安: 西安交通大学出版社，2011.

[11] 孙江宏. AutoCAD2010 实用教程[M]. 北京: 中国水利水电出版社，2011.

[12] 刘文英，董素芹，孙文儒. 建筑 CAD [M]. 西安: 西安交通大学出版社，2012.

[13] 吴银柱，吴丽萍. 土建工程 CAD[M]. 北京: 高等教育出版社，2015.

[14] 陈娟. 建筑 CAD 制图[M]. 北京: 中国铁道出版社，2014.

[15] 李涛. AutoCAD 2012 中文版案例教程[M]. 北京: 高等教育出版社，2015.

[16] 吴银柱，吴丽萍. 土建工程 CAD[M]. 北京: 高等教育出版社，2015.

[17] 周雄庆，何佩云. AutoCAD 2010 计算机辅助设计立体化教程[M]. 北京: 人民邮电出版社，2015.

[18] 钟日铭. AutoCAD 2016 辅助设计从入门到精通[M]. 北京: 机械工业出版社，2015.

[19] 刘林，张瑞秋. Auto CAD 2016 中文版高级应用教程：高级绘图员考试指南[M]. 广州：华南理工大学出版社，2016.

[20] 贾燕. AutoCAD 2016 中文版室内装潢设计从入门到精通[M]. 北京: 人民邮电出版社，2017.

[21] CAD 辅助设计教育研究室. 中文版 AutoCAD 2016 从入门到精通[M]. 北京：人民邮电出版社，2017.

[22] CAD/CAM/CAE 技术联盟. AutoCAD 2016 中文版建筑设计自学视频教程[M]. 北京: 清华大学出版社，2017.